热工理论基础

陶 进 刘 喆 张 微 刘丽莘 编 著

北京理工大学出版社
BEIJING INSTITUTE OF TECHNOLOGY PRESS

内 容 提 要

本书分为工程热力学和传热学两篇。主要讲述热力学基本概念、热力学基本定律、理想气体的性质和热力过程、水蒸气和湿空气、气体和水蒸汽的流动、动力循环、制冷循环与热泵、导热、对流换热、热辐射和辐射换热、传热与换热器。本书定位服务于应用型本科的专业基础课，本着"必须够用为度、覆盖面广、理论联系实际"的原则，阐述通俗易懂，精简理论推导，将重要的概念和原理融入与生活或工程相关的实例之中，同时辅以大量的习题，以便于学习理解和掌握。

本书可作为应用型本科建筑环境与能源应用工程、新能源科学与工程、能源与动力工程、环境工程、安全工程等专业的专业基础课教材，也可供高等职业教育相关专业的本、专科层次教学选用。

图书在版编目（CIP）数据

热工理论基础 / 陶进等编著. -- 北京：北京理工大学出版社，2025.1.
ISBN 978-7-5763-4673-2

Ⅰ. TK122

中国国家版本馆CIP数据核字第202527JK21号

责任编辑：陆世立　　　　**文案编辑**：陆世立
责任校对：刘亚男　　　　**责任印制**：李志强

出版发行 / 北京理工大学出版社有限责任公司
社　　址 / 北京市丰台区四合庄路 6 号
邮　　编 / 100070
电　　话 / (010) 68914026（教材售后服务热线）
　　　　　　(010) 63726648（课件资源服务热线）
网　　址 / http://www.bitpress.com.cn
版 印 次 / 2025 年 1 月第 1 版第 1 次印刷
印　　刷 / 河北世纪兴旺印刷有限公司
开　　本 / 787 mm×1092 mm　1/16
印　　张 / 17.5
字　　数 / 442 千字
定　　价 / 88.00 元

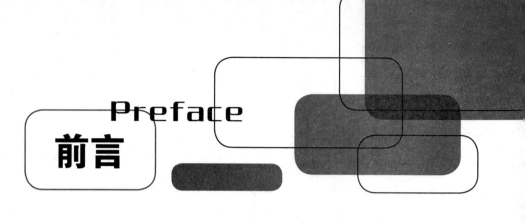

Preface
前言

　　通过宏观研究、科学抽象和对复杂问题简化处理等方法，学习热能利用规律和热量传递规律。掌握物质的热力性质、热能与机械能转换规律、热量传递过程规律等的基本理论和计算方法。学习应用热工原理对相关工程问题做简要分析，计算能量转换和分析热力过程、计算各类复合传热量，并开展相关的课程试验，培养学生理论与实际相结合并用以解决工程问题的初步能力。

　　本书以应用型本科为使用定位，作为多个相关应用型本科专业的共同技术基础课，编者本着"必须够用为度、覆盖面广、理论联系实际"的原则，阐述通俗易懂，精简理论推导，将重要的概念和原理融入与生活或工程相关的的实例中，同时辅以大量的习题，以便于学习理解和掌握，为学生更好地学习专业课和从事专业工作，奠定必要的专业技术理论基础。

　　高等数学和工程流体力学为本课程的前续课程，为更好地掌握热工理论基础的基本理论和试验方法，开设本课程应有必要的配套试验条件。

　　本书可作为应用型本科建筑环境与能源应用工程、新能源科学与工程、能源与动力工程、安全工程等专业的专业基础课教材，可作为建筑学等专业的建筑技术基础、建筑物理等课程的选修课教材，也可供高等职业教育相关专业的本、专科层次教学选用。

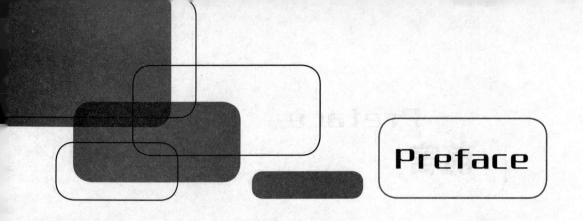

Preface

本书由吉林建筑科技学院、长春工程学院和长春建筑学院三校联合编写，全书由陶进、刘喆、张微、刘丽莘编著。本书依托陶进和刘丽莘编写的讲义编写而成，全书分为两篇，工程热力学篇由张微牵头编写，传热学篇由刘喆牵头编写。绪论由陶进编写；第一章和第四章由李双编写；第二章和第六章由步红丽编写；第三章、第五章和第七章由张微编写；第八章和第九章由刘喆编写；第十章和第十一章由王淑旭编写。全书由季鹏伟主审。

由于编者水平有限，书中难免存在不足和疏漏之处，敬请广大读者批评指正。

编　者

Contents
目录

Contents

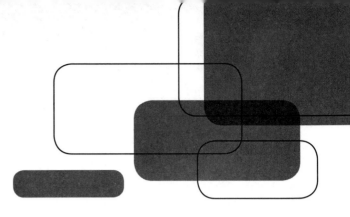

Contents

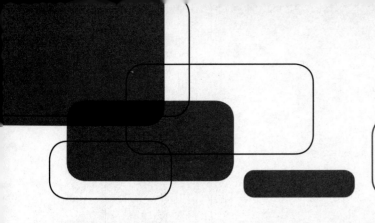

Contents

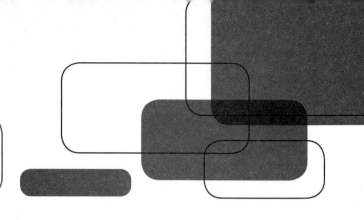

Contents

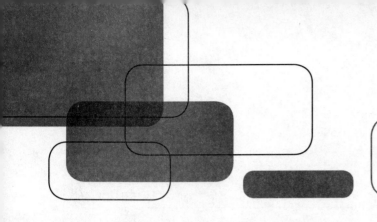

Contents

主要符号（表）

符号	物理量	国际单位制（SI）	
		中文名称	代号
A	表面积、截面面积	米^2	m^2
a	声速	米/秒	m/s
	热扩散率（导温系数）	米^2/秒	m^2/s
C	辐射系数	瓦/（米^2·开^4）	W/（m^2·K^4）
c	流速	米/秒	m/s
	质量比热容	千焦耳/［千克·摄氏度（开）］	kJ/（kg·K）
	余隙百分比		
c'	容积比热容	千焦耳/［牛·米^3·摄氏度（开）］	kJ/（N·m^3·K）
c_p	定压比热容	千焦耳/［千克·摄氏度（开）］	kJ/（kg·K）
c_v	定容比热容	千焦耳/［千克·摄氏度（开）］	kJ/（kg·K）
D	过热度	摄氏度	℃
d	直径	米	m
	含湿量	千克/千克（干空气）	kg/kg（a）
	汽耗率	千克/（千瓦·小时）	kg/（kW·h）
E	能量、储存能	焦耳　千焦耳	J　kJ
	辐射力	瓦/米^2	W/m^2
e	单位质量能量、比储存能	焦耳/千克　千焦耳/千克	J/kg　kJ/kg
E_k	动能	焦耳　千焦耳	J　kJ
e_k	单位质量动能	焦耳/千克　千焦耳/千克	J/kg　kJ/kg
E_p	位能（势能）	焦耳　千焦耳	J　kJ
e_p	单位质量位能（势能）	焦耳/千克　千焦耳/千克	J/kg　kJ/kg
E_x	工质㶲	焦耳　千焦耳	J　kJ
e_x	单位质量工质㶲	焦耳/千克　千焦耳/千克	J/kg　kJ/kg
$E_{x,Q}$	热量㶲	焦耳　千焦耳	J　kJ
$e_{x,Q}$	单位质量热量㶲	焦耳/千克　千焦耳/千克	J/kg　kJ/kg
F	力	牛顿	N
G	投入辐射	瓦/米^2	W/m^2
g	重力加速度	米/秒^2	m/s^2
	质量成分		
I	辐射强度	瓦/（米^2·球面度）	W/（m^2·sr）
H	焓	焦耳　千焦耳	J　kJ
	高度	米	m

符号	物理量	国际单位制（SI）	
		中文名称	代号
h	比焓	焦耳/千克　千焦耳/千克	J/kg　kJ/kg
	对流换热表面传热系数	瓦/（米²·摄氏度）或 瓦/（米²·开）	W/(m²·℃) 或 W/(m²·K)
J	有效辐射	瓦/米²	W/m²
k	传热系数	瓦/（米²·摄氏度）或 （瓦/米²·开）	W/(m²·℃) 或 W/(m²·K)
L	产液率		
l	长度	米	m
M	分子量		
	马赫数		
	摩尔质量	千克/摩尔	kg/mol
m	质量	千克	kg
$\dot{m}$	质量流量	千克/秒	kg/s
N	分子数目		
NTU	传热单元数		
n	摩尔数、千摩尔数		
	多变指数		
P	截面周长	米	m
	功率	瓦　千瓦	W　kW
p	压力	帕	Pa
p_b	当地大气压力	兆帕	MPa
p_v	真空度	帕	Pa
Q	热量	焦耳　千焦耳　瓦	J　kJ　W
q	单位质量传递热量	焦耳/千克　千焦耳/千克	J/kg　kJ/kg
	热流密度	瓦/米²	W/m²
R	气体常数	焦耳/[千克·摄氏度（开）]	J/(kg·K)
	热阻	摄氏度/瓦	℃/W
R_λ	单位面积平壁的热阻	米²·摄氏度/瓦	m²·℃/W
R_0	通用气体常数	焦耳/[千摩尔·摄氏度（开）]	J/(kmol·K)
r	汽化潜热	千焦耳/千克	kJ/kg
	容积成分		
	半径	米	m
S	熵	千焦耳/开	kJ/K
s	比熵	千焦耳/（千克·开）	kJ/(kg·K)
T	热力学温度	开	K
	周期	秒　小时	s　h

符号	物理量	国际单位制（SI）	
		中文名称	代号
t	摄氏温度	摄氏度	℃
U	断面湿周长	米	m
	内能	焦耳　千焦耳	J　kJ
u	单位质量内能	焦耳/千克　千焦耳/千克	J/kg　kJ/kg
	管内流速	米/秒	m/s
μ	动力黏度	牛顿·秒/米^{2}或帕·秒	N·s/m^{2}或Pa·s
V	容积	米^3	m^3
v	比体积	米^3/千克	m^3/kg
W	膨胀功（容积功）	焦耳　千焦耳	J　kJ
w	单位质量传递膨胀功（容积功）	焦耳/千克　千焦耳/千克	J/kg　kJ/kg
W_f	流动功	千焦耳	kJ
w_f	单位质量流动功	千焦耳/千克	kJ/kg
W_s	轴功	千焦耳	kJ
w_s	单位质量轴功	千焦耳/千克	kJ/kg
W_t	技术功	千焦耳	kJ
w_t	单位质量技术功	千焦耳/千克	kJ/kg
X	辐射角系数		
x	摩尔成分		
	干度		
Z	高度	米	m
α	吸收率		
	容积膨胀系数	1/开	1/K
β	临界压力比		
	压气机增压比		
δ	厚度	米	m
Δ	差值		
σ_b	黑体辐射常数	瓦/（米^2·开^4）	W/（m^2·K^4）
ε	发射率（黑度）		
	换热器效能		
ε_1	制冷系数		
ε_2	制热系数（供热系数）		
ξ	喷管效率		
	热能利用系数		
η	效率		
η_d	扩压管效率		

符号	物理量	国际单位制（SI）	
		中文名称	代号
η_t	循环热效率		
η_f	肋片效率		
κ	比热比（绝热系数）		
θ	过余温度	摄氏度	℃
Θ	无量纲过余温度		
λ	导热系数（热导率）	瓦/（米·摄氏度）或 瓦/（米·开）	W/(m·℃) 或 W/(m·K)
	射线波长	米　微米	m　μm
λ_v	容积效率		
υ	运动黏度（动量扩散系数）	米^2/秒	m^2/s
ρ	密度	千克/米^3	kg/m^3
	反射率		
ρ_v	绝对湿度	千克/米^3	kg/m^3
τ	时间	秒　小时	s　h
	透射率		
	剪应力	帕	Pa
φ	相对湿度		
	速度系数		
Bi	毕渥数		$h\delta/\lambda$
Fo	傅里叶数		$a\tau/\delta^2$
Nu	努谢尔特数		hl/λ
Pr	普朗特数		υ/a
Re	雷诺数		ul/υ
Gr	格拉晓夫数		$ga\Delta tl^3/\upsilon^2$

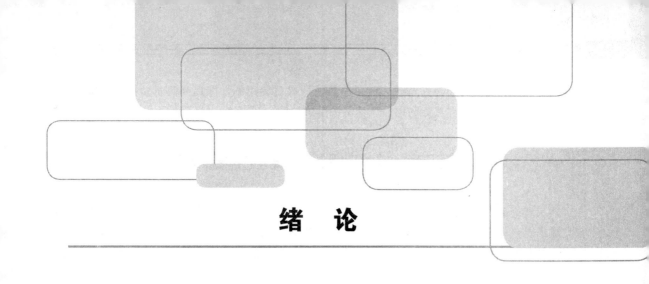

绪　论

第一节　热能及其利用

人类社会发展的每一步都与能源的开发和利用息息相关，能源的利用方式和程度是社会文明的重要标志之一。能源是指能为人类生活与生产提供某种形式能量的物质资源，也是一个国家安全的重要保障。能源按其有无加工、转换可分为一次能源和二次能源。一次能源是自然界中以原有形式存在、可直接取得而未改变其基本形态的能源，如煤、石油、天然气、水能、太阳能、风能、海洋能、地热能和生物能等。一次能源又可根据能否再生分为可再生能源和非再生能源。可再生能源是指可以连续再生、不会因使用而逐渐减少的能源，它们大都直接或间接来自太阳，如太阳能、水能、风能、地热能等；非再生能源是指不能循环再生的能源，它们会随着人类不断地使用而逐渐减少，如煤、石油、天然气和核燃料等。由一次能源经过加工转换成另一形态的能源称为二次能源，如电力、焦炭、煤气、沼气、氢气、汽油、柴油等各种石油制品。

我国是世界上能源蕴藏量较为丰富的国家之一，煤炭储量位居世界第三，水力资源储量位居世界首位。目前，我国煤炭产量位居世界第一，发电量位居世界第二，原油产量为世界第五。但由于我国人口众多，人均能源资源量远低于世界平均水平，石油、天然气人均储量分别只有世界平均水平的 11.1% 和 4.3%。总体来看，我国不可再生能源结构可概括为"富煤、贫油、少气"，随着经济的增长，我国能源需求量不断增加，石油和天然气对外依存度较高，能源安全已经是国家安全的重要组成部分。

在上述这些能源的使用中，绝大多数都是先转换成热能形式而被利用的。例如，煤炭、石油、天然气等燃料都是通过燃烧将化学能转换为热能；太阳能通过集热器将其辐射能转换为热能；通过核裂变或聚变反应将核能转换为热能；地热能本身提供的就是热能；生物质能通常也是通过燃烧转换为热能。因此，热能在能源利用中有着极其重要的意义。

热能利用的方式有直接利用和间接利用两种。直接利用是直接利用热能加热，热能的形式不发生改变，如取暖、烘干、冶炼、蒸煮及化工过程利用热能进行分解或化合等，以满足人类生产和生活的需要；间接利用是将热能转换为机械能（或进而转变为电能），以满足人类生产和生活对动力的需求。例如，火力发电、交通运输、石油化工、机械制造和其他各种工程中的蒸汽动力装置、燃气动力装置都能将热能转换并获得机械能或电能。机械能转换为电能，在理论上可以 100% 相互转换，而且实现较为简单；但热能转换为机械能或电能是有条件的并且有限度的。例如，大型热力发电机组热功（电）转换效率仅为 25%～40%，大部分热能无法利用，成为废热排放到环境中。如何提高动力装置中热能的有效利用率，即提高热机转换的效率，减少能源的消耗量，是全世界热能利用领域面临的重大课题。

第二节　热工理论基础的主要内容

热工理论基础主要研究热能利用规律和热量传递规律，并应用宏观研究的方法对热现象进行具体的观察和分析。为了便于分析，还常常采用科学抽象或对复杂问题简化处理的方法。热工理论基础的内容主要包括物质的热力性质、热能与机械能转换的规律、热量传递过程的规律等。其一般可分为工程热力学和传热学两部分。

一、工程热力学部分

1. 热力学基本概念
工质性质；状态参数；平衡状态；热力过程；热力循环。

2. 热力学基本定律
反映能量转换或转移中的数量守恒关系是热力学第一定律；反映热力过程的方向、条件、深度等问题是热力学第二定律；以及与这两个定律有关的概念。

3. 理想气体的性质和热力过程
理想气体状态方程；理想气体的热物性；理想气体的四个典型热力过程；气体的压缩。

4. 水蒸气和湿空气
水蒸气和湿空气的热力性质及相应的图表；应用这些图表进行热力过程分析和计算。

5. 气体和水蒸汽的流动
气体稳定流基本方程；边界对流动的影响；绝热流动和绝热节流。

6. 动力循环
蒸汽动力循环；热电联产循环。

7. 制冷循环与热泵
蒸汽压缩式制冷循环；热泵的基本理论。

二、传热学部分

1. 导热
导热的基本理论；稳态导热与非稳态导热；稳态导热的数值求解方法。

2. 对流换热
对流换热的基本概念；对流换热过程的物理和数学描述；对流换热的相似理论；强制对流、自然对流、凝结与沸腾换热的经验公式。

3. 热辐射和辐射换热
热辐射基本概念及有关定律；物体间辐射换热的基本计算。

4. 传热与换热器

传热过程的分析与计算；传热的增强与削弱；换热器的概述与计算。

第三节 学习"热工理论"的重要意义

一、火力发电厂

火力发电厂是利用煤等常规燃料生产电能的工厂。图 0-1 所示为火力发电厂生产过程示意。燃料在锅炉中燃烧将水加热成蒸汽，实现燃料化学能转变为热能；蒸汽推动汽轮机旋转，热能再转换成机械能；然后汽轮机带动发电机旋转，最终机械能转换为电能。整个发电过程在能量转换的同时也存在着大量的热量传递过程。锅炉的水冷壁、过热器、省煤器、空气预热器及凝汽器等都是热交换设备。如何提高各环节的能量转换效率、提高热交换效率，对提高火力发电效率（少耗能多发电），减少伴随火力发电而产生的污染物和碳排放至关重要。

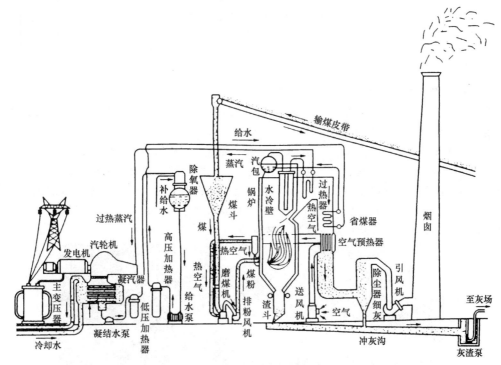

图 0-1 火力发电厂生产过程示意

二、建筑环境与能源应用工程

建筑环境与能源应用工程简称建环工程，给人们提供舒适的生活环境和适宜的工作环境。但其在提供优良室内环境的同时伴随着大量的能源消耗和碳排放。目前，我国的建筑能耗约占全社会总能耗的近 1/3，建筑能耗带来的碳排放也占很大比例，建筑能耗和碳排放中占比最大的就是采暖和制冷，尤其是北方地区的建筑采暖能耗和碳排放占有极大的比重。

建环工程涉及的重要内容就是如何减少建筑物外围护结构（墙体、门窗、屋顶、地面等）的能耗，以及如何提高建筑暖通空调设备的能源利用效率。

图 0-2 所示为冬季建筑得热与散热情况分析。太阳、供暖设备（散热器、地热盘管等）等为建筑提供热量；而建筑围护结构（墙体、门窗、屋顶、地面等）和室外气候条件（低温、冷风等）则导致建筑损失热量。

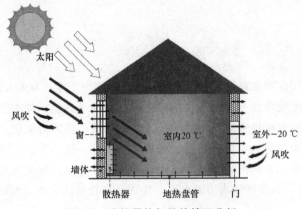

图 0-2　建筑得热与散热情况分析

三、新能源科学与工程

新能源又称非常规能源，是指传统能源之外的各种能源形式，如太阳能、地热能、风能、生物质能、海洋能、核聚变能等。尤其是在发电、储能、建筑的供暖空调，以及工农业生产中涉及热工艺过程等领域的传统能源替代。

随着全球气候变暖趋势严峻，特别是"巴黎气候协定"及我国提出双碳战略目标后，可再生能源的开发利用日益受到重视，大力开发水电、积极推进核电建设、鼓励发展风光电和生物质能等可再生能源。我国提出到 2030 年，非化石能源将占能源总消费的 20%，到 2023 年年底，我国风光发电总装机将突破 10 亿千瓦，超过煤电总装机发电量，并且成为世界第一可再生能源发电大国。图 0-3 所示为风光互补发电和光热利用。

图 0-3　风光互补发电和光热利用

近年来，绿电、绿热等概念引发人们广泛关注。绿电是指在发电过程中，二氧化碳排放量为零或趋近于零，相较于火力发电，其对环境影响最小。绿电主要来自太阳能、风能、生质能、地热能等。我国在 2022 年北京冬奥会期间，3 大赛区 26 个场馆全部使用绿色电能，这意味着奥运历史上首次实现全部场馆 100％绿色电能供应，场馆的照明、运行和交通等用电均由河北省张家口市的光伏发电和风力发电提供，为冬奥场馆的"绿色运行"提供保障。

绿热则是指采用煤改电、热泵、地热等清洁能源供暖、供生活热水。2022 年北京市规划了 10 个可再生能源供暖项目，建成后将新增地热及热泵等可再生能源供热面积约 4 000 万平方米。可再生能源供暖项目具有良好的生态效益，据测算，北京这 10 个项目每年实现可再生能源利用量 3.36 万吨，减少二氧化碳排放 4.08 万吨，氮氧化物排放 609.26 吨。

热现象是自然界中最普遍的物理现象，除以上三个典型专业中要用到大量的热工理论外，还有许多专业也要研究热现象，例如，机械电子器件中的相关热力或传热设计；冶金化工过程中的热工处理；海水淡化过程中的传热传质问题；航空及火箭发动机的工作过程；微重力下的各类传热、传质现象等。热工理论基础所涉及的内容十分广泛，是多数工科专业的重要专业基础课之一。学好热工理论基础是继续学习各专业课，以及进一步研究热力工程中的各种问题、合理有效利用能源资源、不断提高能源利用设备效率的必要前提。

第一篇

工程热力学

第一章

热力学基本概念

本章主要了解构筑工程热力学的基本概念，对这些概念的理解程度将在很大程度上影响本门课程的学习。工程热力学是主要研究能量，特别是热能与机械能相互转换的规律及其在工程中的应用的学科。热能与机械能的相互转换需借助一定的媒介物质（工质），因此，本章首先介绍工质和热力学系统。为描写系统，本章后续内容介绍了状态参数、平衡状态、状态参数坐标图、温度、压力、比体积等。能量转换是通过过程来实现的，因此本章又介绍了准静态过程、可逆过程、循环及过程的功和热量等；另外，围绕工程应用本章还介绍了表征能量利用经济性的概念，如热效率、制冷系数及热泵系数等。这些基本概念有些是学习热力学基本理论必不可少的。

第一节　工质和热力学系统

一、工质的概念

热力学是研究能量转换的一门课程。实现能量转化的媒介物质称为工质。例如，在火电厂蒸汽动力装置中，将热能转换为机械能的媒介物质水和水蒸气就是工质；又如，在制冷装置中，氨从冷库吸热，通过压缩机压缩升压、升温后，在冷凝器中向环境放热，这里氨就是工质，在制冷工程中又称为制冷剂。

对工质的要求：膨胀性、流动性、热容量、稳定性、安全性、对环境友善、价格低、易大量获取。不同的工质实现能量转换的特性是不同的，有的相差甚远，因此，研究工质的性质是工程热力学的任务之一。

二、热力学系统及其分类

为方便分析问题，与力学中取分离体一样，热力学中常将分析的对象从周围物体中分割出来，研究它与周围物体之间的能量和物质的传递。这种被人为分割出来作为热力学分析对象的有限物质系统称为热力学系统（简称系统、热力系统），与系统发生质能交换的物体统称为外界。系统和外界之间的分界面称为边界。边界可以是实际存在的，也可以是假想的。例如，当取汽轮机中的工质（蒸汽）作为热力系统时，工质和汽轮机之间存在着实际的边界，而进口前后或出口前后的工质之间却并无实际的边界，此处可人为地设想一个虚构的边界把系统中的工质和外界分割开来（图1-1）。另外，系统和外界之间的边界可以是固定不动的，也可以有位移和变形。例如，取压缩机气缸中的工质作为热力系统时，工质和气缸壁之间的边界是固定不动的，但工质和活塞之间的边界却可以移动而不断改变位置（图1-2）。

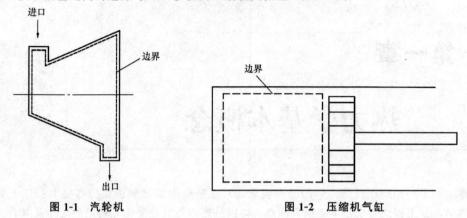

图 1-1　汽轮机　　　　　图 1-2　压缩机气缸

　　系统的选取是人为的，它主要取决于研究者关心的具体对象。以火电厂蒸汽动力装置为例，假如为了研究锅炉中能量的转化或传递关系，如图 1-3（a）所示，将锅炉作为研究对象，把它与周围物体分隔，锅炉就是一个热力学系统；如果感兴趣的是汽轮机中做功量和输入蒸汽的关系，如图 1-3（b）所示，选取汽轮机作为热力学系统；假如为了研究加入锅炉的燃料量和汽轮机输出功的关系，如图 1-3（c）所示，将整个蒸汽动力装置看作一个热力学系统。该思想体现了辩证思维，学习生活中也需要辩证看待问题。

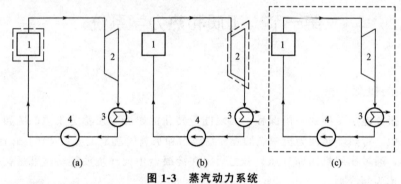

(a)　　　　　　　　(b)　　　　　　　　(c)

图 1-3　蒸汽动力系统

（a）锅炉为热力学系统；（b）汽轮机为热力学系统；（c）整个蒸汽动力装置为热力学系统
1—锅炉；2—汽轮机；3—凝汽器；4—给水泵

　　根据分析对象的不同，常见的热力学系统有以下几种分类方法。

（一）系统与外界有无物质交换

1. 闭口系统

　　一个热力系统如果与外界只有能量交换而无物质交换，则该系统称为闭口系统（又称闭口系、封闭系统）。如取图 1-2 中压缩机气缸内的气体为系统，即闭口系统。闭口系统内的质量保持恒定不变，因此，闭口系统又称为控制质量系统。

2. 开口系统

　　如果热力系统和外界不仅有能量交换，而且有物质交换，则该系统称为开口系统（又称开口系）。如取图 1-1 中汽轮机中的工质（蒸汽）为系统，即开口系统。开口系统中的能量和质量都可以变化，但这种变化通常是在某一划定的空间范围内进行的，因此，开口系统又称为控制容积系统或控制体。工程上绝大多数设备和装置都是开口系统。

区分闭口系统和开口系统的关键是有没有质量越过了边界，并不是系统的质量是不是发生了变化。如果输入某系统的质量和输出该系统的质量相等，那么虽然系统内的质量没有改变，但是系统为开口系统。

(二) 系统与外界有无物质和能量交换

1. 非孤立系统

非孤立热力学系统的特点是在分界面上，系统与外界存在物质或能量交换。

2. 孤立系统

孤立热力学系统在分界面上与外界既不存在能量交换，也不存在物质交换。

3. 绝热系统

绝热热力学系统在分界面上与外界不存在热量交换，但可以有功量和物质交换。例如，在分析火力发电厂时可以将汽轮机看作绝热系统。

孤立系统和绝热系统是工程热力学中的特殊情况，实际的热力学系统多处于非孤立系统状态，由于这两种特殊的热力学系统在热力学研究中具有重要的作用，因此，在研究时，常常把实际热力学系统理想化，将其转化为孤立系统或绝热系统来分析，这样能使问题简化，便于更好地掌握问题的本质特征。

在热力工程中，最常见的热力学系统是由可压缩流体（如水蒸气、空气、燃气等）构成的，这类热力学系统若与外界可逆交换只有容积功（膨胀功或压缩功）一种形式，则该系统称为简单可压缩系统。本书讨论的大部分系统都是简单可压缩系统。除上述各类系统外，还可以将系统分为均匀系统、非均匀系统、单相系统、复相系统等。

【例 1-1】 活塞气缸装置

用绝热活塞把一个刚性绝热容器分成 A 和 B 两部分（图 1-4），分别有某种气体，B 侧设有电加热丝。活塞在容器内可自由移动，但两部分气体不能相互渗透。合上电闸，B 侧气体缓缓膨胀。问：

(1) 取 A 侧气体为系统，是什么系统？

(2) 取 A 侧和 B 侧全部气体为系统（不包括电热丝），是什么系统？

(3) 取 A 侧和 B 侧全部气体和电热丝为系统，是什么系统？取图中虚线内为系统，是什么系统？

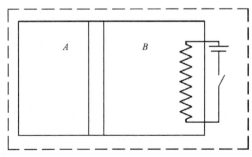

图 1-4 例 1-1 图

解：(1) 闭口绝热系统，因为系统仅与外界交换功。

(2) 闭口系统，因为系统与电热丝交换热量。

(3) 闭口绝热系统，因为系统仅与外界交换电能，没有热量越过边界；孤立系统。

第二节　状态参数

热力学系统在某一瞬间所呈现的宏观物理状态称为系统的状态。用来描述系统所处状态的一些宏观物理量称为状态参数。当研究热力过程时，常采用的状态参数有温度（T）、压力（p）、体积（V）、热力学能（U）、焓（H）和熵（S）等。其中，压力、温度和体积可以借助仪表直接测量，使用最多，称为基本状态参数。其余状态参数可以根据基本状态参数间接算得。压力和温度这两个参数与系统质量的多少无关，称为强度量；体积、热力学能、焓和熵等与系统质量成正比，具有可加性，称为广延量。但广延量的比参数（即单位质量工质的参数），如比体积（v）、比热力学能（u）、比焓（h）和比熵（s）又具有强度量的性质。通常，热力系统的广延参数用大写字母表示，其比参数用小写字母表示。本节先介绍基本状态参数，其他状态参数在后面章节中介绍。

一、状态参数的特征

状态参数与状态一一对应，即系统的热力状态一定，描述状态的参数也就一定；若状态发生变化，则至少有一种参数随之变化，这是状态参数的基本特征。这个特征在数学上可以分解为以下两个特性。

1. 积分特性

当系统由初态 1 变化到终态 2 时，任一状态参数 Z 的变化等于初态、终态下该参数的差值，而与其中经历的路径无关，即

$$\Delta Z = \int_1^2 \mathrm{d}Z = Z_2 - Z_1 \tag{1-1}$$

当系统经历一系列状态变化而又回到起始状态时，其状态参数变化为零，即它的循环积分为零，即

$$\oint \mathrm{d}Z = 0 \tag{1-2}$$

2. 微分特性

如果状态可由状态参数 X、Y 确定，即 $Z=f(X, Y)$，则有

$$\mathrm{d}Z = \left(\frac{\partial Z}{\partial X}\right)_Y \mathrm{d}X + \left(\frac{\partial Z}{\partial Y}\right)_X \mathrm{d}Y$$

$$令 \left(\frac{\partial Z}{\partial X}\right)_Y = M, \left(\frac{\partial Z}{\partial Y}\right)_X = N$$

则 $\mathrm{d}Z = M\mathrm{d}X + N\mathrm{d}Y$。因为 $\mathrm{d}Z$ 是全微分，所以 $\left(\frac{\partial M}{\partial Y}\right)_X = \left(\frac{\partial N}{\partial X}\right)_Y$，上式是全微分的充分必要条件，也是判断任何一个物理量是不是状态参数的充分必要条件。

二、基本状态参数

1. 温度

温度是物体冷热程度的标志。若令冷热程度不同的两个物体 A 和 B 相互接触，它们之间将

发生能量交换，热量将从较热的物体流向较冷的物体。在不受外界影响的条件下，两物体会同时发生变化：热物体逐渐变冷，冷物体逐渐变热。经过一段时间后，它们达到相同的冷热程度，不再有热量交换。这时，物体 A 和物体 B 达到热平衡。当物体 C 同时与物体 A 和物体 B 接触而达到热平衡时，物体 A 和物体 B 也一定达到热平衡。这一事实说明，物质具备某种宏观性质，当各物体的这一性质不同时，它们若相互接触，其间将有热量传递；当这一性质相同时，它们之间达到热平衡。这一宏观物理性质称为温度。

从微观上看，温度标志物质分子热运动的激烈程度。对于气体，它是大量分子平移动能平均值的量度。其关系式为

$$\frac{m\overline{c^2}}{2} = RT \tag{1-3}$$

为了进行温度测量，需要有温度的数值表示方法，即需要建立温度的标尺或温标。任何一种温度计都是根据某一温标制成的。在日常生活中，体温是 37 ℃，气温是 20 ℃，使用的就是摄氏温标。1742 年，瑞典天文学家摄尔修斯（A. Celsius，1701—1744 年）制定了百分刻度法。他把水的冰点和沸点之间分为 100 个温度间隔，为避免测冰点以下的低温时出现负值，他把水的沸点规定为零点，而把冰点定为 100 ℃。后来他接受同事的建议才把这种标值倒过来，这就是现在所用的摄氏温标。

采用不同的测温物质，除基准点的温度值按规定相同外，其他的温度都有微小差别。建立在热力学第二定律基础上的热力学温标是一种与测温物质的性质无关的温标。用这种温标确定的温度称为热力学温度，以符号 T 表示，计量单位为开尔文，以符号 K 表示。1954 年以后，国际上规定选用纯水的三相点作为标准温度点，并规定这个状态下温度的数值是 273.16 K。1960 年国际计量大会通过决议，规定摄氏温度由热力学温度移动零点来获得，即

$$t = T - 273.15 \tag{1-4}$$

这里还应说明，在英、美等国家日常生活和工程技术上还经常使用华氏温标。其中，华氏温度和摄氏温度之间的关系为

$$t_{\text{F}} = 32 + \frac{9}{5}t \tag{1-5}$$

为了便于比较，表 1-1 列出了三种温标的基本情况。

表 1-1　三种温标的基本情况比较

比较 温标	单位	符号	固定点的温度				与热力学温度的关系	使用情况
			绝对零度	冰点	三相点	沸点		
热力学温度	K	T	0	273.15	273.16	373.15	—	国际单位
摄氏温度	℃	t	−273.15	0.00	0.01	100.00	$t = T - 273.15$	国际单位
华氏温度	℉	t_{F}	−459.67	32.00	32.02	212.00	$t_{\text{F}} = \frac{9}{5}T - 459.67$	英制单位

2. 压力

压力是指沿垂直方向作用在单位面积上的作用力，在物理学中又称为压强。对于容器内的气体工质来说，压力是大量气体分子做不规则运动时对器壁频繁碰击的宏观统计结果。

工程上所采用的压力表都是在特定的环境中测量的。如常见的 U 形管压力计（图 1-5）或弹簧式压力表等，所测出的压力值都是在大气压力 p_{b} 条件下的相对值，并不是系统内气体的绝对压力。这里分两种情况：

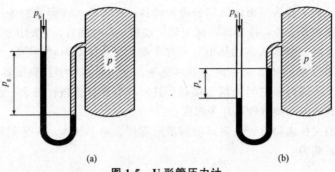

图 1-5　U 形管压力计

（a）绝对压力高于大气压力；（b）绝对压力低于大气压力

　　第一种情况，如图 1-5（a）所示，此时绝对压力高于大气压力（$p_1 \geqslant p_b$），压力计指示的数值称为表压力，用 p_g 表示。则

$$p_1 = p_g + p_b \tag{1-6}$$

　　第二种情况，如图 1-5（b）所示，此时绝对压力低于大气压力（$p_2 \leqslant p_b$），压力计指示的读数称为真空（或称为真空度），用 p_v 表示。则

$$p_2 = p_b - p_v \tag{1-7}$$

　　绝对压力、表压力、真空和大气压力之间的关系可用图 1-6 说明。

　　需要强调的是，表压力 p_g 和真空 p_v 的值不仅与系统内的绝对压力 p 相关，还与测量时外界环境压力 p_b 有关，它们是相对大气压的压力值，因此称为相对压力。即使在某一既定的状态下，气体的绝对压力虽保持不变，但由于外界环境条件的改变，使测出的表压力 p_g 或真空 p_v 也将发生变化。由此可见，只有绝对压力才是平衡状态系统的状态参数，进行热力计算时，特别是在后面章节中查水蒸气的表或焓熵图时，用到的都是绝对压力。

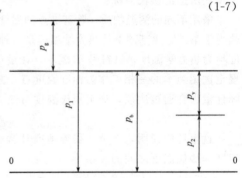

**图 1-6　绝对压力、表压力、真空和
大气压力之间的关系**

　　在国际单位制中，压力单位的名称是帕斯卡，简称帕，符号是 Pa，它的定义是 1 m² 面积上垂直作用 1 N 的力产生的压力，即

$$1 \text{ Pa} = 1 \text{ N/m}^2$$

　　Pa 这个单位太小，工程上常用千帕（kPa）和兆帕（MPa）作为压力单位，也有用液柱高度，如毫米水柱（mmH_2O）或毫米汞柱（mmHg）来表示压力的。标准大气压（atm）是纬度 45°海平面上的常年平均大气压。在旧的单位体制中，还有用巴（bar）和工程大气压（at）的，它们在我国的法定计量单位中已被废除。这些单位和 Pa 的关系见表 1-2。

表 1-2　各压力单位互换表

单位名称	单位符号	与 Pa 的换算关系
巴	bar	1 bar $= 10^5$ Pa 或 0.1 MPa
标准大气压	atm	1 atm＝101 325 Pa＝1.013 25 bar
毫米水柱	mmH_2O	1 mmH_2O＝9.806 65 Pa
毫米汞柱	mmHg	1 mmHg＝133.322 4 Pa
工程大气压	at	1 at＝98 066.5 Pa

上面讲的温度和压力均为强度量，但它们的变化特性有区别，压力的变化速度快，以声速传播，温度的变化慢，随着热量的传递而改变。在一个热力学系统中，当温度和压力都改变时，温度的改变具有滞后性。这个特性对于指导火电厂现场运行是有帮助的，在调节锅炉出口蒸汽参数时，温度的变化要滞后于压力的变化，另外，还会引起一个所谓"虚假水位"的问题，此问题将在第四章结合水蒸气的特性进行讲述。这个特性对于指导节能也是有帮助的，现在北方有的居民楼采用天然气管道分户供暖，有时为了节约燃料，早晨起床之后就将锅炉关掉，在上班之前家里还是温暖的，这也是利用到温度变化滞后的特性。

3. 比体积

比体积（以前又称为比容）是指单位质量工质所占有的体积，用符号 v 表示，在国际单位制中单位是 m^3/kg。它是描述分子聚集疏密程度的比参数。如果 m kg 工质占有 V（m^3）体积，则比体积的数值为

$$v = \frac{V}{m} \tag{1-8}$$

很明显，比体积 v 与密度 ρ 互为倒数，即

$$v\rho = 1 \tag{1-9}$$

可见，它们不是相互独立的参数，可以任选一个，在热力学中通常选用比体积 v 作为独立状态参数。

【例 1-2】 气压罐绝对压力

一气压罐的真空度 $p_v = 600$ mmHg，气压计上水银柱高度为 755 mm，求容器中绝对压力（以 MPa 表示）。如果容器中绝对压力不变，而气压计上水银柱高度为 770 mm，此时真空表上读数（以 mmHg 表示）是多少？

解：（1）$p = p_b - p_v = 755$ mmHg $- 600$ mmHg $= 155$ mmHg

$$p = 155 \times 133.3 = 20\ 661.5 (Pa) = 0.021\ MPa$$

（2）当气压计上水银柱高度为 770 mm 时，

$$p_v = p_b - p = 770\ mmHg - 155\ mmHg = 615\ mmHg$$

第三节 平衡状态

一、热力学系统的平衡状态

经验表明，一个与外界不发生物质或能量交换的热力学系统，如果最初各部分宏观性质不均匀，则经过足够长的时间后，系统性质将逐步趋于均匀一致，最后保持一个宏观性质不再发生变化的状态，这时称系统达到热力学平衡状态。平衡状态是指在不受外界影响的条件下，系统的宏观性质不随时间改变。从微观角度分析，在平衡状态下，组成系统的大量分子还在不停地运动着，只是其总的平均效果不随时间改变。

在不考虑化学变化及原子核变化的情况下，为表征热力学系统已达到平衡状态，系统必须满足以下三个平衡条件：

（1）热平衡条件。要求系统内部各部分之间及系统与外界之间无宏观热量传递，即没有温差。

（2）力平衡条件。要求系统内部及系统与外界之间不存在未平衡的相互作用力。

（3）相平衡条件。当系统内处于多相共存时，就必须考虑相平衡问题。所谓相平衡，就是指系统内各相之间的物质交换与传递已达到动态平衡。

应该指出，系统处在稳定状态和系统达到平衡状态的差别：只要系统的参数不随时间而改变，即认为系统处在稳定状态，它无须考虑参数保持不变是如何实现的；但是，平衡状态必须是在没有外界作用下实现参数保持不变。如图 1-7 所示，经验告诉人们，夹持在温度分别维持 T_1 和 T_2 的两个物体之间的均质等截面直杆的任意截面 l 上的温度不随时间而改变。但是，直杆并没有处于平衡状态，因为直杆任意截面上温度不变是在温度为 T_1 和 T_2 的两个物体（外界）的作用下才实现的，撤去这两个物体，直杆各截面的温

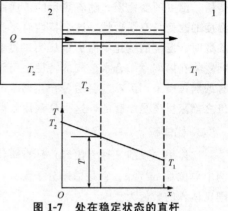

图 1-7　处在稳定状态的直杆

度就要变化，因此，直杆只是处在稳定状态而不是平衡状态。

此外，还要指出，平衡与均匀是两个不同的概念。平衡是相对于时间而言的；均匀是相对于空间而言的。平衡不一定均匀。例如，处于平衡状态下的水和水蒸气，虽然气液两相的温度与压力分别相同，但比体积相差很大，显然并非均匀体系。对于单相系统（特别是由气体组成的单相系统），如果忽略重力场对压力分布的影响，可以认为平衡必均匀，即平衡状态下单相系统内部各处的热力学参数均匀一致，而且不随时间而变化。因此，对于整个热力学系统的状态就可以用一组统一的并且具有确定数值的状态参数来描述。这样，就使热力分析大为简化。如不特别说明，本书一律将平衡状态下单相物系看作是均匀的，物系中各处的状态参数应相同。

二、状态参数坐标图

根据状态公理可知两个参数可以完全确定简单可压缩系统的平衡状态。因此，任意两个独立的状态参数所组成的平面坐标图上的任意一点，都相应于热力系统的某一确定的平衡状态。同样，热力系统每一平衡状态总可在这样的坐标图上用一点来表示。这种由热力系统状态参数所组成的坐标图称为状态参数坐标图。常用的这类坐标图有压容（p-v）图和温熵（T-s）图等，如图 1-8 所示。例如，具有压力 p_1 和比体积 v_1 的气体，它所处的状态 1 可用 p-v 图上的点 1 表示；若系统温度为 T_2，熵是 s_2，则可用 T-s 图上的点 2 表示该状态。显然，只有平衡状态才能用状态参数坐标图上的一点表示，不平衡状态因系统各部分的物理量一般不同，在坐标图上无法表示。此外，p-v 图上任一点都可在 T-s 图上找到确定的对应点；反之亦然。

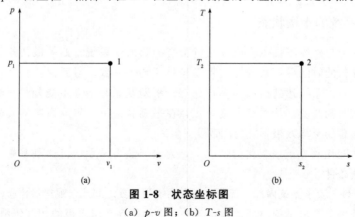

(a)　　　　　　　　　　(b)

图 1-8　状态坐标图

（a）p-v 图；（b）T-s 图

第四节 热力过程

当热力学系统与外界环境发生能量和质量交换时，工质的状态将发生变化。工质从某一初始平衡状态经过一系列中间状态，变化到另一平衡状态，称工质经历了一个热力过程。

一、准静态（平衡）过程

如前所述，热力学参数只能描述平衡状态，处于非平衡状态下的工质没有确定的状态参数，而热力过程又是平衡被破坏的结果。"过程"与"平衡"这两个看起来互不相容的概念给过程的定量研究带来了困难。进一步考察就会发现，尽管过程总是意味着平衡被打破，但是被打破的程度有很大差别。

为了便于对实际过程进行分析和研究，假设过程中系统所经历的每个状态都无限地接近平衡状态，这个热力过程称为准静态过程（或称为准平衡过程）。

实现准静态过程的条件是推动过程进行的不平衡势差（压力差、温度差等）无限小，而且系统有足够的时间恢复平衡。这对于一些热机来说，并不难实现。例如，在活塞式热力机械中，活塞运动的速度一般在 10 m/s 以内，但气体的内部压力波的传播速度等于声速，通常可达每秒几百米。相对而言，活塞运动的速度很慢，这类情况就可按照准静态过程处理。

在准静态过程中系统有确定的状态参数，因此可以在坐标图上用连续的实线表示。

二、可逆过程

如果系统完成某一过程之后，可以再沿原来的路径恢复到起始状态，并使相互作用中涉及的外界也恢复到原来的状态，而不留下任何变化，则这一过程就称为可逆过程；否则就是不可逆过程。

例如，由工质、热机和热源组成的一个热力系统，如图 1-9 所示。如果工质被无限多的不同温度的热源加热，那么工质就沿 1—3—4—5—6—7—2 经历一系列无限缓慢的吸热膨胀过程，在此过程中，热力学系统和外界随时保持热和力的无限小势差，是一个准平衡过程。如果机器没有任何摩擦阻力，则所获得的机械功全部以动能形式储存于飞轮中。撤去热源，飞轮中储存的动能通过曲柄连杆缓慢地还回活塞，使它反向移动，无限缓慢地沿 2—7—6—5—4—3—1 压缩工质，压缩过程消耗的功与工质膨胀产生的功相同。与此同时，工质在被压缩的过程中以无限小的温差向无限多的热源放热，所放出的热量与工质膨胀时所吸收的热量也恰好相等。结果系统及所涉及的外界都恢复到原来的状态，未留下任何

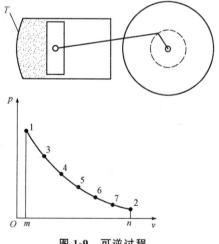

图 1-9 可逆过程

变化。工质经历的 1—3—4—5—6—7—2 过程就是一个可逆过程。需要指出的是，可逆过程中的"可逆"只是指可能性，并不是指必须恢复到初态。

可见，可逆过程首先必须是准静态过程，同时，在过程中不应有任何通过摩擦、黏性扰动、

温差传热、电阻、磁阻等耗功或潜在做功能力损失的耗散效应。因此，可逆过程就是无耗散效应的准静态过程。

准静态过程和可逆过程都是无限缓慢进行的，是由无限接近平衡态所组成的过程。因此，可逆过程与准静态过程一样在坐标图上都可用连续的实线描绘。它们的区别在于：准静态过程只要求于工质的内部平衡，有无摩擦等耗散效应与工质内部的平衡并无关系；而可逆过程则是分析工质与外界作用所产生的总效果，不仅要求工质内部是平衡的，而且要求工质与外界的作用可以无条件地逆复，过程进行时不存在任何能量的耗散。因此，可逆过程必然是准静态过程，而准静态过程不一定是可逆过程。

实际热力设备中进行的一切热力过程，或多或少地存在各种不可逆因素，因此，实际热力过程都是不可逆过程。但是"可逆过程"这个概念在热力学中占有重要地位，首先是它使问题简化，便于抓住问题的主要矛盾；其次可逆过程提供了一个标杆，虽然它不可能达到，但是它是一个奋斗目标；最后对于理想可逆过程的结果进行修正，即得到实际过程的结果。

【例 1-3】 气缸活塞系统

图 1-10 所示的气缸活塞系统，气缸内气体压力为 p，曲柄连杆对活塞的作用力 F，活塞与气缸摩擦力为 F_f，活塞的面积为 A。讨论气缸内气体进行准静态过程和可逆过程的条件。

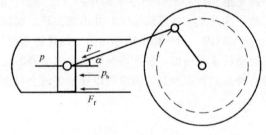

图 1-10　例 1-3 图

解： $pA > F\cos\alpha + p_b A + F_f$——非准静态过程；$pA = F\cos\alpha + p_b A + F_f$——准静态过程；$pA = F\cos\alpha + p_b A$，$F_f = 0$——可逆过程。

第五节　功和热量

系统与外界之间在不平衡势差作用下会发生能量交换。能量交换的方式有做功和传热两种。

一、功

功是系统与外界交换能量的一种方式。力学中将物体之间通过力的作用而传递的能量称为功，并定义功等于力 F 和物体在力所作用方向上位移 x 的乘积，即

$$W = Fx \tag{1-10}$$

按此定义，气缸中气体膨胀推动活塞及重物升起时气体就做功，涡轮机中气体推动叶轮旋转时气体也做功，这类功都属于机械功。除此之外，还可以有许多形式的功，它们并不直接地表现为力和位移，但能够通过转换全部变为机械功，因而，它们与机械功是等价的。例如，电池对外输出电能，可以认为电池输出电功。于是根据能量转换的观点，热力学对功的定义：功是热力学系统通过边界而传递的能量，且其全部效果可表现为举起重物。必须注意，功的这个热力学定义并非意味着真的举起重物，而是产生的效果相当于举起重物。这个定义突出了做功

和传热的区别。任何形式的功的全部效果可以统一地用举起重物来概括。传热的全部效果，无论通过什么途径，都不可能与举起重物的效果相当。

热力学系统做功的方式是多种多样的，本书重点讨论与容积变化有关的功（膨胀功和压缩功）的表达式。下面用图 1-11 所示的活塞气缸装置来推导准静态过程容积变化功的计算公式。首先确定气缸中质量为 m（kg）的气体为热力学系统，活塞面积为 A，初始状态气缸中气体的压力为 p，活塞上的外部阻力为 p_{ext}，由于讨论的是准静态过程，所以 p 和 p_{ext} 应该随时相差无限小。至于外界阻力来源于何处无关紧要，可以是外界负荷的作用，也可以包括活塞与气缸壁面之间的摩擦。这样，当活塞移动一微小距离 dx，则系统在微元过程中对外所做的功为

$$\delta W = F\,dx = pA\,dx = p\,dV \tag{1-11}$$

式中　dV——活塞移动 dx 时工质的容积变化量。

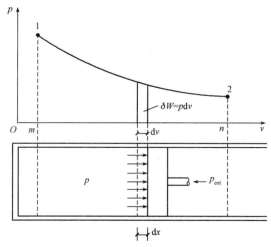

图 1-11　气体膨胀做功过程（$p\text{-}v$ 图）

若活塞从位置 1 移动到位置 2，系统在整个过程中所做的功为

$$W = \int_1^2 p\,dV \tag{1-12}$$

对于单位质量气体，准静态过程中的容积变化功可以表示为

$$\delta w = \frac{1}{m} p\,dV = p\,dv \tag{1-13}$$

$$w = \int_1^2 p\,dv \tag{1-14}$$

式（1-14）就是任意准静态过程容积变化功的表达式，这种在准静态过程中完成的功称为准静态功。由式（1-12）可见，只要已知过程的初态、终态，以及描写过程性质的 $p = f(v)$，而无须考虑外界的情况，就可以确定准静态过程的容积变化功。在 $p\text{-}v$ 图（图 1-11）中，积分 $p\,dV$ 相当于过程曲线 1-2 下的面积 $12nm1$，所以，这种功在 $p\text{-}v$ 图上可以用曲线下的面积表示。因此，$p\text{-}v$ 图又称为示功图。

如果状态点 1 和 2 之间经历的中间过程都处于非平衡状态，即没有确定的状态参数，则状态点 1 和 2 之间的过程线只能绘制成虚线，在 $p\text{-}v$ 图上虚线下的面积并无物理意义，不等于容积变化功。

从同一初态变化到同一终态，如果经历的过程不同，则容积变化功也就不同，可见容积变化功是与过程特性有关的过程量，而不是系统的状态参数，因此，容积变化功的微元形式不能

用 dw 表示，只能用 δw 表示。此外，如果气体膨胀 $dV>0$，则 $\delta w>0$，功量为正，表示气体对外做功；反之，如果气体被压缩 $dV<0$，则 $\delta w<0$，功量为负，表示外界对气体做功。

容积变化功只涉及气体容积变化量，而与此容积的空间几何形状无关，无论气体的容积变化是发生于气缸等规则容器中，还是发生在不规则流道的流动过程中，其准静态功都可以用式（1-12）计算。

还应注意，可逆过程是无耗散效应的准静态过程，因此，可逆过程的容积变化功显然也可以用式（1-12）确定。但是非准静态过程就不能用这个式子。实际过程都是不可逆的，故外界获得的有效功要比工质所做的功 pdv 小，这是由于存在机械摩擦而要消耗一部分功。在进行热力学分析时，一般总采用理想化的方法，即机械摩擦问题不予考虑，当具体计算热机功率时，则根据实际情况对理论结果予以修正。工程中常用机械效率来考虑机械摩阻损失对理论功率的修正。

【例 1-4】 气体膨胀做功

气体初态 $p_1=0.5$ MPa，$v_1=0.172$ m³/kg，按 $pv=$ 常数的规律，可逆膨胀到 $p_2=0.1$ MPa，试求膨胀功。

解：$w=\int_1^2 p\,dv=\int_1^2 \frac{p_1 v_1}{v}\,dv=p_1 v_1\ln v\,|_1^2=p_1 v_1\ln\frac{v_2}{v_1}$

因为 $pv=$ 常数，$\frac{v_2}{v_1}=\frac{p_1}{p_2}$

$$w=p_1 v_1\ln\frac{v_2}{v_1}=p_1 v_1\ln\frac{p_1}{p_2}=0.5\times10^6\times0.172\times\ln\frac{0.5}{0.1}=138\,411.660\,5(J)$$

二、热量

热量是热力学系统与外界之间由于温度不同而通过边界传递的能量，它和功一样是一种能量的传递方式。热量也是过程量而不是状态参数，说某状态下工质含有多少热量是无意义的。一个物体温度高，不能说该物体有很多热量，只有当物体与另一温度不同的物体进行热交换时，才说传递了多少热量。

热量用符号 Q 表示，法定单位为 J 或 kJ。单位质量工质与外界交换的热量用符号 q 表示，单位为 J/kg 或 kJ/kg。热力学中规定：系统吸热时 Q 取正值，放热时 Q 取负值。

曾用 kcal（千卡或大卡）作热量单位，是指 1 kg 纯水的温度从 14.5 ℃ 升至 15.5 ℃ 所需吸收的热量。两种热量单位的换算关系为 1 kcal=4.186 8 kJ。

在这里，顺便引出一个与热量有密切关系的热力学状态参数——熵，用符号 S 表示。熵是由热力学第二定律引出的状态参数。其定义式为

$$dS=\frac{\delta q}{T} \tag{1-15}$$

式中　δq——系统在微元可逆过程中与外界交换的热量；

T——传热时系统的热力学温度；

dS——此微元过程中系统熵的变化量。

这个定义式只适合可逆过程。

每千克工质的熵称为比熵，用 s 表示，比熵的定义式为

$$ds=\frac{dS}{m}=\frac{\delta q}{T} \tag{1-16}$$

与 $p\text{-}v$ 图类似，可以用热力学温度 T 作为纵坐标，熵 s 作为横坐标构成 $T\text{-}s$ 图，称为温熵图。因为 $\delta q = T\mathrm{d}s$，所以 $q_{1-2} = \int_1^2 \delta q = \int_1^2 T\mathrm{d}s$。因此，在 $T\text{-}s$ 图上任意可逆过程曲线与横坐标所包围的面积即在此热力过程中热力学系统与外界交换的热量，如图 1-12 所示，因此，$T\text{-}s$ 图又称为示热图。

根据 $\delta q = T\mathrm{d}s$，且热力学温度 $T > 0$，因此，$T\text{-}s$ 图不仅可以表示可逆过程热量的大小，而且可以表示热量的方向。如果可逆过程在 $T\text{-}s$ 图上是沿熵增加的方向进行的，则该过程线下的面积所代表的热量为正值，即系统从外界吸热；反之，如果可逆过程在 $T\text{-}s$ 图上是沿熵减小的方向进行的，则该过程线下的面积所代表的热量为负值，即系统对外界放热。这里说明了一个道理，一个可逆热力过程究竟是吸热还是放热，不是取决于温度的变化，而是取决于熵的变化。温度升高可能是一个放热过程；温度降低可能是一个吸热过程。

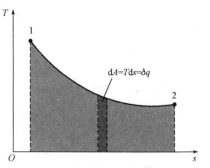

图 1-12　气体吸热过程（$T\text{-}s$ 图）

第六节　热力循环

一、概述

工质从某一初始状态出发，经过一系列中间过程又恢复到初始状态，称工质经历了一个热力循环，简称循环。全部由可逆过程组成的循环就是可逆循环；如果循环中有部分过程或全部过程是不可逆的，则该循环称为不可逆循环。在 $p\text{-}v$ 图上和 $T\text{-}s$ 图上可逆循环用闭合实线表示（图 1-13），不可逆循环中的不可逆过程用虚线表示。

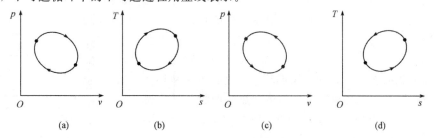

图 1-13　正向循环和逆向循环

（a）正向循环在 $p\text{-}v$ 图上表示；（b）正向循环在 $T\text{-}s$ 图上表示；
（c）逆向循环在 $p\text{-}v$ 图上表示；（d）逆向循环在 $T\text{-}s$ 图上表示

普遍接受的循环的经济性指标的原则定义为

$$\text{经济性指标} = \frac{\text{循环得到的效益}}{\text{循环付出的代价}}$$

在蒸汽动力厂中，水在锅炉中吸热，生成高温、高压蒸汽，经主蒸汽管道输入汽轮机中膨胀做功，做完功的蒸汽（通常称为乏汽）排入凝汽器，被冷却为凝结水，凝结水经过水泵升压后，再一次进入锅炉吸热，工质完成一个循环。蒸汽动力厂通过工质的循环，连续不断地将燃料的化学能转换为机械能，进而转换为电能。在制冷循环装置中，消耗功而使热量从低温物体传输至高温外界，使冷库保持低温。它是一种消耗功的循环，相对于对外做功的动力循环（正向循环），这种循环称为逆向循环。

热力循环是封闭的热力过程，在 $p\text{-}v$ 图和 $T\text{-}s$ 图上，热力循环表示为封闭的曲线，如图 1-13 所示。在 $p\text{-}v$ 图和 $T\text{-}s$ 图上，正向循环是按顺时针方向进行的 ［图 1-13（a）、(b)］；逆向循环是按逆时针方向进行的 ［图 1-13（c）、(d)］。

二、正向循环

正向循环也称为热动力循环，是将热能转换为机械能的循环，其性能系数称为热效率。

正向循环的模型如图 1-14 所示。对于单位质量的工质来说，正向循环的总效果是从高温热源吸收 q_1 的热量，对外做出 w_{net} 的循环净功，同时向低温热源排放 q_2 的热量。正向循环的热效率用 η_t 表示，即

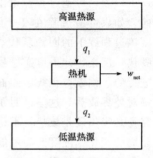

图 1-14 正向循环模型

$$\eta_t = \frac{w_{net}}{q_1} = \frac{q_1 - q_2}{q_1} = 1 - \frac{q_2}{q_1} \qquad (1\text{-}17)$$

η_t 越大，表示吸入同样 q_1 时得到的循环功 w_{net} 越多，或者说得到的相同的循环功 w_{net} 付出的热量 q_1 越小，表明循环的经济性越好。

三、逆向循环

逆向循环主要用于制冷装置或热泵装置，它是将机械能转化为热能的循环。逆向循环的模型如图 1-15 所示。如果逆向循环是作为热泵来使用，则图 1-15 中的制冷机应为热泵。对于单位质量的工质来说，逆向循环的总效果是消耗 w_{net} 的循环净功，从低温热源吸收 q_2 的热量，同时向高温热源排放 q_1 的热量。

逆向循环无论用作制冷循环还是热泵循环，循环付出的代价都是消耗 w_{net}，但循环得到的收益不同，制冷循环的目的是将低温热源的热量排向环境，形成一个比环境温度低的空间，便于保存食物或在夏天给人们提供一个更舒适的工作环境和生活环境，因此，它的收益是从低温热源吸收的热量 q_2；而热泵循环主要是在冬天从环境（低温热源）吸收热量向房间（高温热源）供热，热泵的收益是向高温热源排放的热量 q_1。制冷循环和热泵循环的经济指标分别用制冷系数 ε_1 和热泵系数（有时也称为供暖系数或供热系数）ε_2 表示，则有

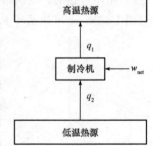

图 1-15 逆向循环模型

$$\varepsilon_1 = \frac{q_2}{w_{net}} = \frac{q_2}{q_1 - q_2} \qquad (1\text{-}18)$$

$$\varepsilon_2 = \frac{q_1}{w_{net}} = \frac{q_1}{q_1 - q_2} > 1 \qquad (1\text{-}19)$$

很明显，与热效率 η_t 一样，制冷系数 ε_1 和热泵系数 ε_2 越高，表明循环的经济性越好，而且热泵系数 ε_2 恒大于 1，可以说热泵是一种很好的节能设备。

【例 1-5】 火电厂热效率

某地各发电厂平均每生产 1 kW·h 电消耗 372 g 煤。若标煤的热值是 29 308 kJ/kg，试求电厂的平均热效率 η_t。

解：收益：

$$1 \text{ kW} \cdot \text{h} = 1 \text{ kJ/s} \times 3\,600 \text{ s} = 3\,600(\text{kJ})$$

代价：

$$372 \text{ g 标准煤发热量} = 0.372 \text{ kg} \times 29\,308 \text{ kJ/kg} = 10\,902.576(\text{kJ})$$

$$\eta_\text{t} = \frac{收益}{代价} = \frac{3\,600}{10\,902.576} = 33.02\%$$

习 题

一、选择题

1. 系统处于平衡状态时，（ ）。

    A. 表压力不变   B. 绝对压力不变

    C. 表压力和绝对压力都不变   D. 表压力和绝对压力都改变

2. 不计重力作用，平衡状态单相系统内各点的状态参数，如密度（ ）。

    A. 在不断地变化   B. 必定是接近相等

    C. 必定是均匀一致的   D. 不一定是均匀一致

3. 经过一个不可逆循环，工质不能恢复至原来的状态（ ）。

    A. 这种说法是错误的   B. 这种说法是正确的

    C. 这种说法在一定条件下是正确的   D. 无法判断

4. 下列说法正确的是（ ）。

    A. 孤立系统内工质的状态不能发生变化

    B. 系统在相同的初、终状态之间的可逆过程中做功相同

    C. 经过一个不可逆过程后，工质可以恢复到原来的状态

    D. 质量相同的物体 A 和 B，因 $T_A > T_B$，所以物体 A 具有的热量较物体 B 多

二、简答题

1. 闭口系统与外界无物质交换，系统内质量保持恒定。那么系统内质量保持恒定的热力系统一定是闭口系统吗？

2. 如果容器中气体的压力没有改变，试问安装在该容器上的压力表的读数会改变吗？

3. 状态参数具有哪些特性？

4. 平衡状态和稳定状态有何区别和联系？

5. 生活中炒菜过程中锅铲下端温度较高，锅铲把手位置温度较低，有人说此时锅铲处于平衡状态，对吗？

6. 促使系统状态变化的原因是什么？举例说明。

7. 工质经历不可逆过程后，能否恢复至初始状态？包括系统与外界的整个系统能否恢复到原来的状态？

8. 实际上可逆过程是不存在的，但为什么还要研究可逆过程呢？

9. 气体膨胀一定对外做功吗？为什么？

10. "工质吸热温度升高，放热温度降低"，这种说法对吗？

11. 系统经历一可逆正向循环和其可逆逆向循环后，系统和外界有什么变化？若上述正向及逆向循环中有不可逆因素，则系统及外界有什么变化？

三、计算题

1. 为了环保，燃煤电站锅炉通常采用负压运行方式。现采用图 1-16 所示的斜管式微压计来测量炉膛内烟气的真空，已知斜管倾角 $\alpha=30°$，微压计中使用密度 $\rho=800\ \text{kg/m}^3$ 的酒精，斜管中液柱的长度 $l=200\ \text{mm}$，若当地大气压 $p_\text{b}=0.1\ \text{MPa}$，则烟气的绝对压力为多少（Pa）？

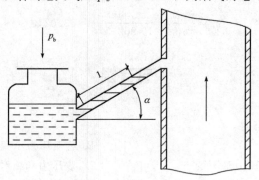

图 1-16　计算题 1 图

2. 容器被分隔成 A 和 B 两室，如图 1-17 所示，已知当地大气压 $p_\text{b}=0.101\ 3\ \text{MPa}$，压力表 1 的读数 $p_{\text{g}1}=0.294\ \text{MPa}$，压力表 2 的读数 $p_{\text{g}2}=0.04\ \text{MPa}$，求压力表 3 的读数为多少（MPa）。

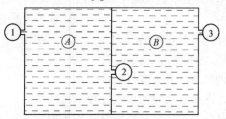

图 1-17　计算题 2 图

3. 火电厂汽轮机的排汽（有时称为乏汽）送到凝汽器中放热。已知某凝汽器真空表的读数为 96 kPa，当地大气压力 $p_\text{b}=1.01\times10^5\ \text{Pa}$。问凝汽器内的绝对压力为多少（Pa）？

4. 有些国家和地区的人们习惯于用华氏温度（℉）表示气温和体温。某人测得自己的体温为 200 ℉，那么该人的体温为多少摄氏度？

5. 某气缸中有 0.5 kg 的气体，从初态 $p_1=0.7\ \text{MPa}$，$V_1=0.02\ \text{m}^3$，可逆膨胀到终态 $V_2=0.05\ \text{m}^3$，各膨胀过程维持以下关系：

(1) $p=$ 定值；

(2) $pV=$ 定值，试计算各过程所作的膨胀功。

6. 气体从 $p_1=0.1\ \text{MPa}$，$V_1=0.3\ \text{m}^3$ 压缩到 $p_2=0.4\ \text{MPa}$。压缩过程中维持下列关系 $p=aV+b$，其中 $a=-1.5\ \text{MPa/m}^3$。试计算过程中所需的功，并将过程表示在 p-V 图上。

7. 某房间冬季通过墙壁和窗子向外散热 70 000 kJ/h，房间内有两只 40 W 的电灯照明，其他家电耗电约为 100 W，为维持房间内温度不变，房主购买了供热系数为 5 的热泵，求驱动热泵所需的功率。

第二章

热力学基本定律

热力学是一门非常重要的学科，它深入探索能量与物质之间的奥秘，解析自然界与人类社会的各种现象。热力学基本定律作为热力学体系的支柱，承载着这门学科的核心原理和普适规律。

自诞生以来，热力学基本定律在各个领域展现着其深邃的力量。它向人们展示了能量的守恒、熵的增加、热能的传递及系统的平衡，为探索宇宙的奥秘提供了坚实的理论基础。从宏观的天体运动到微观的分子碰撞，热力学基本定律都在指引着人们对自然界的探索。

然而，热力学基本定律不仅仅停留于物理领域，在现代社会，它更与经济、环境、能源等问题息息相关，引导着人们对资源的合理利用、社会的可持续发展、能源的清洁转型等方面的思考。

第一节　热力学第一定律

基于观察和试验的自然规律总结了一条结论：能量既不可能被创生，也不可能被消灭，它只能从一种形式转换成另一种形式，或者从一个（一些）物体转移到另一个（一些）物体，而在转换或转移过程中，能量的总和保持不变。这就是能量守恒和转换定律。

热力学第一定律就是一切热力过程所必须遵循的能量转换与守恒定律。在工程热力学范围内，热力学第一定律可表述为热能和机械能在转移或转换时，能量的总量必定守恒。根据该定律可以断定，要想得到机械能就必须花费热能或其他能量，幻想创造一种不花费任何能量就可以产生动力的机器是不可能的。因此，热力学第一定律也可以表述为不消耗能量而连续做功的所谓第一类永动机是不可能实现的。

在热能与机械能的相互转换或热能的转移中，必须通过系统工质的状态变化来实现。将工质从某一初始平衡状态经过一系列中间状态，变化到另一平衡状态，称为工质经历了一个热力过程，或简称为过程。在分析热力过程时，选取热力系统十分重要，同一现象选取不同的热力系统，系统与外界之间的能量关系也不同。由此建立起来的能量方程也各不相同，但是实质是相同的，都满足热力学第一定律的基本表达式：

输入系统的能量－输出系统的能量＝系统储存能的变化量

下面以工程中常见的三种情况（闭口系统、开口系统、稳定流动）为例，进一步把热力学第一定律的上述表达式具体化。

（1）闭口系统：与外界只有能量交换而无物质交换。

（2）开口系统：与外界不仅有能量交换而且有物质交换。

（3）稳定流动：是指流道中任何位置上流体的流速及其他状态参数（温度、压力、比体积、比热力学能等）都不随时间而变化的流动。

第二节　热力学能概述

一、热力学能

所谓热力学能，是指内动能、内位能及维持一定分子结构的化学能和原子核内部的原子能等一起构成内部储存能。在工程热力学中，认为无化学反应和原子核反应的发生，化学能和原子核能都不发生变化，这种情况下，热力学能是指不涉及化学能和原子能的物质分子热运动动能（内动能）和分子之间由于相互作用力而具有的位能（内位能）之和。其中，内动能是温度的函数，温度的高低是内动能大小的反映，气体的温度高，内动能就大。而内位能是由于气体分子之间存在着相互作用力，气体内部因克服分子之间的作用力所形成的，其大小与分子间的距离有关，是比体积的函数。

用 U 表示 m kg 质量气体的热力学能，称为热力学能，单位是 J 或 kJ；用 u 表示 1 kg 质量气体的热力学能，称为比热力学能，单位是 kJ/kg。

由上可知，在工程热力学中，气体工质的热力学能为温度和比体积的函数，是状态参数，可表示为

$$u = f(T, v) \tag{2-1}$$

对于理想气体，由于分子之间不存在相互作用力，即没有内位能，其热力学能就只包括分子内动能。所以，对于理想气体，热力学能只是温度的单值函数，即

$$u = f(T) \tag{2-2}$$

分子在温度不为绝对零度（现阶段技术水平无法达到）的条件下，不停地进行布朗运动，热力学能不可能为零。但是在工程热力学中，经常遇到的问题是计算工质从一个状态变化到另一个状态的热力学能变化量，而不是它的绝对值。因此，热力学能的基准点（零点）可以人为地选定，例如，选取 0 K 或 0 ℃时气体的热力学能为零。

二、宏观动能与宏观位能

系统储存能按下式计算：

系统储存能＝内部储存能（热力学能）＋外部储存能

其中，外部储存能包括两部分：一部分是热力系统由于宏观运动具有的宏观动能；另一部分是系统在重力场中所处位置具有的宏观位能，分别用 E_k、E_p 表示，单位为 J 或 kJ。

质量为 m 的物体相对于系统外的参考坐标以速度 c 运动时，该物体具有的宏观运动的动能为

$$E_k = \frac{1}{2}mc^2 \tag{2-3}$$

在重力场中，质量为 m 的物体相对于系统外的参考坐标系的高度为 z 时，具有的重力位能为

$$E_p = mgz \tag{2-4}$$

式中　g——重力加速度。

系统的热力学能、宏观动能与宏观位能之和称为系统的储存能，用 E 表示，即

$$E = U + E_k + E_p \tag{2-5}$$

单位质量工质的储存能称为比储存能，用 e 表示，单位为 J/kg 或 kJ/kg，即

$$e = u + e_k + e_p \tag{2-6}$$

对于没有宏观运动，并且高度为零的系统，系统总能等于热力学能，即

$$E = U \text{ 或 } e = u \tag{2-7}$$

第三节　闭口系统能量方程

如图 2-1 所示，取封闭在气缸里的工质作为研究对象，这显然是一个闭口系统。设工质由平衡态 1 变化到平衡态 2 的状态变化过程中从外界吸取的热量为 Q，热力学能由 U_1 变为 U_2，对外所做的膨胀功为 W。根据热力学第一定律的基本表达式，该闭口系统的热力学第一定律的表达式为

$$Q = \Delta U + W = U_2 - U_1 + W \tag{2-8}$$

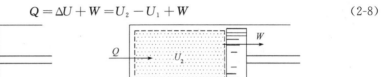

图 2-1　气缸系统

对每千克工质而言，可得

$$q = \Delta u + w = u_2 - u_1 + w \tag{2-9}$$

对微元过程而言，则可将式（2-9）微分，从而得

$$\delta q = du + \delta w \tag{2-10}$$

式（2-8）～式（2-10）都是闭口系统的能量方程（热力学第一定律表达式）。表示加给系统一定量的热量，一部分用于改变系统的热力学能，另一部分用于对外做膨胀功。反之，如果是外界对系统做功，或系统对外放热，系统热力学能减少，则方程式各项为负值，依据能量守恒定律建立的能量方程也是成立的。因此，能量方程适用于闭口系统任何工质的各种热力过程，无论是否为可逆过程。

对于可逆过程，由于 $\delta w = p\,dv$ 或 $w = \int_1^2 p\,dv$，于是有

$$\delta q = du + p\,dv \tag{2-11a}$$

或

$$q = \Delta u + \int_1^2 p\,dv \tag{2-11b}$$

上式仅适用于可逆过程。

第四节　开口系统稳定流动能量方程

一、流动功和焓

在动力工程上，加热、冷却、膨胀、压缩等过程一般都是伴随工质不断流过加热器、冷凝

器、锅炉、内燃机、压缩机等热工设备时进行的。工质流经热工设备时，可以与外界进行质量交换与能量交换，且并非都是恒定的，而是有时随时间发生变化。因此，控制体内既有能量变化，又有质量变化，在分析时必须同时考虑控制体内的质量变化和能量变化。与闭口系统相比，开口系统有以下特点：

（1）所传递能量的形式（热量和功量）虽与闭口系统相同，但由于开口系统所选控制体界面是不动的，因此开口系统与外界交换的功量形式不是容积功而是轴功。

（2）由于有物质流入和流出界面，系统与外界之间又产生两种另外的能量传递方式：一是流动工质本身所具有的储存能将随工质流入或流出控制体，直接与外界之间进行的能量交换；二是当工质流入或流出控制体时，必须受外力推动，这种推动工质流动而做的功称为流动功，也称为推进功。

1）如图 2-2 所示，当质量为 dm 的工质在外力的推动下克服压力 p 移动距离 dx，并通过面积为 A 的截面进入系统时，则外界所做的流动功为

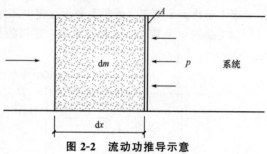

$$\delta W_f = pA\,dx = p\,dV = pv\,dm \qquad (2\text{-}12)$$

对于单位质量工质，流动功为

$$w_f = \frac{\delta W_f}{dm} = pv \qquad (2\text{-}13)$$

图 2-2　流动功推导示意

从上式可知，流动功的大小由工质的状态参数（压力和比体积）决定。流动功不是工质本身具有的能量，而是由动力设备（泵或风机）作用在工质上，并随着工质的流动而向前传递的一种能量。因此，计算推动单位工质进入控制体内所需要的流动功可以按照入口界面处的状态参数 $p_1 v_1$ 来计算；推动单位工质离开控制体所需要的流动功可以按照出口界面处的状态参数 $p_2 v_2$ 来计算。则控制体的净流动功为

$$\Delta w_f = p_2 v_2 - p_1 v_1 \qquad (2\text{-}14)$$

2）设控制体在某一瞬时进行了一个微元热力过程。如图 2-3 所示，在这段时间内，有 dm_1 和 dm_2 的工质分别流入与流出控制体，伴随单位质量的工质分别有能量 e_1 和 e_2 流入与流出控制体；同时，还有微元热量 δQ 进入控制体，有微元轴功 δW_s 传出控制体，以及伴随单位质量的工质分别有流动功 $p_1 v_1$ 和 $p_2 v_2$ 流入与流出控制体。则可以写出：

$$dm_1 - dm_2 = dm_{sys} \qquad (2\text{-}15)$$

式中　m_{sys}——控制体内的质量。

$$dm_1 e_1 + dm_1 p_1 v_1 + \delta Q - dm_2 e_2 - dm_2 p_2 v_2 - \delta W_s = d(me)_{sys} \qquad (2\text{-}16)$$

式中　$(me)_{sys}$——控制体内的能量。

将式（2-6）代入上式，整理后可得

$$dm_1 \left(u_1 + p_1 v_1 + \frac{c_1^2}{2} + gz_1 \right) - dm_2 \left(u_2 + p_2 v_2 + \frac{c_2^2}{2} + gz_2 \right) + \delta Q - \delta W_s$$

$$= d\left[m\left(u + \frac{c^2}{2} + gz \right) \right]_{sys} \qquad (2\text{-}17)$$

令

$$h = u + pv \qquad (2\text{-}18)$$

由于 u、p 和 v 都是状态参数，所以，h 必定也是状态参数，称其为焓，单位为 J/kg 或 kJ/kg。对于 m kg 工质的焓，用符号 H 表示，单位为 J 或 kJ。

$$H = mh = U + pV \tag{2-19}$$

由此，式（2-17）可以写成：

$$\mathrm{d}m_1\left(h_1 + \frac{c_1^2}{2} + gz_1\right) - \mathrm{d}m_2\left(h_2 + \frac{c_2^2}{2} + gz_2\right) + \delta Q - \delta W_\mathrm{s} = \mathrm{d}\left[m\left(u + \frac{c^2}{2} + gz\right)\right]_{\mathrm{sys}} \tag{2-20}$$

对于流动工质，焓可以理解为流体向下游传送的热力学能和流动功之和。

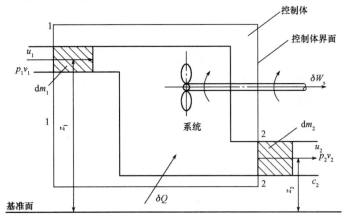

图 2-3 开口系统

二、稳定流动能量方程

开口系统内，如果控制体内质量和能量随时间而变化，称之为不稳定流动过程；反之，系统内的质量和能量不随时间变化，各点参数保持不变，则称为稳态稳流过程，或称为稳定流动。

热力工程上常见的设备，如锅炉、换热器、风机等，当它们稳定工作时，控制体内任意一点的热力状态、流动情况及与外界交换的功量和热量都不随时间而改变，按稳定流动来处理。对于连续周期性工作的热工设备，如活塞式压气机、内燃机等，虽然工质的出入是不连续的，但正常工作是按照同样的循环过程不断地重复，整个工作过程仍可按稳定流动来处理。

根据稳定流动工况特征可知：

（1）物质流过系统任何断面、截面上的质量均相等，且为定值，即

$$\mathrm{d}m_1 = \mathrm{d}m_2 = \cdots = \mathrm{d}m = \mathrm{const} \tag{2-21}$$

（2）系统的能量不随时间而变化，即

$$\mathrm{d}E_{\mathrm{sys}} = \mathrm{d}\left[m\left(u + \frac{c^2}{2} + gz\right)\right]_{\mathrm{sys}} = 0 \tag{2-22}$$

能量守恒方程式可写为

$$\delta Q = \mathrm{d}m\left[(h_2 - h_1) + \frac{1}{2}(c_2^2 - c_1^2) + g(z_2 - z_1)\right] + \delta W_\mathrm{s} \tag{2-23}$$

对于 1 kg 工质：

$$q = (h_2 - h_1) + \frac{1}{2}(c_2^2 - c_1^2) + g(z_2 - z_1) + w_\mathrm{s}$$

$$= \Delta h + \frac{1}{2}\Delta c^2 + g\Delta z + w_\mathrm{s} \tag{2-24}$$

对于 m kg 工质：

$$Q = \Delta H + \frac{1}{2}m\Delta c^2 + mg\Delta z + W_\mathrm{s} \tag{2-25}$$

对于微元热力过程：

$$\delta q = \mathrm{d}h + \frac{1}{2}\mathrm{d}c^2 + g\,\mathrm{d}z + \delta w_s \tag{2-26}$$

式（2-24）～式（2-26）均为稳定流动能量方程的表达式，它们适用于稳态稳流的可逆或不可逆过程。

三、技术功

在稳定流动能量方程式中等号右边除焓差外，其余三项（动能变化、位能变化及轴功 w_s）是不同类型的机械能，它们是热力过程中可被直接利用做功的能量，在工程热力学中，将这三项之和统称为技术功，用符号 w_t 表示，即

$$q = \Delta h + w_t \tag{2-27}$$

$$\delta q = \mathrm{d}h + \delta w_t \tag{2-28}$$

$$w_t = \frac{1}{2}\Delta c^2 + g\Delta z + w_s \tag{2-29}$$

对于微元热力过程：

$$\delta w_t = \frac{1}{2}\mathrm{d}c^2 + g\,\mathrm{d}z + \delta w_s \tag{2-30}$$

引用技术功概念后，稳态稳流能量方程又可写成：

$$w_t = q - \Delta h = (\Delta u + w) - (\Delta u + p_2 v_2 - p_1 v_1)$$
$$= w + p_1 v_1 - p_2 v_2 \tag{2-31}$$

上式表明，技术功等于膨胀功与流动功的代数和。

对于稳定流动的可逆过程：

$$\delta w_t = \delta q - \mathrm{d}h = (\mathrm{d}u + p\,\mathrm{d}v) - \mathrm{d}(u + pv)$$
$$= \mathrm{d}u + p\,\mathrm{d}v - \mathrm{d}u - p\,\mathrm{d}v - v\,\mathrm{d}p \tag{2-32}$$

即

$$\delta w_t = -v\,\mathrm{d}p \tag{2-33}$$

对于可逆过程 $1-2$（图 2-4）：

$$w_t = -\int_1^2 v\,\mathrm{d}p \tag{2-34}$$

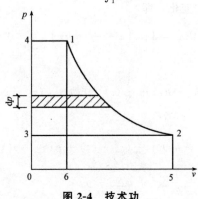

图 2-4　技术功

可得：在图 2-4 $p\text{-}v$ 图上用过程线 $1-2$ 与纵坐标轴之间围成的面积表示，$w_t=$ 面积 12341。

技术功、膨胀功及流动功之间的关系，由式（2-31）及图 2-4 可知：

$$w_t = w + p_1 v_1 - p_2 v_2 = 面积 12561 + 面积 41604 - 面积 23052 \tag{2-35}$$

技术功不仅与初、终状态有关，也受过程特性影响，所以技术功是过程量。

在一般的工程设备中，往往可以不考虑进、出口工质动能和位能的变化，由式（2-35）可知，此时技术功就等于轴功，即

$$w_t = w_s = w + p_1 v_1 - p_2 v_2 \tag{2-36}$$

第五节　开口系统稳定流动能量方程的应用

一、热交换设备

以热量交换为主要工作方式的设备称为热交换设备或换热器，如工程上的各种加热器、冷却器、散热器、蒸发器和冷凝器等都属于这类设备，以火电厂锅炉为例，如图 2-5 所示，应用稳态稳流能量方程式，当工质流过热交换设备时，由于系统与外界没有功量交换，即 $w_s = 0$，且动能、位能的变化可以忽略，故可认为

$$q = \Delta h = h_2 - h_1 \tag{2-37}$$

因此，在锅炉等热交换设备中，工质所吸收的热量等于焓的增加。

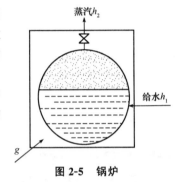

图 2-5　锅炉

二、动力机械

工程中，利用工质膨胀做功的各种热力发动机，如燃气轮机、蒸汽轮机等。以汽轮机为例，如图 2-6 所示，应用稳态稳流能量方程式，当工质流过汽轮机时，由于进出口的速度变化不大，进出口的高度差一般很小，又由于设备多采用良好的保温隔热措施，通过设备外壳向外界的散热量很小，故可认为

$$g(z_2 - z_1) \approx 0$$
$$\frac{1}{2}(c_2^2 - c_1^2) \approx 0$$
$$q \approx 0$$

于是得

$$w_s = h_1 - h_2 \tag{2-38}$$

因此可得，汽轮机等动力机械对外输出的轴功等于工质的焓降。

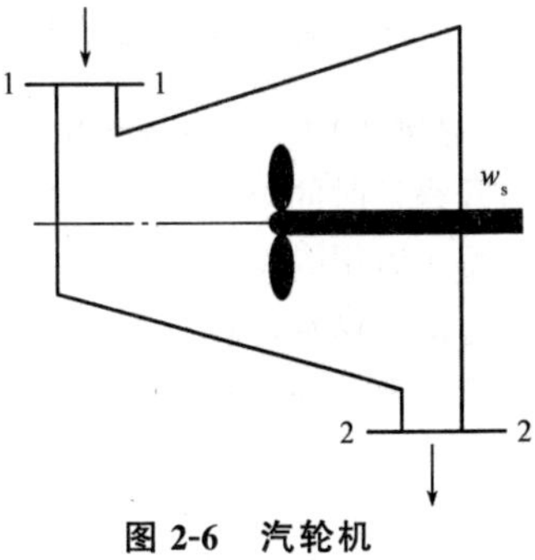

图 2-6　汽轮机

与动力机械类似，思考压气机的稳定流动能量方程如何简化。

三、绝热节流

绝热节流是一个热力过程，它描述了工质在通过一个孔或阀门时的减压过程。如图 2-7 所示，流体在管道内流动，遇到突然变窄的断面，工质的流速突然增加，压力急剧下降，并在缩口附近产生旋涡，流过缩口后流速减慢，压力又回升，由于前后两个截面上流速差别不大，动能变化可以忽略，且不考虑位能变化，另外，该过程绝热，即没有热量进出系统，应用稳态稳

流能量方程式后，可得

$$h_2 = h_1 \tag{2-39}$$

式（2-39）表明，绝热节流前、后焓相等。但需要注意的是，在两个界面之间，特别是节流孔口附近流体的流速变化很大，焓值并非处处相等，不可将整个节流过程看作定焓的过程。

四、喷管

喷管是一种能使气流压力降低，流速增加的设备，如图 2-8 所示。工质流经喷管时与外界没有功量交换，进出口位能差很小，可以忽略，又因为工质流过喷管时速度很高，与外界的热交换也可不考虑，即

$$w_s = 0$$
$$g \Delta z \approx 0$$
$$q \approx 0$$

则式（2-24）可简化为

$$\frac{1}{2} \Delta c^2 = h_1 - h_2 \tag{2-40}$$

即

$$\frac{1}{2}(c_2^2 - c_1^2) = h_1 - h_2 \tag{2-41}$$

式（2-41）表明，在喷管中，工质动能的增加等于其焓的减少。

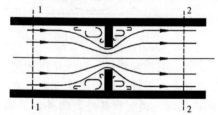

图 2-7　绝热节流

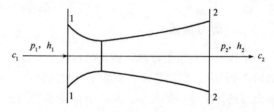

图 2-8　喷管

【例 2-1】　一台供热用锅炉，蒸发量为 2 t/h，给水进入锅炉时的焓 $h_1 = 210$ kJ/kg，水蒸气离开锅炉时的焓 $h_2 = 2\,768$ kJ/kg。已知煤的发热量为 23 000 kJ/kg，锅炉的效率为 70%，试计算每小时用煤量。

解：以锅炉进出口截面为系统边界，这是一开口系统的稳定流动，据式（2-37）可计算每千克工质在锅炉中所吸收的热量，为

$$q = h_2 - h_1 = 2\,768 - 210 = 2\,558 \text{(kJ/kg)}$$

每小时吸热量为

$$Q = mq = 2\,000 \times 2\,558 = 5.116 \times 10^6 \text{(kJ/h)}$$

于是锅炉的耗煤量为

$$\frac{5.116 \times 10^6}{23\,000 \times 0.70} = 318 \text{(kg/h)}$$

【例 2-2】　有一流体以 $c_1 = 3$ m/s 的速度通过直径为 7.62 cm 的管路进入动力机，进口处的焓为 2 558.6 kJ/kg，热力学能为 2 326 kJ/kg，压力 $p_1 = 689.48$ kPa，而在动力机出口处的焓为 1 395.6 kJ/kg。如果忽略流体动能和重力位能的变化，求动力机所发出的功率。

解：设过程为绝热过程，由焓的定义式得

$$p_1 v_1 = h_1 - u_1 = 2\ 558.6 - 2\ 326 = 232.6 (\text{kJ/kg})$$

在进口处

$$p_1 = 689.48\ \text{kPa}$$

故

$$v_1 = \frac{232.6}{689.48} = 0.337\ 4 (\text{m}^3/\text{kg})$$

进口管段的流通截面面积为

$$A = \frac{\pi d^2}{4} = \frac{3.141\ 6 \times 0.076\ 2^2}{4} = 0.004\ 5 (\text{m}^2)$$

流体的质量流量为

$$\dot{m} = \frac{c_1 A}{v_1} = \frac{3 \times 0.004\ 5}{0.337\ 4} = 0.04 (\text{kg/s})$$

取动力机为控制体，稳态稳流工况。

由于

$$g \Delta z \approx 0;\ \frac{1}{2}\Delta c^2 \approx 0;\ q = 0$$

故得

$$w_s = h_1 - h_2 = 2\ 558.6 - 1\ 395.6 = 1\ 163 (\text{kJ/kg})$$

功率为

$$P = \dot{m} w_s = 0.04 \times 1\ 163 = 46.5 (\text{kW})$$

第六节　热力学第二定律

一、自发过程的方向性

热力学第一定律让人们认识到，能量不能被创造，也不会消失，它的总量是守恒的。同时，也让人们明白第一类永动机不可能实现，换而言之，自然界中一切过程都必须遵守热力学第一定律。

然而，是否只要不违反热力学第一定律的过程都是可以实现的呢？显然，事实并非如此。

生活中，人们总是有这样的常识，例如，热量会自发由高温物体传向低温物体；反之则不能自发进行。这种不需要任何外界作用而自动进行的过程就是自发过程；反之则为非自发过程，非自发过程虽满足热力学第一定律，但存在着方向与条件问题。阐明热力过程进行的方向、条件和限度的定律就是热力学第二定律。它与热力学第一定律一起组成了热力学的主要理论基础。

实践中，自发过程比比皆是，例如，一个转动的飞轮，在摩擦力的作用下停止转动，这个过程中，飞轮失去的动能，周围空气获得的热能，实现了机械能到热能的转换；装氧气的高压氧气瓶只会向压力较低的大气中漏气；电流由高电势流向低电势；不同气体的混合过程；燃烧过程等，只能自发地向一个方向进行。如果要想使自发过程逆向进行，就必须付出某种代价，或者给外界留下某种变化。也就是说，自发过程是不可逆的，在能量转换和传递过程中，能量品质必然贬值。

从人的角度来说，从一个普通高中生到成为一个专业人才也是一个非自发过程，需要付出相应的代价来实现，例如，时间投入，成为专业人才需要大量的时间投入，需要在学习、培训、实践中花费大量时间，深入研究所选择的领域，掌握专业知识和技能；学习成本，获得专业知识和技能可能需要付出一定的学习成本，包括学费、教材费、培训费等，这个过程也需要教师的悉心教导和培养。

二、热力学第二定律的表述

针对自然界种类繁多的热力学过程，热力学第二定律的表述方式也很多。由于各种表述所揭示的是一个共同的客观规律，因此它们彼此是等效的。下面介绍两种具有代表性的表述。

（1）克劳修斯表述：不可能将热从低温物体传至高温物体而不引起其他变化。这个表述由克劳修斯（Clausius）于1850年提出，强调了热量传递的方向性，指出热量不会自发地从冷物体传递到热物体，而是相反的：热量会自发地从热物体传递到冷物体，除非有外界对系统做功，否则无法实现热量从低温物体向高温物体的传递。

（2）开尔文-普朗克表述：不可能从单一热源取热，并使之完全转变为功而不产生其他影响。这个表述是从热功转换的角度表述的热力学第二定律，由威廉·汤姆逊（开尔文勋爵，William Thomson）1851年提出，马克斯·普朗克（Max Planck）于1897年发表了内容相同的表述，后称之为开尔文-普朗克表述。它指出，不存在一种能够将从单一热源吸收的热量全部转换为对等的功而不引起其他变化的循环过程，即不可能利用大气、海洋等作为单一热源，将大气、海洋中取之不尽的热能转换为功，维持它永远转动。因此，热力学第二定律又可表述为第二类永动机是不可能制造成功的。

以上两种表述，实质是相同的，如果违反其中一种表述，也必然违反另一种表述。

如图2-9（a）所示，假如制冷机 R 能使热量 Q_2 从冷源自发地流向热源（这是违反克劳修斯说法的），同时热机 H 进行一个正循环，从热源取热量 Q_1，向外界做功 $W_{net}=Q_1-Q_2$，向冷源放出热量 Q_2。这样联合的结果，也就是从热源取热 Q_1-Q_2 而全部变成了净功 W_{net}，这是违反开尔文-普朗克说法的。因此，违反克劳修斯的说法，意味着也必然违反开尔文-普朗克的说法，这正说明两种说法的一致性。

反之，如违反开尔文-普朗克说法，从热源取热量 Q_1，在热机 H 中全部变成净功 W_{net}，则用这部分 W_{net} 带动制冷机 R 工作，联合运行的结果，使热量 Q_2 从冷源自发地流向热源，如图2-9（b）所示，这是违反克劳修斯说法的。

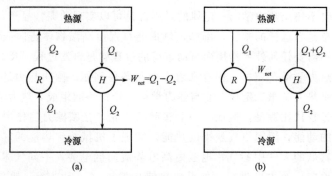

图 2-9　热力学第二定律两种经典说法的一致性

如上面的推理所证明的，热力学第二定律的各种表述在逻辑上是相互联系的、一致的、等效的。

第七节　卡诺循环与卡诺定理

一、卡诺循环

热力学第二定律指出，不存在一种能够将从单一热源吸收的热量全部转化为对等的功而不引起其他变化的循环过程，即工质从热源中吸取的热量，不能完全转变为机械能，必须有一部分热量排放到冷源中，因此，正循环的热效率总是小于1。那么，在一定的高温热源和低温热源范围内，其最大限度的转换效率是多少呢？法国工程师卡诺（S. Carnot，1796—1832 年）在深入考察蒸汽机工作的基础上，于1824 年成功地提出了最理想的热机工作方案，这就是著名的卡诺循环，在此基础上又发表了卡诺定理。卡诺循环是一个伟大的成果，其奠定了热力学的基本原则，为热力学领域的发展提供了坚实的基础。它使人们开始理解能量转化、热量和功的关系，推动了热力学的发展。在实际工程中，尽管不能直接应用卡诺循环，但它的效率概念为实际热机的设计和运行提供了指导。工程师可以通过比较实际热机的效率与卡诺循环热机效率，以此来评估热机的性能和优化潜力。

卡诺循环由两个可逆定温过程和两个可逆绝热过程组成，如图 2-10（b）所示。图中：$a-b$：工质从热源（T_1）可逆定温吸热；$b-c$：工质可逆绝热（定熵）膨胀；$c-d$：工质向冷源（T_2）可逆定温放热；$d-a$：工质可逆绝热（定熵）压缩恢复到初始状态。

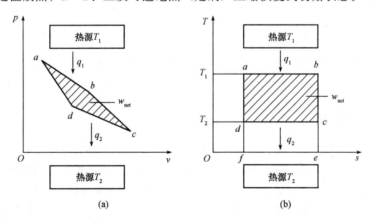

图 2-10　卡诺循环

（a）p-v 图；（b）T-s 图

热机循环的热效率为

$$\eta_t = \frac{w_{net}}{q_1} = 1 - \frac{q_2}{q_1} \tag{2-42}$$

$$q_1 = T_1(s_b - s_a) = 面积\ abefa \tag{2-43}$$

$$q_2 = T_2(s_c - s_d) = 面积\ cdfec \tag{2-44}$$

因为

$$s_b - s_a = s_c - s_d \tag{2-45}$$

则卡诺循环热效率为

$$\eta_{tc} = 1 - \frac{T_2}{T_1} \tag{2-46}$$

（1）因为式（2-46）的导出过程并没有限定工质的种类，所以卡诺循环的热效率只取决于高温热源的温度 T_1 与低温热源的温度 T_2，而与工质的性质无关。提高 T_1，降低 T_2，可以使卡诺循环的热效率提高。现代火力发电厂正是在这种思想指导下不断提高蒸汽参数从而容量不断增加、效率不断提高的。

（2）卡诺循环的热效率总是小于 1，不可能等于 1，因为 $T_1 \rightarrow \infty$ 或 $T_2 = 0$ K 都是不可能的。这说明，通过热机循环不可能将热能全部转变为机械能，这一点很好说明，因为热能是分子杂乱无章的热运动的表现，是无序能；而机械能是宏观物体朝一个固定的方向运动所具有的能量，是有序能，能量的品位高低显而易见。

（3）当 $T_1 = T_2$ 时，卡诺循环的热效率等于零。这说明，没有温差是不可能连续不断地将热能转换为机械能的，只有单一热源的第二类永动机是不可能的。

需要注意的是，提高卡诺循环热效率虽然可以通过降低低温热源的温度来实现，但是有一个限制条件，就是外部环境温度，如果将低温热源降至环境温度以下，就本末倒置了。

【例 2-3】　某利用海水的温差发电厂，海洋表面的温度为 20 ℃，在 500 m 深处，海水的温度为 5 ℃，如果采用卡诺循环，其热效率是多少？

解： 计算卡诺循环热效率时，要用热力学温度。

$$T_1 = 20 + 275.15 = 295.15 (\text{K})$$
$$T_2 = 5 + 275.15 = 280.15 (\text{K})$$

$$\eta_{tc} = 1 - \frac{T_2}{T_1} = 1 - \frac{280.15}{295.15} = 5.08\%$$

可见，即使采用最理想的卡诺循环，用海水的温差发电的热效率也很低，其缘由就是冷、热源温差太小。

二、逆向卡诺循环

逆向卡诺循环（图 2-11）与卡诺循环的构成相同，也是由两个可逆定温过程和两个可逆绝热过程组成，但工质的状态变化是沿逆时针方向进行的，总的效果是消耗外界的功，将热量由低温物体传递到高温物体。根据作用不同，逆向卡诺循环可分为卡诺制冷循环和卡诺热泵循环。

图 2-11 中，$c-b$：工质被定熵压缩；$b-a$：工质向热源（T_1）可逆定温放热；$a-d$：工质定熵膨胀；$d-c$：工质从冷源（T_2）可逆定温吸热。

在整个逆向卡诺循环中，工质向热源放热 q_1，从冷源吸热 q_2（即冷量），外界消耗功 w_{net}。

如逆向卡诺循环用作制冷循环，其制冷系数为

$$\varepsilon_{1, c} = \frac{q_2}{w_{net}} = \frac{q_2}{q_1 - q_2} = \frac{T_2(s_c - s_d)}{T_1(s_b - s_a) - T_2(s_c - s_d)} \tag{2-47}$$

因为

$$s_b - s_a = s_c - s_d \tag{2-48}$$

则

$$\varepsilon_{1, c} = \frac{T_2}{T_1 - T_2} \tag{2-49}$$

如逆向卡诺循环用于供热（热泵）循环，其供热系数为

$$\varepsilon_{2.c} = \frac{q_1}{w_0} = \frac{q_1}{q_1 - q_2} = \frac{T_1}{T_1 - T_2} \tag{2-50}$$

从式（2-49）及式（2-50）可得下列结论：

（1）逆向卡诺循环的制冷系数和制热系数只取决于热源温度 T_1 和冷源温度 T_2，且随热源温度 T_1 的降低或冷源温度 T_2 的提高而增大。

（2）逆向卡诺循环的制热系数总是大于 1，而其制冷系数可以大于 1、等于 1 或小于 1。在考虑经济性的前提下，选择设备的制冷系数一般大于 1。

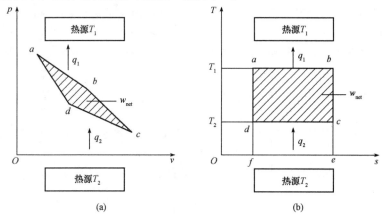

图 2-11 逆向卡诺循环

（a）p-v 图；（b）T-s 图

【例 2-4】 冬天利用热泵给房间供暖，已知环境温度 $t_0 = -30\ ℃$，房间的温度 $t_1 = 25\ ℃$，如果采用在这两个温度之间最为理想的逆向卡诺循环，求热泵系数。

解： 环境温度 $T_0 = 243.15\ \mathrm{K}$，$T_1 = 298.15\ \mathrm{K}$，代入式（2-50）可得

$$\varepsilon_{2.c} = \frac{T_1}{T_1 - T_0} = \frac{298.15}{298.15 - 243.15} = 5.42 = 542\%$$

通过上面的计算可知，给这台热泵提供 1 kJ 的功，它可以给房间提供 5.42 kJ 的热量，相对于直接用电炉给房间供热，热泵要节省数倍能量，因此，热泵是一个很好的节能设备。但由于严寒地区环境温度 T_0 较低，会降低热泵系数，经济性下降。可以计算当环境温度为 $-40\ ℃$ 时，热泵系数的大小。

三、卡诺定理

卡诺定理表述如下：

定理一：在相同的高温热源和低温热源间工作的一切可逆热机具有相同的热效率，与工质的性质无关。

反证法证明：参考图 2-12，设两个恒温热源的温度分别为 T_1 和 T_2，A 为理想气体工质进行卡诺循环的热机，B 为任意工质卡诺循环或其他任意可逆循环的热机。使 B 机逆向运行时，因 B 机进行的是可逆循环，逆向运行与正向运行时相比，与两个恒温热源交换热量的绝对值不变，而方向相反。

现在用 A 机带动 B 机，由热力学第一定律，有

$$Q_{1A} - Q_{2A} = W_{net} = Q_{1B} - Q_{2B}$$

或

$$Q_{2B} - Q_{2A} = Q_{1B} - Q_{1A}$$

假设

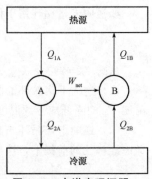

图 2-12　卡诺定理证明

$$\eta_{tA} > \eta_{tB}$$

$$\frac{W_{net}}{Q_{1A}} > \frac{W_{net}}{Q_{1B}}$$

$$Q_{1B} > Q_{1A}$$

这样，高温热源得到净热量 $Q_{1B} - Q_{1A}$，低温热源失去净热量 $Q_{2B} - Q_{2A}$，两者相等，而外界并没有功输入，热量自发地从低温热源传递到高温热源，这违反了热力学第二定律克劳修斯说法，证明了上述所作的假定是错误的，即 η_{tA} 不可能大于 η_{tB}。同理可使 A 机逆行，B 机带动 A 机，也可证明 η_{tB} 不可能大于 η_{tA}，所以只能是 $\eta_{tB} = \eta_{tA} = \eta_{tc}$，这里 η_{tc} 是卡诺循环的热效率。定理一得证。

定理二：在相同高温热源和低温热源间工作的任何不可逆热机的热效率，都小于可逆热机的热效率。

反证法证明：仍参考图 2-12，设 A 为不可逆热机，B 为可逆机，由 A 机带动 B 机逆向运行，可以得到结论。

与定理一的证明类似，可以得出结论，η_{tA} 不可能大于 η_{tB}。现假设 $\eta_{tA} = \eta_{tB}$，即

$$\frac{W_{net}}{Q_{1A}} = \frac{W_{net}}{Q_{1B}}$$

则

$$Q_{2B} - Q_{2A} = Q_{1B} - Q_{1A} = 0$$

这样，循环虽可进行，工质恢复到原来状态，热源既未得到热量，也没失去热量，外界既未得到功，也没有失去功。这与 A 机为不可逆机的前提相矛盾，因此 $\eta_{tA} \neq \eta_{tB}$。综合起来，只有 $\eta_{tA} < \eta_{tB}$。定理二得以证明。

卡诺循环与卡诺定理在热力学的研究中具有重要的理论和实际意义。它解决了热机热效率的极限值问题，一切实际热机进行的都是不可逆循环，以卡诺循环热效率为最高标准。改进实际热机循环的方向是尽可能接近卡诺循环。

第八节　熵与熵增原理

一、熵的导出

熵参数是由热力学第二定律导出的状态参数，有多种导出方法，这里只介绍一种经典方法，它是 1865 年由德国数学家、物理学家克劳修斯根据卡诺循环和卡诺定理分析可逆循环时提出来的。

如图 2-13 所示，$abcd$ 表示一任意可逆循环。假设用许多定熵线分割该循环，并相应地配合定温线，从而构成一系列微元卡诺循环。取其中一个微元卡诺循环（如图 2-13 中斜影线所示），则有

$$\eta_{tc} = 1 - \frac{\delta q_2}{\delta q_1} = 1 - \frac{T_2}{T_1} \tag{2-51}$$

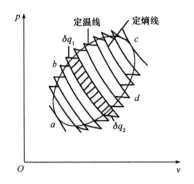

图 2-13 以无穷多可逆绝热线分割任意可逆循环示意

考虑到 δq_2 为对外放热，取负值，即得

$$\frac{\delta q_1}{T_1}+\frac{\delta q_2}{T_2}=0 \tag{2-52}$$

对于整个可逆循环，有

$$\int_{abc}\frac{\delta q_1}{T_1}+\int_{cda}\frac{\delta q_2}{T_2}=\oint\left(\frac{\delta q}{T}\right)_{\text{rev}}=0 \tag{2-53}$$

式（2-53）称为克劳修斯积分等式。式中被积函数的循环积分为零。这表明该函数与积分路径无关，必为状态参数。1865 年克劳修斯将这个新的状态参数定名为熵。

$$\mathrm{d}s=\left(\frac{\delta q}{T}\right)_{\text{rev}}\qquad[\mathrm{kJ/(kg\cdot K)}] \tag{2-54}$$

式中　s——对单位质量工质而言，称为比熵。

对于系统总质量而言的总熵则为

$$S=ms\qquad(\mathrm{kJ/K}) \tag{2-55}$$

二、克劳修斯不等式与不可逆过程熵的变化

1. 克劳修斯不等式

根据卡诺定理，在相同的高温热源和低温热源条件下，可逆机循环效率最高，热经济性最好。而实际热机循环都是不可逆的，因此，实际热机循环的热效率小于相同温限之间卡诺循环的热效率，对于一微元不可逆循环，有

$$\eta_t=1-\frac{\delta q_2}{\delta q_1}<1-\frac{T_2}{T_1} \tag{2-56}$$

得

$$\frac{\delta q_1}{T_1}+\frac{\delta q_2}{T_2}<0 \tag{2-57}$$

根据式（2-57），有

$$\oint\frac{\partial q}{T}=\int_{1a2}\frac{\delta q}{T}+\int_{2b1}\frac{\delta q}{T}<0 \tag{2-58}$$

对于可逆循环，有

$$\oint\frac{\partial q}{T}=\int_{1a2}\frac{\delta q}{T}+\int_{2b1}\frac{\delta q}{T}=0 \tag{2-59}$$

综合式（2-58）及式（2-59）可得

$$\oint \frac{\partial q}{T} \leqslant 0 \qquad (2\text{-}60)$$

式中　T——热源温度（K）。

2. 不可逆过程熵的变化

图 2-14 所示为不可逆循环，其中 $1-a-2$ 为不可逆过程，$2-b-1$ 为可逆过程，因此

$$\oint \frac{\partial q}{T} = \int_{1a2} \frac{\delta q}{T} + \int_{2b1} \frac{\partial q}{T} < 0 \qquad (2\text{-}61)$$

因为 $2-b-1$ 是可逆过程，所以

$$\int_{2b1} \frac{\delta q}{T} = s_1 - s_2 \qquad (2\text{-}62)$$

将式（2-62）代入式（2-61）并整理，有

$$s_2 - s_1 > \int_{1a2} \frac{\delta q}{T} \qquad (2\text{-}63)$$

若 $1-a-2$ 为可逆过程，则

$$s_2 - s_1 = \int_{1a2} \frac{\partial q}{T} \qquad (2\text{-}64)$$

综合式（2-63）与式（2-64），有

$$s_2 - s_1 \geqslant \int_1^2 \frac{\partial q}{T} \qquad (2\text{-}65)$$

对于微元过程，式（2-65）可写成

$$ds \geqslant \frac{\delta q}{T} \qquad (2\text{-}66)$$

上两式中等号适用于可逆过程，不等号适用于不可逆过程。

由式（2-66）可知，如果工质经历了微元不可逆过程，则 $ds > \delta q/T$，两者差值越大，偏离可逆过程越远，或者说过程的不可逆性越大。这时，$\delta q/T$ 仅是熵变的一部分，这种由于工质与热源之间的热交换所引起的熵变，称为熵流，用 ds_f 表示。熵变的另一部分 $ds - \delta q/T$，完全是由于不可逆因素造成的，称为熵产，用 ds_g 表示。于是可得到

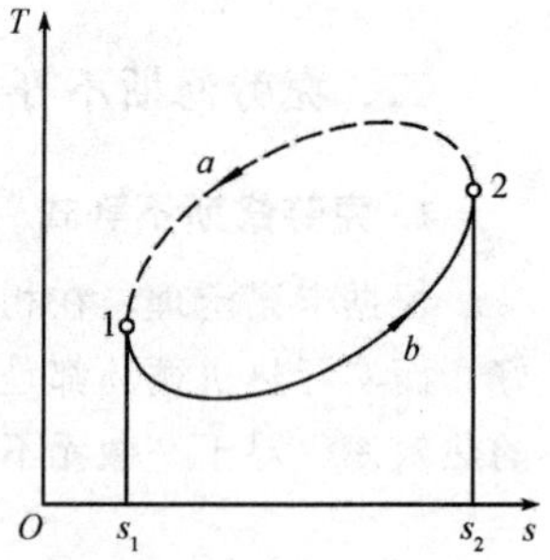

$$ds = ds_f + ds_g \qquad (2\text{-}67)$$

该方程普遍适用于闭口系统的各种过程或循环，被称为闭口系统的熵方程。若过程可逆，熵产 $ds_g = 0$；若过程不可逆，熵产 $ds_g > 0$，且不可逆性越大，熵产 ds_g 越大。因此，熵产是过程不可逆性大小的度量。

对于宏观过程，有

$$\Delta s = \Delta s_f + \Delta s_g \qquad (2\text{-}68)$$

图 2-14　不可逆循环

三、孤立系统熵增原理与做功能力的损失

1. 孤立系统熵增原理

对于孤立系统，因为与外界没有任何物质和能量交换，所以

$$\Delta q = 0$$

$$\Delta s_{\mathrm{f}} = 0$$
$$\Delta s_{\mathrm{iso}} = \Delta s_{\mathrm{g}}$$

得

$$\Delta s_{\mathrm{iso}} \geqslant 0 \qquad\qquad (2\text{-}69)$$

或

$$\mathrm{d}s_{\mathrm{iso}} \geqslant 0 \qquad\qquad (2\text{-}70)$$

上式表明：孤立系统的熵只能增大（不可逆过程）或不变（可逆过程），绝不能减小，这一规律就称为孤立系统熵增原理。任何实际过程都是不可逆过程，只能沿着孤立系统熵增加的方向进行，任何使孤立系统熵减少的过程都是不可能发生的。

熵增原理的理论意义如下：

(1) 可通过孤立系统的熵增原理判断过程进行的方向。

(2) 熵增原理可作为系统平衡的判据：当孤立系统的熵达到最大值时，系统处于平衡状态。

(3) 熵增原理与过程的不可逆性密切相关，不可逆程度越大，熵增越大，由此可以定量地评价过程的热力学性能的完善性。

孤立系统熵增原理揭示了一切热力过程进行时所必须遵循的客观规律，突出地反映了热力学第二定律的本质，是热力学第二定律的另一种数学表达式。

【例 2-5】 冷热工质混合

将 10 kg、0 ℃的冰和 20 kg、70 ℃的热水在一个绝热容器中混合。求系统最后达到平衡时的温度及系统熵的变化量。已知冰融化热为 334.7 kJ/kg，水的质量比热容为 4.186 8 kJ/(kg·K)。

解：设系统最后的平衡温度为 t ℃。根据能量守恒，在绝热系统中冰吸收的热量等于热水放出的热量，即

$$10 \times 334.7 + 10 \times 4.186\ 8 \times (t - 0) = 20 \times 4.186\ 8 \times (70 - t)$$

解得 $t = 20$ ℃

20 kg、70 ℃的热水变为 20 ℃后熵的变化为

$$\Delta s_1 = mc \ln \frac{T_2}{T_1} = 20 \times 4.186\ 8 \times \ln \frac{20 + 273.15}{70 + 273.15} = -13.19 (\mathrm{kJ/K})$$

10 kg、0 ℃的冰变为 20 ℃的水后熵的变化为

$$\Delta s_2 = 10 \times \left(\frac{334.7}{273.15} + 4.186\ 8 \times \ln \frac{293.15}{273.15} \right) = 15.21 (\mathrm{kJ/K})$$

冰块和热水构成孤立系统，整个系统熵的变化量为

$$\Delta s_{\mathrm{iso}} = \Delta s_1 + \Delta s_2 = -13.19 + 15.21 = 2.02 (\mathrm{kJ/K})$$

可见，孤立系统熵变大于 0，这是一个典型的不可逆自发过程。

2. 做功能力的损失

系统的做功能力是指在给定的环境条件下，系统达到与环境处于热力平衡时可能做出的最大有用功。因此，通常将环境温度 T_0 作为衡量做功能力的基准温度。

根据热力学第二定律的论述，一切实际过程都是不可逆过程，都伴随着熵的产生和做功能力的损失，这两者之间必然存在着内在的联系。关系式推导如下：

图 2-15（a）中进行的是在热源温度 T_1 和环境温度 T_0 之间的可逆循环，整个系统没有熵增，对外做功；图 2-15（b）中添加了一个热源 T_1'，存在温差传热的不可逆循环。

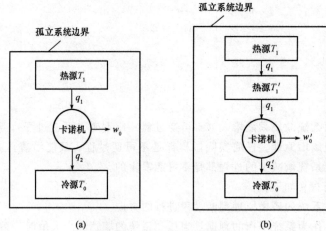

图 2-15　做功能力损失推导

（a）可逆循环；（b）存在不可逆因素的循环

（1）可逆循环：

对外做最大功：
$$w_0 = q\left(1 - \frac{T_0}{T_1}\right)$$

熵方程：
$$\Delta s_{\text{iso}} = 0$$

（2）不可逆循环：

对外做最大功：
$$w_0' = q\left(1 - \frac{T_0}{T_1'}\right)$$

熵方程：
$$\Delta s_{\text{iso}} = \Delta s_1 + \Delta s_0 + \Delta s_2'$$

式中　Δs_1——热源的熵变，$\Delta s_1 = -q/T_1$；

$\quad\quad$ Δs_0——工质循环的熵变，$\Delta s_0 = 0$；

$\quad\quad$ $\Delta s_2'$——冷源的熵变，$\Delta s_2' = q_0'/T_0$。

因为
$$q_0' = q - w_0' = q - q\left(1 - \frac{T_0}{T_1'}\right) = q\,\frac{T_0}{T_1'}$$

所以
$$\Delta s_2' = \frac{q}{T_1'}$$

熵方程
$$\Delta s_{\text{iso}} = \frac{q}{T_1'} - \frac{q}{T_1}$$

不可逆循环比可逆循环少做的功，即做功能力损失为
$$L = w_0 - w_0' = T_0\left(\frac{q}{T_1'} - \frac{q}{T_1}\right) = T_0\,\Delta s_{\text{iso}}$$

对于孤立系统，由于 $\Delta s_{\text{iso}} = s_{\text{g}}$，所以
$$L_{\text{iso}} = T_0\,\Delta s_{\text{iso}} \quad\text{(J)} \tag{2-71}$$

第九节　㶲分析方法简介

一、㶲的定义

在工程中，能量转换及热量传递过程大多是通过流动工质的状态变化实现的。在一定的环

境条件下（通常的环境均指大气，它具有基本稳定的温度 T_0 和压力 p），如果流动工质具有不同于环境的温度和压力，它就具有一种潜在的做功能力。热力学第一定律告诉人们能量的"量"是守恒的，却未提及"质"的差别，实际上，各种不同形式的能量，其动力利用价值并不相同。例如，同样是 10^7 J 的热量，当热源温度为 100 ℃时其做功能力与热源温度为 800 ℃时的做功能力相比，前者仅是后者的 1/3 左右。以能量的转换程度作为一种尺度，可以划分为以下三种不同质的能量。

（1）可无限转换的能量。如电能、机械能、水能等，从理论上它们可以百分之百地转换为其他任何形式的能量，因为它们是有序能，是高品位的能量。

（2）可有限转换的能量。如热能、焓、化学能等，受热力学第二定律的限制，即使在极限情况下，它们也只能有一部分可以转换为机械能，它们的能量品位要低一些。

（3）不能转换的能量。如果工质的成分和状态与所处环境完全处于平衡状态。如大气、海洋中蕴藏着数量巨大的热能，因为难以找到与其相对的冷源环境。因此，哪怕它含有的热力学能再多，也无法转化出可以利用的机械能。

由上可知，仅从能量的数量上衡量其价值是不够的，不同形式的能量，其动力利用价值并不相同，或者不同形式的能量具有质的区别，需要一个综合衡量能量的"质"与"量"的尺度，为此，引入一个新的参数——㶲（Exergy）。其定义为：当系统由任意状态可逆转变到与环境状态相平衡时，能最大限度转换为功的那部分能量。

二、热量㶲

所谓热量㶲，是指当热源温度 T 高于环境温度 T_0 时，从热源取得热量 Q，通过可逆热机可对外界做出的最大功，用 $E_{x,Q}$ 表示。

有一温度为 T 的热源（$T > T_0$），传出的热量为 Q，则其热量㶲等于在该热源与温度为 T_0 的环境之间工作的卡诺热机所能做出的功，即

$$E_{x,\,Q} = Q\left(1 - \frac{T_0}{T}\right) \tag{2-72}$$

如果热源的温度随热量的传递而变化，可将传热过程分解为无穷多个微元过程，每个微元过程传递的热量为 δQ，如图 2-16 所示，则微卡诺循环做功即微元过程传递的热量 δQ 的热量㶲，即

$$\delta E_{x,\,Q} = \left(1 - \frac{T_0}{T}\right)\delta Q \tag{2-73}$$

由式（2-73）可知，热量㶲除与热量有关外，还与温度有关，在环境温度 T_0 一定时，T 越高，转换能力越强，热量中的㶲值越高。

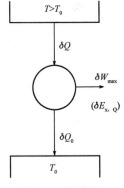

图 2-16　热量㶲

三、稳定流动工质的㶲

化学㶲的确定与环境成分有密切关系，分析起来有一定难度。这里只介绍不涉及化学反应且在工程上有广泛应用的㶲。另外，工程上的热工设备，大多数都可以看作工质在内部稳定流动的开口系统。当除环境外无其他热源时，稳定流动的工质由所处的状态可逆地变化到与环境相平衡的状态时所能做出的最大有用功，称为该工质的㶲（焓㶲）。

假设有一开口系统，1 kg 工质在其中做稳定流动，入口温度为 T、压力为 p，比焓为 h，比熵为 s，入口状态如图 2-17 中的 A 点所示；出口处与环境状态相同，状态参数为 p_0、T_0、h_0、

s_0，如图 2-17 中的 0 点所示。假设工质的动能、位能相比其焓值小到可以忽略不计。

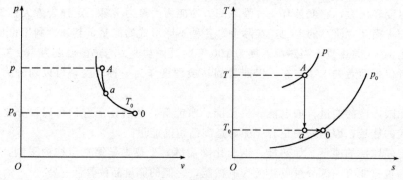

图 2-17　焓㶲的导出

为使工质由入口状态可逆地变化到与环境相平衡的出口状态，现设想工质由入口状态 A 先经过一可逆绝热膨胀过程（定熵）达到状态 a。在这一过程中，工质的温度由 T 降为环境温度 T_0，单位质量工质对外做功为 $w_{s,A-a}$。然后在温度 T_0 下与大气交换热量，进行一个可逆的定温过程，从状态 a 变化到状态 0。在这一定温过程中，压力由 p 降为 p_0，工质的状态变为 p_0、T_0、h_0、s_0，与环境平衡，在这一过程中单位质量工质对外做功 $w_{s,a-0}$，并从环境可逆吸热。这样，经过这两个过程，可做出最大有用功为

$$w_{t,\ max} = w_{t,\ A-a} + w_{t,\ a-0} \tag{2-74}$$

对于可逆绝热过程 $A-a$，因为 $q=0$，根据热力学第一定律，可得

$$w_{t,\ A-a} = h - h_a \tag{2-75}$$

对于可逆定温过程 $a-0$，根据热力学第一定律，得

$$q_{a-0} = T_0(s_0 - s) \tag{2-76}$$

$$w_{t,\ a-0} = h_a - h_0 + T_0(s_0 - s) \tag{2-77}$$

将式（2-75）和式（2-77）代入式（2-74）可得

$$w_{t,\ max} = h - h_0 - T_0(s - s_0) \tag{2-78}$$

此最大有用功就是单位质量稳定流动工质的比焓㶲，用 $e_{x,H}$ 表示，即

$$e_{x,\ H} = h - h_0 - T_0(s - s_0) \tag{2-79}$$

质量为 m kg 的流动工质的焓㶲为

$$E_{x,\ H} = m e_{x,\ H} = H - H_0 - T_0(S - S_0) \tag{2-80}$$

可得焓㶲具有以下性质：

（1）焓㶲是状态参数，取决于工质流动状态及环境状态。当环境状态一定时，焓㶲只取决于工质的状态。

（2）初、终状态之间的焓㶲差，就是工质在这两个状态之间变化所能做出的最大有用功，即

$$w_{t,\ max} = e_{x,\ H_1} - e_{x,\ H_2} = (h_1 - h_2) - T_0(s_1 - s_2) \tag{2-81}$$

习　题

一、简答题

1. 热量和热力学能有什么区别？有什么联系？

2. "热水里含有的热量多，冷水里含有的热量少"，这种说法对吗？

3. 热力学第二定律可否表述为"机械能可以全部变为热能,而热能不可能全部变为机械能"?

4. 膨胀功、轴功、技术功、流动功之间有何区别与联系?流动功的大小与过程特性有无关系?

5. 说明下列论断是否正确:

(1) 气体吸热后一定膨胀,热力学能一定增加;

(2) 气体膨胀时一定对外做功;

(3) 气体压缩时一定消耗外功。

6. 自发过程是不可逆过程,非自发过程是可逆过程,这种说法对吗?

7. 闭口系统进行一放热过程,其熵是否一定减少?为什么?闭口系统进行一放热过程,其做功能力是否一定减少?为什么?

8. 循环的热效率越高,则循环净功越多;反过来,循环的净功越多,则循环的热效率也越高。这种说法对吗?为什么?

9. 自然界中一切过程都是不可逆过程,那么研究可逆过程有什么意义呢?

10. 为什么不可逆绝热稳定流动过程系统(控制体)熵的变化为零,既然是一个不可逆绝热过程,熵必然有所增加,增加的熵到哪里去了?

二、计算题

1. 某房间夏日使用的电风扇的功率为 2 kW,若室外高温空气向室内传递的热量忽略不计,试求每小时室内空气的热力学能变化。

2. 有一闭口系统,从状态 1 经过一个循环 1—2—3—4—1 恢复到初始状态,热量和功的某些值已知(如表 2-1 中的所列数值),某些值未知(表中空白)。试根据热力学第一定律确定这些未知值。

表 2-1 习题 2

过程	Q/kJ	W/kJ	$\Delta U/kJ$
1—2	0	100	
2—3		80	-190
3—4	300		
4—1	20		80

3. 已知汽轮机中蒸汽的流量 $q=40$ t/h,汽轮机进口蒸汽焓 $h_1=3\,500$ kJ/kg,出口蒸汽焓 $h=2\,500$ kJ/kg,试计算汽轮机的功率(不考虑汽轮机的散热及进、出口气流的动能差和位能差)。

4. 已知条件同上题,如果考虑到汽轮机每小时散失热量 5×10^5 kJ,进口流速为 70 m/s,出口流速为 120 m/s,进口比出口高 1.6 m,那么汽轮机的功率又是多少?

5. 1.5 kg 质量的气体进行一个平衡的膨胀过程,过程按 $p=av+b$ 的关系变化,而 a、b 均是定数。初压和终压分别为 1 000 kN/m² 和 200 kN/m²,相应的容积为 0.2 m³ 和 1.2 m³,气体的比热力学能关系为 $u=1.5pv-85$ (kJ/kg)(采用单位 u:kN/m²,v:m³/kg)。计算过程中的传热量。

6. 有一卡诺机工作于 500 ℃ 和 25 ℃ 的两个恒温热源之间,该卡诺热机每分钟从高温热源吸收 1 200 kJ 热量,求:(1) 卡诺机的热效率;(2) 卡诺机的功率。

7. 有一热机循环，在吸热过程中工质从外界获得热量 1 800 J，在放热过程中向外界放出热量 1 000 J，在压缩过程中外界消耗功 700 J。试求膨胀过程中工质对外界所做的功。

8. 由一热机和一热泵联合组成一供热系统，热机带动热泵，热泵从环境吸热向暖气放热，同时，热机所排废气也供给暖气。若热源温度为 210 ℃，环境温度为 20 ℃，暖气温度为 60 ℃，热机与热泵都是卡诺循环，当热源向热机提供 10 000 kJ 热量时，暖气得到的热量是多少？

9. 一循环发动机工作于温度为 $T_1 = 1\ 000$ K 的热源及 $T_2 = 400$ K 的冷源之间。若从热源吸热 1 000 kJ 而对外做功 700 kJ。问该循环发动机能否实现？

10. 设工质在热源 $T = 1\ 000$ K 与冷源 $T_0 = 300$ K 之间进行不可逆循环。当工质从热源 T 吸热时存在 20 K 温差，向冷源 T_0 放热时也存在 20 K 温差，其余两个为定熵膨胀及定熵压缩过程。求：（1）循环热效率；（2）热源每提供 1 000 kJ 的热量，做功能力损失是多少？

第三章

理想气体的性质和热力过程

热能与机械能之间的转换是依靠工质的膨胀或压缩实现的。如蒸汽动力装置中的水蒸气、制冷装置中的制冷剂等，这些工质都具有良好的膨胀与压缩性能。系统与外界的能量交换是通过热力过程实现的，如制冷装置中的压缩、放热、节流、吸热等。要想实现热力过程中的能量转换，工质的状态参数必须发生变化，且热力过程受外部条件的影响。因此，研究热力过程的目的和任务，就是要研究外部条件对热能和机械能的影响规律，通过有利的外部条件，合理安排热力过程，达到提高热功转换效率的目的。

工质热力性质和热力过程的分析是紧密相连的。本章首先了解理想气体的热力性质，然后通过对多变过程的分析来归纳总结简单基本热力过程的特性，最后通过一个应用实例，结合压气机工作原理讨论压气过程。

第一节　理想气体状态方程

一、理想气体与实际气体

理想气体是一种实际上不存在的、经过科学抽象的假想气体模型。在工程应用上，气体工质的性质接近理想气体。因此，为简化计算，将理想气体假设为气体分子是一些不占有体积的弹性质点；分子相互之间没有相互作用力。在这两点假设条件下，气体分子的运动规律大大简化，处于平衡状态的气态物质的基本状态参数之间将近似地保持一种简单的关系。当实际气体处于压力低、温度高、比体积大的状态时，由于分子本身所具有的体积与其活动的空间相比非常小，分子间的平均距离大，分子间的相互作用力很小，可以忽略不计，处于这种状态的实际气体就接近理想气体。因此，理想气体是实际气体的压力趋近于零（$p \rightarrow 0$），比体积趋近于无穷大（$v \rightarrow \infty$）时的极限状态的气体。常见的双原子分子气体，如 H_2、O_2、N_2、CO 等，在压力不是特别高、温度不是特别低的情况下，都可以当作理想气体。水蒸气一般不可当作理想气体，但是工程上常用的空气及烟气中的水蒸气，因其含量少、比体积大，可当作理想气体看待。可见，理想气体与实际气体没有明显界限，在某种状态下，应视为何种气体，只要计算误差在工程允许的范围内就可以。

二、理想气体状态方程的形式

在实际工程中，通过大量的试验，人们发现理想气体的基本状态参数之间存在一定的函数关系，即遵循物理学中的波义耳—马略特定律、盖—吕萨克定律和查里定律。综合这三条经验定律，可以得到理想气体 p、v、T 之间的关系为

$$pv = RT \tag{3-1}$$

式 (3-1) 称为理想气体状态方程，也称为克拉贝龙方程。

式 (3-1) 为 1 kg 理想气体的状态方程。对于质量为 m kg 的理想气体，其状态方程为

$$pV = mRT \tag{3-2}$$

式中 p——气体的绝对压力（Pa）；

      v——气体的比体积（m^3/kg）；

      T——气体的热力学温度（K）；

      R——气体常数，与气体种类有关，与气体状态无关 [$J/(kg \cdot K)$]；

      V——气体所占有的体积（m^3）。

在国际单位制中，以摩尔（mol）表示物量的基本单位。1 mol 物质的质量称为摩尔质量，用 M 表示，单位为 kg/mol。1 mol 物质的体积称为摩尔体积，用 V_M 表示，$V_M = Mv$。

若系统所含物质的质量是 m，物质的量是 n，物质所占体积是 V，则摩尔质量为

$$M = \frac{m}{n} \tag{3-3}$$

摩尔体积为

$$V_M = \frac{V}{n} \tag{3-4}$$

将式 (3-1) 两边同乘以摩尔质量 M 可得

$$pMv = MRT$$

整理得

$$pV_M = R_0 T \tag{3-5}$$

式中 R_0——通用气体常数，与气体种类及状态均无关，是一个特定的常数，单位是 $J/(kg \cdot K)$。

对于物质的量为 n（mol）的气体有

$$pV = nR_0 T \tag{3-6}$$

式 (3-1)、式 (3-2)、式 (3-5) 和式 (3-6) 是理想气体状态方程的四种形式，应用时应注意以下几点：

(1) 压力 p 是绝对压力，单位为 Pa；

(2) 体积 V 的单位为 m^3；

(3) 温度 T 为热力学温度，单位为 K。

三、气体常数

阿伏伽德罗定律指出：同温同压下，相同体积的任何气体含有相同的分子数。试验证明，在标准状态下（$p_0 = 101.325$ kPa，$t_0 = 0$ ℃），1 kmol 各种气体占有的体积都等于 22.4 m^3。于是可以得出通用气体常数：

$$R_0 = \frac{p_0 V_{M0}}{T_0} = \frac{101\ 325 \times 22.4}{273} \approx 8\ 314\ [J/(kmol \cdot K)]$$

由式 (3-5) 可知，气体常数 R 与通用气体常数 R_0 之间的关系是 $R_0 = MR$，因此，已知通用气体常数及气体的分子量即可求得气体常数。

$$R = \frac{R_0}{M} = \frac{8\ 314}{M} \qquad [J/(kg \cdot K)] \tag{3-7}$$

几种常见气体的气体常数见表 3-1。

表 3-1 几种常见气体的气体常数

物质名称	化学式	分子量	R /[J·(kg·K)$^{-1}$]	物质名称	化学式	分子量	R /[J·(kg·K)$^{-1}$]
氢	H_2	2.016	4 124.0	氮	N_2	28.013	296.8
氦	He	4.003	2 077.0	一氧化碳	CO	28.014	296.8
甲烷	CH_4	16.043	518.2	二氧化碳	CO_2	44.012	188.9
氨	NH_3	17.031	488.2	氧	O_2	32.0	259.8
水蒸气	H_2O	18.015	461.5	空气		28.97	287.0

【例 3-1】 室内有一容积为 20 L 的氧气瓶，瓶内氧气的表压力为 4 bar，室温为 20 ℃，当地大气压力为 1 bar，试求瓶内所存氧气的质量。

解: 根据题意,瓶内氧气的压力、温度、容积分别为

$$p = (4 + 1) \text{ bar} = 5 \text{ bar} = 5 \times 10^5 \text{ Pa}$$

$$T = 20 + 273 = 293(\text{K})$$

$$V = 20 \text{ L} = 0.02 \text{ m}^3$$

由式 (3-7) 和表 3-1 可求得氧气的气体常数为

$$R = \frac{R_0}{M} = \frac{8\ 314}{32} = 259.8 \text{ [J/(kg·K)]}$$

根据式 (3-2) 可求得氧气的质量为

$$m = \frac{pV}{RT} = \frac{5 \times 10^5 \times 0.02}{259.8 \times 293} = 0.131(\text{kg})$$

第二节 理想气体的比热容、热力学能、焓、熵

一、理想气体的比热容

在分析气体某热力过程中与外界交换的能量的计算分析时,常涉及气体的热力学能、焓、熵及热量的计算,这些参数的计算都与气体的比热容有密切的关系。因此,比热容是气体的一个重要的热力性质。

(一) 比热容的定义

比热容(简称比热)的定义为单位质量的物质,温度升高或降低 1 K(1 ℃)所吸收或放出的热量,用 c 表示,即

$$c = \frac{\delta q}{\mathrm{d}T} \tag{3-8}$$

对于气体,在实际工程中,还常用到摩尔比热容和容积比热容。摩尔比热容是 1 千摩尔(kmol)的物质,温度升高或降低 1 K(1 ℃)所吸收或放出的热量,用 M_c 表示;容积比热容是 1 标准容积(N·m^3)的物质,温度升高或降低 1 K(1 ℃)所吸收或放出的热量,用 c' 表示,三种比热容的换算关系如下:

$$M_c = Mc = 22.4c' \tag{3-9}$$

比热容是重要的物性参数，它不仅取决于气体性质，还与气体的热力过程及所处状态有关。

（二）定容比热容和定压比热容

比热容的本质是热量，热量是过程量，因此，比热容也与热力过程的特性有关，即同种气体同样升高 1 ℃，经历不同的热力过程所需的热量也不同。工程上常用的热力设备中，工质的热力过程大多是定容过程和定压过程，因此，定容比热容和定压比热容最常用。对于单位质量气体，分别称为质量定容比热容（c_v）和质量定压比热容（c_p）。定义如下：

$$c_v = \frac{\delta q_v}{dT} \tag{3-10}$$

$$c_p = \frac{\delta q_p}{dT} \tag{3-11}$$

根据热力学第一定律，对于可逆过程有

$$\delta q = du + p\,dv$$

$$\delta q = dh - v\,dp$$

对于定容过程，$dv = 0$，有

$$c_v = \left(\frac{\delta q}{dT}\right)_v = \left(\frac{du + p\,dv}{dT}\right)_v = \left(\frac{\partial u}{\partial T}\right)_v \tag{3-12}$$

对于定压过程，$dp = 0$，有

$$c_p = \left(\frac{\delta q}{dT}\right)_p = \left(\frac{dh - v\,dp}{dT}\right)_p = \left(\frac{\partial h}{\partial T}\right)_p \tag{3-13}$$

以上两式是直接由定容比热容和定压比热容的定义导出的，因此适合一切工质。

（三）理想气体比热容

对于理想气体，分子相互之间没有相互作用力，忽略内位能，故理想气体的热力学能只与温度有关，是温度的单值函数。根据焓的定义式 $h = u + pv$，对于理想气体有 $h = u + RT$，可见理想气体的焓也是温度的单值函数。因此，理想气体的质量定容比热容和质量定压比热容分别为

$$c_v = \frac{du}{dT} \tag{3-14}$$

$$c_p = \frac{dh}{dT} \tag{3-15}$$

理想气体的定压热容与定容热容之差为

$$c_p - c_v = \frac{dh - du}{dT} = \frac{d(u + pv) - du}{dT} = \frac{d(RT)}{dT} = R \tag{3-16}$$

式（3-16）两边同时乘以气体的摩尔质量 M，有

$$M_{cp} - M_{cv} = MR = R_0 \tag{3-17}$$

式（3-16）和式（3-17）称为迈耶公式。公式给出了理想气体质量定容比热容和质量定压比定容之间的关系，已知其中一个，则另一个可由迈耶公式求得。

c_p 与 c_v 的比值称为比热容比（简称比热比），它也是一个重要参数，用符号 κ 表示，即

$$\kappa = \frac{c_p}{c_v} = \frac{M_{cp}}{M_{cv}} = \frac{c_p'}{c_v'} \tag{3-18}$$

由式（3-16）和式（3-18），可得

$$c_p = \frac{\kappa}{\kappa-1} R \tag{3-19}$$

$$c_v = \frac{1}{\kappa-1} R \tag{3-20}$$

1. 真实比热容

理想气体的比热容是温度的单值函数，一般温度越高，比热容越大。比热容与温度的函数关系根据试验数据整理成以下多项式的形式，即

$$M_{cp} = a_0 + a_1 T + a_2 T^2 + a_3 T^3 \tag{3-21}$$

$$M_{cv} = (a_0 - R_0) + a_1 T + a_2 T^2 + a_3 T^3 \tag{3-22}$$

式中，a_0、a_1、a_2、a_3 是与气体性质有关的常数，需要根据试验确定，计算时可查阅相关手册。

对上式积分可以计算单位质量理想气体在热力过程中的吸热量。计算时，必须依据不同的过程取不同的比热容，并由 T_1 到 T_2 进行积分：

定压过程：

$$q = \int_{T_1}^{T_2} c_p dT = \int_{T_1}^{T_2} \frac{M_{cp}}{M} dT = \frac{1}{M} \int_{T_1}^{T_2} (a_0 + a_1 T + a_2 T^2 + a_3 T^3) dT \tag{3-23}$$

定容过程：

$$q = \int_{T_1}^{T_2} c_v dT = \int_{T_1}^{T_2} \frac{M_{cv}}{M} dT = \frac{1}{M} \int_{T_1}^{T_2} (a_0 - R_0 + a_1 T + a_2 T^2 + a_3 T^3) dT \tag{3-24}$$

2. 平均比热容

图 3-1 所示为比热容与温度的关系。根据式（3-23）和式（3-24）可以方便地利用比热容来计算热量。热量计算可表示为

$$q = \int_{t_1}^{t_2} c \, dt \tag{3-25}$$

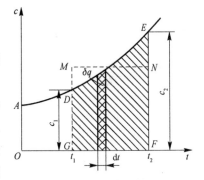

图 3-1　比热容与温度的关系

这一积分结果等于图 3-1 中的面积 $FEDGF$，这种积分计算比较复杂，不适合工程应用，工程上常用平均比热容计算热量。如图 3-1 所示，面积 $FEDGF$ 与矩形面积 $FNMGF$ 近似相等，上述积分得到的热量可以用矩形面积来代替，即

$$q = \int_{t_1}^{t_2} c \, dt = \overline{NF} (t_2 - t_1) \tag{3-26}$$

线段 NF 的高度就是在 t_1 到 t_2 温度范围内真实比热容的平均值，称为平均比热容，用符号 $c_m \big|_{t_1}^{t_2}$ 表示，式（3-26）可以写成

$$q = \int_{t_1}^{t_2} c \, dt = c_m \big|_{t_1}^{t_2} (t_2 - t_1) \tag{3-27}$$

为了应用方便，可将各种常用气体的平均比热容计算出来，并列成表格，计算时可以直接查表。但这种与 t_1、t_2 都有关的平均比热容表十分繁杂。为解决这个问题，可选取某一参考温度（通常取 0 ℃），例如，确定起始温度 $t = 0$ ℃，可以通过试验确定从 0 ℃开始至任意温度 t 的平均比热容 $c_m \big|_0^t$，这样就简化了表格的编制。

气体从 t_1 加热到 t_2 所需要的热量 q 就等于从 0 ℃加热到 t_2 所需要的热量 q_2 与从 0 ℃加热到 t_1 所需要的热量 q_1 之差，即 $q =$ 面积 $AEFOA -$ 面积 $GDAOG$，式（3-25）可以写成

$$q = q_2 - q_1 = \int_0^{t_2} c\,\mathrm{d}t - \int_0^{t_1} c\,\mathrm{d}t = c_\mathrm{m}\bigg|_0^{t_2} t_2 - c_\mathrm{m}\bigg|_0^{t_1} t_1 \tag{3-28}$$

因此，气体的平均比热容可以表示为

$$c_\mathrm{m}\bigg|_{t_1}^{t_2} = \frac{q}{t_2 - t_1} = \frac{c_\mathrm{m}\bigg|_0^{t_2} t_2 - c_\mathrm{m}\bigg|_0^{t_1} t_1}{t_2 - t_1} \tag{3-29}$$

工程上一些常用气体从 0 ℃ 到 t ℃的平均定压质量比热容的数值见表 3-2，有了这些数值，就可以利用式（3-28）计算气体从 t_1 加热到 t_2 所需要的热量 q。

表 3-2　气体的平均定压质量比热容　　　　　　　kJ/(kg・K)

温度/℃	气体						
	O_2	N_2	H_2	CO	CO_2	H_2O	空气
0	0.915	1.039	14.195	1.040	0.815	1.859	1.004
100	0.923	1.040	14.353	1.042	0.866	1.873	1.006
200	0.935	1.043	14.421	1.046	0.910	1.894	1.012
300	0.950	1.049	14.446	1.054	0.949	1.919	1.019
400	0.965	1.057	14.477	1.063	0.983	1.948	1.028
500	0.979	1.066	14.509	1.075	1.013	1.978	1.039
600	0.993	1.076	14.542	1.086	1.040	2.009	1.050
700	1.005	1.087	14.587	1.098	1.064	2.042	1.061
800	1.016	1.097	14.641	1.109	1.085	2.075	1.071
900	1.026	1.108	14.706	1.120	1.104	2.110	1.081
1 000	1.035	1.118	14.776	1.130	1.122	2.144	1.091
1 100	1.043	1.127	14.853	1.140	1.138	2.177	1.100
1 200	1.051	1.136	14.934	1.149	1.153	2.211	1.108
1 300	1.058	1.145	15.023	1.158	1.166	2.243	1.117
1 400	1.065	1.153	15.113	1.166	1.178	2.274	1.124
1 500	1.071	1.160	15.202	1.173	1.189	2.305	1.131
1 600	1.077	1.167	15.294	1.180	1.200	2.335	1.138
1 700	1.083	1.174	15.383	1.187	1.209	2.363	1.144
1 800	1.089	1.180	15.472	1.192	1.218	2.391	1.150
1 900	1.094	1.186	15.561	1.198	1.226	2.417	1.156
2 000	1.099	1.191	15.649	1.203	1.233	2.442	1.161

3. 定值比热容

在工程计算中，温度变化范围不大或计算精度要求不高的情况下，可以将比热容看作定值。根据气体分子运动论和能量按自由度均分原理，理想气体的比热容值只与气体的分子结构有关，而与气体所处状态无关。如果气体分子具有相同的原子数，则其运功自由度也相同，它们的摩尔比热容值都相等。从理论推导可得到：

摩尔定容比热容：

$$M_{cv} = \frac{i}{2}R_0 \qquad (3\text{-}30)$$

摩尔定压比热容：

$$M_{cp} = \frac{i+2}{2}R_0 \qquad (3\text{-}31)$$

式中　i——分子运动的自由度数目。

理想气体的摩尔定值比热容和比热容比见表 3-3。

表 3-3　理想气体的摩尔定值比热容和比热容比

气体	单原子气体	双原子气体	多原子气体
M_{cv}	$\frac{3}{2}R_0$	$\frac{5}{2}R_0$	$\frac{7}{2}R_0$
M_{cp}	$\frac{5}{2}R_0$	$\frac{7}{2}R_0$	$\frac{9}{2}R_0$
κ	1.66	1.4	1.29

【例 3-2】 空气流经一空气加热器，温度由 20 ℃加热到 360 ℃，求每千克空气所吸收的热量。

（1）按平均比热容计算；

（2）按定值比热容计算。

解：（1）查表 3-2，用内插法求得

$t = 20$ ℃时，$c_m\Big|_0^{t_1} = 1.004$ kJ/(kg·K)

$t = 360$ ℃时，$c_m\Big|_0^{t_2} = 1.024$ kJ/(kg·K)

由式（3-28），每千克空气所吸收的热量

$q = c_m\Big|_0^{t_2}t_2 - c_m\Big|_0^{t_1}t_1 = 1.024 \times 360 - 1.004 \times 20 = 348.56$ （kJ/kg）

（2）空气为双原子分子，查表 3-3 得

$$c_p = \frac{M_{cp}}{M} = \frac{7}{2}\frac{R_0}{M} = \frac{7}{2} \times \frac{8.314}{29} = 1.003[\text{kJ/(kg·K)}]$$

所以，每千克空气所吸收的热量

$$q = c_p(t_2 - t_1) = 1.003 \times (360 - 20) = 341.02(\text{kJ/kg})$$

二、理想气体的热力学能、焓、熵

1. 理想气体的热力学能

如前所述，理想气体的热力学能是温度的单值函数，温度确定，热力学能就有了确定值。由式（3-14）可求得微元过程单位质量理想气体比热力学能的增量

$$du = c_v dT \qquad (3\text{-}32a)$$

单位质量理想气体任一过程的热力学能变化值可由式（3-32a）求得，即

$$\Delta u = \int_1^2 c_v dT \qquad (3\text{-}32b)$$

在热力过程的能量分析计算中，不需要求得热力学能的绝对值，只需要计算过程的热力学能变化值，因此可以任意选择基准点，也可以任意规定某一状态的热力学能值为零，对于理想气体一般取 0 K（或 0 ℃）时的热力学能为零。热力学能是状态参数，变化值与过程无关，因此，式（3-32）不但适用于定容过程，而且适用于理想气体的任何过程。

当定容比热容采用平均比热容时，式（3-32）可以写成

$$\Delta u = c_{vm}\Big|_{t_1}^{t_2}(t_2 - t_1) = c_{vm}\Big|_0^{t_2}t_2 - c_{vm}\Big|_0^{t_1}t_1 \tag{3-33}$$

当定容比热容采用定值比热容时，式（3-32）可以写成

$$\Delta u = c_v(t_2 - t_1) \tag{3-34}$$

当定容比热容采用真实比热容时，需要根据 $c_v = f(T)$ 的经验公式，代入式（3-32b）进行积分。

2. 理想气体的焓

理想气体的焓也是温度的单值函数，由式（3-15）可求得微元过程单位质量理想气体比焓的增量

$$dh = c_p dT \tag{3-35a}$$

单位质量理想气体任一过程的焓变化值可由式（3-35a）积分求得，即

$$\Delta h = \int_1^2 c_p dT \tag{3-35b}$$

同理，在热力过程的能量分析计算中，不需要求得焓的绝对值，只需要计算过程的焓变化值，因此可以任意选择基准点，可以任意规定某一状态的焓值为零，对于理想气体一般也是取 0 K（或 0 ℃）时的焓值为零。焓是状态参数，变化值与过程无关，因此式（3-35）不但适用于定压过程，而且适用于理想气体的任何过程。

当定压比热容采用平均比热容时，式（3-35）可以写成

$$\Delta h = c_{pm}\Big|_{t_1}^{t_2}(t_2 - t_1) = c_{pm}\Big|_0^{t_2}t_2 - c_{pm}\Big|_0^{t_1}t_1 \tag{3-36}$$

当定压比热容采用定值比热容时，式（3-35）可以写成

$$\Delta h = c_p(t_2 - t_1) \tag{3-37}$$

当定压比热容采用真实比热容时，需要根据 $c_p = f(T)$ 的经验公式，代入式（3-35b）进行积分。

3. 理想气体的熵

与热力学能和焓一样，熵是不能直接测量的状态参数，只能通过计算得到，在热力过程的分析计算中也只需要计算熵的变化值。根据熵的定义式、热力学第一定律表达式和理想气体状态方程，并且认为比热容为定值，可推导出单位质量理想气体熵的变化值的计算公式。

$$ds = \frac{\delta q}{T} = \frac{du + p\,dv}{T} = \frac{c_v dT + p\,dv}{T} = c_v\frac{dT}{T} + R\frac{dv}{v}$$

积分得

$$\Delta s = c_v \ln\frac{T_2}{T_1} + R\ln\frac{v_2}{v_1} \tag{3-38}$$

同理

$$ds = \frac{\delta q}{T} = \frac{dh - v\,dp}{T} = \frac{c_p dT - v\,dp}{T} = c_p\frac{dT}{T} - R\frac{dp}{p}$$

积分得

$$\Delta s = c_p \ln \frac{T_2}{T_1} - R \ln \frac{p_2}{p_1} \qquad (3\text{-}39)$$

根据理想气体的状态方程和迈耶公式还可以推导得到

$$\Delta s = c_v \ln \frac{p_2}{p_1} + c_p \ln \frac{v_2}{v_1} \qquad (3\text{-}40)$$

式（3-38）～式（3-40）适用于理想气体的任何过程。

【例3-3】 质量为 10 kg 的氢气经过冷却器后，其压力由 0.07 MPa 下降到 0.052 MPa，温度由 270 ℃下降到 30 ℃，试按定值比热容计算经过冷却器后氢气的热力学能、焓和熵的变化值。

解： 氢气的定压比热容和定容比热容分别为

$$c_p = \frac{M_{cp}}{M} = \frac{7}{2}\frac{R_0}{M} = \frac{7}{2} \times \frac{8.314}{2} = 14.549[\text{kJ/(kg·K)}]$$

$$c_v = \frac{M_{cv}}{M} = \frac{5}{2}\frac{R_0}{M} = \frac{5}{2} \times \frac{8.314}{2} = 10.393[\text{kJ/(kg·K)}]$$

热力学能、焓和熵的变化值分别为

$$\Delta U = m c_v \Delta t = 10 \times 10.393 \times (30 - 270) = -24\ 943.2(\text{kJ})$$

$$\Delta H = m c_p \Delta t = 10 \times 14.549 \times (30 - 270) = -34\ 917.6(\text{kJ})$$

$$\Delta S = m\left(c_p \ln \frac{T_2}{T_1} - R \ln \frac{p_2}{p_1}\right) = 10 \times \left(14.549 \times \ln \frac{30+273}{270+273} - \frac{8.314}{2} \times \ln \frac{0.052}{0.07}\right) = 72.69(\text{kJ/K})$$

第三节　理想气体混合物

工程上常用的一些工质，有很多是由多种气体组成的混合气体。例如，空气是由 O_2、N_2、水蒸气等组成的混合气体；燃料燃烧后生成的烟气是由 CO_2、水蒸气、CO、N_2、O_2 等气体组成的混合气体。

在不发生化学反应的条件下，由于组成混合气体的各组分（简称组元）都具有理想气体的性质，因此混合气体也视为理想气体，仍具有理想气体的性质，满足理想气体的状态方程，前述理想气体热力性质的分析均适用于理想气体的混合物。

一、分压力定律和分容积定律

当混合气体中的某一种组元单独存在，且具有与混合气体相同的容积和温度时，该组元所产生的压力称为这种组元在混合气体中的分压力，用 p_i 表示。分压力示意如图 3-2 所示。

对于混合气体有

$$pV = nR_0T$$

对于任一组元 i 有

$$p_iV = n_iR_0T$$

由于

$$n = \sum n_i$$

将各组元的状态方程相加，有

$$V\sum p_i = \sum n_iR_0T = nR_0T$$

可知

$$p = \sum p_i \qquad (3\text{-}41)$$

式（3-41）表明，混合气体的总压力等于各组元气体的分压力之和，这就是道尔顿分压力定律。

当混合气体中的某一种组元单独存在，且具有与混合气体相同的压力和温度时，该组元所占有的体积称为这种组元在混合气体中的分容积，用 V_i 表示。分容积示意如图 3-3 所示。

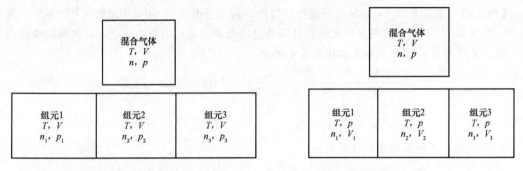

图 3-2　分压力示意　　　　　　图 3-3　分容积示意

对于混合气体有

$$pV = nR_0 T$$

对于任一组元 i 有

$$pV_i = n_i R_0 T$$

由于

$$n = \sum n_i$$

将各组元的状态方程相加，有

$$p \sum V_i = \sum n_i R_0 T = n R_0 T$$

可知

$$V = \sum V_i \qquad (3\text{-}42)$$

式（3-42）表明，混合气体的总容积等于各组元气体的分容积之和，这就是阿密盖特分容积定律。

二、理想气体混合物的成分

混合气体的性质取决于各组元的热力性质和含量。各组元在混合气体中所占的数量份额称为混合气体的成分。按物量单位的不同，混合气体的成分有质量成分、摩尔成分与容积成分。

1. 质量成分

如果混合气体由 k 种组元组成，其中第 i 种组元的质量 m_i 与混合气体总质量 m 的比值称为该组元的质量成分，用 g_i 表示，即

$$g_i = \frac{m_i}{m} \qquad (3\text{-}43)$$

因为

$$m = m_1 + m_2 + \cdots + m_i + \cdots + m_k$$

所以

$$\sum_{i=1}^{k} g_i = \sum_{i=1}^{k} \frac{m_i}{m} = 1 \qquad (3\text{-}44)$$

2. 摩尔成分

在混合气体中，第 i 种组元的物质的量 n_i 与混合气体的物质的量 n 的比值，称为该组元的摩尔成分，用 x_i 表示，即

$$x_i = \frac{n_i}{n} \qquad (3\text{-}45)$$

因为

$$n = n_1 + n_2 + \cdots + n_i + \cdots + n_k$$

所以

$$\sum_{i=1}^{k} x_i = \sum_{i=1}^{k} \frac{n_i}{n} = 1 \qquad (3\text{-}46)$$

3. 容积成分

在混合气体中，第 i 种组元的分容积 V_i 与混合气体总容积 V 的比值，称为该组元的容积成分，用 r_i 表示，即

$$r_i = \frac{V_i}{V} \qquad (3\text{-}47)$$

根据分容积定律

$$V = V_1 + V_2 + \cdots + V_i + \cdots + V_k$$

所以

$$\sum_{i=1}^{k} r_i = \sum_{i=1}^{k} \frac{V_i}{V} = 1 \qquad (3\text{-}48)$$

4. 各组成气体成分间的关系

第 i 种组元和混合气体的状态方程分别为

$$pV_i = n_i R_0 T$$
$$pV = n R_0 T$$

可得

$$\frac{V_i}{V} = \frac{n_i}{n}$$

即

$$r_i = x_i \qquad (3\text{-}49)$$

因此，在理想混合气体中，各组元的容积成分 r_i 与其摩尔成分 x_i 相等，它们与质量成分之间的关系如下：

$$g_i = \frac{m_i}{m} = \frac{n_i M_i}{n M} = x_i \frac{M_i}{M} = r_i \frac{M_i}{M} \qquad (3\text{-}50)$$

三、混合气体的折合分子量和气体常数

1. 折合分子量

在应用混合气体状态方程求解时，要先已知混合气体的气体常数。气体常数取决于气体的

分子量，即摩尔质量，而混合气体的分子量不是一个常数，是各组成气体的折合分子量或称为平均分子量，它取决于组成混合气体的种类与成分。

（1）已知各组成气体的容积成分（或摩尔成分），混合气体的折合分子量为

$$M = \frac{m}{n} = \frac{\sum\limits_{i=1}^{k} n_i M_i}{n} = \sum\limits_{i=1}^{k} x_i M_i = \sum\limits_{i=1}^{k} r_i M_i \tag{3-51}$$

（2）已知各组成气体的质量成分，则根据混合气体的总物质的量等于各组成气体物质的量之和，即

$$n = n_1 + n_2 + \cdots + n_i + \cdots + n_k$$

$$\frac{m}{M} = \frac{m_1}{M_1} + \frac{m_2}{M_2} + \cdots + \frac{m_i}{M_i} + \cdots + \frac{m_k}{M_k}$$

整理得

$$M = \frac{1}{\dfrac{g_1}{M_1} + \dfrac{g_2}{M_2} + \cdots + \dfrac{g_i}{M_i} + \cdots + \dfrac{g_k}{M_k}} = \frac{1}{\sum\limits_{i=1}^{k} \dfrac{g_i}{M_i}} \tag{3-52}$$

2. 折合气体常数

若已求出混合气体折合分子量，根据通用气体常数，即可求得混合气体的折合气体常数，即

$$R = \frac{R_0}{M} = \frac{8\ 314}{M} \qquad [\text{J}/(\text{kg} \cdot \text{K})] \tag{3-53}$$

式中　M——混合气体的折合分子量，可由式（3-51）和式（3-52）求得。

四、混合气体参数的计算

1. 混合气体的比热容

混合气体的比热容与它的组成气体有关，对质量为 m 的混合气体加热，使其温度升高 1 K 所需要的热量就等于各组元分别升高 1 K 所需热量的总和，即混合气体温度升高所需的热量，等于各组成气体相同温升所需热量之和。根据比热容的定义，可以得出混合气体质量比热容的计算公式：

$$c = g_1 c_1 + g_2 c_2 + \cdots + g_i c_i + \cdots + g_k c_k = \sum\limits_{i=1}^{k} g_i c_i \tag{3-54}$$

摩尔比热容

$$Mc = M \sum\limits_{i=1}^{k} g_i c_i = \sum\limits_{i=1}^{k} x_i M_i c_i \tag{3-55}$$

容积比热容

$$c' = r_1 c_1' + r_2 c_2' + \cdots + r_i c_i' + \cdots + r_k c_k' = \sum\limits_{i=1}^{k} r_i c_i' \tag{3-56}$$

2. 混合气体的热力学能、焓和熵

热力学能、焓和熵都是具有可加性的物理量，所以混合气体的热力学能、焓和熵等于各组成气体的热力学能、焓和熵之和，与各组成气体的质量成分有关，即

$$u = \sum\limits_{i=1}^{k} g_i u_i \tag{3-57}$$

$$h = \sum\limits_{i=1}^{k} g_i h_i \tag{3-58}$$

$$s = \sum_{i=1}^{k} g_i s_i \tag{3-59}$$

【**例 3-4**】 干空气的主要成分为 O_2、N_2 和 Ar，各种气体的体积分数分别为 21.000%、78.070% 和 0.930%。求：

(1) 干空气的平均摩尔质量和平均气体常数；

(2) 组成气体的质量分数。

解：O_2、N_2 和 Ar 的相对分子质量分别为 32、28 和 40。

(1) 由式 (3-51) 可得干空气的平均摩尔质量为

$$M = \sum_{i=1}^{k} r_i M_i = (0.21 \times 32 + 0.780\ 7 \times 28 + 0.009\ 3 \times 40) \times 10^{-3}$$
$$= 28.95 \times 10^{-3} (\text{kg/mol})$$

由式 (3-53) 可求得干空气的平均气体常数为

$$R = \frac{R_0}{M} = \frac{8\ 314}{28.95} = 287.18 [\text{J/(kg} \cdot \text{K)}]$$

(2) 由式 (3-50) 可求得各组成气体的质量分数为

$$g_i = r_i \frac{M_i}{M}$$

$$g_{O_2} = 0.21 \times \frac{32}{28.95} = 0.232\ 1 = 23.21\%$$

$$g_{N_2} = 0.780\ 7 \times \frac{28}{28.95} = 0.755\ 1 = 75.51\%$$

$$g_{Ar} = 0.009\ 3 \times \frac{40}{28.95} = 0.012\ 8 = 1.28\%$$

第四节　理想气体的热力过程

热能和机械能的相互转化是通过工质的一系列状态变化过程实现的，不同的热力过程在不同的外部条件下产生。研究热力过程的目的，就是要了解外部条件对热能和机械能转换的影响，以便通过有利的外部条件，合理地安排工质的热力过程，达到提高热能和机械能之间转换效率的目的。

本节仅分析理想气体的可逆过程。理想气体热力过程的研究步骤如下：

(1) 确定过程中状态参数的变化规律，根据过程特点列出或推导出过程方程式 $p = f(v)$；

(2) 根据已知参数、过程方程及理想气体状态方程，确定过程的初、终状态参数；

(3) 热力过程中能量的计算，包括单位质量的容积变化功 w、技术功 w_t 和热量 q；

(4) 在 p-v 和 T-s 图上表示出各过程，并进行定性分析。

下面根据这一步骤讨论四种基本热力过程。为简化和方便分析，比热容取定值比热容。

一、定容过程

定容过程即气体在状态变化过程中容积保持不变的过程。

1. 过程方程

定容过程方程如下：

$$v = 常数 \tag{3-60}$$

2. 基本状态参数间的关系

由过程方程和理想气体状态方程，可得

$$v_1 = v_2$$

$$\frac{p_1}{p_2} = \frac{T_1}{T_2} \qquad (3\text{-}61)$$

3. 功和热的计算

定容过程 $v=$ 常数，即 $\mathrm{d}v=0$，因此，容积变化功为

$$w = \int_1^2 p\,\mathrm{d}v = 0 \qquad (3\text{-}62)$$

技术功

$$w_t = -\int_1^2 v\,\mathrm{d}p = v(p_1 - p_2) = R(T_1 - T_2) \qquad (3\text{-}63)$$

热量

$$q = \int_1^2 c_v\,\mathrm{d}T = c_v \Delta T \qquad (3\text{-}64)$$

对于定容过程，容积变化功 $w=0$，根据热力学第一定律表达式，也可得到热量的计算公式

$$q = \Delta u = c_v \Delta T \qquad (3\text{-}65)$$

4. p-v 图和 T-s 图

定容过程 $v=$ 常数，在 p-v 图上定容线是一条垂直于横坐标 v 轴的直线，如图 3-4（a）所示。在 T-s 图上，定容过程的过程线形状可由以下方法确定：

$$\mathrm{d}s = c_v \frac{\mathrm{d}T}{T}$$

$$\frac{\mathrm{d}T}{\mathrm{d}s} = \frac{T}{c_v} > 0 \qquad (3\text{-}66)$$

式（3-66）为定容过程线在 T-s 图上的斜率，可知，随着温度的升高，斜率增大，因此，定容过程线在 T-s 图上是一条斜率为正、向下凹的曲线，如图 3-4（b）所示。

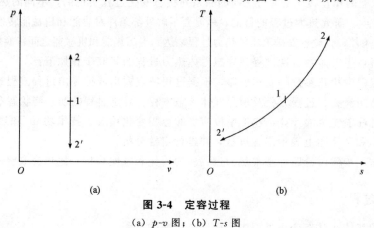

(a)   (b)

图 3-4 定容过程

（a）p-v 图；（b）T-s 图

二、定压过程

定压过程即气体在状态变化过程中压力保持不变的过程。

1. 过程方程

定压过程方程如下：

$$p = 常数 \tag{3-67}$$

2. 基本状态参数间的关系

由过程方程和理想气体状态方程，可得

$$p_1 = p_2$$
$$\frac{v_1}{v_2} = \frac{T_1}{T_2} \tag{3-68}$$

3. 功和热的计算

容积变化功

$$w = \int_1^2 p \, \mathrm{d}v = p(v_2 - v_1) = R(T_2 - T_1) \tag{3-69}$$

定压过程 $p =$ 常数，即 $\mathrm{d}p = 0$，因此，技术功为

$$w_t = -\int_1^2 v \, \mathrm{d}p = 0 \tag{3-70}$$

热量

$$q = \int_1^2 c_p \mathrm{d}T = c_p \Delta T \tag{3-71}$$

对于定压过程，技术功 $w_t = 0$，根据热力学第一定律表达式，也可得到热量的计算公式：

$$q = \Delta h = c_p \Delta T \tag{3-72}$$

4. $p\text{-}v$ 图和 $T\text{-}s$ 图

定压过程 $p =$ 常数，在 $p\text{-}v$ 图上定压线是一条垂直于纵坐标 p 轴的直线，如图 3-5（a）所示。在 $T\text{-}s$ 图上，定压过程的过程线形状可由下面的方法确定：

$$\mathrm{d}s = c_p \frac{\mathrm{d}T}{T}$$

$$\frac{\mathrm{d}T}{\mathrm{d}s} = \frac{T}{c_p} > 0 \tag{3-73}$$

式（3-73）为定压过程线在 $T\text{-}s$ 图上的斜率，与定容线斜率一样，随着温度的升高，斜率增大，因此，定压过程线在 $T\text{-}s$ 图上也是一条斜率为正、向下凹的曲线。但 $c_p > c_v$，因此在相同的温度下，定容线的斜率比定压线的斜率大，两者在图上的位置关系如图 3-5（b）所示。

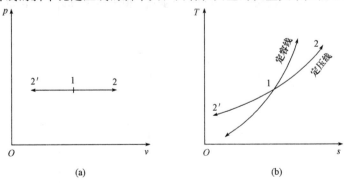

图 3-5　定压过程

（a）$p\text{-}v$ 图；（b）$T\text{-}s$ 图

三、定温过程

定温过程即气体在状态变化过程中温度保持不变的过程。

1. 过程方程

定温过程方程如下：

$$T = 常数 \quad 或 \quad pv = 常数 \tag{3-74}$$

2. 基本状态参数间的关系

由过程方程和理想气体状态方程，可得

$$T_1 = T_2$$

$$\frac{v_1}{v_2} = \frac{p_2}{p_1} \tag{3-75}$$

3. 功和热的计算

容积变化功

$$w = \int_1^2 p \, \mathrm{d}v = \int_1^2 pv \, \frac{\mathrm{d}v}{v} \tag{3-76}$$

定温过程 $T=$ 常数，即 $pv=$ 常数，因此，式（3-76）可以写成

$$w = \int_1^2 pv \, \frac{\mathrm{d}v}{v} = pv \ln \frac{v_2}{v_1} = RT \ln \frac{v_2}{v_1} \tag{3-77}$$

同理，技术功

$$w_t = -\int_1^2 v \, \mathrm{d}p = -\int_1^2 pv \, \frac{\mathrm{d}p}{p} = -p_1 v_1 \ln \frac{p_2}{p_1} = -RT \ln \frac{p_2}{p_1} \tag{3-78}$$

由（3-75），得

$$w_t = RT \ln \frac{p_1}{p_2} = RT \ln \frac{v_1}{v_2} = w \tag{3-79}$$

根据理想气体的性质，即定温过程 $\Delta u = 0$，$\Delta h = 0$，因此，热量

$$q = w = w_t \tag{3-80}$$

由式（3-80）可知，理想气体的定温过程中，容积变化功、技术功和热量三者相等。

4. $p\text{-}v$ 图和 $T\text{-}s$ 图

根据过程方程知，定温线在 $p\text{-}v$ 图上是一等边双曲线，如图 3-6（a）所示。

定温过程 $T=$ 常数，在 $T\text{-}s$ 图上定温线是一条垂直于横坐标 T 轴的直线，如图 3-6（b）所示。

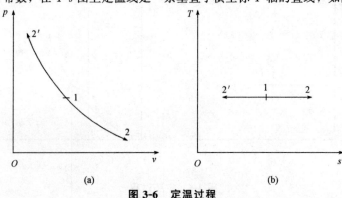

图 3-6 定温过程

（a）$p\text{-}v$ 图；（b）$T\text{-}s$ 图

四、绝热过程（定熵过程）

1. 过程方程

可逆的绝热过程即定熵过程，根据理想气体熵的计算公式，可得

$$ds = c_v \frac{dp}{p} + c_p \frac{dv}{v} = 0$$

两边除以 c_v 得

$$\frac{dp}{p} + \kappa \frac{dv}{v} = 0 \tag{3-81}$$

假定比热容为定值，这时 κ 也是定值，将上式积分，得

$$\ln p + \kappa \ln v = 常数$$

即

$$pv^\kappa = 常数 \tag{3-82}$$

式（3-82）即理想气体定熵过程的过程方程式，理想气体的比热容比 κ 也称为定熵指数（绝热指数）。

2. 基本状态参数间的关系

根据过程方程及理想气体状态方程式，可得理想气体定熵过程初、终状态基本状态参数间的关系为

$$\frac{p_2}{p_1} = \left(\frac{v_1}{v_2}\right)^\kappa \tag{3-83}$$

$$\frac{T_2}{T_1} = \left(\frac{p_2}{p_1}\right)^{\frac{\kappa-1}{\kappa}} \tag{3-84}$$

$$\frac{T_2}{T_1} = \left(\frac{v_1}{v_2}\right)^{\kappa-1} \tag{3-85}$$

3. 功和热的计算

对于绝热过程，有

$$q = 0$$

根据热力学第一定律，绝热过程的容积变化功为

$$w = -\Delta u \tag{3-86}$$

从式（3-86）可以看出，绝热过程的容积变化功等于热力学能的减少，这个结论适用于任何工质的绝热过程，无论过程是否可逆。

对于理想气体，当比热容为定值时，式（3-86）可写成

$$w = c_v(T_1 - T_2) = \frac{R}{\kappa - 1}(T_1 - T_2) \tag{3-87}$$

对于理想气体，比热容为定值的可逆绝热（定熵）过程，式（3-87）可写成

$$w = c_v(T_1 - T_2) = \frac{RT_1}{\kappa - 1}\left[1 - \left(\frac{p_2}{p_1}\right)^{\frac{\kappa-1}{\kappa}}\right] \tag{3-88}$$

同理，根据热力学第一定律，绝热过程的容积变化功为

$$w_t = -\Delta h \tag{3-89}$$

从式（3-89）可以看出，绝热过程的技术功等于焓的减少，这个结论同样也是适用于任何

工质的绝热过程，无论过程是否可逆。

对于理想气体，当比热容为定值时，式（3-89）可写成

$$w_t = c_p(T_1 - T_2) = \frac{\kappa R}{\kappa - 1}(T_1 - T_2) \tag{3-90}$$

对于理想气体，比热容为定值的可逆绝热（定熵）过程，式（3-90）可写成

$$w_t = \frac{\kappa R T_1}{\kappa - 1}\left[1 - \left(\frac{p_2}{p_1}\right)^{\frac{\kappa-1}{\kappa}}\right] \tag{3-91}$$

由式（3-88）和式（3-91）可得

$$w_t = \kappa w \tag{3-92}$$

4. p-v 图和 T-s 图

根据过程方程，在 p-v 图上，定熵（可逆绝热）过程线为一高次双曲线，曲线的斜率为

$$\left(\frac{\partial p}{\partial v}\right)_s = -\kappa \frac{p}{v}$$

定温过程线在 p-v 图上的斜率为

$$\left(\frac{\partial p}{\partial v}\right)_T = -\frac{p}{v}$$

由于 κ 值总是大于1，因此在 p-v 图上的同一状态点定熵线的斜率的绝对值大于定温线斜率的绝对值，两者在图上的位置关系如图 3-7（a）所示。

可逆绝热过程在 T-s 图上是一条垂直于横坐标 s 轴的直线，如图 3-7（b）所示。

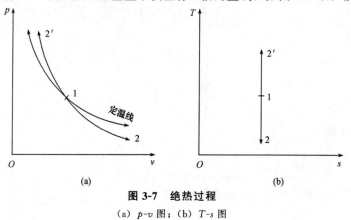

图 3-7　绝热过程

（a）p-v 图；（b）T-s 图

五、多变过程

1. 过程方程

上述讨论的四种典型热力过程的共同特点是：在热力过程中工质的某一状态参数的值保持不变。然而，许多实际热力过程中有些过程所有的状态参数都有显著变化，但实际过程中气体状态参数的变化往往遵循一定规律。通过试验研究发现，这一规律可以用以下指数方程表示，即

$$pv^n = 常数 \tag{3-93}$$

式中　n——多变指数。

满足这一规律的过程称为多变过程，式（3-93）即多变过程的过程方程式。

对于某一指定的多变过程，n 为一常数，但不同的多变过程有不同的 n 值，n 可以是 $-\infty$ 到 $+\infty$ 之间的任何一个实数。然而实际过程往往都是比较复杂的，可以将整个过程分成几段具有不同 n 值的多变过程来分析。

上述的四种典型热力过程可视为多变过程的特例，即

（1）当 $n=0$ 时，$p=$ 常数，为定压过程；

（2）当 $n=1$ 时，$pv=$ 常数，为定温过程；

（3）当 $n=\kappa$ 时，$pv^\kappa=$ 常数，为定熵过程；

（4）当 $n=\pm\infty$ 时，$v=$ 常数，为定容过程。

2. 基本状态参数间的关系

对比多变过程的过程方程与定熵过程的过程方程可以发现，两者的形式相同，只要将绝热指数 κ 换成多变指数 n，就可以得到多变过程的初、终状态参数关系式，即

$$\frac{p_2}{p_1}=\left(\frac{v_1}{v_2}\right)^n \tag{3-94}$$

$$\frac{T_2}{T_1}=\left(\frac{p_2}{p_1}\right)^{\frac{n-1}{n}} \tag{3-95}$$

$$\frac{T_2}{T_1}=\left(\frac{v_1}{v_2}\right)^{n-1} \tag{3-96}$$

3. 功和热的计算

同理，可以得到理想气体、比热容为定值的可逆多变过程的容积变化功和技术功的表达式，即

$$w=\frac{RT_1}{n-1}\left[1-\left(\frac{p_2}{p_1}\right)^{\frac{n-1}{n}}\right] \tag{3-97}$$

$$w_t=\frac{nRT_1}{n-1}\left[1-\left(\frac{p_2}{p_1}\right)^{\frac{n-1}{n}}\right] \tag{3-98}$$

$$w_t=nw \tag{3-99}$$

根据热力学第一定律，热量

$$q=\Delta u+w=c_v(T_2-T_1)+\frac{R}{n-1}(T_1-T_2)=\left(c_v-\frac{R}{n-1}\right)(T_2-T_1) \tag{3-100}$$

将 $c_v=\dfrac{R}{\kappa-1}$ 代入式（3-100）得

$$q=\frac{n-\kappa}{n-1}c_v(T_2-T_1)=c_n(T_2-T_1) \tag{3-101}$$

式中　c_n——理想气体多变过程的比热容。

同理，当 n 取不同的特定值时，多变过程变为前面讨论过的四种典型热力过程，多变过程的比热容也就分别取相应数值，即

（1）当 $n=0$ 时，$c_n=c_p$，为定压过程；

（2）当 $n=1$ 时，$c_n\to\infty$，为定温过程；

（3）当 $n=\kappa$ 时，$c_n=0$，为绝热过程；

（4）当 $n=\pm\infty$ 时，$c_n=c_v$，为定容过程。

4. p-v 图和 T-s 图

在 p-v 图和 T-s 图上从同一初状态点出发，画出的四种典型热力过程的过程线如图 3-8 所

示。通过比较过程线的斜率，可以说明不同热力过程随多变指数 n 变化的分布规律。

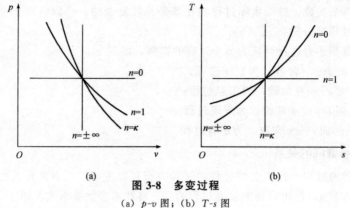

图 3-8 多变过程

(a) p-v 图；(b) T-s 图

在 p-v 图上，多变过程的斜率为

$$\frac{\mathrm{d}p}{\mathrm{d}v} = -n\frac{p}{v} \tag{3-102}$$

四种典型的热力过程是多变过程的特例，如果从同一初状态点出发，其 p、v 值相同，过程线的斜率取决于 n 值。例如，当 $n=0$ 时，$\frac{\mathrm{d}p}{\mathrm{d}v}=0$，定压线为一条水平线；当 $n=1$ 时，$\frac{\mathrm{d}p}{\mathrm{d}v}=-\frac{p}{v}<0$，定温线为一条斜率为负的等边双曲线；当 $n=\kappa$ 时，$\frac{\mathrm{d}p}{\mathrm{d}v}=-\kappa\frac{p}{v}<0$，定熵线为一条斜率为负的高次双曲线，其斜率的绝对值大于定温线，所以定熵线比定温线要陡。

由图 3-8 可以看出，在 p-v 图上，多变过程线的分布规律为多变指数 n 值越大，过程线斜率的绝对值也越大。

在 T-s 图上，多变过程的斜率可由 $\mathrm{d}s = \dfrac{\delta q}{T} = c_n\dfrac{\mathrm{d}T}{T}$ 得出，即

$$\frac{\mathrm{d}T}{\mathrm{d}s} = \frac{T}{c_n} \tag{3-103}$$

过程线的斜率也随 n 而变化，即

（1）当 $n=0$ 时，$c_n=c_p$，$\dfrac{\mathrm{d}T}{\mathrm{d}s}=\dfrac{T}{c_p}>0$，定压线为一条斜率为正的指数曲线；

（2）当 $n=1$ 时，$c_n \to \infty$，$\dfrac{\mathrm{d}T}{\mathrm{d}s}=0$，定温线为一条水平线；

（3）当 $n=\kappa$ 时，$c_n=0$，$\dfrac{\mathrm{d}T}{\mathrm{d}s}\to\infty$，定熵线为一垂直线；

（4）当 $n=\pm\infty$ 时，$c_n=c_v$，$\dfrac{\mathrm{d}T}{\mathrm{d}s}=\dfrac{T}{c_v}>0$，定容线为一斜率为正的指数曲线，由于 $c_p>c_v$，因而定容线的斜率大于定压线的斜率，比定压线要陡。

由图 3-8 可以看出，在 T-s 图上，多变过程线的分布规律：过程线的斜率多变指数 n 按顺时针方向递增。

5. 过程中 w、q 和 Δu 正负值的判断

在 p-v 图和 T-s 图上可以定性地判断过程中 w、q 和 Δu 的正负，这对热力过程的分析十分重要。

（1）w 正负的判断。w 的正负是以定容线为分界的。在 p-v 图上，由同一起点过程线若位

于定容线的右侧，比体积增大，则 $w>0$，反之，$w<0$；在 $T\text{-}s$ 图上，由同一起点出发的多变过程线若位于定容线的右下方，则 $w>0$，反之，$w<0$。

（2）q 正负的判断。q 的正负是以定熵线为分界的。在 $T\text{-}s$ 图上，由同一起点出发的多变过程线若位于定熵线的右侧，熵增大，则 $q>0$；反之，$q<0$。在 $p\text{-}v$ 图上，由同一起点出发的多变过程线位于定熵线的右上方，则 $q>0$；反之，$q<0$。

（3）Δu 正负的判断。Δu 的正负是以定温线为分界的。在 $T\text{-}s$ 图上，由同一起点出发的多变过程线若位于定温线的上侧，温度升高，则 $\Delta u>0$；反之，$\Delta u<0$。在 $p\text{-}v$ 图上，由同一起点出发的多变过程线位于定温线的右上方，则 $\Delta u>0$；反之，$\Delta u<0$。由于理想气体的热力学能和焓都仅是温度的单值函数，因此，Δh 正负的判断与 Δu 一致。

【例 3-5】 有一压气机，将氧气从初态 $p_1=0.1$ MPa、$t_1=27$ ℃ 压缩到终态 $p_2=0.8$ MPa、$t_2=227$ ℃，假设压气过程为可逆过程，求过程的多变指数。

解：（1）由初终状态参数可求得初终状态的比容为

$$v_1=\frac{RT_1}{p_1}=\frac{8\,314\times(273+27)}{1\times10^5\times32}=0.779(\mathrm{m^3/kg})$$

$$v_2=\frac{RT_2}{p_2}=\frac{8\,314\times(273+227)}{8\times10^5\times32}=0.162(\mathrm{m^3/kg})$$

（2）由式（3-94）可求得此多变过程的多变指数为

$$n=\frac{\ln(p_2/p_1)}{\ln(v_1/v_2)}=\frac{\ln(0.8/0.1)}{\ln(0.779/0.162)}=1.32$$

【例 3-6】 将例 3-5 题中的多变过程的相对位置在 $p\text{-}v$ 图及 $T\text{-}s$ 图上表示出来。

解：氧气为双原子分子，当比热容为定值时，$\kappa=1.4$，上题中求得 $n=1.32<\kappa$，并且 $p_2>p_1$，因此该多变过程在图 3-9 的阴影区域内。

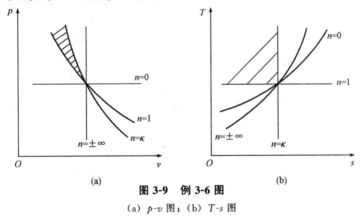

图 3-9 例 3-6 图

（a）$p\text{-}v$ 图；（b）$T\text{-}s$ 图

第五节　气体的压缩

工程上广泛采用一种将气体压力升高的设备，这类设备称为压气机。例如，发电厂锅炉设备的送风机和引风机、高压氧舱、制冷空调装置中的压缩机，以及化工生产中对气体或蒸汽的压缩设备等。

压气机的种类很多，按其工作原理及构造形式可分为活塞式（往复式）和叶轮式（离心式）两大类；按其产生压缩气体的压力范围可分为通风机（<115 kPa）、鼓风机（115～350 kPa）和

压缩机（350 kPa 以上）三类。各种类型的压气机虽然构造不同，工作压力范围不同，但从热力学分析来看，它们的过程并无本质区别，都是消耗外功，使气体压力升高。本节只讨论活塞式压气机。

一、单级活塞式压气机的工作原理及耗功

1. 单级活塞式压气机的工作原理

图 3-10 所示为单级活塞式压气机示意及压气机工作时，活塞移动到不同位置时气体的压力与气缸体积的变化曲线。

单级活塞式压气机的工作过程可分为以下三个过程。

（1）吸气过程：当活塞自左止点向右移动时，进气阀开启，排气阀关闭，气体自缸外被吸入缸内。活塞到达右止点时进气阀关闭，吸气过程完毕，如图 3-10 中的 4－1 过程所示。气体自缸外被吸入缸内的整个吸气过程中气缸里气体的数量增加，但热力状态不变。

（2）压缩过程：当活塞从右止点向左移动时，进气阀、排气阀均关闭，活塞自右止点向左移动，气缸内气体被压缩，压力升高，如图 3-10 中的 1－2 过程所示。在压缩过程中气缸里气体的质量不变，压力及温度升高。

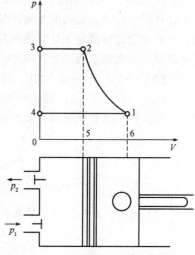

图 3-10　单级活塞式压气机示意

（3）排气过程：当活塞向左移动至 2 点时，进气阀关闭，排气阀打开，活塞继续向左移动，把压缩气体排出，直到左止点，排气完毕。如图 3-10 中的 2－3 过程所示。在排气过程中气缸里气体的热力状态没有变化，数量减少。活塞每往返一次，就完成以上三个过程。

在压缩过程中，气体的终压 p_2 与初压 p_1 之比 p_2/p_1 称为升压比，用符号 β 表示。

2. 单级活塞式压气机理论压缩轴功的计算

压气机在正常运行时，入口气体状态和出口气体状态维持不变，因此，气体流过压气机的过程可按开口系统的稳定流动来分析。如果忽略气体的动能、位能变化，稳定流动能量方程式为

$$Q = \Delta H + W_t \tag{3-104}$$

可逆过程的技术功可表示为

$$W_t = -\int_1^2 V \mathrm{d}p \tag{3-105}$$

压气机为耗功机械，该技术功即理想情况下压气机所消耗的功，可由图 3-10 中的面积 12341 表示。压气机所消耗的功的大小取决于压缩过程的性质，有以下三种情况。

（1）定温压缩。如果压缩过程进行得十分缓慢，且一般压气机都采用冷却措施，散热条件良好，气缸冷却效果很好，使气体在压缩过程中不断向外散热，这种压缩过程可近似为定温压缩过程。对于理想气体的定温压缩，根据式（3-78），压气机所消耗的技术功为

$$W_{t,T} = -p_1 V_1 \ln \frac{p_2}{p_1} = -mRT_1 \ln \frac{p_2}{p_1} \tag{3-106}$$

（2）绝热压缩。如果压缩过程进行得极快，又没有采取任何冷却措施，气体在压缩过程中产生的热量来不及通过缸壁面传向外界，或者传出的热量极少，可以忽略不计，这种压缩过程可近似为绝热压缩过程，根据式（3-91），压气机所消耗的技术功为

$$W_{t,s} = m \frac{\kappa R T_1}{\kappa - 1} \left[1 - \left(\frac{p_2}{p_1} \right)^{\frac{\kappa-1}{\kappa}} \right] = \frac{\kappa p_1 V_1}{\kappa - 1} \left[1 - \left(\frac{p_2}{p_1} \right)^{\frac{\kappa-1}{\kappa}} \right] \tag{3-107}$$

（3）多变压缩。压气机实际的压缩过程都采用一定的冷却措施，但难以实现定温过程，所以，压缩过程是一个指数 n 介于 1 与 κ 之间的多变压缩过程。压气机所消耗的技术功为

$$W_{t,n} = m \frac{n R T_1}{n - 1} \left[1 - \left(\frac{p_2}{p_1} \right)^{\frac{n-1}{n}} \right] = \frac{n p_1 V_1}{n - 1} \left[1 - \left(\frac{p_2}{p_1} \right)^{\frac{n-1}{n}} \right] \tag{3-108}$$

三种压缩过程的 p-v 图和 T-s 图如图 3-11 所示。从图中可以看出，定温压缩过程耗功最少，压缩终了时的温度最低；绝热压缩过程耗功最多，压缩终了时的温度最高；多变压缩过程介于两者之间。因此，为了节省压气机耗功，同时，也为了防止润滑油在高温时碳化变质，应将压气机的压缩过程设计为定温过程，但实际工程实现不了定温过程，只能实现多变过程。因此，工程上常采用冷却措施来使过程尽量接近定温过程。

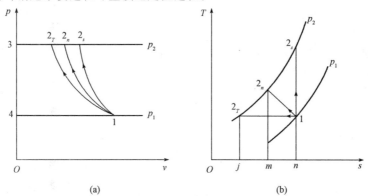

图 3-11　三种压缩过程的 p-v 和 T-s 图

（a）p-v 图；（b）T-s 图

二、余隙容积的影响

活塞式压气机在实际运行时，由于气缸顶部装有进、排气阀片，为了运转平稳，避免活塞与气缸盖撞击，在排气终了时活塞与气缸盖之间必须留有一定的空隙，这个空隙称为余隙容积，如图 3-12 所示。

图 3-12 中 V_3 表示余隙容积，$V_h = V_1 - V_3$ 是活塞从左止点运动到右止点所走过的容积，称为活塞排量。当活塞运动到左止点时，由于余隙容积的存在，不可能将高压气体全部排出，在余隙容积内会残留一部分高压气体。当活塞向右移动进行下一个吸气过程时，这部分残留的高压气体要先膨胀到进气压力 p_1，才能从外界吸气。因此，如图 3-12 所示，有余隙容积的压气机的工作过程如下：1—2 为压缩过程，2—3 为排气过程，3—4 为余隙容积中剩余气体的膨胀过程，4—1 为进气过程。图 3-12 中 3—4 过程就表示余隙容积中高压气体的膨胀过程。因此，活塞的气缸的有效吸气量 $V = V_1 -$

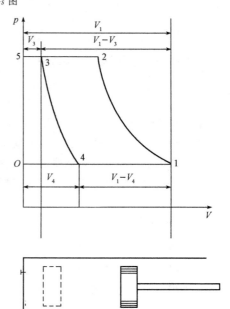

图 3-12　具有余隙容积的压气机示功图

V_4，两者的比值称为容积效率，用 λ_v 表示，它反映了气缸容积的有效利用程度。其定义式为

$$\lambda_v = \frac{V}{V_h} = \frac{V_1 - V_4}{V_1 - V_3} = \frac{V_1 - V_3 - (V_4 - V_3)}{V_1 - V_3}$$

$$= 1 - \frac{V_4 - V_3}{V_1 - V_3} = 1 - \frac{V_3}{V_1 - V_3}\left(\frac{V_4}{V_3} - 1\right) \tag{3-109}$$

式中 V_3/V_h——余隙容积百分比，用 c 表示，即 $c = V_3/V_h$。

假设过程 1—2 和过程 3—4 是多变指数 n 相同的多变过程，则

$$\frac{V_4}{V_3} = \left(\frac{p_3}{p_4}\right)^{\frac{1}{n}} = \left(\frac{p_2}{p_1}\right)^{\frac{1}{n}} = \beta^{\frac{1}{n}}$$

因此，式（3-109）可以表示为

$$\lambda_v = 1 - c\left(\beta^{\frac{1}{n}} - 1\right) \tag{3-110}$$

由式（3-110）可知，在增压比和多变指数一定的情况下，余隙容积百分比越大，容积效率就越低。因此，在设计制造活塞式压气机时，应该尽量减小余隙容积。工程上，单级压气机的增压比一般限制在 8 以下。

如图 3-12 所示，如果压缩过程 1—2 和膨胀过程 3—4 的多变指数 n 相同，则有余隙容积时压气机的理论压气轴功，即技术功为

$$W_{t,n} = \frac{np_1 V_1}{n-1}\left[1 - \left(\frac{p_2}{p_1}\right)^{\frac{n-1}{n}}\right] - \frac{np_4 V_4}{n-1}\left[1 - \left(\frac{p_3}{p_4}\right)^{\frac{n-1}{n}}\right] \tag{3-111}$$

因为 $p_1 = p_4$，$p_2 = p_3$，所以

$$W_{t,n} = \frac{n}{n-1}p_1(V_1 - V_4)\left[1 - \left(\frac{p_2}{p_1}\right)^{\frac{n-1}{n}}\right]$$

$$= \frac{n}{n-1}p_1 V\left[1 - \left(\frac{p_2}{p_1}\right)^{\frac{n-1}{n}}\right]$$

$$= m\frac{n}{n-1}RT_1\left[1 - \left(\frac{p_2}{p_1}\right)^{\frac{n-1}{n}}\right] \tag{3-112}$$

压缩单位质量气体所消耗的轴功为

$$w_{t,n} = \frac{n}{n-1}RT_1\left[1 - \left(\frac{p_2}{p_1}\right)^{\frac{n-1}{n}}\right] \tag{3-113}$$

式（3-111）和式（3-112）表明，余隙容积不影响压气机所消耗的功。但是，当有余隙容积时，进气量减小，压气机的有效容积变小，有效吸气量 $V = V_1 - V_4$ 减少。因此，当压缩同量气体时，有余隙容积的压气机活塞容积要大于无余隙容积的压气机活塞容积。因此，在设计制造活塞式压气机时，应该尽量减少余隙容积。

三、多级压缩

耗功的大小是压气机的一个重要的性能指标。在满足设计要求的前提下应尽量采取措施以减少压气机的耗功。如前所述，定温过程消耗的功最少，采取冷却措施可以减少压气机的耗功，因此，工程上常采用多级压缩、级间冷却的方式，这样不仅可以减少压气机消耗的功，还可以降低压缩气体的温度，避免发生安全事故。

多级压缩是将气体从低压到高压依次在几个气缸中连续压缩，同时，为了降低排气温度，从前一级气缸排出的压缩气体先进入一个中间冷却器进行定压冷却，然后再进入下一级气缸继续压缩。工程上常采用的是两级压缩，如图 3-13 所示为两级压缩、中间冷却的压气机示意及工

作过程的 p-v 图和 T-s 图。其中，7－1 为低压气缸的吸气过程；1－2 为低压气缸的压缩过程；2－6 为低压气缸向中间冷却器的排气过程；2－3 相当于气体在中间冷却器中的定压冷却过程；6－3 为冷却后的气体被吸入高压气缸的过程，即高压气缸的吸气过程；3－4 为高压气缸的压缩过程；4－5 为高压气缸的排气过程。

采用两级压缩、中间冷却的方式可以减少耗功。如图 3-13（b）所示，从同一初压压缩到同一终压，如果采用单级压缩，压气机消耗的功在 p-v 图上用面积 71857 表示，而两级压缩压气机消耗的功在 p-v 图上用面积 7123457 表示。显然，两级压缩所消耗的功比单级压缩要小，而且高压缸压缩终了温度比单级压缩低，有利于压气机的安全运行。两级压缩压气机消耗的功为每一级耗功的和，在 p-v 图上用面积 7123457 表示。如果两级气缸中压缩过程的多变指数 n 相同，则两级压缩压气机的总耗功为

$$w_{\mathrm{t,n}} = w_{\mathrm{t,n}}^{1} + w_{\mathrm{t,n}}^{2} = \frac{n}{n-1}RT_1\left[1-\left(\frac{p_2}{p_1}\right)^{\frac{n-1}{n}}\right] + \frac{n}{n-1}RT_3\left[1-\left(\frac{p_4}{p_3}\right)^{\frac{n-1}{n}}\right] \tag{3-114}$$

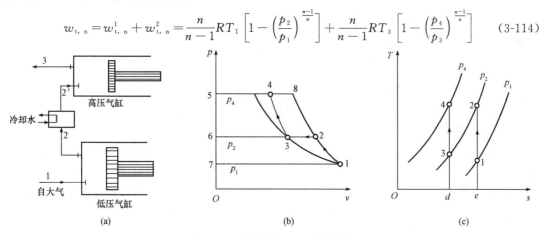

图 3-13　两级压气机工作过程图

（a）设备示意；（b）p-v 图；（c）T-s 图

若气体在中间冷却器中能充分冷却，使 $T_3 = T_1$，则上式可表示为

$$w_{\mathrm{t,n}} = \frac{n}{n-1}RT_1\left[2-\left(\frac{p_2}{p_1}\right)^{\frac{n-1}{n}}-\left(\frac{p_4}{p_2}\right)^{\frac{n-1}{n}}\right] \tag{3-115}$$

从式（3-115）可以看出，当压缩的初、终状态给定时，两级压缩的耗功仅与中间压力 p_2 有关，因此，理论上存在一个最佳的中间压力 p_2 使两级压缩压气机消耗的功最小，令

$$\frac{\mathrm{d}w_{\mathrm{t,n}}}{\mathrm{d}p_2} = 0$$

可得

$$p_2 = \sqrt{p_1 p_4} \tag{3-116}$$

或写成

$$\frac{p_2}{p_1} = \frac{p_4}{p_2} \tag{3-117}$$

从式（3-117）可以看出，当低压级和高压级压气机的增压比相等时，两级压缩压气机所消耗的功最少，同理，对于多级压缩，当各级的增压比相等时，压气机所消耗的功最少。理论上，分级越多，压缩过程越接近定温过程，耗功越少。但级数越多，系统的结构越复杂，造价越高，因此，工程上常采用两级或三级压缩。这说明当应用热力学理论解决实际工程问题时，在理论上可行的前提条件下，还要考虑实际操作的可行性和经济性，一味地追求理论，反而不利于节能。

【例 3-7】 空气的初始状态 $p_1 = 0.1$ MPa，$t_1 = 17$ ℃，现用一个有级间冷却器的两级压气机，将空气压缩到 1.6 MPa。设两级压缩过程的多变指数均为 1.3，气体进入各级气缸时的温度相同。试按压气机耗功量为最小值确定其中间压力及输出 1 kg 压缩空气压气机所消耗的功和各级的排气温度。

解：（1）最佳中间压力 p_z 为

$$p_z = \sqrt{p_1 p_4} = \sqrt{0.1 \times 1.6} = 0.4(\text{MPa})$$

（2）采用最佳中间压力时，两级消耗的功相同，总耗功为

$$w_t = 2w_{t1} = 2 \times \frac{n}{n-1}RT_1\left[1 - \left(\frac{p_2}{p_1}\right)^{\frac{n-1}{n}}\right] = 2 \times \frac{1.3}{1.3-1} \times 0.287 \times 290 \times (1 - 4^{\frac{1.3-1}{1.3}})$$

$$= -272(\text{kJ/kg})$$

（3）各级气缸的排气温度为

$$T_2 = \left(\frac{p_2}{p_1}\right)^{\frac{n-1}{n}}T_1 = 4^{\frac{1.3-1}{1.3}} \times 290 = 399 \text{ (K)} = 126(℃)$$

习 题

一、简答题

1. 如何正确看待"理想气体"这个概念？在进行实际计算时如何决定是否可采用理想气体的一些公式？

2. 理想气体的热力学能和焓是温度的单值函数，理想气体的熵也是温度的单值函数吗？

3. 如果某种工质的状态方程式为 $pv = RT$，这种工质的比热容、热力学能、焓都仅仅是温度的函数吗？

4. 理想气体混合物的热力学能是不是温度的单值函数？其 $c_p - c_v$ 是否仍遵守迈耶公式？

5. 质量成分较大的组元气体，其摩尔成分是否也一定较大？

6. 将满足空气下列要求的多变过程表示在 $p\text{-}v$ 图和 $T\text{-}s$ 图上：

（1）空气升压、升温，又放热；

（2）空气膨胀、升温，又吸热；

（3）$n = 1.5$ 的膨胀过程，并判断 q、w、Δu 的正负；

（4）$n = 1.3$ 的压缩过程，并判断 q、w、Δu 的正负。

7. 试根据 $p\text{-}v$ 图上四种基本热力过程的过程曲线的位置，画出自点 1 出发的下述过程的过程曲线，并指出其变化范围：（1）热力学能增大及热力学能减小的过程；（2）吸热过程及放热过程。

8. 试分析，在增压比相同时，采用定温压缩和采用绝热压缩的压气机的容积效率何者高。

9. 如果通过各种冷却方法而使压气机的压缩过程实现为定温过程，则采用多级压缩的意义是什么？

二、计算题

1. 容积为 0.03 m³ 的钢瓶内装有氧气，其压力为 0.7 MPa，温度为 20 ℃。使用后，压力降至 0.3 MPa，而温度未变，使用了多少氧气？

2. 4 kg 空气，测得其温度为 20 ℃，表压力为 1.5 MPa，已知当地大气压为 0.1 MPa。求空气占有的容积和此状态下空气的比体积。

3. 试计算每千克氧气从 200 ℃ 定压吸热至 380 ℃ 和从 380 ℃ 定压吸热至 900 ℃ 所吸收的热量。

（1）按平均比热容计算；（2）按定值比热容计算。

4．某锅炉空气预热器将空气由 $t_1 = 30$ ℃定压加热到 $t_2 = 262$ ℃，空气的流量折合成标准状态为 3 000 m^3/h，求每小时加给空气的热量。

5．由 3 kg 氧气、6 kg 氮气和 10 kg 甲烷所组成的混合气体，试确定：

（1）每种组成的质量成分；

（2）每种组成的摩尔成分；

（3）混合气体的平均分子量和气体常数。

6．烟气的主要成分为二氧化碳、氧气、氮气和水蒸气，用气体分析仪测得一锅炉烟道中烟气中各气体的容积成分分别为 0.12、0.05、0.75、0.08。已知该段烟道内的真空度为 50 mmH_2O，当地的大气压力 $= 750$ mmHg。求：（1）质量成分；（2）烟气的折合气体常数；（3）各组成气体的分压力。

7．空气的初始状态 $V_1 = 3$ m^3，$p_1 = 0.4$ MPa，$t_1 = 30$ ℃，经一多变过程压缩到 $p_2 = 2$ MPa，$V_2 = 0.8$ m^3。已知空气的比热容为定值，$c_v = 0.717$ kJ/(kg·K)，$R = 0.287$ kJ/(kg·K)。求过程的多变指数、压缩功、空气在被压缩过程中放出的热量。

8．质量为 4 kg 的空气由初状态 $p_1 = 0.5$ MPa，$t_1 = 25$ ℃，经过下列不同过程膨胀到同一终压力 $p_2 = 0.1$ MPa：（1）定温过程；（2）定熵过程。试计算这两个过程中空气对外做的膨胀功、所进行的热量交换、终态参数和空气熵的变化。

9．活塞式压气机将 27 ℃、0.096 MPa 的空气压缩到 0.38 MPa。压缩过程 $n = 1.3$ 的可逆多变过程，试求压缩 1 kg 空气所消耗的功，并与可逆定温和可逆绝热压缩的耗功进行比较。

10．为了把 0.1 MPa、17 ℃的空气压缩到 1.6 MPa，现用一个有级间冷却器的两级压气机，设两级压缩过程的多变指数均为 1.25，余隙容积比为 5%，且设在级间冷却器中，空气能冷却到压缩前的初始温度 17 ℃。求：

（1）按压气机耗功量为最小值确定其中间压力；

（2）压气机总耗功率、容积效率、压缩终了温度。

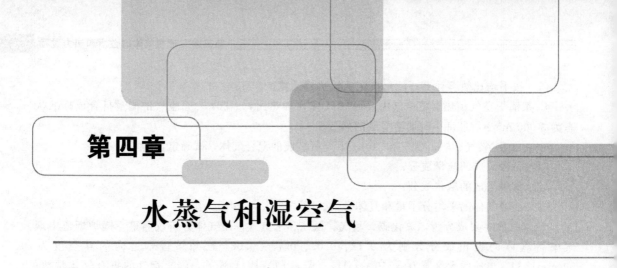

第四章

水蒸气和湿空气

本章主要介绍在实际工程中常用的工质水蒸气和湿空气。水蒸气不同于理想气体，是一种刚离开液态而又比较接近液态的实际气体。而且水蒸气在工作过程中常发生相态变化，分子之间的作用力及分子本身占有的容积不能忽略。实际气体的热力性质远比理想气体复杂，其状态参数之间的关系不能用理想气体状态方程描述，也很难用单纯的数学方法描述水蒸气的物理性质，常用经过实验和计算所制定出来的水蒸气图解决有关水蒸气的计算问题。本章主要讲述液体的物态变化；定压下水蒸气的生产过程及在 p-v 图上的描述；水蒸气状态参数和水蒸气表；水蒸气的焓熵图及热力过程。除水蒸气外，在制冷、空调和化学工程中还常用到其他蒸气，如氨、氟利昂等。

湿空气是干空气和水蒸气的混合物，可以看成理想气体。在烘干、采暖、空调、冷却塔等工程中都涉及湿空气的性质，无论在生产上还是生活上，对湿空气的研究都有重要的意义。

第一节　水的相变及相图

自然界中大多数纯物质以固相、液相和气相三种聚集态存在。所谓相，是指系统内物理和化学性质完全相同的均匀体。下面介绍纯净水的三种状态变化。

一、相图

相图也称相态图、相平衡状态图，是用来表示相平衡系统的组成与一些参数（如温度、压力）之间关系的一种图。相图可分为三相图（即 p-v-t 图）和两相图（如 p-t 图、p-v 图、v-t 图）。

在一定压力下，对固态冰加热，冰的温度升高至融化点温度，开始融化成液态水，在全部融化之前保持熔点温度不变，此过程称为融解过程。对水继续加热，温度升至沸点温度时，水开始沸腾气化，直到全部变为水蒸气，在气化过程中温度也保持不变。再进一步加热，蒸汽温度逐渐升高为过热水蒸气。上述过程就可以表示在两相图 p-t 图上用水平线 a—b—e—l 表示，如图 4-1 所示。线段 a—b、b—e 和 e—l 相应为冰、水和水蒸气的定压加热过程，b 点为固液共存点（凝固点或融化点），e 点为液气共存点（沸点或凝结点）。在不同压力下重复上述过程，同

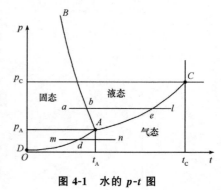

图 4-1　水的 p-t 图

样会得到相应压力下的固液共存点、液气共存点，将所有的固液共存点连成一条曲线，即固—液态共存线（AB 线）；将所有的液气共存点连成一条曲线，即液—气态共存线（AC 线）。

固—液态共存线 AB 线又称为融解曲线，它反映了融化点与压力的关系。水在凝固时体积膨胀，从而使它的 AB 线斜率为负，需要注意的是，除水外，其他绝大多数纯净物质 AB 线的斜率均为正。从图 4-1 中可以看出，当压力增加时，冰的融化点降低。液—气态共存线 AC 线又称为气化线或凝结线，其上端点 C 是临界点，AC 线显示了沸点与压力的关系。所有纯物质的气化线斜率为正，说明饱和压力随饱和温度升高而增大。当压力降低时，AB 线和 AC 线逐渐接近，并相交于 A 点。A 点是固、液、气三态共存的状态点，称为三相点。每种纯物质三相点的压力和温度都是唯一确定的，查资料可知水的三相点温度 $t_A = 0.01\ ℃$，$p_A = 611.659\ Pa$。

AD 线为固—气态共存线（升华线或凝华线）。从图中可以看出，当发生 $m-d-n$ 过程时，冰不经过液化而直接变为气态，称为升华。升华过程只有在压力低于三相点压力时才会发生。制造集成电路就是利用低温下升华的原理将金属蒸气沉积在其他固体表面。冬季北方挂在室外冻硬的湿衣服可以晾干就是冰升华为水蒸气的缘故。秋冬之交的霜冻是升华过程的逆过程，称为凝华。

二、饱和状态

众所周知，由液态转变为蒸汽的过程称为汽化，汽化是液体分子脱离液面的现象，根据剧烈程度，汽化可分为蒸发和沸腾。在水表面进行的汽化过程称为蒸发；在水表面和内部同时进行的强烈的汽化过程称为沸腾。汽化过程需要吸收汽化潜热。

物质由气态变为液态的过程称为凝结（也称液化）。液体的沸点温度也就是蒸汽的凝结温度。蒸汽凝结过程与汽化过程相反，并在凝结时放出热量。蒸汽供采暖系统就是用蒸汽凝结放热来向房间内供暖的。物质在不发生相变，而温度增加或减少时所吸收或释放的热量称为显热。

实际上，水分子脱离表面的汽化过程也伴有分子回到液体中的凝结过程。在图 4-2 所示的密闭的盛有水的容器中，在一定温度下，起初汽化过程占优势，随着汽化的分子增多，空间中蒸汽的浓度变大，使水分子返回液体中的凝结过程加剧。到一定程度时，虽然汽化和凝结都在进行，但处于动态平衡中，空间中蒸汽的分子数目不再增加，这种动态平衡的状态称为饱和状态。在这一状态下的温度称为饱和温度，用 t_s 表示。由于处于这一状态的蒸汽分子动能和分子总数不再改变，因此压力也确定不变，称为饱和压力，用 p_s 表示。t_s 和 p_s 是相互对应的，不是相互独立的状态参数，如图 4-1 中的 AC 线所示，当压力增加，则对应的饱和温度升高；压力降低，对应的饱和温度也降低。

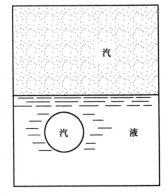

图 4-2　水的饱和状态

生活中，用高压锅炖肉会更容易熟也是这个原理。高压锅内部能够保持较高的压力，通过在较高的气压下将沸点提升，使水可以达到较高温度以加快炖煮食物的效率。

同样，电站锅炉汽包的"虚假水位"也是同理。它不是由于给水量与蒸发量之间的平衡关系被破坏引起的，而是当汽包压力突然改变但温度变化滞后引起的。当汽包压力突然降低时，对应的饱和温度也相应降低，水温高于饱和温度汽包内的水自行蒸发，于是水中的气泡增加，体积膨胀，使水位上升，形成虚假水位。当汽包压力突然升高时，对应的饱和温度提高，水温低于饱和温度，水中的气泡减少，体积收缩，促使水位下降，同样也形成虚假水位。

第二节　水的定压汽化过程和图示

在实际工程中，蒸汽锅炉产生水蒸气时，压力变化一般都不大，因此，水蒸气的产生过程接近一个定压加热过程。例如，火箭发射升空时会产生大量热量，为了防止高温烧毁设备，发射塔下面有个大水槽。当火箭点燃发射时，几秒时间水槽里的水就会沸腾起来，由液体变成气体，这个过程就是水的定压汽化过程。

一、水的定压汽化过程

将 1 kg、0 ℃的水装在带有活塞的容器中。从外界向容器中加热，同时保持容器内的压力 p 不变。

刚开始对水加热时，水的温度将不断上升，水的比体积则增加很少，达到沸腾之前的水称为未饱和水〔图 4-3（a）〕。当达到压力对应的饱和温度 t_s 时，水开始沸腾，水处于饱和水状态〔图 4-3（b）〕，在定压下继续加热，水将逐渐汽化，在这个过程中，水和蒸汽的温度都保持不变。当容器中最后一滴水完全蒸发，变为干饱和蒸汽时，温度仍是 t_s〔图 4-3（d）〕。水还没有完全变为干饱和蒸汽之前，容器中饱和水与饱和蒸汽共存，通常把混有饱和水的饱和蒸汽称为湿饱和蒸汽，或简称为湿蒸汽〔图 4-3（c）〕。

如果对干饱和蒸汽再加热，蒸汽的温度又开始上升，这时，蒸汽的温度已超过饱和温度，这种蒸汽称为过热蒸汽〔图 4-3（e）〕。过热蒸汽的温度超过其压力对应的饱和温度 t_s 的部分，称为过热蒸汽的过热度 D，即 $D = t - t_s$。

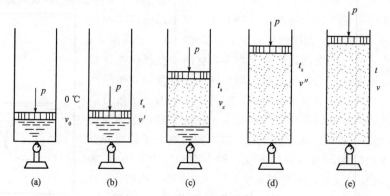

图 4-3　水的定压加热汽化过程

（a）未饱和水；（b）饱和水；（c）湿饱和蒸汽；（d）干饱和蒸汽；（e）过热蒸汽

综上所述，水的定压加热汽化过程先后经历了未饱和水、饱和水、湿饱和蒸汽、干饱和蒸汽和过热蒸汽五种状态，水的定压加热汽化过程可以在 p-v 图和 T-s 图上表示，如图 4-4 所示。其中 a 点为 0 ℃水的状态；b 点为饱和水状态；c 点为某种比例汽水混合的湿饱和蒸汽状态；d 点为干饱和蒸汽状态；e 点为过热蒸汽状态。

上述过程分为三个过程，即水的定压预热过程（从不饱和水到饱和水为止）；饱和水的定压汽化过程（从饱和水到完全变为饱和蒸汽为止）；蒸汽的定压过热过程（从饱和蒸汽到任意温度的过热蒸汽），分别为 $a-b$ 段、$b-d$ 段及 $d-e$ 段。

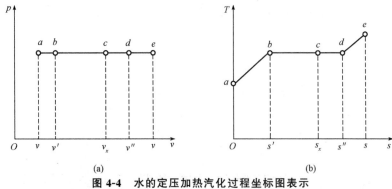

图 4-4　水的定压加热汽化过程坐标图表示

（a）$p\text{-}v$ 图；（b）$T\text{-}s$ 图

二、水蒸气的 $p\text{-}v$ 图和 $T\text{-}s$ 图

如果将不同压力下蒸汽的形成过程表示在 $p\text{-}v$ 图和 $T\text{-}s$ 图上，并将不同压力下对应的饱和水点与干饱和蒸汽点连接起来，就得到了图 4-5 中的 b_1、b_2、b_3、…线和 d_1、d_2、d_3、…线，分别称为饱和水线（或下界线）和干饱和蒸汽线（或上界线）。

从图 4-5 中可以清楚地看到，压力加大时，饱和水点和干饱和蒸汽点之间的距离逐渐缩短。当压力增加到某一临界值时，饱和水与干饱和蒸汽之间的差异已完全消失，即饱和水与干饱和蒸汽有相同的状态参数。在图中用点 C 表示，这个点称为临界点。这样一种特殊的状态称为临界状态。临界状态的各热力参数都加下角标"cr"，水的临界参数为 $p_{cr}=22.064$ MPa，$t_{cr}=373.99\ ℃$，$v_{cr}=0.003\ 106\ \mathrm{m^3/kg}$，$h_{cr}=208\ 5.9\ \mathrm{kJ/kg}$，$s_{cr}=4.409\ 2\ \mathrm{kJ/(kg \cdot K)}$。

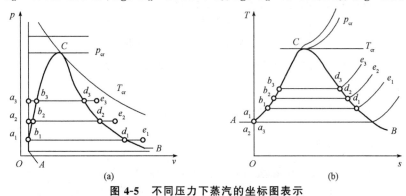

图 4-5　不同压力下蒸汽的坐标图表示

（a）$p\text{-}v$ 图表示；（b）$T\text{-}s$ 图表示

关于临界状态，可以补充以下几点：

（1）任何纯物质都有自己唯一确定的临界状态。

（2）在 $p \geqslant p_{cr}$ 下，定压加热过程不存在汽化段，水由未饱和状态直接变化为过热状态。

（3）当 $t > t_{cr}$ 时，无论压力多高都不可能使气体液化。

（4）在临界状态下，可能存在超流动性。

（5）在临界状态附近，水及蒸汽有大比热容特性。

从图 4-5 中可以看出，饱和水线 CA 和干饱和蒸汽线 CB 将 $p\text{-}v$ 图和 $T\text{-}s$ 图分为三个区域：CA 线的左方是未饱和水区；CA 线与 CB 线之间为气液两相共存的湿蒸汽区；CB 线右方为过热蒸汽区。

综合 p-v 图与 T-s 图，可以得到"一点、两线、三区、五态"。

一点：临界点。

两线：饱和水线和干饱和蒸汽线。

三区：未饱和水区、湿蒸汽区、过热蒸汽区。

五态：未饱和水、饱和水、湿饱和蒸汽、干饱和蒸汽、过热蒸汽。

近些年，我国新投产的火电机组中有一大批超临界压力机组。通过第六章第一节的学习将可知大幅提高新蒸汽压力可以有效提高火力发电厂热效率。

第三节　水蒸气的状态参数和水蒸气表

在大多数情况下，不能把水蒸气按理想气体处理，即 p、v、T 的关系不满足理想气体状态方程式 $pv = R_g T$，水蒸气的热力学能和焓也不是温度的单值函数。

为了便于工程计算，将不同温度和不同压力下的未饱和水、饱和水、干饱和蒸汽和过热蒸汽的比体积、比焓、比熵等参数列成表或绘制成线条图，利用它们可以很容易地确定水蒸气的状态参数。热力学能 u 需要通过 $u = h - pv$ 计算得到。

一、零点的规定

在热工计算中不必求水及水蒸气 h、s、u 的绝对值，而仅需要求其增加或减少的相对数值，故可规定任意一点为零点。为了方便国际交流，根据国际水蒸气会议的规定，世界各国统一选定，零点是水的三相点中的液相水。规定三相点饱和水的热力学能和熵为零，角标用"0"表示零点参数，即对于 $t_0 = t_A = 0.01\ ℃$、$p_0 = p_A = 611.659\ \text{Pa}$ 的饱和水有

$$u_0' = 0\ \text{kJ/kg},\quad s_0' = 0\ \text{kJ/(kg·K)}$$

此时，水的比体积 $v_0' = v_A = 0.001\ 000\ 21\ \text{m}^3/\text{kg}$，焓可以通过 $h = u + pv$ 来计算。

$$h_0' = u_0' + p_0 v_0'$$

$$h_0' = 0 + 611.659 \times 0.001\ 000\ 21 = 0.611\ 8\ (\text{J/kg})\ \approx 0$$

二、水和水蒸气热力性质表

水蒸气表可分为"饱和水和饱和蒸汽热力性质表"和"未饱和水和过热蒸汽热力性质表"（见附表 4）两种。为了使用方便，"饱和水和饱和蒸汽热力性质表"又分为以温度为序排列和以压力为序排列两种，分别见附表 2、附表 3，两表的节录分别见表 4-1、表 4-2。未饱和水和过热蒸汽热力性质表的节录见表 4-3。在这些表中，上标"′"表示饱和水的参数；上标"″"表示干饱和蒸汽的参数。

表 4-1　饱和水和饱和蒸汽热力性质表（依温度排列）

t	p	v'	v''	h'	h''	r	s'	s''
℃	MPa	m³/kg		kJ/kg			kJ/(kg·K)	
0	0.000 611 2	0.001 000 22	206.154	−0.05	2 500.51	2 500.6	−0.000 2	9.154 4
0.01	0.000 611 7	0.001 000 21	206.012	0.00	2 500.53	2 500.5	0	9.154 1
1	0.000 657 1	0.001 000 18	192.464	4.18	2 502.35	2 498.2	0.015 3	9.127 8

续表

t	p	v'	v"	h'	h"	r	s'	s"
℃	MPa	m³/kg		kJ/kg			kJ/(kg·K)	
5	0.000 872 5	0.001 000 08	147.048	21.02	2 509.71	2 488.7	0.076 3	9.023 6
10	0.001 227 9	0.001 000 34	106.341	42.00	2 518.90	2 476.9	0.151 0	8.898 8
20	0.002 385	0.001 001 85	57.86	83.86	2 537.20	2 453.3	0.296 3	8.665 2
30	0.004 245 1	0.001 004 42	32.899	125.68	2 555.35	2 429.7	0.436 6	8.451 4
100	0.101 325	0.001 043 44	1.673 6	419.06	2 675.71	2 256.6	1.306 9	7.354 5
150	0.475 71	0.001 090 46	0.392 85	632.28	2 746.35	2 114.1	1.842 0	6.838 1
200	1.553 66	0.001 156 41	0.127 32	852.34	2 792.47	1 940.1	2.330 7	6.431 2
250	3.973 51	0.001 251 45	0.050 112	1 085.3	2 800.66	1 715.4	2.792 6	6.071 6
300	8.583 08	0.001 403 69	0.021 669	1 344.0	2 748.71	1 404.7	3.253 3	5.704 2
350	16.521	0.001 740 08	0.008 812	1 670.3	2 563.39	893.0	3.777 3	5.210 4
373.99	22.064	0.003 106	0.003 106	2 085.9	2 085.9	0	4.409 2	4.409 2

表 4-2 饱和水和饱和蒸汽热力性质表（依压力排列）

p	t	v'	v"	h'	h"	r	s'	s"
MPa	℃	m³/kg		kJ/kg			kJ/(kg·K)	
0.001	6.969	0.001 000 1	129.185	29.21	2 513.19	2 484.1	0.105 6	8.973 5
0.005	32.879	0.001 005 3	28.191	137.72	2 560.55	2 422.8	0.476 1	8.393 0
0.010	45.799	0.001 010 3	14.673	191.76	2 583.72	2 392.0	0.649 0	8.148 1
0.10	99.634	0.001 043 2	1.694 3	417.52	2 675.14	2 275.6	1.302 8	7.358 9
1.00	179.916	0.001 127 2	0.194 38	762.84	2 777.67	2 014.8	2.138 8	6.585 9
5.0	263.980	0.001 286 2	0.039 439	1 154.2	2 793.64	1 639.5	2.920 1	5.972 4
10.0	311.037	0.001 452 2	0.018 026	1 407.2	2 724.46	1 317.2	3.359 1	5.613 9
15.0	342.196	0.001 657 1	0.010 340	1 609.8	2 610.01	1 000.2	3.683 6	5.309 1
20.0	365.789	0.002 037 9	0.005 870	1 827.7	2 413.05	585.9	4.015 3	4.932 2
22.064	379.99	0.003 106	0.003 106	2 085.9	2 085.9	0	4.409 2	4.409 2

表 4-3 未饱和水和过热水蒸气热力性质表

	0.5 MPa			1.0 MPa		
t	v	h	s	v	h	s
℃	m³/kg	kJ/kg	kJ/(kg·K)	m³/kg	kJ/kg	kJ/(kg·K)
0	0.001 000 0	0.46	−0.000 1	0.000 999 7	0.97	−0.000 1
10	0.001 000 1	42.49	0.151 0	0.000 999 9	4 298	0.150 9
50	0.001 011 9	209.75	0.703 5	0.001 011 7	210.18	0.703 3
100	0.001 043 2	419.36	1.306 6	0.001 043 0	419.74	1.306 2
120	0.001 060 1	503.97	1.527 5	0.001 059 9	504.32	1.527 0
140	0.001 079 6	589.30	1.739 2	0.001 079 3	589.62	1.738 6

t	0.5 MPa			1.0 MPa		
	v	h	s	v	h	s
℃	m³/kg	kJ/kg	kJ/(kg·K)	m³/kg	kJ/kg	kJ/(kg·K)
160	0.383 58	2 767.2	6.864 7	0.001 107	675.84	1.942 4
180	0.404 50	2 811.7	6.965 1	0.194 43	2 777.9	6.586 4
200	0.424 87	2 854.9	7.058 5	0.205 90	2 827.3	6.693 1
300	0.522 55	3 063.6	7.458 8	0.257 93	3 050.4	7.121 6
320	0.541 64	3 104.9	7.529 7	0.267 81	3 093.2	7.195 0
360	0.579 58	3 187.8	7.664 9	0.287 32	3 178.2	7.333 7

三、汽化潜热

将 1 kg 饱和水定压加热到干饱和蒸汽所需的热量称为汽化潜热，用 r 表示。汽化潜热不是定值，而是随 p_s（或 t_s）改变的，随着 p_s 的增加，汽化潜热 r 减少，当 p_s 增加到临界压力时，$r = 0$ kJ/kg。在定压加热过程中不做技术功，根据热力学第一定律有 $q = \Delta h$，已知饱和水的焓可以用 h' 表示，干饱和蒸汽的焓可以用 h'' 表示，因此，汽化潜热为

$$r = h'' - h' \tag{4-1}$$

也不难得出

$$s'' = s' + \frac{r}{T_s} \tag{4-2}$$

式中　T_s——饱和压力 p_s 对应的饱和温度（热力学温度）（K）。

四、湿蒸汽的干度

从水蒸气表中无法直接查出湿蒸汽的状态参数，要确定其状态除需知道它的压力（或温度）外，还需知道湿蒸汽的干度。湿蒸汽的干度表示湿蒸汽中干饱和蒸汽质量与湿蒸汽质量的比值，用 x 表示，可用下式计算：

$$x = \frac{m_v}{m_v + m_w} \tag{4-3}$$

式中　m_v——干饱和蒸汽质量；

　　　m_w——饱和水质量；

　　　$m_v + m_w$——湿蒸汽质量。

干度 x 可以理解为 1 kg 湿蒸汽中含有 x（kg）干饱和蒸汽、$(1-x)$ kg 饱和水。相应地，用 x 做下角标来表示湿蒸汽的状态参数。因此

$$v_x = (1-x)v' + xv'' \tag{4-4}$$

$$h_x = (1-x)h' + xh'' \tag{4-5}$$

$$s_x = (1-x)s' + xs'' \tag{4-6}$$

$$u_x = (1-x)u' + xu'' \tag{4-7}$$

或者

$$u_x = h_x - p_s v_x \tag{4-8}$$

工程中有时也用湿度的概念，在数值上湿度等于 $1-x$。

【例 4-1】 蒸汽的状态

利用水蒸气表确定下列各点的状态（未饱和水、饱和水、湿饱和蒸汽、干饱和蒸汽、过热蒸汽）和 h、s 值：

(1) $p_1 = 1.0$ MPa，$v_1 = 0.001\ 127\ 2$ m³/kg；

(2) $p_2 = 1.0$ MPa，$v_2 = 0.116$ m³/kg；

(3) $p_3 = 1.0$ MPa，$v_3 = 0.267\ 81$ m³/kg。

解：由饱和水和饱和蒸汽热力性质表查得，当 $p = 1.0$ MPa 时，

$v' = 0.001\ 127\ 2$ m³/kg，$v'' = 0.194\ 38$ m³/kg

$h' = 762.84$ kJ/kg，$h'' = 2\ 777.67$ kJ/kg

$s' = 2.138\ 8$ kJ/(kg·K)，$s'' = 6.585\ 9$ kJ/(kg·K)

(1) 由于 $v_1 = v'$，可知状态 1 为饱和水。

$h_1 = 762.84$ kJ/kg，$s_2 = 2.138\ 8$ kJ/(kg·K)

(2) 由于 $v' < v_2 < v''$，可知状态 2 为湿饱和蒸汽。

$v_x = (1-x)\ v' + xv''$

$0.116 = (1-x) \times 0.001\ 127\ 2 + 0.194\ 38x$

解得干度 $x = 0.594\ 4$。

$h_x = xh'' + (1-x)h' = 0.594\ 4 \times 2\ 777.67 + (1-0.594\ 4) \times 762.84 = 1\ 960.45(\text{kJ/kg})$

$s_x = xs'' + (1-x)s' = 0.594\ 4 \times 6.585\ 9 + (1-0.594\ 4) \times 2.138\ 8 = 4.78[\text{kJ/(kg·K)}]$

(3) 由于 $v_3 > v''$，可知状态 3 为过热蒸汽。

并且根据 $p_3 = 1$ MPa，$v_3 = 0.267\ 81$ m³/kg，查表 4-3 可知：

$h_3 = 3\ 093.2$ kJ/kg，$s_3 = 7.195\ 0$ kJ/(kg·K)

第四节　水蒸气焓熵图及热力过程

利用水蒸气热力性质表求取状态参数，所得的值比较精确。但由于需要使用内插法，导致查表工作十分烦琐，因此，实际工程分析和计算中还经常使用水蒸气热力性质图，即焓熵图。利用焓熵图不但使状态参数查取简便，而且使水蒸气热力过程的分析更加直观、清晰和方便。

一、水蒸气的焓熵图

所谓"焓熵图（$h\text{-}s$）"又称莫里尔图，是德国人莫里尔在 1904 年首先绘制的，如图 4-6 所示。在 $h\text{-}s$ 图上，液态热、汽化潜热、绝热膨胀技术功等都可以用线段表示，这就简化了计算工作，使 $h\text{-}s$ 图具有很大的实用价值，成为工程上广泛使用的一种重要工具。而用于制冷工质计算的图主要是压焓图（$p\text{-}h$ 图），要注意区别。

图 4-6 所示 $h\text{-}s$ 图中 CB 为 $x=1$ 的干饱和蒸汽线，它将 $h\text{-}s$ 图分成两个区间，其上为过热蒸汽区，其下为湿蒸汽区。CA 为 $x=0$ 的饱和水线，C 点为临界点，此外，还有定压线簇、定温线簇、定容线簇和定干度线簇。

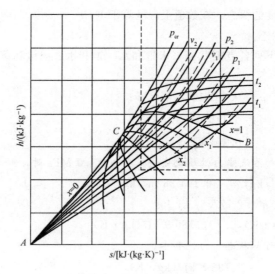

图 4-6　水蒸气的焓熵图

对于 h-s 图的定压线，由热力学第一定律（$\delta q = \mathrm{d}h + \delta w_\mathrm{t}$）和热力学第二定律（可逆过程 $\delta q = T\mathrm{d}s$）可以推导得到（$\partial h / \partial s$）$_\mathrm{p} = T$。在湿蒸汽区温度与压力一一对应，因此，定压时温度 T 不变，故定压线在湿蒸汽区是斜率为常数的直线。在过热蒸汽区，定压线的斜率随着温度的升高而增大，故定压线为向上翘的曲线。

定温线在湿蒸汽区即定压线，在过热蒸汽区是较定压线平坦的曲线。

定容线无论在湿蒸汽区还是在过热蒸汽区，都是比定压线陡的斜率为正的曲线。在实用的 h-s 图中，定容线用红线标出。

蒸汽动力机（汽轮机、蒸汽机）中应用的水蒸气多为干度较高的湿蒸汽和过热蒸汽，因此，将虚线框内 h-s 图作为附图 1，用于解决实际计算问题。

【例 4-2】 水蒸气状态

分别利用水蒸气热力性质图和表，确定 $p = 8.0\ \mathrm{MPa}$，$t = 532\ ^\circ\mathrm{C}$ 时的 h 值。

解： 查水蒸气焓熵图（附图 1），8.0 MPa 的定压线与 532 ℃ 的定温线（图中标示的 530 ℃ 和 540 ℃ 两定温线之间）交点所示的焓值 $h = 3\ 478\ \mathrm{kJ/kg}$。

查未饱和水与过热蒸汽热力性质表（附表 4），在 $p = 8.0\ \mathrm{MPa}$ 下对应 $t_1 = 500\ ^\circ\mathrm{C}$ 和 $t_2 = 550\ ^\circ\mathrm{C}$ 的焓值分别为 $h_1 = 3\ 397.0\ \mathrm{kJ/kg}$ 和 $h_2 = 3\ 518.8\ \mathrm{kJ/kg}$。

利用线性内插法计算得

$$\frac{t_\mathrm{x} - t_1}{t_2 - t_1} = \frac{h_\mathrm{x} - h_1}{h_2 - h_1}$$

$$\frac{532 - 500}{550 - 500} = \frac{h_\mathrm{x} - 3\ 397.0}{3\ 518.8 - 3\ 397.0}$$

解得 $h_\mathrm{x} = 3\ 474.95\ \mathrm{kJ/kg}$。

二、水蒸气的热力过程

蒸气热力过程分析、计算的目的与理想气体一样，在于实现预期的能量转换和获得预期的工质的热力状态。由于蒸汽热力性质的复杂性，蒸汽热力过程的分析与计算只能利用热力学第一定律和热力学第二定律的基本方程，以及蒸汽热力性质图表。其一般步骤如下：

（1）由已知初态的两个独立参数（如 p、T），在蒸汽热力性质图表上查算出其余各初态参数值。

（2）根据过程特征（定压、定熵等）和终态的某已知参数（终压、终温等），由蒸汽热力性质图表查取终态状态参数值。

（3）由查图表和计算得到的初、终态参数，应用热力学第一定律和热力学第二定律的基本方程计算 q、w、(w_t)、Δh、Δu 和 Δs 等。

在实际工程应用中，定压过程和绝热过程是蒸汽主要典型的热力过程。下面就以定压过程和绝热过程为例进行介绍。

1. 定压过程

蒸汽的加热（如锅炉中水和水蒸气的加热）和冷却（如冷凝器中蒸汽的冷却冷凝）及湿蒸汽的干度测量过程，在忽略流动压损的条件下均可视为定压过程。对于定压过程，当过程可逆时，有

$$w = \int_1^2 p \, \mathrm{d}v = p_1(v_2 - v_1)$$
$$q = \Delta h$$

【例 4-3】 蒸汽在过热器内定压加热

从锅炉汽包出来的蒸汽，其压力 $p = 2 \text{ MPa}$，干度 $x = 0.9$，进入过热器内定压加热，温度升高至 $t_2 = 300 ℃$，求每千克蒸汽在过热器中吸收的热量（kJ/kg）。

解： 如图 4-7 所示，根据 p 和 x，在 h-s 图上确定状态点 1。过状态点 1 沿定压线找到与 $t_2 = 300 ℃$ 的定温线相交的点为状态点 2，并在附图 1 中查得以下参数：

$$h_1 = 2\,023 \text{ kJ/kg}, \quad h_2 = 2\,610 \text{ kJ/kg}$$

以题意可知，蒸汽在过热器中为定压过程，则单位质量吸热量为焓的增加量，因此吸收的热量为

$$q = h_2 - h_1 = 2\,610 - 2\,023 = 587(\text{kJ/kg})$$

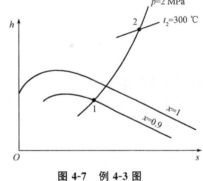

图 4-7　例 4-3 图

2. 绝热过程

蒸汽的膨胀（如水蒸气经汽轮机膨胀对外做功）和压缩（如制冷压缩机中对制冷工质的压缩）过程，在忽略热交换的条件下可视为绝热过程，有

$$q = 0$$
$$w = -\Delta u$$
$$w_t = -\Delta h$$

在可逆条件下是定熵过程

$$\Delta s = 0$$

【例 4-4】 水蒸气在汽轮机内膨胀做功

汽轮机进口水蒸气的参数为 $p_1 = 9.0 \text{ MPa}$，$t_1 = 500 ℃$，水蒸气在汽轮机中进行绝热可逆膨胀至 $p_2 = 0.004 \text{ MPa}$。试求：

（1）进口水蒸气的过热度 D；

（2）单位质量水蒸气流经汽轮机对外所做的功。

解：（1）查附表 3 得 $p_1 = p_{s1} = 9.0 \text{ MPa}$ 时，$t_{s1} = 303.385 ℃$。

进口水蒸气过热度为

$$D = t_1 - t_{s1} = 500 - 303.385 = 196.615(℃)$$

（2）由 $p_1 = 9.0$ MPa、$t_1 = 500$ ℃查水蒸气焓熵图（附图 1）确定状态点 1，可知 $h_1 = 3\,386$ kJ/kg，$s_1 = 6.66$ kJ/(kg·K)。由于水蒸气在汽轮机中完成的是绝热可逆过程（定熵过程），过状态点 1 沿着定熵线与 $p_2 = 0.004$ MPa 的定压线交点即为状态点 2，查水蒸气焓熵图（附图 1）得 $h_2 = 2\,005$ kJ/kg，如图 4-8 所示。

由热力学第一定律稳定流动能量方程

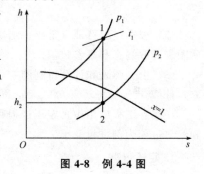

图 4-8 例 4-4 图

$$q = \Delta h + \frac{1}{2}\Delta c^2 + g\Delta z + w_{sh}$$

化简得

$$w_{sh} = -\Delta h = h_1 - h_2 = 3\,386 - 2\,005 = 1\,381(kJ/kg)$$

通过本题求解可以看出蒸汽热力过程的求解步骤。求解中终态参数的确定按过程是定熵的特征和终压 p 查取。因此，蒸汽热力过程求解的关键是掌握过程的特征和熟练运用蒸汽热力性质图表。

第五节　湿空气的性质

湿空气是指含有水蒸气的空气；干空气是指完全不含水蒸气的空气。湿空气是干空气和水蒸气的混合物。与第三章第三节所说的理想气体混合物不同，湿空气中的水蒸气在一定条件下会发生集态变化，湿空气中的水蒸气可以凝聚成液态或固态，环境中的水可以蒸发到空气中。工业中的许多过程，如空气的温度、湿度调节，木材、纺织品等的干燥，冷却塔中水的冷却过程，都涉及湿空气的计算。因此，有必要对湿空气进行研究。

工程中的湿空气多处于大气压力 p_b 或低于 p_b 的较低压力下，故研究时可进行如下假设：

（1）气相混合物作为理想气体混合物。

（2）干空气不影响水蒸气与其凝聚相的相平衡。

（3）当水蒸气凝结成液相或固相时，液相或固相中不含有溶解的空气。

这些假设简化了湿空气的分析和计算，而计算精度足以满足工程上的要求。在下面的讨论中分别用下标"a"和下标"v"表示干空气和水蒸气的参数。

湿空气中水蒸气的分压力 p_v 通常低于其温度（湿空气温度）所对应的饱和压力 p_s，处于过热蒸汽状态，如图 4-9 中的点 A。这种湿空气称为未饱和空气。未饱和空气具有吸收水分的能力。

如果湿空气温度 T 不变，增加湿空气中水蒸气含量使其分压力增大，当水蒸气分压力 p_v 沿着定温线达到温度 T 所对应的饱和压力 p_s 时，水蒸气达到了饱和蒸汽状态，如图 4-9 中的点 B。这时的湿空气称为饱和空气。由于饱和空气中水蒸气与环境中液相水达到了相平衡，即蒸汽含量达到了最大值，故不再具有吸收水分的能力。

湿空气的状态参数包括露点温度、相对湿度、含湿量及比焓。

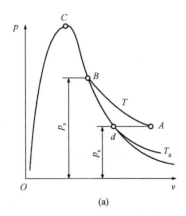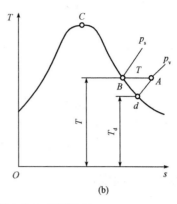

图 4-9　湿空气中水蒸气状态的坐标图表示

(a) $p\text{-}v$ 图表示；(b) $T\text{-}s$ 图表示

一、露点温度

对于未饱和空气，在保持湿空气中水蒸气分压力 p_v 不变的条件下，若降低湿空气的温度可使水蒸气从过热状态达到饱和 d，如图 4-9 中的 $A—d$，状态点 d 所对应的湿空气状态称为湿空气的露点。露点所处的温度称为露点温度，用 T_d 或 t_d 表示，它是湿空气中水蒸气分压力对应的饱和温度。在湿空气温度一定的条件下，露点温度越高说明湿空气中水蒸气分压力越高，水蒸气含量越多，湿空气越潮湿；反之，湿空气越干燥。因此，湿空气露点温度的高低可以说明湿空气的潮湿程度。

湿空气达到露点后如再冷却，就会有水滴析出，形成所谓的"露珠""露水"。在夏末秋初的早晨，经常在植物叶面等物体表面看到露珠。

二、相对湿度

湿度是指空气的潮湿程度，与空气中所含水蒸气的量有关。单位体积湿空气中所含的水蒸气的质量称为湿空气的绝对湿度，即空气中水蒸气的密度 ρ_v。根据前述假设（1），由理想气体状态方程得

$$\rho_v = \frac{1}{v_v} = \frac{p_v}{R_v T} \tag{4-9}$$

式中　R_v——水蒸气的气体常数；

p_v——湿空气中水蒸气的分压力。

分析图 4-10 可知，虽然图中状态 A 和 E 所对应的湿空气具有相同的绝对湿度，但前者是未饱和空气，后者是饱和空气；前者具有吸湿能力，后者不再具有吸湿能力。因此，绝对湿度只能说明湿空气中所含水蒸气的多少，而不能表明湿空气所具有的吸收水分能力的大小，为此引入相对湿度的概念。

相对湿度是指绝对湿度 ρ_v 与相同温度下可能达到的最大绝对湿度 ρ_s（同温下饱和空气的绝对湿度）之比，用符号 φ 表示，即

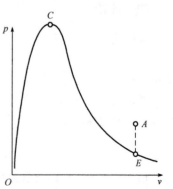

图 4-10　湿空气中水蒸气的比体积

$$\varphi = \frac{\rho_v}{\rho_s} \tag{4-10}$$

由式（4-9）可推得

$$\varphi = \frac{p_v}{p_s} \tag{4-11}$$

式中　p_s——湿空气中水蒸气在湿空气温度下可能达到的最大分压力，即湿空气温度下的水蒸气的饱和压力。相对湿度越小，湿空气越干燥；反之越潮湿。当相对湿度$\varphi=100\%$时，湿空气已达到饱和空气状态，不再具有吸收水分的能力。

三、含湿量（比湿度）

含湿量d [kg/kg（a）] 是单位质量干空气所携带的水蒸气的质量，即

$$d = \frac{m_v}{m_a} \tag{4-12}$$

式中　m_v、m_a——湿空气中水蒸气、干空气的质量。

根据理想气体状态方程

$$m_v = \frac{p_v V M_v}{RT} \qquad m_a = \frac{p_a V M_a}{RT}$$

式中　M_v、M_a——水蒸气和干空气的摩尔质量，$M_v=18.06$ g/mol，$M_a=28.97$ g/mol。

将上两式代入式（4-12）得

$$d = \frac{M_v p_v}{M_a p_a} = \frac{18.06 p_v}{28.97 p_a} = 0.623 \frac{p_v}{p_a}$$

由道尔顿分压定律可得湿空气p_b为

$$p_b = p_v + p_a$$

故有

$$d = 0.623 \frac{p_v}{p_b - p_v} \tag{4-13}$$

将式（4-11）代入式（4-13）得

$$d = 0.623 \frac{\varphi p_s}{p_b - \varphi p_s} \tag{4-14}$$

四、比焓

湿空气是干空气和水蒸气的混合物，因而湿空气的焓是干空气和水蒸气的焓之和，即

$$H = m_a h_a + m_v h_v$$

式中　h_a、h_v——湿空气中干空气、水蒸气的比焓。

考虑到在湿空气的热力过程中仅干空气的量是常量，故湿空气的比焓是相对于单位质量干空气的焓 [kJ/kg(a)]。

$$h = \frac{H}{m_a} = h_a + d h_v \tag{4-15}$$

取 0 ℃时干空气的焓值为零，则任意温度t的干空气比焓

$$h_a = c_{p,a} t$$

式中　$c_{p,a}$——干空气的定压比热容，$c_{p,a}=1.005$ kJ/(kg·K)。

水蒸气的比焓可近似用下式计算：

$$h_v = h_{0v} + c_{p,v}t$$

式中　h_{0v}——0 ℃时干饱和蒸汽的比焓，$h_{0v}=2\,501$ kJ/kg；

　　　$c_{p,v}$——水蒸气处于理想气体状态下的定压比热容，$c_{p,v}=1.86$ kJ/(kg·K)。

因此，湿空气的比焓为

$$h = 1.005t + d(2\,501 + 1.86t) \tag{4-16}$$

【例 4-5】　确定水蒸气分压力、露点温度、含湿量、比焓

设大气压力为 0.1 MPa，温度为 30 ℃，相对湿度 φ 为 40%，试求湿空气的露点温度、含湿量及比焓。

解：（1）由 $t=30$ ℃，查 4-1 可得 $p_s=4.245\,1$ kPa。

则

$$p_v = \varphi p_s = 0.4 \times 4.245\,1 = 1.698(\text{kPa})$$

由 $p_v=1.698$ kPa，查表 4-2 利用插值法计算可得 $t_s=14.3$ ℃。

即露点温度

$$t_d = t_s = 14.3 \text{ ℃}$$

（2）$d = 0.623\dfrac{p_v}{p_b - p_v} = 0.623 \times \dfrac{1.698}{1.0 \times 10^2 - 1.698} = 10.7 \times 10^{-3}$ [kg/kg（a）]

（3）$h = 1.005t + d(2\,501 + 1.86t) = 1.005 \times 30 + 10.7 \times 10^{-3} \times (2\,501 + 1.86 \times 30)$
　　　$= 57.51$ [kJ/kg(a)]

通过上述分析可知，虽然湿空气中水蒸气分压力低，可以作为理想气体处理，但在涉及求湿空气中水蒸气分压力、湿空气的露点温度等参数时，仍离不开水蒸气热力性质表。

另外，本题求取露点温度时两次用到饱和水和饱和蒸汽热力性质表。第一次是由湿空气温度查取水蒸气的饱和压力，然后由相对湿度计算湿空气中水蒸气的分压力；第二次是根据露点温度的定义，以湿空气中水蒸气的分压力作为饱和压力查取所对应的饱和温度，此饱和温度即湿空气的露点温度。这也表明了利用水蒸气热力性质表求取露点温度的方法和步骤。

第六节　干湿球温度计和焓湿图

一、干湿球温度计

湿空气含湿量和焓的计算均涉及相对湿度。工程上湿空气的相对湿度用干湿球温度计测量。

干湿球温度计是两支相同的普通玻璃管温度计，如图 4-11 所示。一支用浸在水槽中的湿纱布包着，称为湿球温度计；另一支即普通温度计，相对于前者称为干球温度计。将干湿球温度计放在通风处，使空气掠过两支温度计。干球温度计所显示的温度 t 即湿空气的温度；湿球温度计的读数为湿球温度 t_w。由于湿布包着湿球温度计，当空气是未饱和空气时，湿布上的水分就要蒸发，水蒸发需要吸收汽化潜热，从而使纱布上的水温度下降。当温度下降到一定程度时，周围空气传递给湿纱布的热量正好等于水蒸发所需的热量，此时湿球温度计的温度维持不变，这就是湿球温度 t_w。因此，湿球温度 t_w 与水的蒸发温度及周围空气传递给湿纱布的热量有关，这两者又都与相对湿度 φ 和干球温度 t 有关，即相对湿度 φ 与 t_w 和 t 存在一定的函数关系：$\varphi = \varphi(t_w, t)$，如图 4-12 所示。在测得 t_w 和 t 后，可通过图 4-12 查得 φ。

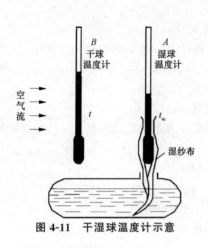

图 4-11　干湿球温度计示意

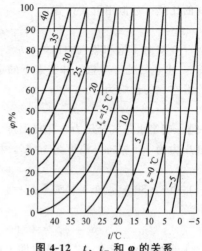

图 4-12　t、t_w 和 φ 的关系

二、湿空气的焓湿图

为了方便计算，工程上常采用湿空气的状态参数坐标图确定湿空气的状态及其参数，并对湿空气的热力过程进行分析计算。最常用的状态参数坐标图是焓湿图（h-d 图）。

h-d 图是以式（4-10）～式（4-13）等公式为基础，针对某确定大气压力 p_b 绘制的。大气压力不同则图不同，使用时应选用与当地大气压力相符（或基本相符）的 h-d 图。h-d 图的纵坐标是比焓 h，横坐标是含湿量 d。为使图形清晰，定焓线（定 h 线）为一系列与纵坐标呈 135°夹角的平行线，除定焓线簇与定含湿量线簇外，h-d 图上还有定干球温度线（定温线、定 t 线）簇、定相对湿度线（定 φ 线）簇，以及水蒸气的定分压力线（定 p_v 线）簇，如图 4-13 所示。有些图上还绘制有定比体积线簇和定湿球温度线簇。

定温线簇是一簇相互不平行且向右稍发散的直线。这是因为根据式（4-16），当 t=常数时，h 与 d 为线性关系，且对应不同的 t，有不同的斜率。

定相对湿度线簇为一组向上凸的曲线。定 φ 线的 φ 值从上向下逐渐增大直至 φ=100%。φ=100% 的线为饱和空气线，也是对应不同水蒸气分压力的露点线。

根据式（4-13），水蒸气确定的分压力对应一定的含湿量，故水蒸气的等分压力线即对应的定含湿量线，数值可标在图上方的横坐标上，或者根据式（4-13）在图右下角绘制出 $p_v=p_v$ (d) 的关系曲线，在图右边的纵坐标上标出相应的分压力值，如图 4-13 所示。

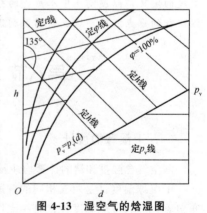

图 4-13　湿空气的焓湿图

选用与当地大气压力相符（或基本相符）的 h-d 图，根据已知的湿空气两独立参数可在图上确定湿空气的状态和查取其他状态参数。

三、焓湿图的应用

（1）湿空气的 h-d 图与其他坐标图一样，图上的点可表示一个确定的湿空气状态。从通过该点的各定值线，可查出该点的各状态参数值。因此，湿空气的 h-d 图可用来确定湿空气的状态点和其状态点的未知状态参数值。

（2）求湿空气的露点温度和相对湿度。

（3）进行湿空气的热、湿计算，可求出交换热量及功量等。

（4）在图上直观地表示湿空气状态和热力过程进行的方向。

【例 4-6】 利用焓湿图求湿空气的参数

已知大气压力 $p_b = 101\ 325\ Pa$，空气的温度 $t = 20\ ℃$，相对湿度 $\varphi = 60\%$，试用 $h\text{-}d$ 图求露点温度 t_d 和湿球温度 t_w。

解： 首先根据大气压力 $p_b = 101\ 325\ Pa$ 确定 $h\text{-}d$ 图，然后在 $h\text{-}d$ 图上找到干球温度 $t = 20\ ℃$ 线和相对湿度 $\varphi = 60\%$ 线的交点，该点为湿空气状态点 A（图 4-14）。

找到过 A 点的定含湿量线，以及定含湿量线与相对湿度 $\varphi = 100\%$ 的交点 C，查得点 C 的温度，即所求露点温度 $t_d = 12\ ℃$。

过 A 点找到定焓线，以及定焓线与相对湿度 $\varphi = 100\%$ 的交点 B，查得点 B 的温度，即所求湿球温度 $t_w = 15.2\ ℃$（图 4-14）。

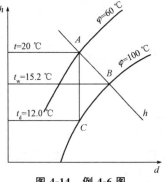

图 4-14　例 4-6 图

第七节　湿空气的热力过程

在湿空气的热力过程中，由于湿空气中的水蒸气常发生集态变化，致使湿空气的质量发生变化，因此计算分析中除要应用能量方程外，还要用到质量守恒方程。湿空气的热力过程分析也是焓湿图应用的一个重要方面。

在工程上，各种复杂的湿空气热力过程常是几种基本热力过程的组合，为此下面介绍几种典型的湿空气的基本热力过程。

一、加热（或冷却）过程

对湿空气单独加热或冷却的过程是含湿量保持不变的过程，如图 4-15 中的过程 $1-2$（加热）和过程 $1-2'$（冷却）所示。在加热过程中，湿空气的温度升高，焓增加而相对湿度减小，冷却过程与加热过程正好相反。对于如图 4-15 所示的加热（或冷却）系统，若进出口湿空气的比焓、水蒸气量和干空气量分别为 h_1、h_2、m_{v1}、m_{v2} 和 m_{a1}、m_{a2}。由于过程含湿量不变，则有

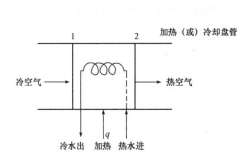

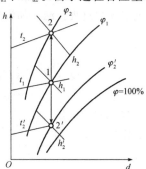

图 4-15　湿空气的加热（或冷却）过程

$$m_{v1} - m_{v2} = 0$$

$$m_{a1} = m_{a2}$$

$$Q = H_2 - H_1$$

由以上公式推导可知单位质量干空气吸收（或放出）的热量［kJ/kg（a）］为

$$q = h_2 - h_1 \tag{4-17}$$

二、冷却去湿过程

在湿空气的冷却过程中，如果湿空气被冷却到露点温度以下，就有蒸汽凝结和水滴析出，如图 4-16 的过程 1—2 所示。水蒸气的凝结致使湿空气的含湿量减少，从而有

$$m_w = m_{v1} - m_{v2} = m_a(d_1 - d_2)$$

$$Q = (H_2 + H_w) - H_1 = m_a(h_2 - h_1) + m_w h_w$$

则

$$q = (h_2 - h_1) - (d_2 - d_1)h_w \tag{4-18}$$

式中 m_w、h_w——凝结水的质量和比焓。

其中

$$h_w = h't_2 \approx 4.187 t_2$$

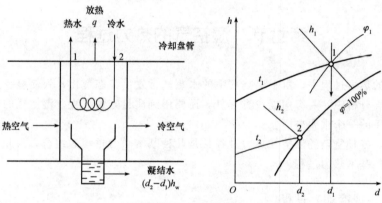

图 4-16　冷却去湿过程

三、绝热加湿过程

物品的干燥过程对于湿空气而言是一个加湿过程。这一加湿过程通常是在绝热条件下进行的，故称为绝热加湿过程。绝热加湿过程中湿空气的含湿量增加，从而有

$$m_{v2} - m_{v1} = m_w = m_a(d_2 - d_1) \tag{4-19}$$

由

$$Q = H_2 - (H_1 + H_w) = m_a(h_2 - h_1) - m_w h_w = 0$$

得

$$h_2 - h_1 = (d_2 - d_1)h_w \tag{4-20}$$

式中 h_w——加入水分的比焓值。

由于水的比焓值 h_w 不大，$(d_2 - d_1)$ 的差值很小，则 $(d_2 - d_1)h_w$ 相对于 h_2 和 h_1 可以忽略不计，故有

$$h_2 - h_1 \approx 0 \text{ 或 } h_2 \approx h_1 \tag{4-21}$$

因此，湿空气的绝热加湿过程可近似看作湿空气焓值不变的过程，如图 4-17 所示。同理，

湿球温度测试过程就可以看成绝热加湿过程。因此，湿球温度是沿着等焓线与相对湿度 $\varphi=$ 100%相交点。在绝热加湿过程中，含湿量 d 和相对湿度 φ 增大，温度 t 降低。

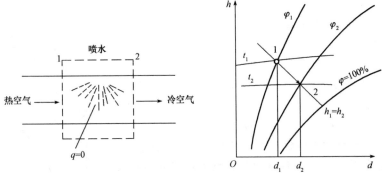

图 4-17 绝热加湿过程

在空调工程中，在喷淋室中向湿空气喷入循环水，就是上述绝热加湿过程。在该过程中，水分从湿空气本身吸取热量而汽化，汽化后的水蒸气又进入湿空气中。这样，湿空气本身焓变化很小，就可以看作绝热加湿过程。

四、绝热混合过程

将两股或多股状态不同的湿空气相混合，可以得到温度、湿度和洁净度均符合要求的空气，是空调工程中经常采用的方法。工程上可将一部分循环空气（又称为回风）加以利用，以节省部分热量或冷量来提高空调系统的经济性。若上述混合过程与外界没有热量交换，即绝热混合过程。可以看出绝热混合后所得到的湿空气状态取决于混合前各股湿空气的状态及它们参与混合的流量比例。

不同状态的空气互相混合，在空气调节过程中是最基本、最节能的处理过程。例如，新回风的混合、冷热风的混合、干湿风的混合等。因此，必须研究不同状态的空气混合规律及空气混合时在 h-d 图上的表示。具体方法如下：

设有两种状态分别为 A 和 B 的空气相混合，根据能量和质量守恒原理，有

$$m_A h_A + m_B h_B = (m_A + m_B) h_C \qquad (4\text{-}22)$$

$$m_A d_A + m_B d_B = (m_A + m_B) d_C \qquad (4\text{-}23)$$

混合后空气的状态点可从式（4-22）和式（4-23）中解出，即

$$h_C = (m_A h_A + m_B h_B)/(m_A + m_B) \qquad (4\text{-}24)$$

$$d_C = (m_A d_A + m_B d_B)/(m_A + m_B) \qquad (4\text{-}25)$$

这里需要注意的是，m 的单位本应是 kg（a），但是由于空气量是很少的，因此用湿空气的质量代替干空气的质量计算时，所造成的误差处于工程计算所允许的范围。在后面的讨论中，都是用湿空气的质量代替干空气的质量进行，将不再特别说明。

由式（4-22）和式（4-23）可以分别解得

$$m_A/m_B = (h_B - h_C)/(h_C - h_A)$$

$$m_A/m_B = (d_B - d_C)/(d_C - d_A)$$

即

$$(h_B - h_C)/(h_C - h_A) = (d_B - d_C)/(d_C - d_A)$$

由上式可以得出

$$(h_B - h_C)/(d_B - d_C) = (h_C - h_A)/(d_C - d_A)$$

上式中的左边是直线 BC 的斜率，右边是直线 CA 的斜率。两条直线的斜率相等，说明直线 BC 与直线 CA 平行。又因为混合点 C 是两直线的交点，说明状态点 A、B、C 在同一条直线上，如图 4-18 所示。

从图中可知，由平行切割定理

$$BC/CA = (d_B - d_C)/(d_C - d_A)$$

又因为

$$(d_B - d_C)/(d_C - d_A) = (h_B - h_C)/(h_C - h_A) = m_A/m_B$$

所以

$$BC/CA = m_A/m_B \qquad (4\text{-}26)$$

此结果表明，当两种不同状态的空气混合时，混合点在过两种空气状态点的连线上，并将这两状态点的连线分为两段。所分两段直线的长度之比与参与混合的两种状态空气的质量成反比（即混合点靠近质量大的空气状态点一端）。

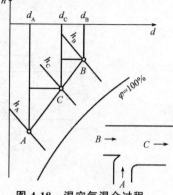

图 4-18　湿空气混合过程

如果混合点 C 出现在过饱和区，这种空气状态的存在只是暂时的，多余的水蒸气会立即凝结，从空气中分离出来，空气将恢复到饱和状态。多余的水蒸气凝结时，会带走水的显热。因此，空气的焓略有减少，并存在如下关系：

$$h_D = h_C - 4.19\Delta d t_D \qquad (4\text{-}27)$$

式中的 h_D、Δd 和 t_D 是三个互相相关的未知数，要确定 h_D 的值，需要用试算法。实际上，由于水分带走的显热很少，空气的变化过程线也可近似看作等焓过程。

【例 4-7】 空调设备

在空调设备中，将温度为 30 ℃、相对湿度为 75% 的湿空气先冷却去湿达到温度为 15 ℃，然后再加热到温度为 22 ℃。干空气流量 $\dot{m}_{dry} = 500$ kg（a）/min。试确定调节后空气的状态、冷却器中空气的放热量和凝结水量、加热器中的加热量。

解： 先将空气处理过程表示在 $h\text{-}d$ 图上，如图 4-19 所示。1→2→3 为冷却去湿过程，3→4 为加热过程。图中，$t_1 = 30$ ℃，$\varphi_1 = 75\%$，$t_3 = 15$ ℃，$t_4 = 22$ ℃ 为已知。

从 $h\text{-}d$ 图可查得，空气状态 1 的 $h_1 = 82$ kJ/kg（a），$d_1 = 20.4$ g/kg（a）；空气状态 3 的 $h_3 = 42$ kJ/kg（a），$d_3 = 10.7$ g/kg（a）；空气状态 4 的 $h_4 = 49$ kJ/kg（a），$d_4 = d_3 = 10.7$ g/kg（a），$\varphi_4 = 64\%$。因此

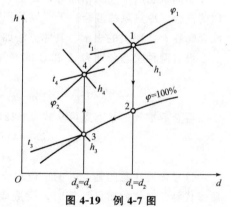

图 4-19　例 4-7 图

冷却器中空气的放热量：

$$\begin{aligned} Q &= \dot{m}_{dry}(h_3 - h_1) = 500 \times (42 - 82) \\ &= -2 \times 10^4 (\text{kJ/min}) \end{aligned}$$

凝结水量：

$$\dot{m}_{wat} = \dot{m}_{dry}(d_1 - d_3) = 500 \times (20.4 - 10.7)/1\,000 = 4.85(\text{kg/min})$$

加热器中的加热量：

$$Q_2 = \dot{m}_{dry}(h_4 - h_3) = 500 \times (49 - 42) = 3\,500(\text{kJ/min})$$

【例 4-8】 空调系统

某空调系统采用新风和部分室内回风混合处理后送入空调房间。已知大气压力 $p_b = 101\,325$ Pa，回风量 $\dot{m}_1 = 10\,000$ kg/h，回风状态的 $t_1 = 20$ ℃，$\varphi_1 = 60\%$。新风量 $\dot{m}_2 = 2\,500$ kg/h，新风状态的 $t_2 = 35$ ℃，$\varphi_2 = 80\%$。试确定出空气混合后的状态点 3。

【分析】　两种不同状态空气的混合状态点可根据混合规律用作图法确定，如图 4-20 所示。

解：在 $h\text{-}d$ 图上，由已知条件确定出空气 1 和空气 2 的状态点 1 和 2，由式（4-26）知：

$$\frac{\overline{23}}{\overline{31}}=\frac{\dot{m}_1}{\dot{m}_2}=\frac{10\ 000}{2\ 500}=\frac{4}{1}$$

将线段 $\overline{12}$ 五等分，则状态点 3 位于靠近 1 点的一等分处。从 $h\text{-}d$ 图上查得：

$$h_3=56\ \text{kJ/kg(a)}$$
$$d_3=12.8\ \text{g/kg(a)}$$
$$t_3=23\ ℃$$
$$\varphi_3=72\%$$

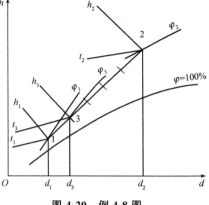

图 4-20　例 4-8 图

五、冷却塔

在火力发电厂和化工厂中，常常利用冷却塔实现湿空气冷却工业用循环水。冷却塔装置如图 4-21 所示。在冷却塔中热水从塔上部向下喷淋，湿空气由塔下部进入，在浮升力（双曲线自然通风塔）或风机（机力通风塔）作用下在塔内由下而上流动并与热水接触，进行复杂的传热、传质过程，从而使进入塔内的热水蒸发冷却，湿空气由于被加热、加湿，温度和相对湿度增高。当湿空气到达塔顶时，相对湿度可接近 100%，即接近饱和湿空气状态。为了使湿空气和热水充分接触，在塔内热水槽下的中部装有溅水碟和填料。冷却塔内热水和湿空气的流动、传热和传质过程不但涉及热力学问题，而且涉及流体力学和传热学问题，十分复杂。仅就湿空气的热力学问题而言，可以通过湿空气和热水的质量和能量守恒进行分析、求解，下面通过例题进行说明。

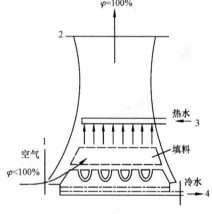

图 4-21　冷却塔装置示意

【例 4-9】　冷却塔

如图 4-21 所示，进入冷却塔的热水温度 $t_3=30\ ℃$，流量 $\dot{m}_{w3}=200\ \text{t/h}$。进入冷却塔的湿空气温度 $t_1=15\ ℃$，相对湿度 $\varphi_1=60\%$，排出冷却塔的为温度 $t_2=25\ ℃$ 的饱和湿空气。设大气压力为 0.1 MPa，要求离开冷却塔的冷水的温度 $t_4=15\ ℃$，试计算：

（1）需要供给的干空气量和湿空气量；

（2）由于水蒸发造成的水量损失。

解：取水的比热容 $c_w=4.186\ \text{kJ/(kg·K)}$，则有

$$h_3=c_w t_3=4.186\times30=125.58(\text{kJ/kg})$$
$$h_4=c_w t_4=4.186\times15=62.79(\text{kJ/kg})$$

查湿空气焓湿图（附图 2）得

$$h_1=31.5\ \text{kJ/kg(a)},\ d_1=0.006\ 4\ \text{kg·kg(a)}$$
$$h_2=77\ \text{kJ/kg(a)},\ d_2=0.021\ \text{kg/kg(a)}$$

图 4-21 所示的冷却塔的质量平衡方程为

$$\dot{m}_a(d_2-d_1)=\dot{m}_{w3}-\dot{m}_{w4}$$

能量平衡方程为

$$\dot{m}_a(h_2 - h_1) = \dot{m}_{w3} h_3 - \dot{m}_{w4} h_4$$

联立质量与能量平衡方程有

$$
\begin{aligned}
\dot{m}_a &= \frac{\dot{m}_{w3}(h_3 - h_4)}{(h_2 - h_1) - h_4(d_2 - d_1)} \\
&= \frac{200 \times 10^3 \times (125.58 - 62.79)}{(77 - 31.5) - 62.79 \times (0.021 - 0.006\ 4)} \\
&= 281.7 \times 10^3 (\text{kg/h})
\end{aligned}
$$

所需的湿空气量为

$$
\begin{aligned}
\dot{m} &= \dot{m}_a + \dot{m}_{w1} = \dot{m}_a(1 + d_1) \\
&= 281.7 \times 10^3 \times (1 + 0.006\ 4) \\
&= 283.5 \times 10^3 (\text{kg/h})
\end{aligned}
$$

由于蒸发造成的水量损失为

$$
\begin{aligned}
\dot{m}_{w3} - \dot{m}_{w4} &= \dot{m}_a(d_2 - d_1) \\
&= 281.7 \times 10^3 \times (0.021 - 0.006\ 4) \\
&= 4.11 \times 10^3 (\text{kg/h})
\end{aligned}
$$

【分析】 我国北方水资源短缺，而火力发电厂往往采用闭式循环水冷却系统，虽然这种冷却方式的冷却效果好，发电效率高，但从这个例题可以看出，这种冷却方式需要补充相当的水量（4.11 t/h＝98.64 t/d）。我国的煤炭资源主要集中在水资源相对贫乏的"三北"地区（华北、西北、东北），因此，国家鼓励在这些"富煤而缺水"的地区发展空冷电厂（或称为干式冷却电厂），循环水在被冷却时，不与空气相接触，这样就不会有水分损失。但这种冷却方式的冷却效果没有湿式冷却好。

习　题

一、简答题

1. 有没有 400 ℃液态水？有没有 0 ℃以下的水蒸气？为什么？

2. 用所学相图解释滑冰的原理。

3. 水和水蒸气的热力性质表是如何分类的？为什么要这样分类？

4. 干度是如何定义的？在求取蒸汽的什么状态的参数时需要用到它？

5. 对于水蒸气，为什么定量计算用图采用 $h\text{-}s$ 图，而不采用 $p\text{-}v$ 图和 $T\text{-}s$ 图？

6. 湿空气的"相对湿度越高，含湿量越大"，这种说法对吗？为什么？

7. 解释下列现象：

(1) 夏天自来水管外表面出现水珠现象；

(2) 寒冷地区冬季，人在室外呼出的气是白色的；

(3) 秋天早晨草叶上会结露。

8. 对于未饱和空气，湿球温度、露点温度和干球温度三者哪个大？对于饱和空气呢？

9. 为什么冬季室内供暖时，若不采取其他措施，空气会更干燥？

二、计算题

1. 利用水蒸气热力性质表填写表 4-4。

表 4-4　水蒸气热力性质

序号	$p/$ MPa	$t/$ ℃	x	v $/(m^3 \cdot kg^{-1})$	h $/(kJ \cdot kg^{-1})$	s $/[kJ \cdot (kg \cdot K)^{-1}]$	蒸汽状态（未饱和水、饱和水、湿蒸汽、干饱和蒸汽、过热蒸汽）
1	0.005		0.88				
2	3		1				
3		200		0.206 0			
4					3 650	7.34	
5	5	500					
6		150			2 500		

2. 压力 $p_1 = 14$ MPa、温度 $t_1 = 550$ ℃的蒸汽通过汽轮机可逆绝热膨胀到 0.006 MPa，若蒸汽流量为 110 kg/s。试用水蒸气焓熵图求汽轮机理论功率及乏汽的温度。

3. 湿蒸汽进入干度计前的压力 $p_1 = 1.5$ MPa，经节流后的压力 $p_2 = 0.2$ MPa，温度 $t_2 = 130$ ℃。试用焓熵图确定湿蒸汽的干度。

4. 已知某一状态湿空气的温度为 30 ℃，相对湿度为 50%，当地大气压力为 101 325 Pa 时，试求该状态湿空气的含湿量、水蒸气分压力和露点温度。

5. 已知某房间体积为 100 m³，室内温度为 20 ℃，压力为 101 325 Pa，现测得水蒸气分压力为 1 600 Pa。试求：

(1) 相对湿度和含湿量；

(2) 房间中湿空气、干空气和水蒸气的质量；

(3) 空气的露点温度。

6. 冷却塔将水从 $t_1 = 38$ ℃冷却到 $t_2 = 23$ ℃，水进入塔时流量 $\dot{m} = 100 \times 10^3$ kg/h，从塔底进入的空气温度 $t_3 = 15$ ℃，相对湿度 $\varphi_3 = 50\%$，从塔顶排出空气温度 $t_4 = 30$ ℃的饱和湿空气，如图 4-21 所示。若大气压力 $p_b = 0.1$ MPa，求所需空气流量及该过程中蒸发的水量。

第五章

气体和蒸汽的流动

气体和蒸汽在喷管或扩压管内的绝热流动过程在工程中是一种常见的过程，不仅广泛应用于汽轮机、燃气轮机等动力设备中，而且还应用于通风、空调及燃气等工程中的引射器、叶轮式压气机及燃烧器等热力设备中。

喷管和扩压管都是变截面的短管。本章以喷管为主，分析变截面短管内气体的流动规律。掌握了喷管内气体的流动规律，就很容易分析扩压管内气体的流动。

第一节　一维稳定流动的基本方程式

为使分析简单起见，在气体流动过程中，仅考虑沿流动方向的状态和流速变化，不考虑垂直于流动方向的状态和流速变化，即认为流动是一维流动；同时，假定气体在喷管或扩压管中的流动是稳定流动。在许多工程设备的正常运转过程中，流体流动情况接近一维稳定流动。本节只讨论一维稳定流动。下面从一维稳定流动的基本方程的分析开始展开讨论。

一、连续性方程

根据质量守恒定律，在一维稳定流动过程中，单位时间流经各个截面的质量流量均相等，且不随时间而变化，即

$$\dot{m} = \frac{A_1 c_1}{v_1} = \frac{A_2 c_2}{v_2} = \cdots\cdots = \frac{Ac}{v} = 常数 \tag{5-1}$$

式中　A——各个截面的面积；

　　　c——截面处的流速；

　　　v——比体积。

式（5-1）为稳定流动的连续性方程，将上式微分，得

$$\frac{\mathrm{d}A}{A} + \frac{\mathrm{d}c}{c} - \frac{\mathrm{d}v}{v} = 0 \tag{5-2}$$

式（5-2）给出了流速、流道截面面积、比体积之间的关系，适用于任何工质的可逆与不可逆的一维稳定流动过程。

二、能量方程

对于稳定流动，其能量方程为

$$q = \Delta h + \frac{1}{2}\Delta c^2 + g\Delta z + w_s \tag{5-3}$$

在喷管和扩压管的流动中，由于流道较短、工质流速较高，工质与外界几乎无热量交换。在流动中，工质与外界也无轴功交换，工质进出口位能差可忽略不计，因此式（5-3）变为

$$\Delta c^2 = -2\Delta h \tag{5-4}$$

微分形式为

$$c\,dc = -dh \tag{5-5}$$

式（5-4）及式（5-5）就是适用于管道流动的绝热稳定流动能量方程，它给出了工质动能与焓之间的转换关系，即工质的流速增加，焓必然下降；反之，流速减小，焓增加。式（5-4）及式（5-5）适用于任何工质的可逆与不可逆的绝热稳定流动过程。

三、过程方程

气体在管道内的流动可视为可逆绝热流动。理想气体可逆绝热的过程方程式为

$$pv^\kappa = 常数 \tag{5-6}$$

微分形式为

$$\frac{dp}{p} = -\kappa\frac{dv}{v} \tag{5-7}$$

式（5-6）及式（5-7）只适用于理想气体的定比热容的可逆绝热过程。对于变比热容的可逆绝热过程，应取过程范围内的平均值。

四、声速和马赫数

在气体高速流动的分析中，声速和马赫数是十分重要的两个参数。声速是微小扰动在物体中的传播速度。当可压缩流体中有一微小的压力变化时，压力波是以声速向四面传播。流体在管道内流动时流动速度很快，可视为绝热过程。此外，工质受到的摩擦和扰动都很小，为了使问题简化，可以认为过程可逆。因此，流体在管道内流动可以当作可逆绝热过程处理。

由物理学知，在可逆绝热流动过程中，声音在气体介质中传播的速度，即声速为

$$a = \sqrt{\left(\frac{\partial p}{\partial \rho}\right)_s} = \sqrt{-v^2\left(\frac{\partial p}{\partial v}\right)_s} \tag{5-8}$$

对于理想气体，根据式（5-7），有

$$a = \sqrt{\kappa pv} = \sqrt{\kappa RT} \tag{5-9}$$

由式（5-9）可见，气体的声速与气体的热力状态有关，是状态参数，而不是一个固定的数值，它与物质的性质及其所处状态有关，称某一状态的声速为当地声速。

在讨论流体流动特性时，常将气流的流速 c 与当地声速 a 的比值用 M 表示，称为马赫数，即

$$M = \frac{c}{a} \tag{5-10}$$

根据马赫数的大小，可以将气体流动分为三种：$M<1$，亚声速流动；$M=1$，声速流动；

$M > 1$，超声速流动。

【例 5-1】 某地夏天环境温度最高为 35 ℃，冬天时环境温最低为 -15 ℃，试求这两个温度所对应的当地声速。

解：空气是理想气体，$\kappa = 1.4$，气体常数 $R = 287\ \text{J}/(\text{kg} \cdot \text{K})$，根据声速公式有

夏天 $t = 35$ ℃时，

$$a_1 = \sqrt{\kappa R T_1} = \sqrt{1.4 \times 287 \times 308} = 352(\text{m/s})$$

冬天 $t = -15$ ℃时，

$$a_2 = \sqrt{\kappa R T_2} = \sqrt{1.4 \times 287 \times 258} = 322(\text{m/s})$$

第二节 边界对流动的影响

一、气体流速变化与状态参数间的关系

对于气体在管道内流动的可逆绝热过程，根据热力学第一定律有 $\mathrm{d}h = v\mathrm{d}p$，代入式（5-5）得

$$c\,\mathrm{d}c = -v\mathrm{d}p \tag{5-11}$$

式（5-11）适用于可逆绝热流动过程。式（5-11）说明，当气体在管道内做可逆绝热流动时，$\mathrm{d}c$ 与 $\mathrm{d}p$ 的符号总是相反的；如果气体压力降低（$\mathrm{d}p < 0$），则流速必然增加（$\mathrm{d}c > 0$），这就是喷管中气体的流动特性；如果气体流速降低（$\mathrm{d}c < 0$），则压力必然升高（$\mathrm{d}p > 0$），这就是扩压管中气体的流动特性。

二、喷管截面变化规律

在喷管和扩压管中，气体流速增加，压力必然下降；而气体流速减小，压力必然上升。为找出沿流动方向上气体状态的变化规律，必须根据前述的基本方程导出状态参数和流速随截面面积变化的关系式。

研究喷管截面面积变化和速度变化之间的关系。推导过程如下：

由式（5-11）可得

$$\frac{\mathrm{d}c}{c} = -\frac{v\mathrm{d}p}{c^2} = -\frac{\kappa p v}{\kappa c^2}\frac{\mathrm{d}p}{p}$$

将声速和 M 的定义式代入上式，得

$$\frac{\mathrm{d}p}{p} = -\kappa M^2\,\frac{\mathrm{d}c}{c}$$

将上式代入式（5-7），得

$$\frac{\mathrm{d}v}{v} = M^2\,\frac{\mathrm{d}c}{c}$$

将上式代入式（5-2），得

$$\frac{\mathrm{d}A}{A} = (M^2 - 1)\,\frac{\mathrm{d}c}{c} \tag{5-12}$$

式（5-12）表明，在任何气体可逆绝热一维稳定流动过程中，管道截面面积变化和速度变化规律与 M 有关。对于喷管，其主要目的是增加流速，其管道截面面积变化与速度之间的关系如下：

（1）当 $M<1$ 时，$\mathrm{d}c>0$，则 $\mathrm{d}A<0$，说明亚声速气流若要加速，其流通截面面积沿流动方向应逐渐缩小，这样的喷管称为渐缩喷管，如图 5-1（a）所示。

（2）当 $M>1$ 时，$\mathrm{d}c>0$，则 $\mathrm{d}A>0$，说明超声速气流若要加速，其流通截面面积沿流动方向应逐渐扩大，这种喷管称为渐扩喷管，如图 5-1（b）所示。

（3）如果要使气流在喷管中由亚声速（$M<1$）增大到超声速（$M>1$），则喷管截面面积应由 $\mathrm{d}A<0$ 逐渐转变为 $\mathrm{d}A>0$，其截面面积变化应该是先收缩而后扩张，这样的喷管称为渐缩渐扩喷管或拉伐尔喷管，如图 5-1（c）所示。在渐缩渐扩喷管的最小截面处（也称喉部），$M=1$，$\mathrm{d}A=0$，此时流速恰好达到当地声速，该截面称为临界截面。临界截面处的气体参数称为临界参数，如临界压力 p_c、临界比体积 v_c、临界流速 c_c、临界温度 T_c 等。

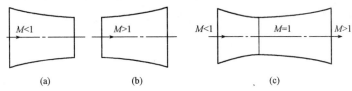

图 5-1　喷管的截面面积变化

（a）渐缩喷管；（b）渐扩喷管；（c）渐缩渐扩喷管

对于扩压管，其主要目的是增压，管道内的流动特性与喷管恰好相反，由式（5-12）可知，$\mathrm{d}p>0$，则 $\mathrm{d}c<0$，其管道截面面积变化与速度之间的关系如下：

（1）当 $M<1$ 时，$\mathrm{d}p>0$，则 $\mathrm{d}A>0$，说明亚声速气流若要增压，其流通截面面积沿流动方向应逐渐扩大，这样的扩压管称为渐扩扩压管。

（2）当 $M>1$ 时，$\mathrm{d}p>0$，则 $\mathrm{d}A<0$，说明超声速气流若要增压，其流通截面面积沿流动方向应逐渐缩小，这样的扩压管称为渐缩扩压管。

（3）如果要使气流在扩压中由超声速（$M>1$）降低到亚声速（$M<1$），则扩压管截面面积应由 $\mathrm{d}A<0$ 逐渐转变为 $\mathrm{d}A>0$，其截面面积变化应该是先收缩而后扩张，这样的扩压管称为渐缩渐扩扩压管。

三、定熵滞止参数

在喷管的分析计算中，入口流速 c_1 的大小将影响出口状态的参数值。在可逆绝热流动过程中为简化计算，常采用所谓可逆绝热滞止参数（简称滞止参数）作为进口的参数。滞止参数是指当具有一定速度的流体在可逆绝热条件下扩压，其速度降低为零时所对应的气体参数。

如气体的进口压力为 p_1，温度为 T_1，流速为 c_1，其相应的可逆绝热滞止参数为压力为 p_0，温度为 T_0，流速为 c_0，根据式（5-4）有

$$h_0 = h_1 + \frac{c_1^2}{2} = h_2 + \frac{c_2^2}{2} = h + \frac{c^2}{2} \tag{5-13}$$

从式（5-13）可以看出，在可逆绝热流动过程中，无论从哪一个截面开始进行可逆绝热滞止，其滞止焓均相等。

对于理想气体，如果定压比热容为定值，则 $\Delta h = c_\mathrm{p}\Delta T$，代入式（5-13）可得滞止温度为

$$T_0 = T_1 + \frac{c_1^2}{2c_\mathrm{p}}$$

由理想气体可逆绝热过程的过程方程式及初终状态参数间的关系及 T_0 可求得

$$p_0 = p_1 \left(\frac{T_0}{T_1}\right)^{\frac{\kappa-1}{\kappa}} , \quad v_0 = v_1 \left(\frac{T_1}{T_0}\right)^{\frac{1}{\kappa-1}}$$

在实际工程中，滞止现象很常见，例如，当气流被固定壁面所阻滞或经过扩压管时气体的流速降低为零，而温度和压力升高等。在喷管计算中，一般都认为 $c_1 \approx 0$。特别是在一些实际工程中，进入设备的流速都比较小，当 $c_1 < 50$ m/s 时，可以按 $c_1 = 0$ 处理，直接将此截面上的参数作为滞止参数，计算误差不大；但当 $c_1 > 50$ m/s 时，就会产生较大误差，必须先求得滞止参数，然后进行相应的计算。

【例 5-2】 空气流动时马赫数 $M = 0.3$，空气的温度 $T = 270$ K，绝热指数为 1.4。求上述流态下的滞止温度。

解： 当 $M = 0.3$ 时，

$$\frac{T_0}{T} = 1 + \frac{\kappa-1}{2}M^2 = 1.018$$

$$T_0 = 1.018T = 274.86 \text{ K}$$

第三节　喷管的计算

一、喷管出口流速

由式（5-4）可以得到

$$c_2^2 - c_1^2 = 2(h_1 - h_2)$$

一般情况下，喷管进口流速 c_1 与出口流速 c_2 相比很小，可忽略不计，于是出口截面处的气体流速为

$$c_2 = \sqrt{2(h_1 - h_2)} \tag{5-14}$$

式中　h_1、h_2——喷管进口截面和出口截面的气体比焓值。

式（5-14）是从式（5-4）推导得到的，因此适用于任何工质的可逆与不可逆绝热一维稳定流动过程。对于理想气体，若定压比热容为定值，$h_1 - h_2 = c_p(T_1 - T_2)$；对于水蒸气，焓降可从水蒸气焓熵图上查得或利用水蒸气热力性质表进行计算。

对定压比热容理想气体，如在喷管中进行的是可逆绝热过程，则由式（5-14）整理可得

$$c_2 = \sqrt{2(h_1 - h_2)} = \sqrt{2c_p(T_1 - T_2)} = \sqrt{2\frac{\kappa}{\kappa-1}R(T_1 - T_2)}$$

$$= \sqrt{2\frac{\kappa}{\kappa-1}RT_1\left[1 - \left(\frac{p_2}{p_1}\right)^{\frac{\kappa-1}{\kappa}}\right]} = \sqrt{2\frac{\kappa}{\kappa-1}p_1 v_1\left[1 - \left(\frac{p_2}{p_1}\right)^{\frac{\kappa-1}{\kappa}}\right]} \tag{5-15}$$

由式（5-15）可以看出，喷管出口气体流速的大小取决于工质性质、进口参数与气体进出口截面的压力比 p_2/p_1，当工质、气体进口截面处的状态都确定时，喷管出口气体流速仅取决于压力比 p_2/p_1，并且随 p_2/p_1 的减小而增大。

二、临界压力比

对于渐缩渐扩喷管，喉部处的马赫数 $M = 1$，此处的截面面积称为临界截面，流速为临界流

速，即当地声速。临界压力 p_c 与进口压力 p_1 的比值，称为临界压力比，用 β 表示，即 $\beta = \dfrac{p_c}{p_1}$。

由式（5-9）和式（5-15）得出临界流速为

$$c_c = \sqrt{2\,\frac{\kappa}{\kappa-1}\,p_1 v_1 \left[1 - \left(\frac{p_c}{p_1}\right)^{\frac{\kappa-1}{\kappa}}\right]} = \sqrt{\kappa p_c v_c}$$

整理上式，得

$$\frac{p_c v_c}{p_1 v_1} = \frac{2}{\kappa-1}\left[1 - \left(\frac{p_c}{p_1}\right)^{\frac{\kappa-1}{\kappa}}\right]$$

由可逆绝热过程的过程方程式，得

$$\frac{p_c v_c}{p_1 v_1} = \frac{p_c}{p_1}\left(\frac{p_1}{p_c}\right)^{\frac{1}{\kappa}} = \left(\frac{p_c}{p_1}\right)^{\frac{\kappa-1}{\kappa}}$$

整理上述两式，得

$$\beta = \frac{p_c}{p_1} = \left(\frac{2}{\kappa+1}\right)^{\frac{\kappa}{\kappa-1}} \tag{5-16}$$

由式（5-16）可以看出，临界压力比只与该气体的比热容比 κ 有关，而 $\kappa = c_p/c_v$ 仅取决于气体的热力性质，因此，临界压力比 β 是仅与气体热力性质有关的参数。当比热容比为定值时，一些气体的临界压力比数值如下：

（1）单原子气体，$\kappa = 1.67$，$\beta = 0.487$；

（2）双原子气体，$\kappa = 1.4$，$\beta = 0.528$；

（3）三原子气体，$\kappa = 1.3$，$\beta = 0.546$；

（4）过热水蒸气，$\kappa = 1.3$，$\beta = 0.546$；

（5）干饱和蒸汽，$\kappa = 1.135$，$\beta = 0.577$。

临界压力比是喷管设计计算的一个重要参数，是选择喷管形状的重要依据。

三、流量的计算

根据质量守恒定律，在稳定流动中，流经任一截面的流量均相等，因此可以取任一截面来计算流量。通常取最小截面或出口截面计算气体的质量流量。

若工质为理想气体，对于渐缩喷管，将式（5-15）代入式（5-1）得

$$\dot{m} = A_2 \sqrt{\frac{2\kappa}{\kappa-1}\frac{p_1}{v_1}\left[\left(\frac{p_2}{p_1}\right)^{\frac{2}{\kappa}} - \left(\frac{p_2}{p_1}\right)^{\frac{\kappa+1}{\kappa}}\right]} \tag{5-17}$$

分析式（5-17）可知，对于渐缩喷管，在出口截面 A_2 及进口参数 p_1、v_1 确定时，质量流量仅随 p_2/p_1 而改变，变化关系如图 5-2 所示。从图中可以看出，当 $p_2/p_1 = 1$ 时，$\dot{m} = 0$。随着 p_2/p_1 的减小，流量逐渐增加。当 $p_2/p_1 > \beta$ 时，气体的质量流量随着 p_2 的下降而增大，p_2 的下降是由于喷管出口所在的空间压力（也称为背压，用 p_b 表示）降低导致的，当 $p_2/p_1 > \beta$ 时，$p_2 = p_b$。直到 $p_2/p_1 = \beta$ 时，流量达到最大值 $\dot{m}_{max}$，此时仍有 $p_2 = p_b$，且 $p_2 = p_b = p_c$。

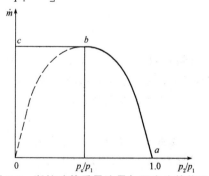

图 5-2 渐缩喷管质量流量与压力比的关系

之后，尽管继续减小喷管出口背压，出口截面的压力仍维持临界压力 $p_2 = p_c$ 不变，即压力比保

持临界压力比 β 不变，流量保持最大值 $\dot{m}_{\max}$ 不变。

对于渐缩渐扩喷管（拉伐尔喷管），一般都工作在背压 $p_b < p_c$ 的情况下，其喉部截面上的压力总保持为临界压力 p_c，其流量总保持最大值 $\dot{m}_{\max}$，不随背压 p_b 的降低而增大。

四、喷管的设计计算

在已知气体种类、气体的进口参数 p_1、T_1 和 c_1、气体的质量流量 $\dot{m}$ 和背压 p_b 等参数的前提条件下，对喷管进行设计计算。

1. 设计选型

通过 p_b/p_1（设计背压）与临界压力比 β 的比较，选择合理的喷管形状。当喷管外界背压 p_b 大于或等于喷管进口状态所对应的临界压力 p_c 时，喷管内气体流速始终处于亚声速区域，要求喷管截面面积逐渐缩小，故此时选择渐缩喷管；反之，当喷管外界背压 p_b 小于喷管进口状态所对应的临界压力 p_c 时，喷管内的气体流速包括亚声速和超声速两部分。在超声速区域，要求喷管截面面积逐渐扩大，故应当选用渐缩渐扩喷管，以保证气体压力在喷管内充分膨胀到外界背压。

2. 参数计算

根据定熵过程状态参数之间的关系，计算所选喷管的临界截面、出口截面的热力状态参数。

3. 尺寸计算

对于渐缩喷管，只需根据已知条件求出喷管出口截面面积 A_2，即

$$A_2 = \frac{\dot{m} v_2}{c_2} \tag{5-18}$$

对于渐缩渐扩喷管，需要计算喷管喉部截面面积 $A_{\min}$ 及出口截面面积 A_2，渐缩渐扩喷管喉部处于临界状态，因此喷管喉部截面面积为

$$A_{\min} = \frac{\dot{m} v_c}{c_c} \tag{5-19}$$

4. 长度计算

对于渐缩渐扩喷管的长度，尤其是渐扩部分长度的选择，要考虑截面面积变化对气流膨胀的影响。如果选得过短，喷管内的气流膨胀过快，气流与壁面脱离，容易引起扰动而增加喷管内部摩擦损耗；反之，如果选得过长，气流和管壁间摩擦损耗增大。根据经验，圆台形渐缩渐扩喷管渐扩段的顶锥角一般控制在 $10° \sim 12°$，此时实际效果最佳，因此，渐扩段长度为

$$l = \frac{d_2 - d_{\min}}{2\tan \dfrac{\varphi}{2}} \tag{5-20}$$

【例 5-3】 $p_1 = 0.6$ MPa 的干饱和水蒸气进入喷管流动，背压 $p_b = 0.1$ MPa，为保证水蒸气在喷管中充分可逆绝热膨胀，应采用什么形式的喷管？

解： 干饱和蒸汽的临界压力比 $\beta = 0.577$，则临界压力为

$$p_c = \beta \cdot p_1 = 0.577 \times 0.6 = 0.346\,2 (\text{MPa})$$

由于临界压力 $p_c > p_b$，为使水蒸气充分膨胀，应选用渐缩渐扩喷管。

【例 5-4】 空气以进口压力 $p_1 = 0.5$ MPa，$t_1 = 200\ ℃$ 流入喷管，进口流速可忽略不计，背压 $p_b = 0.1$ MPa，质量流量 $\dot{m} = 1.3$ kg/s，试对喷管进行设计计算。

解： 空气是理想气体，$\kappa = 1.4$，气体常数 $R = 287$ J/（kg·K）。空气可当作双原子分子，

故 $\beta=0.528$

（1）喷管选型。

$$p_c = \beta \cdot p_1 = 0.528 \times 0.5 = 0.264 (\text{MPa})$$

由于临界压力 $p_c > p_b$，故选择渐缩渐扩喷管。

（2）主要截面状态参数计算。

临界截面：

$$p_c = \beta \cdot p_1 = 0.528 \times 0.5 = 0.264 (\text{MPa})$$

$$T_c = T_1 \beta^{\frac{\kappa-1}{\kappa}} = 473 \times 0.528^{\frac{1.4-1}{1.4}} = 394 (\text{K})$$

$$v_c = \frac{RT_c}{p_c} = \frac{287 \times 394}{264 \times 10^3} = 0.428 (\text{m}^3/\text{kg})$$

出口截面：

$$p_2 = p_b = 0.1\,\text{MPa}$$

$$T_2 = T_1 \left(\frac{p_2}{p_1}\right)^{\frac{\kappa-1}{\kappa}} = 473 \times \left(\frac{0.1}{0.5}\right)^{\frac{1.4-1}{1.4}} = 299 (\text{K})$$

$$v_2 = \frac{RT_2}{p_2} = \frac{287 \times 299}{100 \times 10^3} = 0.858 (\text{m}^3/\text{kg})$$

（3）主要截面流速计算。

$$c_c = \sqrt{2c_p(T_1 - T_c)} = \sqrt{2 \times 1.004 \times 10^3 \times (473 - 394)} = 398 (\text{m/s})$$

$$c_2 = \sqrt{2c_p(T_1 - T_2)} = \sqrt{2 \times 1.004 \times 10^3 \times (473 - 299)} = 591 (\text{m/s})$$

（4）主要截面面积计算。

$$A_c = \frac{\dot{m}v_c}{c_c} = \frac{1.3 \times 0.428}{398} = 14 (\text{cm}^2)$$

$$A_2 = \frac{\dot{m}v_2}{c_2} = \frac{1.3 \times 0.858}{591} = 18 (\text{cm}^2)$$

第四节　有摩擦阻力的绝热流动

在前面的分析及计算中，认为气体在喷管中的流动是没有摩擦阻力的可逆绝热流动，实际上，气体在高速流动过程中，工质存在内部摩擦及与壁面的摩擦，使一部分动能转化为热能被工质吸收，造成不可逆的熵增，因此实际的管内流动是不可逆过程。气体流经喷管的绝热膨胀过程在 $T\text{-}s$ 图上的表示如图 5-3 所示，其中 $1-2$ 过程为可逆绝热膨胀过程，$1-2'$ 为不可逆绝热膨胀过程，是一个熵增的过程。

无论流动过程是否可逆，能量方程均成立，由于气体在喷管中的流动速度很快，可以忽略工质与外界的热量交换，根据能量方程，有

$$h_1 + \frac{1}{2}c_1^2 = h_2' + \frac{1}{2}c_2'^2 \tag{5-21}$$

式中　h_2、c_2——理想气体可逆绝热流动时喷管出口处的比焓和流速。

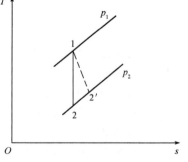

图 5-3　理想气体在喷管中的
不可逆绝热膨胀流动

h_2'、c_2'为实际有摩擦阻力时喷管出口处的比焓和流速。由于有摩擦阻力，实际出口流速 c_2' 总是小于可逆绝热膨胀过程下的出口流速 c_2，定义工质实际出口速度 c_2' 与可逆绝热过程出口速度 c_2 之比为速度系数，工程上常用此经验系数来修正由于摩阻等不可逆因素引起的能量损失，用 φ 表示：

$$\varphi = \frac{c_2'}{c_2} \tag{5-22}$$

速度系数通常是由实验测定，根据经验，喷管的速度系数一般为 $0.92 \sim 0.98$。工程上，为计算方便，通常是先按可逆过程求出 c_2，再根据 φ 值求出实际出口气体流速 c_2'，即

$$c_2' = \varphi c_2 = \sqrt{2(h_1 - h_2')} \tag{5-23}$$

工程上，还常用另外一个系数来反映喷管的动能损失，即喷管效率。喷管效率是指实际过程气体出口动能与可逆绝热过程气体出口动能的比值，用符号 ξ 来表示

$$\xi = \frac{\frac{1}{2}c_2'^2}{\frac{1}{2}c_1^2} = \frac{c_2'^2}{c_1^2} = \varphi^2 \tag{5-24}$$

【例 5-5】 CO_2 从储气罐进入喷管，如果喷管效率为 0.96，储气罐 CO_2 的压力为 0.7 MPa，温度为 $30\ ℃$。当喷管出口截面处的压力为 0.14 MPa 时，应采用什么类型的喷管？此时喷管出口处的气体温度及气体流速各为多少？

解：（1）喷管选型。CO_2 为多原子分子，故 $\beta = 0.546$，因此临界压力为

$$p_c = \beta \cdot p_1 = 0.546 \times 0.7 = 0.382\ 2(\text{MPa})$$

由于临界压力 $p_c > p_b$，故选择渐缩渐扩喷管。

（2）可逆绝热过程气体的出口温度为

$$T_2 = T_1 \left(\frac{p_2}{p_1}\right)^{\frac{\kappa-1}{\kappa}} = 303 \times \left(\frac{0.14}{0.7}\right)^{\frac{1.3-1}{1.3}} = 209(\text{K})$$

实际过程气体的出口温度为

$$T_2' = T_1 - \xi(T_1 - T_2) = 303 - 0.96 \times (303 - 209) = 213(\text{K})$$

实际过程气体的出口流速为

$$c_2' = 44.72 \times \sqrt{c_p(T_1 - T_2')} = 44.72 \times \sqrt{\frac{9}{2} \times \frac{8.314}{44} \times (303 - 213)} = 391(\text{m/s})$$

第五节　绝热节流

气体在管道中流动时，当遇到截面突然缩小的阀门、狭缝或孔口等时，其压力显著下降，这种现象叫作节流。节流过程是典型的不可逆过程。工程上，由于气体经过阀门等流阻元件时，流速大、时间短，来不及与外界进行热量交换，可近似地作为绝热过程来处理，称为绝热节流。节流过程广泛应用于热力设备的压力调节、流量调节或测量流量及获得低温流体等领域。

在节流元件附近，流体发生强烈的扰动，产生大量的涡流，即节流过程中的流体处于非平衡状态。但在节流元件一定距离以外，可以认为流体处于平衡状态。本节所研究分析的节流过程就是指节流元件前、后处于平衡状态的流体状态参数之间的关系。

在稳态稳流能量方程应用中已经分析过绝热节流过程的能量方程简化形式，即 $h_1 = h_2$，由于节流过程是不可逆的，在节流孔口附近会产生大量旋涡，流速变化很大，焓值并不是处处相等，但在节流元件一定距离以外，可以认为流体处于平衡状态，节流过程就是指节流元件前、后处于平衡状态的流体在绝热节流前的焓等于绝热节流后的焓，而不是等焓过程。即图 5-4 中的截面 1－1 处及截面 2－2 处的焓相等。由于扰动和摩擦的不可逆性，节流后的压力不能恢复到与节流前一样，而且必然是 $p_2 < p_1$、$s_2 > s_1$，做功能力下降。

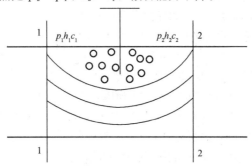

图 5-4 绝热节流前后参数变化

对于理想气体，绝热节流前后的焓不变，则温度也不变；对于实际气体，节流后的温度则有可能增大、不变或减小，根据实际气体性质而定，其他参数变化与理想气体一样。

如图 5-5 所示的制冷循环，膨胀阀就是节流装置，制冷剂（一般为氟利昂）流经膨胀阀的过程可认为是绝热节流过程。节流后温度和压力均降低。

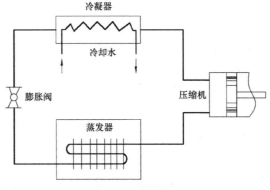

图 5-5 制冷循环

习 题

一、简答题

1. 在可逆绝热一维稳定流动过程中，用到了哪些基本方程式？

2. 声速的大小与哪些因素有关？

3. 为什么渐缩喷管中气体的流速不可能超过当地声速？

4. 在渐扩喷管中，为什么通道面积增大还能使流速增加？

5. 喷管和扩压管有什么区别？

6. 什么是滞止参数？在给定的可逆绝热流动中，各截面的滞止参数是否相等？

7. 临界压力比在分析气体在喷管中流动情况方面起到了什么作用？

8. 如何理解绝热节流前和节流后的焓相等？

二、计算题

1. 压力 $p=0.1$ MPa，温度为 20 ℃的空气，以 100 m/s 的速度流动，当气流被可逆绝热滞止后，求滞止温度和滞止压力。

2. 温度为 100 ℃的空气，以 180 m/s 的速度沿管路流动，用水银温度计来测量温度，假定气流在温度计周围完全滞止，求水银温度计的读数。

3. 压力 $p_1=100$ kPa，温度 $t_1=30$ ℃的氮气流经扩压管时压力提高到 $p_2=180$ kPa，氮气进入扩压管时至少有多大流速？此时进口处的马赫数是多少？

4. 若压力 $p_1=0.6$ MPa、温度 $t_1=50$ ℃、$c_1=90$ m/s 的空气进入喷管进行可逆绝热流动，然后进入大气，已知大气压力 $p_b=0.1$ MPa，应选用什么形式的喷管？

5. 空气流经某扩压管，进口状态 $p_1=0.15$ MPa，$T=300$ K，$c_1=480$ m/s，在扩压管中可逆绝热流动，出口的气流速度 $c_2=50$ m/s，应采用什么形式的扩压管？

6. 空气的压力 $p_1=1$ MPa，温度 $t_1=150$ ℃，经喷管流入背压 $p_b=0.1$ MPa 的介质中，空气流量 $\dot{m}=13$ kg/s，忽略流速，应采用什么形式的喷管？

7. 空气进入喷管时的压力 $p_1=5$ MPa，温度 $t_1=30$ ℃，$c_1=55$ m/s，喷管外界背压 $p_b=0.1$ MPa，若采用渐缩喷管，则出口截面面积 $A_2=120$ mm²，求出口气流速度及质量流量。

8. 二氧化碳从储气罐进入一喷管，喷管的效率 $\xi=0.95$，储气罐内二氧化碳（CO_2）的压力为 0.6 MPa，温度为 30 ℃，当喷管的出口截面处的压力为 0.15 MPa 时，应采用什么类型的喷管？此时出口的温度和出口流速各是多少？

第六章

动力循环

　　将热能转换为机械能的设备称为热能动力装置或热力发动机，简称热机。在热机中，热能连续地转换为机械能是通过工质的热力循环过程来实现的。热机的工作循环称为动力循环（或热机循环）。根据工质的不同，动力循环可分为蒸汽动力循环（如蒸汽机、蒸汽轮机的工作循环）和气体动力循环（如内燃机、燃气轮机装置的工作循环）两类。

　　在蒸汽动力循环中水及水蒸气均不能参与燃烧过程，它在循环中吸收的热量只能通过换热装置从外界传入，因此，蒸汽动力循环又称为外燃式动力装置。由于工质与燃料不掺混，因此便于使用任何形态的燃料，如各种油类、天然气、煤及核燃料等。目前，世界上固定式发电设备主要采用蒸汽轮机装置。本章也将重点讲述以蒸汽轮机为原动机的蒸汽动力循环。

　　气体动力循环主要包括燃气轮机循环、内燃机循环和喷气发动机循环三类。它们都以燃气作为工质。本章重点介绍在火力发电厂中有重要应用的燃气轮机循环及燃气—蒸汽联合循环，简要介绍内燃机循环。

　　从热力学的角度来分析热机循环，重点是分析其热能利用的经济性（即循环热效率）及其影响因素，研究提高循环热效率的途径。所有实际动力循环过程都是十分复杂的，并且是不可逆的。因此，在进行循环分析时，要先建立实际循环的简化热力学模型，用简单、典型的可逆过程和循环来近似实际复杂的不可逆过程与循环，通过热力学分析和计算，找出其基本特性和规律。只要这种简化的热力学模型是合理的、接近实际的，那么分析和计算的结果就具有理论上的指导意义。必要时还可以进一步考虑各种不可逆因素的影响，对分析结果进行必要的修正，以提高其精度。

　　本章将分别介绍几种动力装置的工作原理，并对相应的理想循环进行分析。

第一节　蒸汽动力基本循环——朗肯循环

　　朗肯循环（Rankine Cycle）是最简单的蒸汽动力理想循环。热力发电厂各种较复杂的蒸汽动力循环都是在朗肯循环基础上发展起来的，因此，研究朗肯循环也是研究各种复杂动力循环的基础。

一、装置与流程

　　蒸汽动力装置所采用的工质一般都是水蒸气。蒸汽动力装置包括四部分主要设备——蒸汽锅炉、蒸汽轮机、凝汽器和水泵，如图 6-1（a）所示。水在蒸汽锅炉中预热、汽化并过热，形成高温高压的过热蒸汽，如图 6-1（b）～（d）中的过程 0→1 所示。从蒸汽锅炉出来的水蒸气

（所谓新汽）进入蒸汽轮机膨胀做功。因为大量水蒸气很快流过蒸汽轮机，平均每千克蒸汽散失到外界的热量相对来说很少，因此，可以认为过程是绝热的（过程 1→2）。从蒸汽轮机排出的水蒸气（所谓乏汽）进入凝汽器，凝结为水（过程 2→3）。凝结水经过水泵，提高压力后再进入蒸汽锅炉。水在水泵中被压缩时散失到外界的热量很少，可以认为过程是绝热的（过程 3→0）。

经过上述 4 个过程后，工质回到了原状态，这样便完成了一个循环。这是一个由两个定压过程（或者说由两个不做技术功的过程）和两个绝热过程组成的最简单的蒸汽动力循环，称为朗肯循环。

由于水的压缩性很小，水在经给水泵定熵升压后温度升高很小，在 T-s 图上，一般可以认为点 3 与点 4 重合。另外，汽轮机排汽往往是湿饱和蒸汽，在这种情况下，乏汽在凝汽器内的定压放热过程 2→3 同时也是定温放热过程。

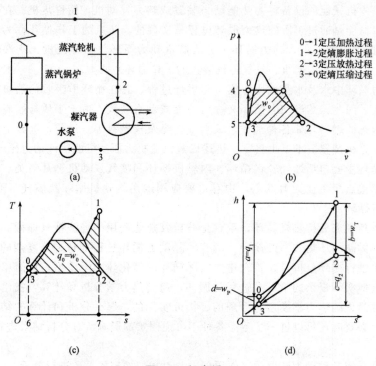

图 6-1 朗肯循环

(a) 流程图；(b) p-v 图；(c) T-s 图；(d) h-s 图

二、朗肯循环的净功与热效率

在朗肯循环中，每千克蒸汽对外所做的净功 w_{net} 等于蒸汽流过汽轮机时所做的功 w_T 与给水在水泵内被绝热压缩消耗的功 w_p 之差。根据热力学第一定律有

汽轮机做功

$$w_T = h_1 - h_2 \tag{6-1}$$

给水泵消耗功

$$w_p = h_0 - h_3 \tag{6-2}$$

在锅炉内吸热量

$$q_1 = h_1 - h_0 \tag{6-3}$$

在凝汽器内放热量

$$q_2 = h_2 - h_3 \tag{6-4}$$

循环净功

$$w_{net} = w_T - w_p = q_1 - q_2 \tag{6-5}$$

根据循环热效率定义式，可得朗肯循环的热效率为

$$\eta_t = \frac{w_{net}}{q_1} = \frac{w_T - w_p}{q_1} = \frac{(h_1 - h_2) - (h_0 - h_3)}{h_1 - h_0} \tag{6-6}$$

与汽轮机做出的功相比，水泵耗功甚小，在不要求精确计算的条件下，可以忽略水泵耗功。即 $h_0 - h_3 \approx 0$。这样，朗肯循环的热效率简化为

$$\eta_t = 1 - \frac{q_2}{q_1} = 1 - \frac{h_2 - h_3}{h_1 - h_0} \tag{6-7}$$

或

$$\eta_t = \frac{w_T}{q_1} = \frac{h_1 - h_2}{h_1 - h_0} \tag{6-8}$$

三、汽耗率、热耗率与煤耗率

工程上习惯把每产生 1 kW·h 的功所消耗的蒸汽质量称为汽耗率，用符号 d 表示，单位为 kg/(kW·h)。设蒸汽质量流量为 D（kg/h），每千克蒸汽产生的循环净功为 w_{net}（kJ/kg），则机组的功率为 $Dw_{net}/3\ 600$（kW），即机组每小时产生的功为 $Dw_{net}/3\ 600$（kW·h）。因此，机组的汽耗率为

$$d_0 = \frac{3\ 600}{w_{net}} \text{ kg/(kW·h)} \tag{6-9}$$

工程上习惯把每产生 1 kW·h 的功需要锅炉提供的热量称为热耗率，用 q_0 表示，单位为 kJ/(kW·h)，因此热耗率为

$$q_0 = d_0 q_1 = \frac{3\ 600}{w_{net}} q_1 = \frac{3\ 600}{\eta_t} \text{ kJ/(kW·h)} \tag{6-10}$$

每个煤矿生产煤的发热量不同，为了便于分析比较，将低位发热量为 29 308 kJ/kg（即 7 000 kcal/kg）的煤称为标准煤。火电厂把每产生 1 kW·h 电能消耗的标准煤的克数称为标准煤耗率，常简称煤耗率，用 b_0 表示。朗肯循环理想煤耗率为

$$b_0 = \frac{123}{\eta_t} \text{ g/(kW·h)} \tag{6-11}$$

实际计算火力发电厂煤耗率时，在分母上还要乘上锅炉效率、管道效率、汽轮机相对内效率、机械效率和发电机效率等。

热效率、热耗率和煤耗率都是反映机组运行状态好坏的热经济指标。汽耗率不是直接的热经济指标，汽耗率高，不一定热效率就低。但是在功率一定的条件下，汽耗率的大小反映了设备尺寸的大小。

【例 6-1】 某朗肯循环，新蒸汽参数 $p_1 = 14$ MPa、$t_1 = 500$ ℃，汽轮机排汽压力 $p_2 = 4$ kPa，不计水泵功耗。求此朗肯循环的热效率、汽耗率、热耗率、煤耗率和乏汽干度。

解： 朗肯循环的 $h\text{-}s$ 图如图 6-1（d）所示，查附图 1 及附表 4，得到各状态点参数：

1 点：$p_1 = 14$ MPa、$t_1 = 500$ ℃，得

$$h_1 = 3\ 324.06 \text{ kJ/kg}, \quad s_1 = 6.393\ 1 \text{ kJ/(kg·K)}$$

2点：$p_2 = 0.004$ MPa 饱和水和饱和蒸汽的比焓和比熵为

$$h_2' = 121.404 \text{ kJ/kg}, \quad h_2'' = 2\,553.71 \text{ kJ/kg}$$

$$s_2' = 0.422\,4 \text{ kJ/(kg·K)}, \quad s_2'' = 8.473\,5 \text{ kJ/(kg·K)}$$

定熵过程熵不变，有

$$s_2 = s_1 = 6.393\,1 \text{ kJ/(kg·K)}$$

汽轮机出口乏汽干度

$$x = \frac{s_2 - s_2'}{s_2'' - s_2'} = \frac{6.393\,1 - 0.422\,4}{8.473\,5 - 0.422\,4} = 0.741\,601$$

计算焓值：

$$h_2 = h_2' + x(h_2'' - h_2') = 121.404 + 0.741\,601 \times (2\,553.71 - 121.404) = 1\,925.204\,562\,(\text{kJ/kg})$$

3点：2—3过程是定温定压过程，焓和熵不变，有

$$h_3 = h_2' = 121.404 \text{ kJ/kg}, \quad s_3 = s_2' = 0.422\,4 \text{ J/(kg·K)}$$

4点：3—4是定熵过程，有 $s_4 = s_3 = s_2' = 0.422\,4$ kJ/(kg·K)

$$p_4 = p_1 = 14 \text{ MPa}, \quad t_4 = 29.264\,4 \text{ °C}, \quad h_4 = 135.399\,913 \text{ kJ/kg}$$

汽轮机做功

$$w_T = h_1 - h_2 = 1\,398.855\,438 \text{ kJ/kg}$$

由于不计水泵功耗，故循环净功

$$w_{net} = w_T = 1\,398.855\,438 \text{ kJ/kg}$$

工质吸热量

$$q_1 = h_1 - h_4 = 3\,188.660\,087 \text{ kJ/kg}$$

朗肯循环热效率

$$\eta_t = \frac{w_{net}}{q_1} = \frac{1\,398.855\,438}{3\,188.660\,087} = 0.438\,697$$

汽耗率

$$d_0 = \frac{3\,600}{w_{net}} = \frac{3\,600}{1\,398.855\,438} = 2.573\,533 \text{ [kg/(kW·h)]}$$

热耗率

$$q_0 = q_1 d_0 = 3\,188.660\,087 \times 2.573\,533 = 8\,206.121\,9 \text{ [kJ/(kW·h)]}$$

煤耗率

$$b_0 = \frac{123}{\eta_t} = \frac{123}{0.438\,697} = 280.375\,7 \text{ [g/(kW·h)]}$$

四、蒸汽参数对朗肯循环热效率的影响

如果确定了新汽的温度（初温 T_1）、压力（初压 p_1）及乏汽的压力（终压 p_2），那么整个朗肯循环也就确定了。因此，所谓蒸汽参数对朗肯循环热效率的影响，也就是指初温、初压和终压对朗肯循环热效率的影响。

假定新汽和乏汽的压力保持为 p_1 和 p_2 不变，将新汽的温度提高，如图 6-2 所示，结果朗肯循环的平均吸热温度有所提高（$T_1' > T_1$），而平均放热温度未变，朗肯循环的热效率也就提高了。

再假定新汽温度和乏汽压力保持为 T_1 和 p_2 不变，将新汽压力由 p_1 提高到 p_1'，如图 6-3 所示。通常情况下，这也能提高朗肯循环的平均吸热温度（$T_m' > T_m$），而平均放热温度不变，因而可以提高循环的热效率。

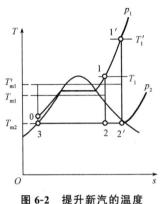

图 6-2　提升新汽的温度

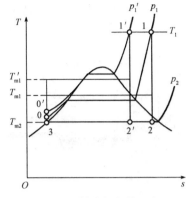

图 6-3　提升新汽的压力

虽然提高新汽的温度和压力都能提高朗肯循环的热效率，但若单独提高初压则会使膨胀终了时乏汽的湿度增大。乏汽湿度过大，不仅影响蒸汽轮机最末几级的工作效率，而且危及安全。提高初温则可降低膨胀终了时乏汽的湿度。因此，蒸汽的初温和初压一般都是同时提高的，这样既可避免单独提高初压带来的乏汽湿度增大的问题，又可使循环热效率的增长更为显著。提高蒸汽的初温和初压一直是蒸汽动力装置的发展方向，但需要注意的是，蒸汽的初温和初压受到金属材料性能的限制，需要不断突破才能达到更高的效率。

目前，国产蒸汽动力发电机组中亚临界压力（16～17 MPa）已经很普遍。华能玉环电厂在我国首次采用超超临界技术，主蒸汽压力为 26 MPa，主蒸汽温度为 600 ℃，再热后的温度也能达到 600 ℃，单机容量达 1 000 MW，设计电厂效率为 43.8%，供电煤耗率为 284 g/(kW·h)。

分析乏汽对朗肯循环热效率的影响如图 6-4 所示，降低乏汽压力可以降低循环的平均放热温度，而平均吸热温度变化很小，因此循环热效率将有所提高。但是乏汽压力主要取决于冷却水的温度（环境温度）。有的人提议在凝汽器处安装空调，人为地降低乏汽压力，理论已经证明，这种做法是得不偿失的。目前，我国大型蒸汽动力装置的设计终压为 3～4 kPa，其对应的饱和温度在28 ℃左右。

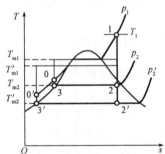

图 6-4　乏汽对朗肯循环热效率的影响

五、核动力系统中的蒸汽循环

从热力学的观点来看，核电厂和常规火电厂之间的差别是用反应堆中的核燃料替代锅炉的化石燃料，核电厂的常规岛部分和火电厂大体上相似。目前，世界上核电站常用的反应堆有压水堆、沸水堆、重水堆、改进型气冷堆及快堆等，但用得最广泛的是压水式反应堆。

在压水式反应堆（PWR，简称压水堆）中，水不沸腾，压力必须超过反应堆出口温度对应的饱和压力。为此，在一次回路中设有一个稳压水箱，该水箱的上部存有饱和水蒸气，下部存有饱和水，用于控制一次回路中的压力。为了驱动汽轮机，需用一个具有水蒸气发生器的二次水—水蒸气回路，如图 6-5 所示。我国广东大亚湾核电站、岭澳核电站、江苏田湾核电站及秦山核电站一期和二期都采用压水堆。

在沸水式反应堆（BWR，简称沸水堆）中，反应堆核心中的水允许沸腾，用一个蒸汽分离器从水中分离出饱和蒸汽。由于允许水沸腾，因此 BWR 中的压力较低，一般约为 PWR 一次回路压力的一半。与常规火电厂不同的是，BWR 机组蒸汽进入汽轮机时处于饱和状态，而不是过热状态。

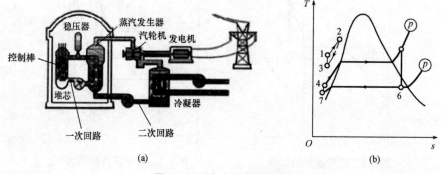

(a)
(b)

图 6-5　压水式反应堆系统

（a）流程图；（b）T-s 图

在高温气体冷却反应堆（HTGR）中，用氦作为一次回路中反应堆的冷却剂，热氦通过蒸汽发生器以产生过热蒸汽供给汽轮机。

第二节　再热循环与回热循环

提高蒸汽动力循环热效率的方法，除提高初温、初压，降低终压外，这里再介绍两种其他途径——蒸汽再热（再热循环）和抽汽回热（回热循环）。

一、再热循环

1. 再热循环概述

由上节讨论可知，提高蒸汽初压将引起乏汽干度的下降。因此，为了克服汽轮机尾部蒸汽湿度过大造成的危害，将汽轮机高压段中膨胀到一定压力的蒸汽重新引入锅炉的中间加热器（称为再热器）进行加热升温，然后再送回汽轮机低压缸继续膨胀做功，这种循环称为再热循环。再热循环的流程图和 T-s 图如图 6-6 所示。

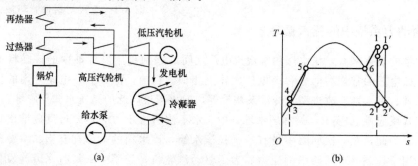

(a)
(b)

图 6-6　再热循环的流程图和 T-s 图

（a）流程图；（b）T-s 图

2. 再热循环计算

下面分析再热循环热效率的计算方法，从再热循环的 T-s 图中可以分析出。工质在一次再

热循环中吸收的总热量为

$$q_1 = (h_1 - h_4) + (h_1' - h_7) \tag{6-12}$$

对外放热量为

$$q_2 = h_2' - h_3 \tag{6-13}$$

再热循环的热效率为

$$\eta_t = 1 - \frac{q_2}{q_1} = 1 - \frac{h_2' - h_3}{(h_1 - h_4) + (h_1' - h_7)} \tag{6-14}$$

采用再热后，每千克蒸汽吸收的热量增加了，循环汽耗率较无再热时减少。另外，采用再热能否提高循环的热效率，关键看中间再热压力的选择。一般选择中间再热压力为初压的 20%～30%，可使循环热效率提高 2%～3.5%。由于实现再热循环的实际设备和管路都比较复杂，投资费用也很大，一般只有大型火力发电厂且蒸汽压力在 13 MPa 以上时才采用。现代大型机组很少采用两次再热，因为再热次数增多，不仅增加设备费用，而且给运行带来不便。

【例 6-2】 某再热循环，如图 6-7 所示，新蒸汽参数 $p_1 = 16.5$ MPa，$t_1 = 535$ ℃，再热压力 $p_a = 3.5$ MPa，再热后的温度 $t_a = 530$ ℃，乏汽压力 $p_2 = 5.5$ MPa，不计水泵功耗。求此再热循环的热效率、汽耗率、乏汽干度。

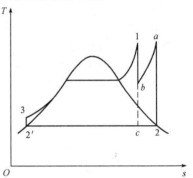

图 6-7　例 6-2 图

解： 查附图 1 及附表 4，得到各状态点参数：

1 点：$p_1 = 16.5$ MPa，$t_1 = 535$ ℃，$h_1 = 3\,393.42$ kJ/kg，$s_1 = 6.413\,4$ kJ/(kg·K)

b 点：$p_b = 3.5$ MPa，$s_b = s_1 = 6.413\,4$ kJ/(kg·K)

已知 290 ℃时，$h = 2\,951.22$ kJ/kg，$s = 6.400\,6$ kJ/(kg·K)；300 ℃时，$h = 2\,978.38$ kJ/kg，$s = 6.448\,4$ kJ/(kg·K)，作线性插值

$$x = \frac{6.413\,4 - 6.400\,6}{6.448\,4 - 6.400\,6}, \quad h_b = 2\,951.22 + x\,(2\,978.38 - 2\,951.22) = 2\,958.492\,97 \text{ (kJ/kg)}$$

a 点：$p_a = p_b = 3.5$ MPa，$t_a = t_1 = 535$ ℃，$h_a = 3\,530.85$ kJ/kg，$s_a = 7.259\,4$ kJ/(kg·K)

2 点：$p_2 = 0.005\,5$ MPa，$s_2 = s_a = 7.259\,4$ kJ/(kg·K)

汽轮机出口干度：

$$x_2 = \frac{7.259\,4 - 0.499\,5}{8.36 - 0.499\,5} = 0.859\,983$$

$$h_2 = h_2' + x\,(h_2'' - h_2') = 144.901 + 0.859\,983 \times (2\,563.83 - 144.901) = 2\,225.138\,8 \text{ (kJ/kg)}$$

3 (4) 点：$h_3 \approx h_2' = 144.901$ kJ/kg

忽略泵功时的循环比功为

$$\begin{aligned} w_{RH} &= (h_1 - h_b) + (h_a - h_2) \\ &= (3\,393.42 - 2\,958.492\,97) + (3\,530.85 - 2\,225.138\,8) \\ &= 1\,740.638\,23 \text{(kJ/kg)} \end{aligned}$$

循环吸热量为

$$\begin{aligned} q_{1,\,RH} &= h_1 - h_3 + h_a - h_b \\ &= 3\,393.42 - 144.901 + 3\,530.85 - 2\,958.492\,97 \\ &= 3\,820.876\,03 \text{(kJ/kg)} \end{aligned}$$

循环热效率：

$$\eta_{t,\ RH} = \frac{1\ 740.638\ 23}{3\ 820.876\ 03} = 0.455\ 560$$

汽耗率：

$$d = \frac{3\ 600}{w_{RH}} = \frac{3\ 600}{1\ 740.638\ 23} = 2.068\ 2[\text{kg}/(\text{kW}\cdot\text{h})]$$

二、回热循环

1. 回热循环概述

朗肯循环热效率不高的主要原因是冷凝后的水经水泵加压后未饱和水水温很低，造成加热过程的平均温度不高，传热温差很大，不可逆损失极大。为了提高朗肯循环的平均吸热温度，提出了回热循环概念。

回热循环是现代蒸汽动力装置普遍采用的循环。它是在简单朗肯循环的基础上，对吸热过程加以改进而得到的。回热是利用在汽轮机内做过功的蒸汽来加热锅炉给水，从而提高循环平均吸热温度，提高循环热效率。

图 6-8 所示为两级混合式抽汽回热循环流程图及理论循环 $T\text{-}s$ 图。设有 1 kg 过热蒸汽进入汽轮机膨胀做功。当压力降低至 p_6 时，由汽轮机内抽取 α_1 kg，蒸汽送入一号回热器，其余的 $(1-\alpha_1)$ kg 蒸汽在汽轮机内继续膨胀，到压力降至 p_8 时再抽出 α_2 kg 蒸汽送入二号回热器；汽轮机内剩余的 $(1-\alpha_1-\alpha_2)$ kg 蒸汽继续膨胀，直到压力降至 p_2 时进入凝汽器。凝结水离开凝汽器后，依次通过二号、一号回热器，在回热器内先后与两次抽汽混合加热，每次加热终了水温可达到相应抽汽压力下的饱和温度（如 T_9 和 T_7）。

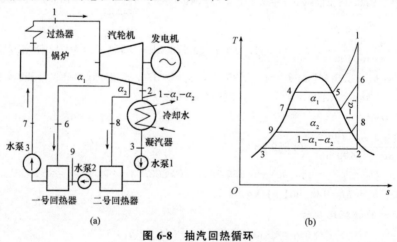

图 6-8　抽汽回热循环

(a) 流程图；(b) $T\text{-}s$ 图

回热器有两种：一种是表面式，即抽汽与凝结水不直接接触，通过换热器壁面交换热量；另一种是混合式，即抽汽与凝结水接触换热，回热器的出口温度达到抽汽压力下的饱和温度。实际上，电厂除氧器外，其他回热器大多是表面式的。

2. 回热循环计算

回热循环计算首先要确定抽汽率 α_1、α_2。为了分析方便，这里不考虑水泵耗功。对于一号回热器列出热平衡方程式，有

$$\alpha_1 h_6 + (1-\alpha_1) h_9 = h_7 \tag{6-15}$$

求得

$$\alpha_1 = \frac{h_7 - h_9}{h_6 - h_9} \tag{6-16}$$

再对二号回热器列出热平衡方程式，有

$$\alpha_2 h_8 + (1-\alpha_1-\alpha_2) h_3 = (1-\alpha_1) h_9 \tag{6-17}$$

求得

$$\alpha_2 = \frac{(1-\alpha_1)(h_9 - h_3)}{h_8 - h_3} \tag{6-18}$$

下面求抽汽回热循环的热效率。

循环吸热量

$$q_1 = h_1 - h_7 \tag{6-19}$$

循环放热量

$$q_2 = (1-\alpha_1-\alpha_2)(h_2 - h_3) \tag{6-20}$$

循环热效率

$$\eta_t = 1 - \frac{q_2}{q_1} = 1 - \frac{(1-\alpha_1-\alpha_2)(h_2 - h_3)}{h_1 - h_7} \tag{6-21}$$

与朗肯循环相比，抽汽回热循环提高了平均吸热温度，因此提高了循环热效率。同时，锅炉的热负荷降低，减少了锅炉受热面，节省了金属材料；另外，进入冷凝器的乏汽减少了，节省了冷凝器换热面的金属材料。

最后需要指出的是，虽然理论上抽汽回热次数越多，最佳给水温度越高，从而平均吸热温度越高，热效率也越高。但是，级数越多，设备和管路越复杂，而每增加一级抽汽次数，其获益越少。因此，回热抽汽次数不宜过多，小型火力发电厂回热级数一般为1~3级，中大型火力发电厂一般为4~8级。

【例6-3】 某理想抽汽回热循环，新蒸汽参数为 $p_1=2.4$ MPa、$t_1=390$ ℃，采用一级抽汽，抽汽压力 $p_2=0.12$ MPa，汽轮机排汽压力 $p_2=5$ kPa，不计水泵功耗。求此抽汽回热循环的热效率、汽耗率、热耗率。

解： 查附图1及附表4，得到各状态点参数：

1点：$p_1=2.4$ MPa、$t_1=390$ ℃，得

$$h_1 = 3\,219.299 \text{ kJ/kg}, \quad s_1 = 7.004\,051 \text{ kJ/(kg · K)}$$

a 点：$s_a = s_1 = 7.004\,051$ kJ/(kg · K)，$p_2 = 0.12$ MPa

此时处于湿蒸汽区，$s'_a = 1.360\,8$ kJ/(kg · K)，$s''_a = 7.297\,6$ kJ/(kg · K)，$h'_a = 439.299$ kJ/kg，$h''_a = 2\,683.06$ kJ/kg

$$\text{干度 } x = \frac{s_a - s'_a}{s''_a - s'_a} = \frac{7.004\,051 - 1.360\,8}{7.297\,6 - 1.360\,8} = 0.950\,554$$

焓值 $h_a = h'_a + x(h''_a - h'_a) = 2\,572.106$ kJ/kg

2点：$s_2 = s_1 = 7.004\,051$ kJ/(kg · K)，$p_2 = 0.005$ MPa，此时也处于湿蒸汽区，$s'_2 = 0.476\,3$ kJ/(kg · K)，$s''_2 = 8.393\,9$ kJ/(kg · K)，$h'_2 = 137.765$ kJ/kg，$h''_2 = 2\,560.77$ kJ/kg，

$$\text{干度 } x_2 = \frac{s_2 - s'_2}{s''_2 - s'_2} = \frac{7.004\,051 - 0.476\,3}{8.393\,9 - 0.476\,3} = 0.824\,461$$

焓值

$$h_2 = h'_2 + x_2(h''_2 - h'_2) = 137.765 + 0.824\,461 \times (2\,560.77 - 137.765) = 2\,135.438\,125 \text{(kJ/kg)}$$

忽略泵功时，循环吸热量为

$$q_{1,\text{RG}} = h_1 - h'_a = 3\ 219.299 - 439.299 = 2\ 780\ (\text{kJ/kg})$$

循环所做的功为

$$\begin{aligned}
w_{\text{RG}} &= h_1 - h_a + (1-\alpha)(h_a - h_2) \\
&= 3\ 219.299 - 2\ 572.106 + (1 - 0.123\ 838) \times (2\ 572.106 - 2\ 135.438\ 125) \\
&= 1\ 029.784\ 799\ (\text{kJ/kg})
\end{aligned}$$

循环热效率为

$$\eta_{t,\text{RG}} = \frac{w_{\text{RG}}}{q_{1,\text{RG}}} = \frac{1\ 029.784\ 799}{2\ 779.998\ 621} = 0.370\ 426$$

汽耗率为

$$d = \frac{3\ 600}{w_{\text{RG}}} = \frac{3\ 600}{1\ 029.784\ 799} = 3.495\ 876\ \text{kg/(kW} \cdot \text{h)}$$

朗肯循环的热效率为

$$\eta_{t,\text{R}} = \frac{h_2 - h'_2}{h_1 - h'_2} = \frac{2\ 135.438\ 125 - 137.765}{3\ 219.299 - 137.765} = 0.648\ 272$$

汽耗率为

$$d = \frac{3\ 600}{w_{\text{T}}} = \frac{3\ 600}{h_1 - h_2} = \frac{3\ 600}{3\ 219.299 - 2\ 135.438\ 125} = 3.321\ 459\ 5\ \text{kg/(kW} \cdot \text{h)}$$

第三节　热电联产循环

在现代火力发电厂中，尽管采用了高参数、再热、回热等措施，但循环热效率仍低于 50%，即燃料所发出的热量中有 50% 以上没有得到利用。其中大部分热量被排放于冷却水或大气中，这部分热能数量虽大，但因温度不高（如排气压力为 4 kPa 时，其饱和温度仅有 29 ℃），故不能用来转换为机械能。因此，普通的火力发电厂都将这些热量作为"废热"，随大量的冷却水丢弃了。与此同时，厂矿企业常常需要使用压力为 1.3 MPa 以下的生产用汽，房屋采暖和生活用热常常需要 0.35 MPa 以下的蒸汽作为热源。因此，如果利用发电厂中做了一定数量功的蒸汽作为供热热源，就可大大提高燃料的利用率，这种既能发电又能供热的电厂称为热电厂，它是目前我国发展集中供热的方向之一。

一、热电联产的方式

热电厂既发电又供热的动力循环称为热电循环。为了供热，热电厂需要装设背压式或调节抽汽式汽轮机。因此，相应地有两种热电循环，一种最简单的方式是采用背压式汽轮机，如图 6-9 所示。背压式汽轮机是指蒸汽在汽轮机中不像纯凝汽式汽轮机那样一直膨胀到接近环境温度，而是膨胀到某一较高的压力和温度（依热用户的要求而定），然后将汽轮机全部排汽直接供给热用户。这种热电联产的优点是不通过凝汽器向环境放热，能量利用率高，理论上，蒸汽能量的利用率可达 100%。能量利用率的定义式为

$$K = \frac{\text{已被利用的能量}}{\text{工质从热源得到的能量}}$$

对于背压式热电联供循环，理论上 K 值可以达到 1，但实际上由于各种损失及泄漏，K 值

只有 0.85 左右。

背压式汽轮机热电联产循环的不足之处是供热与供电相互影响，不能随意调节热、电供应比例。例如，如果热用户不需要供热了，那么整个机组就得停下。

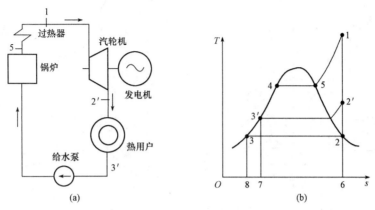

图 6-9　背压式热电循环

（a）流程图；（b）T-s 图

工程实际中使用得较多的是另一种热电联产方式——调节抽汽式热电联产。这种方式的循环，供热与供电之间相互影响较小，同时可以调节抽汽压力和温度，以满足不同用户的需求。

蒸汽在调节抽汽式汽轮机中膨胀至一定压力时，被抽出一部分送给热用户；其余蒸汽则经过调节阀继续在汽轮机内膨胀做功，乏汽进入凝汽器。凝结水由水泵送入混合器，然后与来自热用户的回水一起送回锅炉。

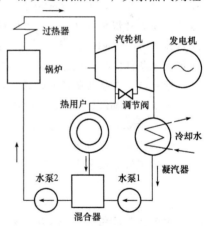

图 6-10　抽汽式热电循环

这种热电循环的主要优点是能自动调节热电出力，保证供汽量和供汽参数，从而可以较好地满足用户对热、电负荷的不同要求。

从图 6-10 中可以看出，通过汽轮机高压段及热用户的那部分蒸汽实质是进行了一个背压式热电循环，热能利用率 $K=1$；通过凝汽器的那部分蒸汽则进行了普通的朗肯循环。因此，就整个调节抽汽式热电循环而言，其热能利用率介于背压式热电循环和普通朗肯循环之间。

这里需要指出的是，机械能和热能两者不是等价的，即使两个循环的 K 值相同，热经济性也不一定相同。因此，热电联供循环的热经济性应该用 K 和 η_t 来衡量。

二、供热方式

热电厂的供热系统根据载热介质的不同可分为水热网（也称水网）和汽热网（也称汽网）。

（1）水热网是通过热网换热器，将热电厂蒸汽的热量传递给循环水供热系统。水网输送热水的距离较远，可达 30 km 左右，在绝大部分供暖期间可以使用压力较低的汽轮机抽汽，从而提高热电厂的经济性。水网的蓄热能力比汽网高，与有返回水的汽网相比，金属消耗量小，投资及运行费用少。但是水网输送热水要消耗电能，水网的水力工况的稳定和分配较为复杂；由于水的密度大，当发生事故时水网的泄漏是汽网的 20～40 倍。

（2）汽热网供热的特点是通用性好，可满足各种用热形式的需要，特别是某些生产工艺用热必须用蒸汽。汽网有直接供汽系统和间接供汽系统两种方式，分别如图 6-11 和图 6-12 所示。

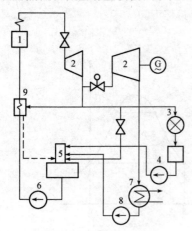

图 6-11　直接供汽系统

1—锅炉；2—汽轮机；3—热用户；4—热网回水泵；

5—除氧器；6—给水泵；7—凝汽器；8—凝结水泵；

9—高压加热滤器

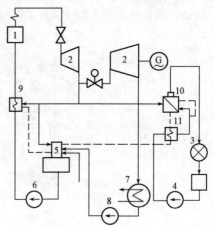

图 6-12　间接供汽系统

1—锅炉；2—汽轮机；3—热用户；4—热网回水泵；

5—除氧器；6—给水泵；7—凝汽器；8—凝结水泵；

9—高压加压器；10—蒸发器；11—蒸汽给水预热器

【例 6-4】 某热电厂发电功率为 12 MW，使用背压式汽轮机 $p_1 = 5$ MPa，$t_1 = 430$ ℃，排汽压 $p_2 = 0.8$ MPa，排汽全部用于供热。假设煤的低位发热值为 20 000 kJ/kg，计算电厂的循环热效率及每天耗煤量（t/d），设锅炉热效率为 85%。如果热、电分开生产，电由主蒸汽参数不变、乏汽压力 $p_2 = 7$ kPa 的凝汽式汽轮机生产，热能（0.8 MPa、230 ℃ 的蒸汽）由单独的锅炉供应，其他条件同上，试比较其耗煤量（设锅炉效率同上）。

解：（1）在热电联产的情况下，设每天的耗煤量为 $m_1 t$。

当 $p_1 = 5$ MPa、$t_1 = 430$ ℃ 时，查得 $h_1 = 3\ 267.6$ kJ/kg

当 $p_2 = 0.8$ MPa 时，查得排汽的焓 $h_2 = 2\ 810$ kJ/kg

0.8 MPa 对应的饱和水的焓 $h_2' = 721.20$ kJ/kg

则循环的热效率为

$$\eta_t = \frac{w_{net}}{q_1} = \frac{h_1 - h_2}{h_1 - h_2'} = \frac{3\ 267.6 - 2\ 810}{3\ 267.6 - 721.20} = 17.97\%$$

由于是背压式机组，因此有效吸热量中另外 82.03% 的部分对外供热。对每天做功列出平衡方程式，有

$$m_1 \times 10^3 \times 20\ 000 \times 85\% \times 17.97\% = 24 \times 3\ 600 \times 12 \times 10^3$$

解得 $m_1 = 339.39$ t/d

（2）在热电分产的情况下，设每天发电耗煤量为 $m_2 t$，设每天供热耗煤量为 $m_3 t$。

在主蒸汽参数不变、乏汽压力 $p_2 = 7$ kPa 的凝汽式汽轮机生产的情况下，查得乏汽时焓 $h_2 = 2\ 077$ kJ/kg、7 kPa 对应的饱和水的焓为

$$h_2' = 163.31 \text{ kJ/kg}, \quad \eta_t = \frac{w_{net}}{q_1} = \frac{h_1 - h_2}{h_1 - h_2'} = \frac{3\ 267.6 - 2\ 077}{3\ 267.6 - 163.31} = 38.35\%$$

分别对做功和供热列出平衡方程式，有

$$m_2 \times 10^3 \times 20\ 000 \times 85\% \times 38.35\% = 24 \times 3\ 600 \times 12 \times 10^3$$

$$m_3 \times 10^3 \times 20\ 000 \times 85\% = 339.39 \times 10^3 \times 20\ 000 \times 85\% \times 82.03\%$$

解得 $m_2 = 159.03$ t/d，$m_3 = 278.4$ t/d

热电联产与热电分产相比，每天少烧煤量为

$$\Delta m = m_2 + m_3 - m_1 = 159.03 + 278.4 - 339.39 = 98.04(\text{t/d})$$

第四节　燃气轮机循环

一、燃气轮机循环概述

燃气轮机装置是一种旋转式燃气动力装置，直接用燃气作为工质，不需要像蒸汽动力装置那样从燃气到工质的庞大换热设备。1872 年，侨居美国的英国工程师布雷登（Brayton）提出了一种把压缩缸和膨胀做功缸分开的往复式煤气机，采用定压加热循环，它与燃气轮机的简单循环是一样的，因此，不少论著中把燃气轮机循环称为布雷登循环。其实，早在公元 800—900 年，我国的走马灯从原理上讲，就是现代燃气轮机的雏形，不同的是走马灯利用蜡烛燃烧产生的高温气体来推动纸糊的叶轮转动，仅利用自然对流来使气体流动，没有压气机。

现代燃气轮机技术是从 1939 年德国的 Hinkel 工厂研制成功第一台航空涡轮喷气发动机和瑞士 BBC 公司研制成功第一台工业发电用燃气轮机开始的。随着人们对气体动力学等基础科学认识的深化，冶金水平、冷却技术、结构设计和工艺水平的不断提高和完善，通过提高燃气初温、增大压气机增压比、充分利用燃气轮机的排气余热、与其他类型动力机械的联合使用等途径，燃气轮机的性能在最近几十年中取得了巨大进步，燃气轮机发电在世界电力结构中的比例不断增加。早在 1987 年，美国燃气轮机装置的生产总量就已经超过蒸汽轮机装置的生产总量。

如果让压气、燃烧和膨胀分别在压气机、燃烧室和燃气轮机三种设备里进行，就构成了燃气轮机装置。如图 6-13 所示为燃气轮机装置。空气首先被吸入轴流式压气机，压缩升压后送入燃烧室，同时燃油泵连续地将燃料油喷入燃烧室，与高压空气混合，在定压下进行燃烧，高温、高压燃气进入燃气轮机膨胀做功，做功后的废气则排入大气，并在大气中放热冷却，从而完成一个开式循环。

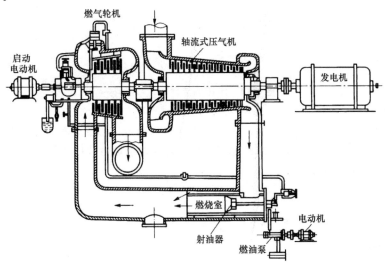

图 6-13　燃气轮机装置示意

采用燃气轮机装置发电的主要优点如下：

（1）启停快，调峰性能好，作为电网中的应急备用电源或负荷调峰机组是完全必要的；

（2）循环效率高，燃气—蒸汽联合循环发电效率可达60％左右；

（3）采用油或天然气为燃料，燃烧效率高，污染小；

（4）无须煤场、输煤系统、除灰系统，厂区占地面积比燃煤火电厂小很多；

（5）耗水量少，一般燃气轮机的简单循环只需火电厂2％～10％的用水量，联合循环也只需同容量火电厂1/3的用水量，这对于缺水地区建电厂尤为重要；

（6）建厂周期短，燃气轮机在制造厂完成了最大可能装配后才装箱运往现场，施工安装简便。

当然，采用燃气轮机装置发电也有不足之处。首先，我国的能源结构以煤为主，油和天然气资源相对短缺，直接烧油或天然气发电成本高；其次，目前我国在重型燃气轮机方面的技术水平落后，主要设备需进口，需要做出艰苦的努力，走"引进、吸收、跨越"的发展道路。

二、燃气轮机定压加热理想循环分析

为了对燃气轮机装置进行热力学分析，首先要对实际循环进行理想化处理：

（1）假设工质是比热容为定值的理想气体——空气，忽略喷入燃料的质量；

（2）工质经历的所有过程都是可逆过程；

（3）在压气机和燃气轮机中，工质所经历的过程皆为绝热过程；

（4）燃烧室中工质所经历的是定压加热过程；

（5）工质向大气的放热过程为定压放热过程。

图6-14所示为上述理想循环的 p-v 图和 T-s 图。从图中可以看出，1－2为空气在压气机中的可逆绝热压缩过程；2－3为空气在燃烧室中的可逆定压加热过程；3－4为空气在燃气轮机中的可逆绝热膨胀过程；4－1为空气在大气中的可逆定压放热过程。

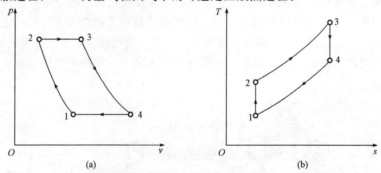

图6-14 定压加热燃气轮机循环

（a）p-v 图；（b）T-s 图

由于加热过程是在定压下进行的，所以上述循环称为定压加热燃气轮机装置循环，也称为布雷登循环（Brayton cycle）。它是简单燃气轮机装置的理想热力循环。

循环中工质的吸热量为

$$q_1 = c_p(T_3 - T_2) \tag{6-22}$$

工质对外界放出的热量为

$$q_2 = c_p(T_4 - T_1) \tag{6-23}$$

循环的热效率为

$$\eta_t = 1 - \frac{q_2}{q_1} = 1 - \frac{T_4 - T_1}{T_3 - T_2} \tag{6-24}$$

因为 1－2 和 3－4 都是可逆绝热过程，故有

$$\frac{T_2}{T_1}=\left(\frac{p_2}{p_1}\right)^{\frac{\kappa-1}{\kappa}} \quad , \quad \frac{T_3}{T_4}=\left(\frac{p_3}{p_4}\right)^{\frac{\kappa-1}{\kappa}} \tag{6-25}$$

注意到 $p_2=p_3$，$p_4=p_1$

$$\frac{p_2}{p_1}=\frac{p_3}{p_4}=\pi \tag{6-26}$$

式（6-26）中，$\pi=p_2/p_1$ 称为燃气轮机的循环增压比。

$$T_2=T_1\pi^{\frac{\kappa-1}{\kappa}}, \quad T_3=T_4\pi^{\frac{\kappa-1}{\kappa}}$$

$$T_3-T_2=(T_4-T_1)\pi^{\frac{\kappa-1}{\kappa}} \tag{6-27}$$

所以该循环热效率为

$$\eta_t=1-\frac{1}{\pi^{\frac{\kappa-1}{\kappa}}} \tag{6-28}$$

可见，布雷登循环的热效率取决于循环增压比 π，随着 π 的增大，热效率提高。通常 π 为 3～8，最大不超过 10。如果 π 值过高，一方面，压缩空气时压气机消耗的功增加；另一方面，压缩后空气的压力越高，进入燃烧室的空气温度也就越高。如果离开燃烧室进入燃气轮机的燃气温度不变（这是因为要保证燃气轮机长期安全运转，必须限制燃气进入燃气轮机时的最高温度，目前为 700～800 ℃），那么每千克工质在燃烧室中吸收的热量就减少了。最后会影响机组输出的净功。

三、燃气轮机实际循环

燃气轮机实际循环的各个过程都存在着不可逆因素。这里主要考虑压缩过程和膨胀过程中存在的不可逆性。压气机和燃气轮机工作过程的不可逆性则对实际循环的热效率有影响。

如图 6-15 所示，实际定压加热燃气轮机装置循环：

1－2′　不可逆绝热压缩，非定熵过程；

2′－3　定压加热过程；

3－4′　不可逆绝热膨胀，非定熵过程；

4′－1　定压放热过程。

其中，1－2′ 和 3－4′ 两个过程的特点都是朝熵增加的方向偏移。之前已定义了压气机的绝热效率，即

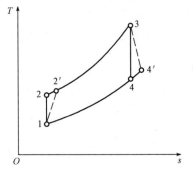

图 6-15　燃气轮机实际循环 T-s 图

$$\eta_{C,s}=\frac{w_{C,s}}{w'_C}=\frac{h_2-h_1}{h'_2-h_1} \tag{6-29}$$

所以，压气机实际耗功

$$w'_C=h'_2-h_1=\frac{1}{\eta_{C,s}}(h_2-h_1) \tag{6-30}$$

燃气轮机的不可逆性用相对内效率来表示，其定义和蒸汽轮机的相对内效率是一样的，即

$$\eta_i=\frac{\text{实际膨胀做出的功}}{\text{定熵膨胀做出的功}}=\frac{w'_T}{w_T}=\frac{h_3-h'_4}{h_3-h_4} \tag{6-31}$$

因此燃气轮机实际做功

$$w'_T=h_3-h'_4=\eta_i(h_3-h_4) \tag{6-32}$$

实际循环的循环净功

$$w'_{net} = w'_T - w'_C \tag{6-33}$$

实际循环中气体的吸热量

$$q_1 = h_3 - h'_2 \tag{6-34}$$

因而，实际循环的热效率

$$\eta_t = \frac{w'_{net}}{q_1} = \frac{w'_T - w'_C}{h_3 - h'_2} \tag{6-35}$$

可得：压气机中压缩过程和燃气轮机中膨胀过程的不可逆损失越小，实际循环热效率越高；循环增温比越大，实际循环热效率也越高；当增温比及不可逆损失一定时，随着增压比 π 增大，实际循环的热效率先增大到某一最高效率后又开始下降。

四、提高燃气轮机热效率的其他途径

（1）回热。由于燃气轮机的排气温度较高，直接排入大气环境不仅浪费能源，而且加剧了环境污染和城市热岛效应。采用回热装置能够有效降低燃气轮机的排气温度，提高工质的平均吸热温度，进而提高燃气轮机循环的热效率。简单燃气轮机循环的排气温度很高，一般高达 500 ℃，采用回热可以克服这些不利因素。回热是利用燃气轮机的高温排气来加热压气机出口的空气，提高进燃烧室的空气温度，同时，也降低了乏汽的排气温度，是提高循环热效率的有效方法。

图 6-16 所示为具有回热的燃气轮机循环的原理示意图及 T-s 图。由于燃气轮机排气温度 T_4 往往高于压气机的出口温度 T_2，因此通过增设回热器，用做功后的高温烟气加热压缩空气。在理想情况下，燃气轮机的排气温度可以降低到 $T_6 = T_2$，而压缩空气温度可以提高到 $T_5 = T_4$，这种理想情况称为极限回热。这样，工质自外热源吸热量 $q_1 = h_3 - h_5$，而向外界环境放热量 $q_2 = h_6 - h_1$，单位质量工质做出的净功量 w_{net} 仍然是 1—2—3—4 所围成的面积。根据热力学第一定律可知，采用回热装置后的燃气轮机循环热效率得到了提高。另外，采用回热器后的平均吸热温度比未采用回热器的要高，而平均放热温度降低了，因此，从平均吸热温度和平均放热温度的角度来看，采用回热装置后的燃气轮机循环热效率有所提高。

如图 6-16 所示，在回热器中，压气机出口气温由 T_2 提高到 T_5，乏汽温度由 T_4 降为 T_6，极限回热时，$T_5 = T_4$，$T_2 = T_6$。可以看出，当增压比过大，使压气机出口温度高于燃气轮机排气温度时，是无法采用回热的。

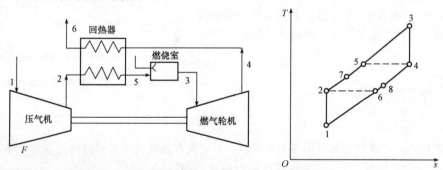

图 6-16　具有回热的燃气轮机循环的原理示意图及 T-s 图

（2）在回热的基础上多级压缩、中间冷却。燃气轮机循环所做的净功等于燃气轮机输出的功与输入压气机的功之差。如果增大燃气轮机输出的功、减小输入压气机的功，就可以增大燃气轮机输出的净功。由压气机工作过程的分析可知，在相同的压力范围内，多级压缩、中间冷

却过程能够减小压气机耗功，降低压气机出口工质的温度；分级次数越多，则压缩过程越接近定温压缩。

　　燃气轮机装置循环也可以在回热的基础上采用分级压缩、中间冷却，如图 6-17 所示，中间冷却后，高压压气机出口温度降低，这样会使废气排向环境的温度降低，即降低了循环的平均放热温度，而平均吸热温度不变，故可以提高循环热效率。当然，如果不采用回热，而只采用分级压缩、中间冷却的措施，其结果将适得其反。

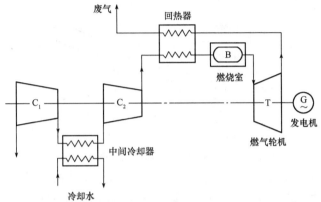

图 6-17　燃气轮机装置在回热的基础上分级压缩、中间冷却

　　（3）在回热的基础上分级膨胀、中间再热。如图 6-18 所示，燃气在燃气轮机中分级膨胀、中间再热，低压燃气轮机排出的乏汽在回热器中放热后，排向大气。因而平均吸热温度提高了，而平均放热温度不变，故可提高循环热效率。在相同压力范围内，分级膨胀、中间再热过程能够增加燃气轮机输出的功，增大燃气轮机出口工质的温度，若分级次数越多，则膨胀过程越接近定温膨胀。

　　若燃气轮机装置循环中同时进行分级压缩、中间冷却与分级膨胀、中间再热，当分级压缩、中间冷却，分级膨胀、中间再热，级数趋向无穷多时，则转变为定温膨胀和定温压缩，若在两个温度之间的两个定压过程 $a-6$ 和 $b-1$ 进行极限回热，此时的循环称为埃尔逊（Ericsson）循环，如图 6-19 所示。

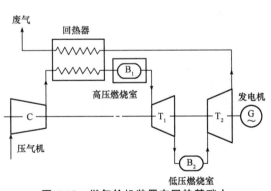

图 6-18　燃气轮机装置在回热基础上
分级膨胀、中间再热

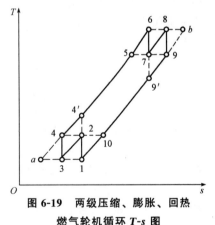

图 6-19　两级压缩、膨胀、回热
燃气轮机循环 T-s 图

五、燃气—蒸汽联合循环

　　目前，燃气轮机装置循环中燃气轮机的进气温度虽高达 1 000～1 300 ℃，但排气温度在400～650 ℃ 范围内，故其循环热效率较低。燃气—蒸汽联合循环就是以燃气轮机装置作为顶循

环，蒸汽动力装置作为底循环，分别有燃气、蒸汽两种工质做功的联合循环。如图 6-20 所示，燃气轮机的排气被送入余热锅炉，加热水，使之变为水蒸气，驱动底循环，余热锅炉内一般不用另加燃料。同时也有在余热锅炉内加燃料补燃的情况。

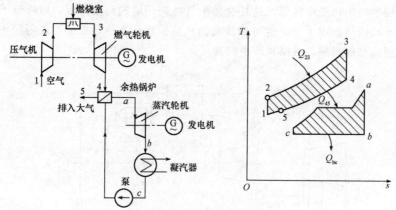

图 6-20　燃气—蒸汽联合循环

在理想情况下，燃气轮机装置的定压放热量 Q_a 可以完全被余热锅炉加以利用，产生水蒸气。实际上，由于存在传热端差，仅有过程 4—5 排放的热量得到利用，过程 5—1 仍为向大气放热。

【例 6-5】　一燃气—蒸汽联合循环装置，总功率为 30 000 kW，空气进入压气机的压力 $p_1 =$ 0.1 MPa，温度 $T_1 = 290$ K，压气机的增压比 $\pi = 9$，燃气轮机废气离开余热锅炉的温度为 $T_5 =$ 420 K，燃气轮机进口温度 $T_3 = 1\,400$ K。设水蒸气离开余热锅炉时的温度 $t_a = 390$ ℃，压力 $p_2 = 5$ MPa，凝汽器中压力 $p_b = p_c = 0.01$ MPa，为了便于计算，将燃气轮机循环工质看作空气 $c_p = 1.004$ kJ/(kg·K)，水泵功不计。求：

（1）空气的流量和水蒸气的流量；

（2）联合循环的总效率。

解：本题燃气—蒸汽联合循环的 T-s 图如图 6-20 所示。

（1）设空气的流量为 m_a（kg/s），水蒸气的流量为 m_w（kg/s）。当 $t_a = 390$ ℃，$p_a = 5$ MPa 时，查水蒸气热力性质表得 $h_a = 3\,170.1$ kJ/kg，乏汽的焓 $h_b = 2\,193$ kJ/kg，凝结水的焓 $h_c = 191.76$ kJ/kg

$$T_2 = T_1 \pi^{\frac{\kappa-1}{\kappa}} = 290 \times 9^{\frac{1.4-1}{1.4}} = 543.3(\text{K})$$

$$T_4 = T_3 \left(\frac{1}{\pi}\right)^{\frac{\kappa-1}{\kappa}} = 1\,400 \times \left(\frac{1}{9}\right)^{\frac{1.4-1}{1.4}} = 747.3(\text{K})$$

燃气轮机中单位质量工质做的循环净功为

$$w_{\text{net1}} = c_p \left[(T_3 - T_4) - (T_2 - T_1)\right] = 401.0(\text{kJ/kg})$$

蒸汽轮机中单位质量工质做的循环净功为

$$w_{\text{net2}} = h_a - h_b = 3\,170.1 - 2\,193 = 977.1(\text{kJ/kg})$$

对于总功率有如下方程：

$$401 m_a + 977.1 m_w = 30\,000 \text{ kW}$$

对于余热锅炉有如下热平衡方程：

$$m_a c_p (T_4 - T_5) = m_w (h_a - h_c)$$

联立求解以上两方程，得

$$m_a = 58.961\,522 \text{ kg/s} \approx 59.0 \text{ kg/s}, \quad m_w = 6.505\,402 \text{ kg/s} \approx 6.5 \text{ kg/s}$$

（2）总的付出为

$$Q_1 = m_a c_p (T_3 - T_2) = 59.0 \times 1.004 \times (1\,400 - 543.3) = 50\,747.5(\text{kW})$$

因此，联合循环的热效率为

$$\eta_t = \frac{30\,000}{50\,747.5} = 59.12\%$$

可见，燃气—蒸汽联合循环装置的热效率是很可观的。

习　题

一、简答题

1. 在蒸汽动力循环中，如何理解热力学第一、二定律的指导作用？

2. 实现朗肯循环需要哪几个主要设备？画出朗肯循环的系统图，并在 $p\text{-}v$ 图和 $T\text{-}s$ 图上表示出来。

3. 既然利用抽汽回热可以提高蒸汽动力装置循环的热效率，能否将全部蒸汽抽出来用于回热？为什么回热能提高热效率？

4. 卡诺循环优于相同温度范围的其他循环，为什么蒸汽动力循环不采用卡诺循环？

5. 压缩过程需要消耗功，为什么内燃机在燃烧过程前都有压缩过程？

6. 对于压气机而言，定温压缩耗功小于定熵压缩耗功，那么，在燃气轮机装置循环中，是否也应采用定温压缩？画 $T\text{-}s$ 图分析。

7. 提高燃气轮机循环热效率的措施有哪些？

8. 试述动力循环的共同特点。

9. 各种实际循环的热效率，无论是蒸汽动力循环、内燃机循环还是燃气轮机循环，都与工质性质有关，这是否与卡诺定理相矛盾？

10. 在燃气轮机循环中，膨胀过程在理想极限情况下采用定温膨胀，可以增大膨胀过程做出的功，因而增加了循环净功，但在没有回热的情况下循环热效率反而会下降，为什么？

二、计算题

1. 蒸汽朗肯循环的初参数为 16.5 MPa、550 ℃，试计算在不同的背压下，$p = 4$ kPa、6 kPa、8 kPa、10 kPa 及 12 kPa 时的热效率 η_t。通过比较计算结果，说明什么问题？

2. 理想朗肯循环，以水作为工质，在循环最高压力 14 MPa、循环最高温度 540 ℃ 和循环最低压力 5 kPa 下运行。若忽略水泵耗功，试求：平均加热温度；平均放热温度；利用平均加热温度和平均放热温度计算循环热效率。

3. 某蒸汽动力装置，蒸汽轮机入口蒸汽的参数 $p_1 = 13$ MPa，$t_1 = 520$ ℃，在蒸汽轮机内膨胀做功至干饱和蒸汽后被送入再热器，在定压下重新加热到 520 ℃，再进入蒸汽轮机后半部继续膨胀至乏汽压力 7 kPa。设蒸汽流量为 200 t/h，忽略泵功，试计算蒸汽轮机的轴功、循环热效率及乏汽干度 x。设煤的发热量为标准煤发热量，求理论煤耗率。

4. 理想再热循环，以水作为工质，在蒸汽轮机入口处蒸汽的状态为 14 MPa、540 ℃，再热状态为 3 MPa、540 ℃ 和排汽压力 5 kPa 下运行。若忽略水泵耗功，试求：平均加热温度；平均放热温度；利用平均加热温度和平均放热温度计算循环热效率。

5. 某回热循环，新汽压力为 15 MPa，温度为 550 ℃，凝汽压力 $p_2 = 5$ kPa，凝结水在混合式回热器中被 3 MPa 的抽汽加热到抽汽压力下的饱和温度后，经过给水泵回到锅炉。不考虑水泵消耗的功及其他损失，计算循环热效率及每千克工质做出的轴功。

6. 一内燃机定容加热循环 1—2—3—4—5—1，如图 6-21 所示。已知 $p_1 = 0.1$ MPa，$t_1 = 60$ ℃，$\varepsilon = 6$，工质为空气，比热容为定值，循环中吸热量 $q_1 = 850$ kJ/kg，求此循环的热效率。如果绝热膨胀不在点 4 停止，而是让其一直膨胀到点 5，使 $p_5 = p_1$，试求循环 1—2—3—4—5—1 的热效率。后循环使工质达到了充分膨胀，从经济性考虑是有利的，为什么汽油机不采取这一方案？

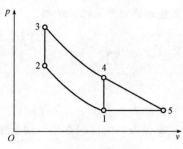

图 6-21　习题 6 图

7. 某燃气轮机装置理想循环，已知工质的质量流量为 15 kg/s，增压比 $\pi = 10$，燃气轮机入口温度 $T_3 = 1\,200$ K，压气机入口状态为 0.1 MPa、20 ℃，认为工质是空气，且比热容为定值 $c_p = 1.004$ kJ/(kg·K)，$\kappa = 1.4$。试求循环的热效率、输出的净功率及燃气轮机的排气温度。

8. 某燃气轮机定压加热理想循环采用极限回热。已知压气机入口状态为 0.1 MPa、25 ℃，增压比 $\pi = 6$，燃气轮机入口温度 $t_3 = 1\,000$ ℃，认为工质是空气，且比热容为定值 $c_p = 1.004$ kJ/(kg·K)，$\kappa = 1.4$。求：

(1) 循环热效率，与不采用极限回热相比，热效率提高多少？

(2) 如果 t_1、t_2、p 维持不变，增压比 π 增大到何值时，将不能采用回热？

9. 有一个两级绝热压缩、中间冷却和两级绝热膨胀、中间再热的燃气轮机装置理想循环。压气机每级增压比为 2.5，参数为 25 ℃、100 kPa、流量为 24.4 m³/s 的空气进入第一级压气机，中间冷却至 25 ℃进入第二级压气机，后被加热到 1 000 ℃，进入第一级燃气轮机，中间再热压力与中间冷却压力相同，试在 $T\text{-}s$ 图上画出该循环，计算压气机的耗功量和燃气轮机的做功量，以及采用理想回热与不采用回热时的循环热效率。

10. 内燃机混合加热循环，已知 $p_1 = 0.1$ MPa，$t_1 = 27$ ℃，$e = 16$，$\lambda = 1.5$，循环加热量 $q_1 = 1\,298$ kJ/kg，工质可视为空气，比热容为定值，求循环热效率及循环最高压力。若保持 ε 与 q_1 不变，而将定容增压比 λ 分别提高到 1.75 与 2.25，试求这两种情况下循环的热效率。

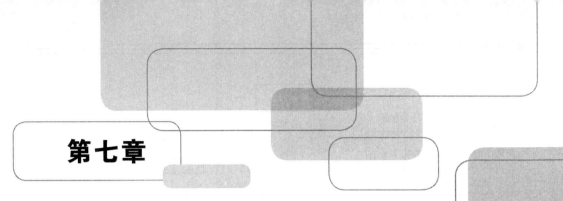

第七章
制冷循环与热泵

在人们的生产和生活中，常需要使某一物体或空间获得并维持低于外界环境的温度。为此，必须设法使热能不断地从低温物体排向高温物体，这就是制冷过程。制冷是通过制冷装置来实现的。

在第二章里已经介绍，最理想的制冷循环是逆向卡诺循环，其制冷系数为

$$\varepsilon_{1,\,c} = \frac{q_2}{q_1 - q_2} = \frac{T_2}{T_1 - T_2} \tag{7-1}$$

式中　T_1——制冷装置周围的环境温度；

　　　T_2——冷藏室里维持的温度。

卡诺循环树立了节能的标杆，实际制冷循环的发展就是不断地接近这一理想值。

制冷装置循环是一种逆向循环，根据热力学第二定律，制冷过程不能自发进行，完成制冷必须付出代价，这个代价就是消耗机械能或高温热能作为补偿。

(1) 消耗机械能作为补偿的压缩式制冷循环，包括以空气和蒸汽作为工质的空气压缩式制冷循环和蒸汽压缩式制冷循环。

(2) 以消耗高温热能作为补偿，包括蒸汽喷射式制冷循环和吸收式制冷循环。

第一节　空气压缩式制冷循环

一、空气压缩式制冷循环的工作原理

空气压缩式制冷循环的制冷工质为空气，设备组成包含压缩机、冷却器、膨胀机和冷藏室四部分，如图 7-1 所示。从冷藏室换热器出来的空气被压缩机吸入并进行压缩，提高压力和温度后进入冷却器，被冷却后进入膨胀机膨胀做功，压力和温度大幅度下降，低温、低压空气进入冷藏室吸取热量，从而达到维持冷藏室低温（制冷）的目的。吸热升温后的空气再次被吸入压缩机进行下一个循环。

若忽略摩擦损失、流动阻力等不可逆因素，上述制冷循环是由四个可逆过程组成的理想循环 1—2—3—4—1，表示在 $p\text{-}v$ 图及 $T\text{-}s$ 图上，如图 7-2 所示。其中，1—2 为空气在压缩机内的定熵压缩过程；2—3 为空气在冷却器中的定压放热过程；3—4 为空气在膨胀机中的定熵膨胀过程；4—1 为空气在冷藏室的换热器中的定压吸热过程。

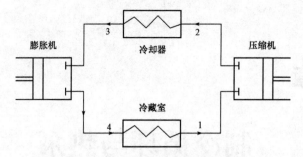

图 7-1　空气压缩式制冷循环系统

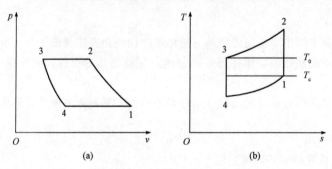

(a)　　　　　　　　　　　(b)

图 7-2　空气压缩式制冷循环的 p-v 图和 T-s 图

下面分析空气压缩式制冷循环的制冷系数。

1 kg 工质向高温热源排放的热量为

$$q_1 = h_2 - h_3 \tag{7-2}$$

1 kg 工质从冷藏室中吸收的热量为

$$q_2 = h_1 - h_4 \tag{7-3}$$

故制冷系数为

$$\varepsilon_1 = \frac{q_2}{q_1 - q_2} = \frac{h_1 - h_4}{(h_2 - h_3) - (h_1 - h_4)} \tag{7-4}$$

如果把空气视为理想气体，并且比热容为定值，则

$$\varepsilon_1 = \frac{T_1 - T_4}{(T_2 - T_3) - (T_1 - T_4)} \tag{7-5}$$

因 1—2 和 3—4 过程都是定熵的，且 $p_2 = p_3$、$p_1 = p_4$，故有

$$\frac{T_2}{T_1} = \left(\frac{p_2}{p_1}\right)^{\frac{\kappa-1}{\kappa}} = \pi^{\frac{\kappa-1}{\kappa}} = \left(\frac{p_3}{p_4}\right)^{\frac{\kappa-1}{\kappa}} = \frac{T_3}{T_4} \tag{7-6}$$

式中　π——循环增压比，$\pi = p_2/p_1$。

$$T_2 = T_1 \pi^{\frac{\kappa-1}{\kappa}}, \quad T_3 = T_4 \pi^{\frac{\kappa-1}{\kappa}} \tag{7-7}$$

$$T_2 - T_3 = (T_1 - T_4)\pi^{\frac{\kappa-1}{\kappa}} \tag{7-8}$$

将式（7-8）代入式（7-5），有

$$\varepsilon_1 = \frac{1}{\pi^{\frac{\kappa-1}{\kappa}} - 1} \tag{7-9}$$

如果在上述空气压缩式制冷循环的相同温度范围内进行逆向卡诺循环，那么热源温度应为 T_0，即制冷剂在冷却器出口能够达到的大气环境温度；冷源温度应为 T_c，即制冷剂在换热器出

口的温度。其制冷系数为

$$\varepsilon_{1,\mathrm{c}}=\frac{T_{\mathrm{c}}}{T_0-T_{\mathrm{c}}} \tag{7-10}$$

对比式（7-1），空气压缩式制冷循环的制冷系数小于逆向卡诺循环的制冷系数。

由式（7-9）可知，循环增压比 π 越低，制冷系数就越大，但是增压比减小会使单位质量工质的制冷量 q_2 减小，这是一个很大的矛盾。为了获得一定的制冷量，可采用叶轮式压缩机和膨胀机以增加空气流量，再辅以回热措施，组成回热式空气压缩式制冷装置，可以很好地解决上述矛盾。

【例 7-1】 空气压缩式制冷循环

空气压缩式制冷循环的 $T\text{-}s$ 如图 7-2 所示。已知大气温度 $T_0=T_3=293$ K，冷源温度 $T_{\mathrm{c}}=T_1=263$ K，压气机增压比 $\pi=p_2/p_1=3$。试求：

（1）压气机消耗的理论功；

（2）膨胀机做出的理论功；

（3）单位质量空气的理论制冷量；

（4）理论制冷系数。

解：

$$T_2=T_1\left(\frac{p_2}{p_1}\right)^{\frac{\kappa-1}{\kappa}}=263\times3^{\frac{1.4-1}{1.4}}=359.98(\mathrm{K})$$

$$T_4=T_3\left(\frac{p_4}{p_3}\right)^{\frac{\kappa-1}{\kappa}}=293\times\left(\frac{1}{3}\right)^{\frac{1.4-1}{1.4}}=214.07(\mathrm{K})$$

（1）压气机消耗的理论功为

$$w_{\mathrm{C}}=h_2-h_1=c_{\mathrm{p}}(T_2-T_1)=1.004\times(359.98-263)=97.37(\mathrm{kJ/kg})$$

（2）膨胀机做出的理论功为

$$w_{\mathrm{T}}=h_3-h_4=c_{\mathrm{p}}(T_3-T_4)=1.004\times(293-214.07)=79.25(\mathrm{kJ/kg})$$

（3）单位质量空气的理论制冷量为

$$q_2=h_1-h_4=c_{\mathrm{p}}(T_1-T_4)=1.004\times(263-214.07)=49.13(\mathrm{kJ/kg})$$

（4）理论制冷系数为

$$\varepsilon_1=\frac{q_2}{w_{\mathrm{net}}}=\frac{q_2}{w_{\mathrm{C}}-w_{\mathrm{T}}}=\frac{49.13}{97.37-79.25}=2.71$$

或

$$\varepsilon_1=\frac{1}{\pi^{\frac{\kappa-1}{\kappa}}-1}=\frac{1}{3^{\frac{1.4-1}{1.4}}-1}=2.71$$

二、回热式空气压缩式制冷循环

图 7-3（a）所示为回热式空气压缩式制冷循环装置示意。若采用回热式空气压缩式制冷循环，并以叶轮式压缩机和膨胀机代替活塞式压缩机和膨胀机，可以降低增压比、提高循环的制冷量，从而使空气压缩式制冷循环装置在工业上重新获得广泛的应用。

图 7-3（b）所示的 1—2—3—4—5—6—1 为回热式空气压缩式制冷循环。从图中可以看出，1—2 为空气在回热器中的定压预热过程；2—3 为空气在压缩机中的可逆绝热压缩过程；3—4 为空气在冷却器中的定压放热过程；4—5 为空气在回热器中的定压放热过程；5—6 为空气在膨胀机中的可逆绝热膨胀过程；6—1 为空气在冷藏室中的定压吸热过程。如此，就完成了一个制冷循环。

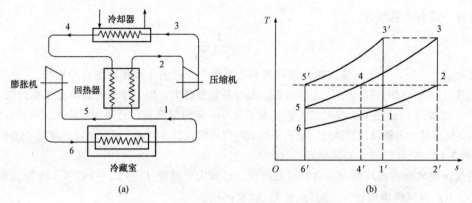

图 7-3 回热式空气压缩式循环制冷装置

(a) 回热式空气压缩式制冷循环装置示意；(b) 回热式空气压缩式制冷循环

图 7-3（b）所示的 1—3′—5′—6—1 为不带回热的空气压缩式制冷循环。从图中可以看出，在理想回热器中，空气的放热过程 4—5 所放出的热量与被预热空气的吸热过程 1—2 所吸收的热量大小相等，即面积 456′4′4 与面积 122′1′1 相等。与不采用回热的空气压缩式制冷循环 1—3′—5′—6—1 相比，可以看出，当两种循环的最高温度相等时，每完成一个循环，两者的制冷量（即 q_2）相等，均为 T-s 图中的面积 611′6′6。虽然两者的制冷系数相等，但是采用回热式空气压缩式制冷循环有明显的优点。

（1）在制冷量与制冷系数相同时，采用回热后，压缩机的增压比 p_2/p_1 明显降低，这就为适用叶轮式压缩机（有增压比小、排量大的特点）创造了条件。叶轮式压缩机比相同体积的活塞式压缩机的流量大，另外，在深度冷冻中，若采用回热措施，则可提高压缩机进口温度。

（2）由于压缩机的增压比减小，相应地减少了压缩机和膨胀机中的不可逆损失，实际上是提高了循环的制冷系数。

【例 7-2】 空气压缩式制冷循环装置吸入的空气 $p_1 = 0.1$ MPa，$t_1 = 27$ ℃，定熵压缩至 $p_2 = 0.5$ MPa，经冷却后温度降为 32 ℃。试计算该制冷循环的制冷量、压缩机所消耗的功和制冷系数。

解：计算压缩终了温度

$$T_2 = T_1 \left(\frac{p_2}{p_1} \right)^{\frac{\kappa-1}{\kappa}} = (273 + 27) \times \left(\frac{0.5 \times 10^6}{0.1 \times 10^6} \right)^{\frac{1.4-1}{1.4}} = 475 (\text{K})$$

膨胀终了温度

$$T_4 = T_3 \left(\frac{p_4}{p_3} \right)^{\frac{\kappa-1}{\kappa}} = (273 + 32) \times \left(\frac{0.1 \times 10^6}{0.5 \times 10^6} \right)^{\frac{1.4-1}{1.4}} = 192.6 (\text{K})$$

制冷量

$$q_2 = h_1 - h_4 = c_p (T_1 - T_4)$$

设空气的定压比热容为定值，且 $c_p = 1.01$ kJ/(kg·K)

则

$$q_2 = 1.01 \times (300 - 192.6) = 108.5 (\text{kJ/kg})$$

所消耗的压缩功

$$w_{12} = h_2 - h_1 = c_p (T_2 - T_1) = 1.01 \times (475 - 300) = 176.8 (\text{kJ/kg})$$

制冷装置的膨胀功

$$w_{34} = h_3 - h_4 = c_p (T_3 - T_4) = 1.01 \times (305 - 192.6) = 113.5 (\text{kJ/kg})$$

制冷系数

$$\varepsilon_1 = \frac{q_2}{w_0} = \frac{q_2}{w_{12} - w_{34}} = \frac{108.5}{176.8 - 113.5} = 1.714$$

第二节 蒸汽压缩式制冷循环

空气压缩式制冷循环由于受到空气热物性的限制存在两个根本的缺点：一是无法实现定温的吸热和定温的放热，使之偏离逆向卡诺循环，制冷系数低；二是空气的定压比热容 c_p 很小，致使单位质量空气的制冷能力也很小。如果采用低沸点的物质作为工质，利用该物质在定温定压下液化和汽化的相变性质，原则上可以实现逆向卡诺循环。由于工质的汽化潜热很大，可以大大提高单位质量制冷机的制冷能力。

一、蒸汽压缩式制冷循环的工作原理

蒸汽压缩式制冷循环装置主要由压缩机、冷凝器、膨胀阀及蒸发器组成。其装置原理图如图 7-4（a）所示。图 7-4（b）中循环 $1'-3-4-8-1'$ 是蒸汽逆向卡诺循环，其中：$1'-3$ 是制冷剂在压缩阀中的定熵压缩过程；$3-4$ 是制冷剂在冷凝器中的定压定温放热过程；$4-8$ 是制冷剂在膨胀阀中的定熵膨胀过程；$8-1'$ 是蒸发器从冷库中定温定压气化吸热的过程。由于 $1'-3$ 是湿蒸汽的定熵压缩过程（湿压缩过程），液体的不可压缩性会造成液滴对压缩机气缸的顶端或叶片的撞击，使压缩机在不可靠的环境中运行，为了解决这一问题，将该过程改为 $1-2$ 干压缩过程，因压缩前后都是气态的干饱和蒸汽被吸入压缩机，使压缩机设计制造方便，压缩效率也高。另外，蒸汽压缩式制冷循环装置用节流阀（膨胀阀）代替了膨胀机，从能量利用的角度看，少回收了部分机械功，但从冷凝器出来后，工质为液态，液态工质膨胀变为湿蒸汽状态的膨胀机难以设计。采用节流阀后，虽然损失了一部分机械功，但是设备简化，并可以利用节流阀的开度变化，很方便地改变节流后的压力和温度，实现蒸发器温度的调节。

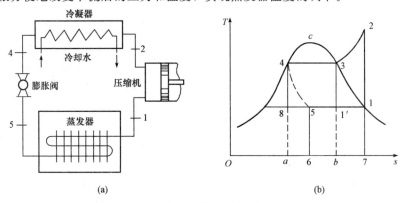

图 7-4 蒸汽压缩式制冷循环图

（a）工作原理图；（b）T-s 图

实际上蒸汽压缩式制冷循环是图 7-4（b）中的 $1-2-3-4-5-1$，由蒸发器出来的制冷剂的干饱和蒸汽被吸入压缩机，绝热压缩后成为过热蒸汽（$1-2$ 过程）；蒸汽进入冷凝器，在定压下冷却（过程 $2-3$）并进一步在定压定温下凝结成饱和液体（$3-4$）；然后饱和液体进入膨胀阀（或称节流阀），经绝热节流、降压降温变成低干度的湿蒸汽，需要注意的是，绝热节流是不可逆过程，节流前后焓值相同，该过程在图中用虚线表示（过程 $4-5$）；接着湿蒸汽进入蒸发器，在定温定压下吸热气化称为干饱和蒸汽（过程 $5-1$），从而完成一个循环。最后干饱和蒸汽又进入压缩机，开始下一个循环。

下面分析蒸汽压缩式制冷循环的制冷系数。

$$\varepsilon_1 = \frac{收益}{消耗} = \frac{q_2}{W_0} \tag{7-11}$$

制冷量

$$q_2 = h_1 - h_5 = h_1 - h_4$$

消耗的循环净功

$$W_0 = q_1 - q_2 = h_2 - h_1$$

冷凝器放热量

$$q_1 = h_2 - h_4$$

因此，可得制冷系数

$$\varepsilon_1 = \frac{q_2}{W_0} = \frac{q_2}{q_1 - q_2} = \frac{h_1 - h_5}{h_2 - h_1} \tag{7-12}$$

二、制冷剂压焓图和实际应用

在进行蒸汽压缩式制冷循环热力计算时，除利用有关工质的 $T\text{-}s$ 图外，使用最方便的是压焓图，即 $\lg p\text{-}h$ 图，如图 7-5 所示。

$\lg p\text{-}h$ 图以制冷剂的比焓为横坐标，以压力为纵坐标，但是，为了缩小图面，压力不是等刻度分格，而是采用对数分格（需要注意的是，从图中读的仍是压力值，而不是压力的对数值）。图上绘制出了制冷剂的六种状态参数线簇，即定比焓线、定压线、定温线、定比体积线、定比熵线和定干度线。与水蒸气图类似，在 $\lg p\text{-}h$ 图上也绘制有饱和液体（$x=0$）线和干饱和蒸汽（$x=1$）线，两者汇合于临界点 c。饱和液体线左侧为未饱和液体区，干饱和蒸汽线右侧为过热蒸汽区，$x=0$ 线和 $x=1$ 线之间为湿蒸汽区。对各种制冷剂均可绘制相应的 $\lg p\text{-}h$ 图，氨气和 R134a 的压焓图见附图 3 和附图 4。

蒸汽压缩式制冷循环各热力过程在 $\lg p\text{-}h$ 图上的表示如图 7-6 所示。由于 1—2 为压缩机中的定熵压缩过程，故是可逆绝热过程，点 1、2 在同一条定熵线上；2—3 为冷凝器中的定压放热过程；3—4 为绝热节流过程，节流前后焓值不变 $h_3 = h_4$；4—1 为蒸发器中的定压吸热过程。可见循环制冷量（$h_1 - h_4$）、冷凝放热量（$h_2 - h_3$）及压缩所需的功（$h_2 - h_1$）都可以用图中线段的长度表示，十分方便。

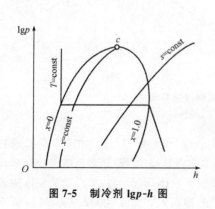

图 7-5　制冷剂 $\lg p\text{-}h$ 图

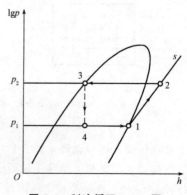

图 7-6　制冷循环 $\lg p\text{-}h$ 图

【例7-3】　某制冷机以氨气为制冷剂，冷凝温度为 38 ℃，蒸发温度为 -10 ℃，冷负荷为 120×10^4 kJ/h，试求压缩机功率、制冷剂流量及制冷系数。

解： 先在 $\lg p\text{-}h$ 图上确定各主要状态点的参数，并绘制过程线。假设压缩机吸入的是干饱和蒸汽，并假定没有采用过冷器，根据题中给定条件，先在氨气的 $\lg p\text{-}h$ 图上定出状态点 1，然后分别查得相应图 7-6 上各点参数为

$$p_1 = 0.29 \text{ MPa}, \; h_1 = 1\,450 \text{ kJ/kg}$$
$$p_2 = 1.5 \text{ MPa}, \; h_2 = 1\,690 \text{ kJ/kg}$$
$$h_3 = 370 \text{ kJ/kg}, \; h_4 = 370 \text{ kJ/kg}$$

（1）制冷剂流量：

1 kg 制冷剂的制冷能力（制冷量）：

$$q_2 = h_1 - h_4 = 1\,450 - 370 = 1\,080 (\text{kJ/kg})$$

$$\dot{m} = \frac{Q_2}{q_2} = \frac{120 \times 10^4}{1\,080} = 1\,111.11 (\text{kJ/kg})$$

（2）压缩机所需功率：

1 kg 制冷剂所需压缩功

$$w_0 = h_2 - h_1 = 1\,690 - 1\,450 = 240 (\text{kJ/kg})$$

压缩机功率

$$P = \frac{\dot{m} w_0}{3\,600} = \frac{1\,111.11 \times 240}{3\,600} = 74.07 (\text{kW})$$

（3）制冷系数：

$$\varepsilon_1 = \frac{q_2}{w_0} = \frac{1\,080}{240} = 4.5$$

（4）冷凝器热负荷：
$$Q_1 = \dot{m}(h_2 - h_4) = 1\,111.11 \times (1\,690 - 370) = 146.67 \times 10^4 (\text{kJ/h})$$

三、影响制冷系数的主要因素

从式 $\varepsilon_{1,c} = \dfrac{T_2}{T_1 - T_2}$ 可以看出，降低制冷剂的冷凝温度（热源温度）和提高蒸发温度（冷源温度），都可以使制冷系数增大。

1. 冷凝温度

如图 7-7 所示，蒸汽压缩式制冷循环 1—2—3—4—5—1，当冷凝温度由 T_4 降低至 T_4' 时，形成新的制冷循环 1—2'—3'—4'—5'—1。可以看出，新的制冷循环的制冷量增大了（$h_5 - h_5'$），而压缩机消耗的净功减少了（$h_2 - h_2'$）。显然，制冷循环的制冷系数 ε_1 提高了。但需要说明的是，冷凝温度的高低取决于冷却介质（一般为空气或水）的温度，而冷却介质的温度又受到环境温度的限制，这一点在选择冷却介质时需要注意。

2. 蒸发温度

如图 7-8 所示，将原蒸汽压缩式制冷循环 1—2—3—4—5—1 的蒸发温度 T_5 提高到 T_5'，新制冷循环 1'—2—3—4—5'—1 的制冷量增加了（$h_1' - h_5'$）-（$h_1 - h_5$），而消耗的净功 W_0 却减少了（$h_1' - h_1$），从而也提高了制冷系数。但蒸发温度主要由制冷的要求确定，因此，在满足需要的前提下，应尽可能采取较高的蒸发温度。

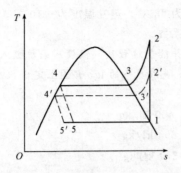

图 7-7　冷凝温度对制冷系数的影响

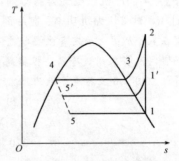

图 7-8　蒸发温度对制冷系数的影响

3. 过冷温度

除上述冷凝温度和蒸发温度是影响制冷系数的主要因素外，制冷剂的过冷温度对于制冷系数也有直接的影响。

如图 7-9 所示，将冷凝出口的饱和液体继续在定压下冷却放热，使饱和液体过冷，即过程 4—4′，然后进行绝热节流过程 4′—5′。循环所消耗的净功 W_0 不变，为 (h_2-h_1)，但制冷量增大了 (h_5-h_5')，故使制冷系数提高了。过冷温度越低，制冷系数越大，但过冷温度不可能随意降低，因为它同样取决于冷却介质的温度。在实际制冷装置中，可设过冷器进行过冷，也可以是饱和液体直接在冷凝器中实现过冷。

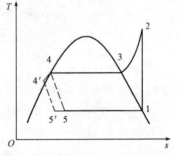

图 7-9　过冷温度对制冷系数的影响

第三节　吸收式制冷循环

与蒸汽压缩式制冷原理一样，吸收式制冷也是利用制冷剂液体汽化吸热实现制冷，它以消耗热能来达到制冷的目的。吸收式制冷采用的工质是两种沸点相差很大的物质组成的二元溶液，其中低沸点的物质为制冷剂，高沸点的物质为吸收剂。图 7-10 所示为氨吸收式制冷循环装置系统。其中，氨是制冷剂，水是吸收剂。从图 7-10 可以看出，冷凝器、节流阀和蒸发器与蒸汽压缩式制冷完全相同，所不同的是用吸收器、氨气发生器、溶液泵及减压阀代替了压缩机。为实现制冷的目的，吸收式制冷循环工质进行了两个循环，即制冷剂循环和溶液循环。

(1) 制冷剂循环。在氨气发生器中，浓氨水溶液被加热，高温高压的氨气从溶液中分离出来进入冷凝器被冷凝放热成为饱和液态氨，再经过节流阀降压降温变为湿饱和蒸汽，进入蒸发器中吸热变为低压的制冷剂氨蒸气，然后进入吸收器被稀氨水溶液溶解吸收，进行下一个循环。

(2) 溶液循环。吸收器中的氨水溶液吸收从蒸发器出来的低温低压的氨蒸气，称为浓氨水溶液，然后经溶液泵加压送入发生器。在发生器中，热源加热氨水溶液，产生的氨蒸气进入冷凝器，氨气发生器的溶液变成稀溶液，经减压阀降压后进入吸收器，进行下一个循环。

吸收式制冷循环中常用的二元溶液主要有氨水溶液和溴化锂水溶液两种。由于氨气有毒，故常用于工艺生产。在吸收式制冷循环中用得较多的是溴化锂水溶液，其中水为制冷剂，沸点在 0 ℃以上，广泛应用于空调工程。

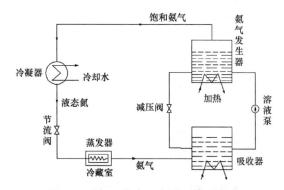

图 7-10　氨吸收式制冷循环装置系统

在吸收式制冷循环中，工质在发生器中从高温热源吸收热量，在蒸发器中从低温热源吸收热量，在吸收器和冷凝器中均向外界环境放出热量，而溶液泵消耗的机械功很小，一般可忽略。由热力学第一定律可知

$$Q_2 + Q_1 = Q_a + Q_k \tag{7-13}$$

式中　Q_2——蒸发器中吸收的热量；

　　　Q_1——从高温热源吸收的热量，即供给发生器的热量；

　　　Q_a——吸收器中的放热量；

　　　Q_k——冷凝器中的放热量。

吸收式制冷循环的制冷效率常用热能利用系数 ξ 表示。其表达式为

$$\xi = \frac{Q_2}{Q_1} \tag{7-14}$$

吸收式制冷可以利用温度不是很高的热能，因此，在有余热可以利用的场合，对能源的综合利用有重大意义。例如，火力发电厂可以用抽汽冬天供暖，夏天驱动吸收式制冷循环，实现冷、热、电三联产。某省博物馆的能源系统就采用了冷、热、电三联供的形式，由小型火力发电站供博物馆用电，同时，利用火力发电的余热驱动一吸收式制冷循环装置，夏季供冷，冬季供热。在国家双碳目标下，在有余热可利用的前提下，采用吸收式制冷是一种很好的节能降碳的措施。

第四节　蒸汽喷射式制冷循环

蒸汽喷射式制冷循环用喷射器代替压缩机，它以消耗蒸汽的热能作为补偿来实现制冷的目的。蒸汽喷射式制冷装置主要由锅炉、喷射器、冷凝器、节流阀、蒸发器和水泵等组成，如图 7-11 所示，喷射器由喷管、混合室和扩压管三部分组成。利用高压蒸汽的喷射、吸引及扩压作用使低压蒸汽由蒸发器压力提高到冷凝器压力。

从锅炉引来的高温高压蒸汽（状态 1′）在喷管中膨胀至混合室，压力降低而获得高速气流（状态 2′），在混合室里与从蒸发器引来的低压蒸汽（状态 1）混合，进入扩压管减速升压（过程 2—3），然后在冷凝器中凝结（过程 3—4）。凝结后的液体分成两路：一路通过节流阀降压降温（过程 4—5）后进入蒸发器，吸热汽化变成低温低压的蒸汽（状态 1）；另一路通过水泵提高压力后（状态 5′）返回锅炉重新加热，产生工作蒸汽（状态 1′），完成循环。

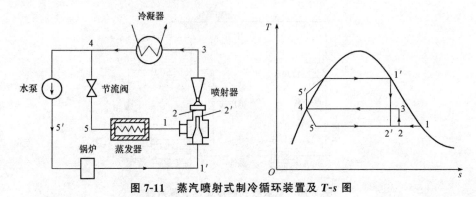

图 7-11　蒸汽喷射式制冷循环装置及 $T\text{-}s$ 图

蒸汽喷射式制冷循环包括两个循环，一个是制冷循环 $1-2-3-4-5-1$，另一个是工作蒸汽的循环 $1'-2'-2-3-4-5'-1'$。蒸汽喷射式制冷循环中的工作介质是水，水蒸气在锅炉中吸热，它是以锅炉供给的高温热能为补偿来实现制冷的。

蒸汽喷射式制冷循环的经济性也用热能利用系数 ξ 来衡量，即

$$\xi = \frac{Q_2}{Q_1} \tag{7-15}$$

式中　Q_1——工作蒸汽在锅炉中吸收的热量；

　　　Q_2——从低温热源吸取的热量（制冷量）。

蒸汽喷射式制冷循环具有设备结构简单、喷射器简单紧凑、不消耗机械功等优点。由于其消耗电能很少，因此，对于缺电的地区尤其适用。另外，以水作为工质，经济性较好。它的缺点主要是混合过程的不可逆损失很大，因而热能利用系数较低，工作蒸汽消耗量较大，以水作为工质，制冷温度在 0 ℃以上，适用于在空调工程中作为冷源。

第五节　热泵

一、热泵的分类

热泵实质上是一种能源提升装置，它以消耗一部分高位能（机械能、电能或高温热能等）为补偿，通过热力循环，把环境介质（水、空气、土壤）中储存的不能直接利用的低位能量转换为可以利用的高位能量。

（1）按热泵的驱动方式，热泵可分为以下几类。

1）电驱动热泵。电驱动热泵是以电能驱动压缩机工作的蒸汽压缩式或空气压缩式热泵。

2）燃料发动机驱动热泵。燃料发动机驱动热泵是以燃料发动机如柴（汽）油机、燃气发动机及蒸汽轮机驱动压缩机工作的机械压缩式热泵。

3）热能驱动热泵。热能驱动热泵有第一类吸收式热泵和第二类吸收式热泵，以及蒸汽喷射式热泵。

（2）按低位热源种类，热泵可分为以下几类。

1）空气源热泵。空气源热泵是以空气为低温热源，热泵从空气中吸取热量。

2）水源热泵。水源热泵是以水为低温热源，热泵从水中吸取热量。水源可以是地表水、地下水、生活与工业废水、中水等。

3）土壤源热泵。土壤源热泵是以土壤为低温热源，热泵通过地埋管从土壤中吸取热量。

4）太阳能热泵。太阳能热泵是以低温的太阳能作为低温热源。

（3）按低温端与高温端所使用的载热介质，热泵可分为空气/空气热泵、空气/水热泵、水/空气热泵、水/水热泵、土壤/水热泵和土壤/空气热泵等。

二、热泵的工作原理

热泵与制冷装置的工作原理无差别，都按逆向循环工作，都消耗一部分高品质能量作为补偿。所不同的是，它们工作的温度范围和要求的效果不同，制冷装置是将低温物体的热量传递给自然环境，以形成低温环境；热泵则是从自然环境中吸取热量，并将它输送到需要温度较高的物体中。图 7-12 所示为电驱动压缩式水源热泵工作原理和 T-s 图。

过程 4—1 为工质在蒸发器中吸收自然水源中的热能而变为干饱和蒸汽；1—2 为蒸汽在压缩机中被可逆绝热压缩的过程；2—3 为过热蒸汽在冷凝器中放热而凝结成饱和液体的过程，工质放出的热量被送到热用户用作采暖或热水供应等；3—4 为饱和液体在节流阀中的降压降温过程。这样就完成了一个热泵循环。

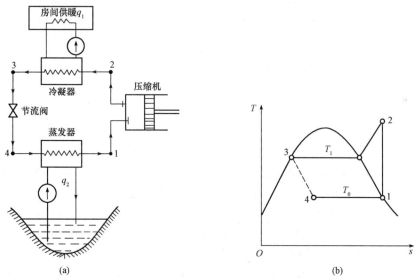

图 7-12 电驱动压缩式水源热泵工作原理和 T-s 图
（a）工作原理；（b）T-s 图

三、供热系数

热泵循环的经济性用供热系数（制热系数、热泵系数、供暖系数）来表示，即

$$\varepsilon_2 = \frac{收获}{代价} = \frac{q_1}{w_{net}} = \frac{q_1}{q_1 - q_2} \tag{7-16}$$

由于制冷系数

$$\varepsilon_1 = \frac{收获}{代价} = \frac{q_2}{w_{net}} = \frac{q_2}{q_1 - q_2}$$

故

$$\varepsilon_2 = \frac{q_1}{w_{net}} = \frac{q_2 + w_{net}}{w_{net}} = \varepsilon_1 + 1$$

由此可见，循环制冷系数越高，供热系数也越高。

可见，热泵的供热系数恒大于 1，相对于直接燃烧燃料或用电炉取暖来说，热泵是一种有效的节能技术。但是，对于工业欠发达国家或地区，热泵装置的造价往往比其他采暖设备高出很多，如果能量价格低，就会造成"节能不省钱"的局面，这也影响了热泵的推广与使用。另外，在特别寒冷的地区，需要的供热量很大，但热泵的供热系数不高，热泵难以满足用户的供热要求。

图 7-13 所示为制冷与热泵两用装置的示意。它用一个四通阀来改变制冷工质在装置中的流向，就可以达到夏季对室内供冷、冬季对室内供热的目的。

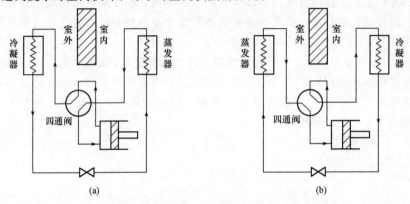

图 7-13 制冷与热泵两用装置的示意

(a) 夏季制冷循环；(b) 冬季热泵循环

四、热泵的特点

热泵系统虽然初投资费用相对要高一些，但长期运行节能省钱，已被人们认识和接受，目前热泵系统已得到广泛采用，使用最普遍的是空气源热泵和土壤源热泵，而应用水源热泵则取决于当地的水资源条件。空气源热泵在室外空气相对湿度大于 70％、气温降到低于 3 ℃ 时，机组蒸发器盘管表面会严重结霜从而使传热过程恶化，虽然可以采用逆向循环除霜，但结果将降低整个系统的供热系数 ε_2（或 COP）。水源热泵系统通常是利用温度范围为 5～18 ℃ 的距地面深 80 m 的井水，所以其没有结霜的问题。水源热泵有较高的供热系数，但系统较复杂且要求有容易取得地下水源的条件。土壤源热泵系统同样要求将很长的管子深埋在土壤温度相对恒定的土层中。热泵的供热系数 ε_2 一般为 1.5～4，它取决于不同的系统和热源的温度。近年开发的采用变速电动机驱动的新型热泵，其供热系数至少是它原先系统的两倍。水源热泵空调系统可以随意进行房间供暖或供冷的调节和同时满足供冷、供暖要求，使建筑物热回收利用合理。因此，对于同时有供热、供冷要求的建筑物，热泵具有明显的优点。

【例 7-4】 热泵向用户供暖

一热泵功率为 10 kW，从温度为 －13 ℃ 的周围环境向用户供热，用户要求供热温度为 95 ℃。如热泵按逆向卡诺循环工作，求供热量。

解： 设热泵按逆向卡诺循环运行，根据题意，$t_1 = 95$ ℃、$t_2 = -13$ ℃，于是由逆向卡诺循环制热系数公式可知，供热系数等于

$$\varepsilon_2 = \frac{T_1}{T_1 - T_2} = \frac{273 + 95}{(273 + 95) - (273 - 13)} = 3.41$$

根据式（7-16），供热量为

$$q_1 = \varepsilon_2 w_{net} = 3.41 \times 10 = 34.1(kJ/s) = 1.227 \times 10^5 \; kJ/h$$

热泵从周围环境中取得的热量

$$q_2 = q_1 - w_{net} = 34.1 - 10 = 24.1(kJ/s) = 86\;760 \; kJ/h$$

供热量中有 $24.1/34.1 = 70.7\%$ 是热泵从周围环境中所提取的，可见这种供热方式是经济的。

第六节　气体的液化

工业生产、科学研究、医疗卫生等许多场合中需要使用一些特殊的液态物质。例如，天然气、氢气也常以液态运输和储存。这些液态物质都是由相应的气体经液化而得到的，任何气体只要使其经历适当的热力过程，将其温度降低至临界温度以下，并保持其压力大于对应温度下的饱和压力，便都可以从气体转化为液体。可以看出，为了使气体液化，最重要的是解决降温问题。由此，产生了许多液化方法与系统，下面仅介绍最基本的气体、液化循环——林德—汉普森（Linde-Hampson）循环。

一、林德—汉普森系统工作原理

此法最先由林德与汉普森用于大规模空气液化中，主要是利用焦耳—汤姆逊效应，使气体通过节流阀而降温液化。系统的工作原理与热力过程如图 7-14（a）所示。

被液化的气体（以空气为例）以大约 2 MPa 的压力进入定温压气机，压缩至约 20 MPa 的高压［过程 2—3，参看图 7-14（b）］，然后进入换热器，在其中被定压冷却（过程 3—4），使温度降低至最大回转温度以下。这时，使气体通过节流阀，由于焦耳—汤姆逊效应，气体的压力和温度均大大降低（例如，降至 2 MPa 与相应的饱和温度，如过程 4—5），节流后的状态点 5 为湿蒸汽，流入分离器中使空气的饱和液体 6 和饱和蒸汽 7 分离开来，液体空气留在分离器中，而饱和蒸汽 7 被引入换热器去冷却从压气机出来的高压气体，而自身被加热升温到状态点 8，然后与补充的新鲜空气 1 混合成状态 2，再进入压气机重复进行上述循环。

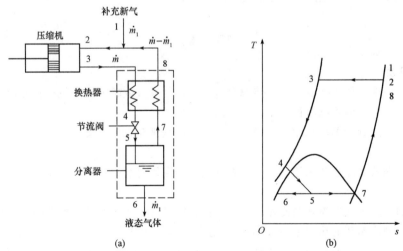

图 7-14　林德—汉普森液化系统

（a）工作原理；（b）T-s 图

二、系统的产液率及所需的功

假设流体在液化系统中的流动为稳定流动，进入压气机的气体流量为 $\dot{m}$ kg/s，产生的液体流量为 $\dot{m}_1$ kg/s。取换热器、节流阀、分离器及连接管路为所研究的控制体［图 7-14（a）中虚线包围的部分］，如果不考虑系统中动能与位能的变化，而且认为控制体与外界没有热量和功量的交换，则根据热力学第一定律可写出能量方程：

$$\dot{m}h_3 - (\dot{m} - \dot{m}_1)h_8 - \dot{m}_1 h_6 = 0$$

移项整理后即可得系统的产液率

$$L = \frac{\dot{m}_1}{\dot{m}} = \frac{h_8 - h_3}{h_8 - h_6} \tag{7-17}$$

产液率表示系统生产的液体质量与被压缩气体质量的比值。显然 L 值越大，说明系统越完善、越经济。

取压气机为控制体，写出能量方程

$$Q = \Delta H + W_s = \dot{m}(h_3 - h_2) + W_s$$

而对定温压缩

$$Q = \dot{m} \times T_2(s_3 - s_2)$$

代入经整理后可得

$$w_a = \frac{W_s}{\dot{m}} = T_2(s_3 - s_2) - (h_3 - h_2) \tag{7-18}$$

式（7-18）即压缩单位质量气体所需要的功。

生产单位质量液体所需功为

因为 $\dot{m}_1 = \dot{m}L$

$$w_{sl} = \frac{W_s}{\dot{m}_1} = \frac{W_s}{\dot{m}L} = \frac{h_8 - h_6}{h_8 - h_3}[T_2(s_3 - s_2) - (h_3 - h_2)] \tag{7-19}$$

从式（7-19）中可以看出，$h_8 - h_6 > h_8 - h_3$，因此产液率 L 较小，由于 h_8 大致一定，因此必须使 h_3 降低，这就是采用定温压缩的原因。

习 题

一、简答题

1. 对于逆向卡诺循环而言，冷、热源温差越大，制冷系数越大还是越小？为什么？

2. 为什么空气压缩式制冷循环不采用逆向卡诺循环？

3. 空气压缩式制冷循环采用回热措施后是否提高其理论制冷系数？能否提高其实际制冷系数？为什么？

4. 蒸汽压缩式制冷循环采用节流阀代替膨胀机的原因是什么？空气压缩式制冷能否采用节流阀？

5. 试分别讲述蒸汽压缩式制冷循环中压缩机、冷凝器、节流阀及蒸发器的主要作用。

6. 吸收式制冷循环的热效率一般小于 1，是否一定就不比蒸汽压缩式制冷经济性好？

7. 蒸汽喷射式制冷循环与蒸汽压缩式制冷循环有什么相同点和不同点？

8. 制冷机与热泵有什么相同点和不同点？

二、计算题

1. 空气压缩式制冷装置吸入的空气压力为 0.1 MPa，温度为 27 ℃，定熵压缩至 0.5 MPa，经冷却后温度降至 32 ℃。试计算该制冷循环的制冷量、压缩机所消耗的功和制冷系数。

2. 一空气压缩式制冷装置，冷藏室的温度为 −10 ℃，环境温度为 15 ℃，空气的最高压力为 0.5 MPa，最低压力为 0.1 MPa，求制冷系数、1 kg 空气的制冷量及压缩机所消耗的功。

3. 一台氨压缩式制冷设备，蒸发器温度为 −20 ℃，冷凝器压力为 1.0 MPa，压缩机进口为饱和氨蒸气，压缩过程可逆绝热。求：

(1) 制冷系数。

(2) 压缩机的增压比是多少？

(3) 若氨气的流量是 1.3 kg/s，则该制冷机的制冷量是多少？

4. 某氨压缩式制冷装置，蒸发温度为 −10 ℃，冷凝温度为 38 ℃，过冷温度为 34 ℃，制冷量为 $1.1×10^{−6}$ kJ/h。蒸发器出口为饱和氨蒸气。试对该制冷机组做理论循环的热力计算。

5. 一以氨气为工质的压缩蒸汽理想热泵循环，要求将 30 m^3/min 的室外空气（0 ℃，0.1 MPa）定压加热至 28 ℃，再给室内供暖。蒸发温度为 −4 ℃，冷凝压力为 2 MPa。氨气进入压气机时为干饱和蒸气，经过冷凝器后没有过冷。求：

(1) 工质流量（kg/s）。

(2) 消耗的功率。

(3) 供热系数。

(4) 如果采用电加热元件加热，消耗的电功率又是多少？设电加热元件的加热效率为 100％。

第二篇

传热学

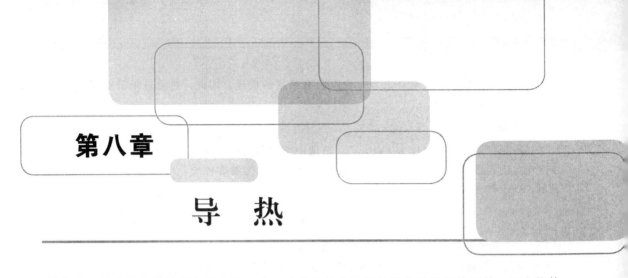

第八章

导　热

导热是三种热量传递基本方式中的一种，对热量传递规律的研究就从导热开始。两个物体间或同一物体内各部分之间不发生相对位移时，依靠分子、原子及自由电子等微观粒子的热运动而产生的热量传递方式称为导热（或热传导）。

第一节　导热基本定律与导热微分方程

本节主要讨论导热的基本概念及物体内发生导热现象的基本规律和数学描述，是后续导热问题求解的必要理论基础。

本节讨论是建立在连续介质的假设基础之上的，即物体内连续的各点处都成立。通常情况下，绝大多数固体、液体及气体都可以看作连续介质。但对于个别情况，如物体中出现裂缝的不连续现象，将导致温度场在裂缝处不再光滑连续，则不能视作连续介质，也不适用于本节的讨论方法。

一、导热基本概念

1. 温度场

物体内部产生导热的原因是物体各部分之间存在温度差，因此，研究导热必然涉及物体的温度。在某一瞬时，物体内各点的温度分布称为温度场。一般情况下，温度是空间直角坐标 (x, y, z) 和时间 (τ) 的函数，可表示为

$$t = f(x, y, z, \tau) \tag{8-1}$$

因此，随时间 τ 变化而变化的温度场称为非稳态温度场。在非稳态温度场中发生的导热称为非稳态导热。各点温度不随时间 τ 变化而变化的温度场称为稳态温度场，在稳态温度场中发生的导热称为稳态导热。稳态温度场可表示为

$$t = f(x, y, z) \tag{8-2}$$

2. 等温面与等温线

在同一时刻，物体内温度相同的各点所连成的面（或线）称为等温面（或等温线）。通常，用等温面（或等温线）来描述物体内部的温度场。

由于物体内部同一点上不可能同时具有两个不同的温度，因此温度不同的等温面（线）绝不会相交。对于连续介质而言，等温面（或等温线）只可能在物体边界终止或在物体内部形成完全封闭的面（或线），不会在物体内部中断，这说明物体内部的温度变化是连续的，而且等温

面（或等温线）内部不会存在温差，也不会有热量的传递。因此，热量总是沿着等温面（或等温线）的法线方向传递。

3. 温度梯度

在同一物体内部，温度为 t 及 $t+\Delta t$ 的两个不同温度的等温面，如图 8-1 所示，沿等温面法线方向上的温度增量 Δt 与法向距离 Δn 比值的极限称为温度梯度，单位为 ℃/m，用符号 $\mathrm{grad}t$ 表示，则

$$\mathrm{grad}t = \boldsymbol{n}\lim_{\Delta n \to 0}\frac{\Delta t}{\Delta n} = \boldsymbol{n}\frac{\partial t}{\partial n} \tag{8-3}$$

式中　$\partial t/\partial n$——等温面法线方向的温度变化率；

　　　　$\boldsymbol{n}$——等温面法线方向的单位矢量，指向温度增加的方向。

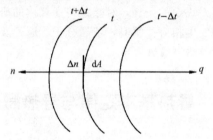

图 8-1　温度梯度和热流

温度梯度是矢量，其数值上表示空间中单位距离长度两点的温度差。在直角坐标系中，可以表示为

$$\mathrm{grad}t = \frac{\partial t}{\partial x}\boldsymbol{i} + \frac{\partial t}{\partial y}\boldsymbol{j} + \frac{\partial t}{\partial z}\boldsymbol{k} \tag{8-4}$$

式中　$\partial t/\partial x$、$\partial t/\partial y$、$\partial t/\partial z$——温度沿 x、y、z 三个方向的变化率；

　　　　$\boldsymbol{i}$、$\boldsymbol{j}$、$\boldsymbol{k}$——沿 x、y、z 三个方向的单位矢量。

二、导热基本定律

在传热学中，普遍使用热流量和热流密度来定量描述热传热过程。热流量是指单位时间通过某一给定截面的热量，用 Q 表示，单位为 W。热流密度是指单位时间通过单位面积的热量，用 q 表示，单位为 W/m^2。

1822 年，法国物理学家傅里叶（J. B. J. Fourier）提出了导热现象规律的基本定律——傅里叶定律。通过大量的实验研究，归纳总结出傅里叶定律：单位时间内流经单位面积的热流量，与该处的温度梯度成正比，其方向与温度梯度的方向相反，傅里叶定律的表达式为

$$q = -\lambda\,\mathrm{grad}t = -\lambda\frac{\partial t}{\partial n}n \tag{8-5}$$

式中　λ——导热系数 $[W/(m \cdot ℃)]$ 或 $[W/(m \cdot K)]$。

如图 8-1 所示，假设流经等温面 t 上的一小块微元面积 $\mathrm{d}A$ 的热流量为 $\mathrm{d}Q$，则傅里叶定律的标量表达式为

$$q = \frac{\mathrm{d}Q}{\mathrm{d}A} = -\lambda\frac{\partial t}{\partial n} \tag{8-6}$$

对于各向同性材料，各个方向的导热系数 λ 都相同，由式（8-4）～式（8-6）热流密度矢量也可以表示为

$$q = -\lambda \left(\frac{\partial t}{\partial x}\boldsymbol{i} + \frac{\partial t}{\partial y}\boldsymbol{j} + \frac{\partial t}{\partial z}\boldsymbol{k} \right) \qquad (8\text{-}7)$$

$$q_x = -\lambda \frac{\partial t}{\partial x}, \quad q_y = -\lambda \frac{\partial t}{\partial y}, \quad q_z = -\lambda \frac{\partial t}{\partial z}$$

需要指出的是，式（8-5）只适用于各向同性材料。

三、导热系数

导热系数 λ 又称热导率，单位为 W/(m·℃) 或 W/(m·K)，是表征物质导热能力大小的物性参数，可由傅里叶定律表达式（8-5）给出，即

$$\lambda = \frac{q}{|\operatorname{grad}t|} \qquad (8\text{-}8)$$

式（8-8）是导热系数的定义式，该式说明导热系数 λ 表示在单位温度梯度作用下物体内所产生的热流密度。导热系数是物性参数，取决于物质的种类和热力状态（即温度、压力等），通常由试验测定。表 8-1 列出了在 20 ℃时一些典型材料的导热系数数值。

表 8-1　几种典型材料在 20 ℃时的导热系数数值

材料名称	$\lambda/[\text{W}/(\text{m·K})]$	材料名称	$\lambda/[\text{W}/(\text{m·K})]$
金属（固体）：		松木（平行木纹）	0.35
纯银	427	冰（0 ℃）	2.22
纯铜	398	液体：	
黄铜（70%Cu，30%Zn）	109	水（0 ℃）	0.551
纯铝	236	水银（汞）	7.90
铝合金（87%Al，13%Si）	162	变压器油	0.124
纯铁	81.1	柴油	0.128
碳钢（约 0.5%C）	49.8	润滑油	0.146
非金属（固体）：		气体（大气压力）：	
石英晶体（0 ℃，平行于轴）	19.4	空气	0.025 7
石英玻璃（0 ℃）	1.13	氮气	0.025 6
大理石	2.70	氢气	0.177
玻璃	0.65~0.71	水蒸气（0 ℃）	0.183
松木（垂直木纹）	0.15		

导热系数的数值取决于材料的种类和温度等因素。从表 8-1 可以看出，常温下金属的导热系数很大，气体的导热系数很小，液体的数值介于金属和气体之间，而非金属固体的导热系数在很大范围内变化，数值大的同液体相近。对于同一种物质来说，固态的导热系数值最大，气态的导热系数值最小。一般金属的导热系数大于非金属的导热系数。导电性能好的金属，其导热性能也好。纯金属的导热系数大于它的合金。对于各向异性物体，导热系数的数值与方向有关。对于同一种物质而言，晶体物体的导热系数要大于非晶体物体的导热系数。

一般来说，所有材料的导热系数都是温度的函数，在工程实用计算中，绝大多数材料的导热系数可以近似地认为随温度线性变化，即 $\lambda = \lambda_0(1+bt)$。式中，$t$ 为温度，b 是常数。

各种物质的导热系数随温度的变化规律大不相同，气体导热系数较小，其数值为 0.006~

$0.6 \ \text{W/(m} \cdot \text{℃)}$。在一般的温度和压力范围内，气体的导热可认为是由于分子的热运动及相互碰撞产生的热量传递，因此同一气体温度升高，其分子运动的速度就加快，导热能力就加大，导热系数数值也就变大。氢的导热系数，由于其分子质量很小，分子平均运动速度最快，因此氢是气体中导热系数最大的。

相较于气体分子，液体分子要大一些。因此，液体的导热系数要相应大一些，其数值为 $0.07 \sim 0.7 \ \text{W/(m} \cdot \text{℃)}$。大多数液体的导热系数随温度的升高而减小，而水、甘油等强缔合液体例外。

在固体中，低温下纯金属具有非常高的导热系数，例如，在 $10 \ \text{K}$ 的温度下，纯铜的导热系数可达 $12\,000 \ \text{W/(m} \cdot \text{℃)}$；纯金属的导热系数随温度的升高而减小；一般合金的导热系数随温度的升高而增大。一般非金属的导热系数随温度的升高而增大。多孔材料的导热系数与密度有关。一般密度越小，孔隙率越大，导热系数越小。

四、导热微分方程

（一）导热微分方程的导出

前面阐述了傅里叶定律的作用，用于揭示连续的温度场内每一点温度梯度与热流密度矢量之间的联系。应用傅里叶定律，可以求解比较简单的一维导热问题。而想要揭示连续温度场在多维空间与时间领域内的变化情况，则需要联立傅里叶定律和能量守恒定律建立描述导热物体中温度场的微分方程式，即导热微分方程。导热微分方程是分析各种导热问题的前提基础。

1. 直角坐标系中的导热微分方程

首先，在导热物体内选取任意一个边长为 $\mathrm{d}x$、$\mathrm{d}y$ 和 $\mathrm{d}z$ 微元体进行能量平衡分析（图 8-2）。为方便后续分析，做如下假设：假设导热物体由各向同性的连续介质所构成；物体材料的物性参数 λ、ρ、c 为常数；物体内部无宏观位移，物体与外界无功的交换；物体内部可能具有内热源，例如，物体内部存在通电加热等现象。内热源记作 $\dot{Q}$，单位为 W/m^3，表示单位时间、单位体积内的内热源生成热。对于微元体，根据能量守恒定律，热平衡方程表示为

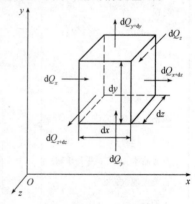

图 8-2　微元体的导热分析

微元体热力学能的增量＝导入微元体的总热流量＋
微元体内热源的生成热－
导出微元体的总热流量

任意方向的热流量可分解为 x、y、z 三个坐标轴方向的分热流量 Q_x、Q_y、Q_z（图 8-2）。当通过 x、y 和 z 处的三个表面，单位时间内导入微元体的热流量表达式可根据傅里叶定律直接写出

$$\begin{cases} Q_x = -\lambda \dfrac{\partial t}{\partial x} \mathrm{d}y \, \mathrm{d}z \\[2mm] Q_y = -\lambda \dfrac{\partial t}{\partial y} \mathrm{d}x \, \mathrm{d}z \\[2mm] Q_z = -\lambda \dfrac{\partial t}{\partial z} \mathrm{d}x \, \mathrm{d}y \end{cases} \qquad (8-9)$$

式中　$\mathrm{d}y\,\mathrm{d}z$、$\mathrm{d}x\,\mathrm{d}z$、$\mathrm{d}x\,\mathrm{d}y$——微元体分别垂直于 x、y 和 z 方向的微元面积。

同理，当通过 $x+\mathrm{d}x$、$y+\mathrm{d}y$ 和 $z+\mathrm{d}z$ 处的三个表面，单位时间内导出微元体的热流量 $Q_{x+\mathrm{d}x}$、$Q_{y+\mathrm{d}y}$、$Q_{z+\mathrm{d}z}$ 表达式也可根据傅里叶定律直接写出

$$\begin{cases} Q_{x+\mathrm{d}x} = Q_x + \dfrac{\partial Q}{\partial x}\mathrm{d}x = Q_x + \dfrac{\partial}{\partial x}\left(-\lambda \dfrac{\partial t}{\partial x}\mathrm{d}y\mathrm{d}z\right)\mathrm{d}x \\[3mm] Q_{y+\mathrm{d}y} = Q_y + \dfrac{\partial Q}{\partial y}\mathrm{d}y = Q_y + \dfrac{\partial}{\partial y}\left(-\lambda \dfrac{\partial t}{\partial y}\mathrm{d}x\mathrm{d}z\right)\mathrm{d}y \\[3mm] Q_{z+\mathrm{d}z} = Q_z + \dfrac{\partial Q}{\partial z}\mathrm{d}z = Q_z + \dfrac{\partial}{\partial z}\left(-\lambda \dfrac{\partial t}{\partial z}\mathrm{d}x\mathrm{d}y\right)\mathrm{d}z \end{cases} \tag{8-10}$$

单位时间内，微元体热力学能的增量 $= \rho c \dfrac{\partial t}{\partial \tau}\mathrm{d}x\mathrm{d}y\mathrm{d}z$ \hfill (8-11)

单位时间内，微元体内热源的生成热 $= \dot{Q}\mathrm{d}x\mathrm{d}y\mathrm{d}z$ \hfill (8-12)

当 λ、ρ、c 均为常量时，将式（8-10）~（8-12）代入式（8-9），可得

$$\frac{\partial t}{\partial \tau} = \frac{\lambda}{\rho c}\left(\frac{\partial^2 t}{\partial x^2} + \frac{\partial^2 t}{\partial y^2} + \frac{\partial^2 t}{\partial z^2}\right) + \frac{\dot{Q}}{\rho c} \tag{8-13}$$

式（8-13）是导热微分方程的一般形式，式中 ρ、c、$\dot{Q}$ 和 τ 分别为微元体的密度、比热容、单位时间内单位体积中的内热源的生成热和时间，其中 $a = \lambda/\rho c$，称为热扩散率（或导温系数），单位为 m^2/s。它是表征物体内部各温度趋于均匀一致能力的物理量。

下面针对不同的具体情况，将式（8-13）进行简化，可得

（1）导热系数为常数并且无内热源，式（8-13）可简化为

$$\frac{\partial t}{\partial \tau} = a\left(\frac{\partial^2 t}{\partial x^2} + \frac{\partial^2 t}{\partial y^2} + \frac{\partial^2 t}{\partial z^2}\right) \tag{8-14}$$

（2）导热系数为常数并且为稳态导热，式（8-13）可简化为

$$\frac{\partial^2 t}{\partial x^2} + \frac{\partial^2 t}{\partial y^2} + \frac{\partial^2 t}{\partial z^2} + \frac{\dot{Q}}{\lambda} = 0 \tag{8-15}$$

（3）导热系数为常数、无内热源并且为稳态导热，式（8-13）可简化为

$$\frac{\partial^2 t}{\partial x^2} + \frac{\partial^2 t}{\partial y^2} + \frac{\partial^2 t}{\partial z^2} = 0 \tag{8-16}$$

2. 圆柱坐标系和球坐标系中的导热微分方程

对于圆柱坐标系和球坐标系中的导热问题分析，采用与直角坐标系类似的方法，也可导出相应坐标系中的导热微分方程。

（1）在圆柱坐标系中，采用圆柱坐标 (r, φ, z)，则有导热微分方程一般式

$$\frac{\partial t}{\partial \tau} = a\left(\frac{\partial^2 t}{\partial r^2} + \frac{1}{r}\frac{\partial t}{\partial r} + \frac{1}{r^2}\frac{\partial^2 t}{\partial \varphi^2} + \frac{\partial^2 t}{\partial z^2}\right) + \frac{\dot{Q}}{\rho c} \tag{8-17}$$

对于导热系数为常数、无内热源并且为稳态导热的情况，可简化为

$$\frac{\partial^2 t}{\partial r^2} + \frac{1}{r}\frac{\partial t}{\partial r} + \frac{1}{r^2}\frac{\partial^2 t}{\partial \varphi^2} + \frac{\partial^2 t}{\partial z^2} = 0 \tag{8-18}$$

（2）在球坐标系中，采用圆柱坐标 (r, θ, φ)，则有导热微分方程一般式

$$\frac{\partial t}{\partial \tau} = a\left[\frac{1}{r}\frac{\partial^2 (rt)}{\partial r^2} + \frac{1}{r^2 \sin\theta}\frac{\partial t}{\partial \theta}\left(\sin\theta \frac{\partial t}{\partial \theta}\right) + \frac{1}{r^2 \sin^2\theta}\frac{\partial^2 t}{\partial \varphi^2}\right] + \frac{\dot{Q}}{\rho c} \tag{8-19}$$

（二）导热微分方程的单值性条件（或定解条件）

导热微分方程是导热物体内温度场的一般描述，通过建立导热微分方程即可获得方程的通

解，但不能得到具体的温度场。若想获得特定情况下导热问题的唯一解，需要依赖使解确定的限定条件。这些限制条件称为定解条件（或单值性条件），它可分为几何条件、物理条件、初始条件和边界条件。导热微分方程与定解条件一起，才能确定唯一解。

几何条件说明导热物体的几何形状和尺寸。分析时根据其决定的温度场的分布特点选用合适的坐标系。物理条件说明导热物体的物理性质，即给出热物性参数的数值及其特点，是常物性（物性参数为常数）还是变物性（一般指物性参数随温度而变化）等。一般情况下，物体的物性参数都是通过试验确定的，可通过查找热工手册来获取。而对于非稳态导热需要给出过程开始时物体内部的温度分布情况，即 $t\big|_{\tau=0}=f(x,y,z)$。

边界条件是指导热物体边界上的热状态及与周围环境之间的作用情况，常见的边界条件可总结为以下三类。

（1）第一类边界条件。给出物体边界上的温度分布，即 $t_w=f(x,y,z,\tau)$，如果物体边界上的温度为定值，则有 $t_w=$ 常数，角标 w 指边界或壁面。

（2）第二类边界条件。给出物体边界上的热流密度分布，即 $-\lambda\left(\dfrac{\partial t}{\partial n}\right)_w=q_w$，最简单的情况是物体的某一边界表面绝热，即 $q_w=0$，$\left(\dfrac{\partial t}{\partial n}\right)_w=0$，此时物体内部的等温面或等温线与该绝热表面垂直相交。

（3）第三类边界条件。给出外界流体与物体之间的表面传热系数 h 与外界流体温度 t_f 之间的情况，即 $-\lambda\left(\dfrac{\partial t}{\partial n}\right)_w=h(t_w-t_f)$。

第二节　通过平壁和圆筒壁的一维稳态导热

一维稳态导热是指温度分布只是一个空间坐标函数的导热。例如，在热工过程中，热力设备经常处于稳定运行状态，其一些部件内发生的导热过程就是一维稳态导热。本节主要讨论通过（无限大）平壁和（无限长）圆筒壁等几种典型几何形状的稳态导热的求解，目的是确定导热物体内的温度分布及计算导热流量。

这里所谓的无限大不是几何意义上的无限大，而是物理意义上的无限大，是指平壁厚度远小于其宽度和高度，热量只在厚度方向上传递，即温度只在厚度方向发生变化。对于圆筒壁来说，在这种情况下热量只沿半径方向传递。这样的平壁和圆筒壁的导热属于一维导热问题，分别称它们为无限大平壁和无限长圆筒壁。

一、通过无限大平壁的导热

（一）单层平壁的导热

1. 导热问题的给出

设取厚度为 δ、表面积为 A 的平壁，材料的导热系数 λ 为常数，平壁两侧表面温度 t_{w1}、t_{w2} 均匀恒定，且 $t_{w1}>t_{w2}$，平壁内无内热源。由于所取平壁为无限大，平壁两侧表面为等温面，壁内等温面平行于壁表面，热流密度方向垂直于壁表面，指向温度降低的方向。求解壁内的温度分布 $t(x)$ 和通过平壁的导热热流密度 q。

2. 导热问题的数学描述

根据以上问题的给出，建立直角坐标系（图 8-3），并判断导热微分方程为一维稳态导热形式，采用无初始条件的定解条件，取第一类边界条件进行分析，具体如下：

一维稳态无内热源的导热微分方程式：

$$\frac{\partial^2 t}{\partial x^2} = 0 \tag{8-20}$$

边界条件：

$$\begin{cases} x=0 \text{ 时，} t=t_{w1} \\ x=\delta \text{ 时，} t=t_{w2} \end{cases} \tag{8-21}$$

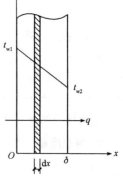

图 8-3 通过单层平壁的一维稳态导热

3. 求解

对式（8-20）两端直接积分求解，并将边界条件式（8-21）代入，可得

$$q\,\mathrm{d}x = -\lambda\,\mathrm{d}t \Rightarrow \int_0^\delta q\,\mathrm{d}x = \int_{t_{w1}}^{t_{w2}} -\lambda\,\mathrm{d}t$$

$$q\delta = \lambda(t_{w1} - t_{w2}) \Rightarrow q = \frac{\lambda}{\delta}(t_{w1} - t_{w2}) = \frac{t_{w1} - t_{w2}}{\dfrac{\delta}{\lambda}} \tag{8-22}$$

$$Q = Aq = A\frac{t_{w1} - t_{w2}}{\dfrac{\delta}{\lambda}} \tag{8-23}$$

$$q\,\mathrm{d}x = -\lambda\,\mathrm{d}t \Rightarrow \int_0^x q\,\mathrm{d}x = \int_{t_{w1}}^{t} -\lambda\,\mathrm{d}t \Rightarrow t = t_{w1} - \frac{x}{\lambda}\frac{t_{w1} - t_{w2}}{\dfrac{\delta}{\lambda}} \tag{8-24}$$

式（8-24）中 $\dfrac{\delta}{\lambda}$ 称为单位面积平壁的热阻，用 R_λ 表示，单位为 $m^2 \cdot ℃/W$。表面积为 A 的平壁热阻为 $R = \dfrac{\delta}{A\lambda}$，单位为 $℃/W$。当导热系数为常数时，通过平壁的热流密度可由式（8-22）计算得出，单位为 W/m^2；通过整个平壁的热流量可由式（8-23）计算得出，单位为 W；平壁内的温度分布呈线性分布，温度分布可由式（8-24）计算得出。

【例 8-1】 一大平壁厚为 60 mm，两表面温度分别保持恒定的 150 ℃和 50 ℃，试计算当天大平壁导热系数为 0.12 W/(m·℃) 时的热流密度。当大平壁的导热系数为 12 W/(m·℃) 时，热流密度又是多少？

解：大平壁的稳态导热，平壁厚 $\delta = 0.06$ m，壁面温度分别为 $t_{w1} = 150$ ℃，$t_{w2} = 50$ ℃。导热系数分别为 $\lambda_1 = 0.12$ W/(m·℃)，$\lambda_2 = 12$ W/(m·℃)，热流密度等于温压（或温差）与热阻之比

$$q_1 = \frac{t_1 - t_2}{\dfrac{\delta}{\lambda_1}} = \frac{150 - 50}{\dfrac{0.06}{0.12}} = 200 (W/m^2)$$

$$q_2 = \frac{t_1 - t_2}{\dfrac{\delta}{\lambda_2}} = \frac{150 - 50}{\dfrac{0.06}{12}} = 2 \times 10^4 (W/m^2)$$

即导热系数增大到 100 倍，热流密度也增大到原来的 100 倍，导热系数表征材料的导热能力。

（二）多层平壁的导热

上述分析的是单层平壁的情况。而实际工程中的传热壁面常常是由多层平壁组成的，表层要考虑防水等因素，内层要考虑耐温、与所接触的介质相容等因素，整个壁面还要考虑强度、能耗、制造成本等问题。

1. 导热问题的给出

如图 8-4 所示，设有三层平壁的导热情况，每层平壁材料的导热系数分别为 λ_1、λ_2、λ_3，且均为常数；各层壁的厚度分别为 δ_1、δ_2、δ_3，多层平壁外表面两侧壁面温度分别保持均匀恒定为 t_{w1} 和 t_{w4}，由于各层之间接触紧密，相互接触的两表面温度相同，分别为 t_{w2} 和 t_{w3}。求解通过多层平壁的热流量和温度分布。

2. 导热问题的数学描述及求解

当多层平壁的两个表面温度 t_{w1} 和 t_{w2} 能维持均匀恒定，平壁无限大或侧面绝热，那么其导热问题也属于一维稳态无内热源问题。因此，通过每层的热流密度均相等。由 $q_1 = q_2 = q_3 = q_4 = q$，可得

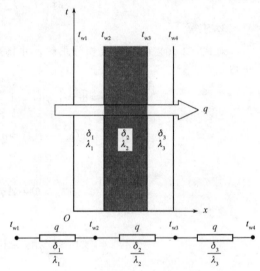

图 8-4　通过多层平壁的导热

$$q_1 = \frac{t_{w1} - t_{w2}}{\dfrac{\delta_1}{\lambda_1}} \Rightarrow t_{w1} - t_{w2} = q\frac{\delta_1}{\lambda_1}$$

$$q_2 = \frac{t_{w2} - t_{w3}}{\dfrac{\delta_2}{\lambda_2}} \Rightarrow t_{w2} - t_{w3} = q\frac{\delta_2}{\lambda_2}$$

$$q_3 = \frac{t_{w3} - t_{w4}}{\dfrac{\delta_3}{\lambda_3}} \Rightarrow t_{w3} - t_{w4} = q\frac{\delta_3}{\lambda_3}$$

将上面三式等号两边分别相加整理，得

$$q = \frac{t_{w1} - t_{w4}}{\dfrac{\delta_1}{\lambda_1} + \dfrac{\delta_2}{\lambda_2} + \dfrac{\delta_3}{\lambda_3}} = \frac{\Delta t}{R_{\lambda 1} + R_{\lambda 2} + R_{\lambda 3}} \tag{8-25}$$

由式（8-25）可知，三层平壁的稳态导热的总单位面积热阻 $R_{\lambda i}$ 为各层单位面积热阻之和，可以用图 8-4 中下面的单位面积热阻网络表示，其形式与串联情况下的电阻相同。以此类推到 n 层平壁的稳态导热情况，热流密度及热流量的计算公式为

$$q = \frac{t_{w1} - t_{w(n+1)}}{\displaystyle\sum_{i=1}^{n} \frac{\delta_i}{\lambda_i}}, \quad Q = \frac{t_{w1} - t_{w(n+1)}}{\displaystyle\sum_{i=1}^{n} \frac{\delta_i}{\lambda_i A}} \tag{8-26}$$

在一维稳态导热问题中，多层情况往往需要借助热阻法进行分析计算。由于导热过程与导电过程类似，因此在推导分析的过程中应用了类比思维，起到了事半功倍的作用。类如热阻法的类比思维，是在两个特殊事物之间进行分析比较，它不需要建立在对大量特殊事物进行分析研究，并发现它们的一般规律的基础上。在研究探索中如果遇到用直接思维无法深入的问题，可以转向类比思维，积极寻找同类问题，进行类比借鉴。

【例 8-2】 如图 8-5 所示，锅炉炉墙由耐火砖和红砖两层砌成，厚度均为 250 mm，导热系数分别为 0.68 W/(m·℃) 和 0.52 W/(m·℃)，炉墙内、外表面温度分别为 760 ℃ 和 80 ℃。

求：

（1）通过炉墙的热流密度。

（2）若把红砖换成导热系数为 0.052 W/(m·℃) 的珍珠岩保温混凝土，若要保持原来的散热热流密度不变，则珍珠岩保温混凝土层的厚度应为多少？

解：耐火砖墙厚 $\delta_1 = 0.25$ m，红砖墙厚 $\delta_2 = 0.25$ m，导热系数分别为 $\lambda_1 = 0.68$ W/(m·℃)，$\lambda_2 = 0.52$ W/(m·℃)，壁温 $t_{w1} = 760$ ℃，$t_{w3} = 80$ ℃。

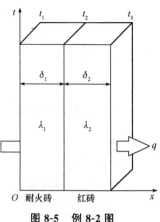

图 8-5　例 8-2 图

（1）热流密度：

$$q = \frac{t_{w1} - t_{w3}}{\dfrac{\delta_1}{\lambda_1} + \dfrac{\delta_2}{\lambda_2}} = \frac{760 - 80}{\dfrac{0.25}{0.68} + \dfrac{0.25}{0.52}} = 801.5 (\text{W/m}^2)$$

（2）红砖换成保温材料，$\lambda_{2a} = 0.052$ W/(m·℃)，由热流密度表达式可得

$$\delta_{2a} = \left(\frac{t_{w1} - t_{w3}}{q} - \frac{\delta_1}{\lambda_1} \right) \lambda_{2a} = \left(\frac{760 - 80}{801.5} - \frac{0.25}{0.68} \right) \times 0.052 = 0.025 (\text{m}) = 25 \text{ mm}$$

（三）导热系数随温度变化的情况

上述讨论的平壁导热问题都是在导热系数为常数的条件下进行的，但当平壁材料的导热系数是温度的函数时，仍然可以应用导热微分方程进行分析求解。现以单层平壁中的稳态导热情况为例分析导热系数随温度变化的情况，一维稳态导热微分方程式的形式为

$$\frac{d}{dx}\left(\lambda \frac{dt}{dx} \right) = 0 \tag{8-27}$$

将 $\lambda = \lambda(t)$ 和边界条件代入式（8-27）中，进行积分运算

$$\int_0^\delta q dx = \int_{t_{w1}}^{t_{w2}} -\lambda(t) dt \Rightarrow q\delta = \frac{\int_{t_{w2}}^{t_{w1}} \lambda(t) dt}{t_{w1} - t_{w2}} (t_{w1} - t_{w2}) = \lambda_m (t_{w1} - t_{w2})$$

$$\Rightarrow q = \frac{t_{w1} - t_{w2}}{\dfrac{\delta}{\lambda_m}} \quad \text{或} \quad \lambda_m = \frac{\int_{t_{w2}}^{t_{w1}} \lambda(t) dt}{t_{w1} - t_{w2}} \tag{8-28}$$

式（8-28）为对于导热系数随温度变化的稳态导热问题的热流密度计算式，式中 λ_m 称为 $t_{w1} - t_{w2}$ 温度区间的平均导热系数。

一般情况下，若温度变化范围不大，则可以近似地认为材料的导热系数随温度呈线性变化，即 $\lambda = \lambda_0(1 + bt)$，由此可得平壁的平均导热系数为

$$\lambda_m = \lambda_0 \left(1 + b \frac{t_{w1} + t_{w2}}{2} \right) = \lambda_0 (1 + bt_m)$$

式中　$t_m = \dfrac{t_{w1} + t_{w2}}{2}$——平壁的算术平均温度。

导热系数随温度线性变化时平壁内的温度分布如图 8-6 所示。当导热系数随温度变化，则由傅里叶定律可得 $\dfrac{dt}{dx} = -\dfrac{q}{\lambda_0 (1 + bt)}$，即当 $t_{w1} > t_{w2}$ 时，q 为正值，而导热系数的数值永远为正，dt/dx 为负值。此时可观察出以下规律：

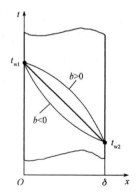

图 8-6　导热系数随温度线性变化时平壁内的温度分布

（1）若 $b=0$，导热系数 λ 为常数，壁内温度分布为直线；

（2）若 $b>0$，导热系数 λ 随温度降低而减小，$\mathrm{d}t/\mathrm{d}x$ 的绝对值随温度降低而增大，温度曲线向上弯曲；

（3）若 $b<0$，则情况相反。

二、通过无限长圆筒壁的导热

工程中经常会应用到圆形管道，如换热器中的管束、各类输送管道等。下面将讨论圆筒壁在一维稳态导热过程中壁内的温度分布和导热热流量。

（一）单层圆筒壁的导热

1. 导热问题的给出

设一单层圆筒壁的内、外半径分别为 r_1、r_2，长度为 l，内、外壁面温度 t_{w1} 和 t_{w2} 分别维持均匀恒定，且 $t_{w1}>t_{w2}$，圆筒壁材料的导热系数 λ 为常数，圆筒壁内没有内热源。由于所取圆筒壁为无限长，可以忽略轴向热流，认为壁内温度只沿径向变化。此时圆筒壁内的等温面是与圆筒壁同轴的圆筒面，热流密度的变化沿着半径方向，与圆筒面垂直。求解圆筒壁内的温度分布和通过圆筒壁面的导热热流量。

2. 导热问题的数学描述

根据以上问题的给出，采用圆柱坐标 (r,φ,z) 建立坐标系（图 8-7），则导热问题为径向一维稳态导热形式，采用无初始条件的定解条件，取第一类边界条件进行分析，具体如下：

径向一维稳态无内热源的导热微分方程式：

$$\frac{\mathrm{d}}{\mathrm{d}r}\left(r\,\frac{\mathrm{d}t}{\mathrm{d}r}\right)=0 \tag{8-29}$$

$$q=\frac{Q}{2\pi rl}=-\lambda\,\frac{\mathrm{d}t}{\mathrm{d}r}\Rightarrow Q=-2\pi\lambda lr\,\frac{\mathrm{d}t}{\mathrm{d}r} \tag{8-30}$$

边界条件：

$$\begin{cases} r=r_1\ \text{时},\ t=t_{w1} \\ r=r_2\ \text{时},\ t=t_{w2} \end{cases} \tag{8-31}$$

由于不同半径的圆筒壁面积 $2\pi rl$ 是变化的，热流密度也将沿半径变化，因此可以将式（8-29）简化成式（8-30）。

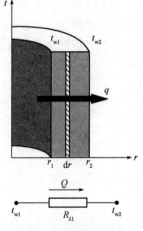

图 8-7　通过单层圆筒壁的稳态导热

3. 求解

对式（8-30）两端直接积分求解，并将边界条件式（8-31）代入，可得

$$Q\int_{r_1}^{r_2}\frac{1}{r}\mathrm{d}r=-2\pi\lambda l\int_{t_{w1}}^{t_{w2}}\mathrm{d}t\Rightarrow Q=\frac{t_{w1}-t_{w2}}{\dfrac{1}{2\pi\lambda l}\ln\dfrac{r_2}{r_1}} \tag{8-32}$$

$$\frac{Q}{2\pi\lambda l}\int_{r_1}^{r}\frac{\mathrm{d}r}{r}=-\int_{t_{w1}}^{t}\mathrm{d}t\Rightarrow t=t_{w1}-\frac{Q}{2\pi\lambda l}\ln\frac{r}{r_1} \tag{8-33}$$

单层圆筒壁的热阻 $R_\lambda=\dfrac{1}{2\pi\lambda l}\ln\dfrac{r_2}{r_1}=\dfrac{1}{2\pi\lambda l}\ln\dfrac{d_2}{d_1}$，可以用图 8-7 中下面的热阻网络来表示。当导热系数为常数时，通过整个圆筒壁的热流量可由式（8-32）计算得出，单位为 W；圆筒壁内的温度分布呈线性分布，温度分布可由式（8-33）计算得出。

（二）多层圆筒壁的导热

1. 导热问题的给出

对于多层圆筒壁的导热问题，与分析多层平壁一样，利用串联热阻叠加的概念进行分析计算。图 8-8 所示是一个两层圆筒壁，无内热源，各层的导热系数为常数，分别为 λ_1、λ_2，两侧外壁温度 t_{w1} 和 t_{w3} 能维持均匀恒定，这显然也是一维稳态导热问题，通过各层圆筒壁的热流量相等，总导热热阻等于各层导热热阻之和，可以用图 8-8 中的热阻网络表示。

2. 导热问题的数学描述及求解

多层圆筒壁同属于径向一维稳态无内热源问题，各层圆筒壁成为沿热流方向的串联热阻。总导热热阻等于串联热阻之和，总温压为多层圆筒壁的内外壁温之差。每一层圆筒壁的温压等于热流量与该层圆筒壁热阻之积。由于通过各层圆筒壁的热流量相等，则有

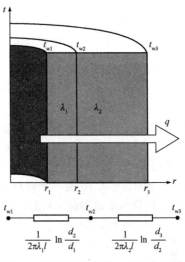

图 8-8　两层圆筒壁的一维稳态导热

$$t_{w1} - t_{w2} = Q \frac{1}{2\pi\lambda_1 l} \ln \frac{d_2}{d_1}$$

$$t_{w2} - t_{w3} = Q \frac{1}{2\pi\lambda_2 l} \ln \frac{d_3}{d_2}$$

将上面两式等号两边分别相加整理，得

$$Q = \frac{t_{w1} - t_{w3}}{\dfrac{1}{2\pi\lambda_1 l} \ln \dfrac{d_2}{d_1} + \dfrac{1}{2\pi\lambda_2 l} \ln \dfrac{d_3}{d_2}} \tag{8-34}$$

即

$$Q = \frac{t_{w1} - t_{w(n+1)}}{\displaystyle\sum_{i=1}^{n} \frac{1}{2\pi\lambda_i l} \ln \frac{d_{i+1}}{d_i}} \tag{8-35}$$

以此类推到 n 层圆筒壁的稳态导热情况，热流量的计算公式见式（8-35）。

【例 8-3】 一外直径为 70 mm 的蒸汽管道，外面包裹两层保温材料，内层是厚 22 mm、导热系数为 0.11 W/(m·℃) 的石棉，外层是厚为 80 mm、导热系数为 0.05 W/(m·℃) 的超细玻璃棉。已知蒸汽管道外表面温度为 500 ℃，保温层最外表面温度为 56 ℃，求每米管长的热损失及两保温层交界处的温度。

解： 当处于稳态导热时，热流量 Q 为常数，则

保温层管道的直径

$$d_1 = 0.07 \text{ m}; \quad d_2 = d_1 + 0.022 \times 2 = 0.114 \text{ (m)}; \quad d_3 = d_2 + 0.08 \times 2 = 0.274 \text{ (m)}$$

导热系数

$$\lambda_1 = 0.11 \text{ W/(m·℃)}, \quad \lambda_2 = 0.05 \text{ W/(m·℃)}$$

温度

$$t_{w1} = 500 \text{ ℃}, \quad t_{w3} = 56 \text{ ℃}$$

内层热阻

$$R_{\lambda 1} = \frac{1}{2\pi\lambda_1} \ln \frac{d_2}{d_1} = 0.705\ 6 (\text{m}^2 \cdot \text{℃/W})$$

外层热阻

$$R_{\lambda 2} = \frac{1}{2\pi\lambda_2}\ln\frac{d_3}{d_2} = 2.791(\mathrm{m}^2 \cdot \mathrm{℃/W})$$

单位管长的热损失

$$Q = \frac{t_{w1} - t_{w3}}{R_{\lambda 1} + R_{\lambda 2}} = \frac{500 - 56}{0.705\,6 + 2.791} = 127(\mathrm{W/m})$$

由 $Q = (t_{w1} - t_{w2})/R_{\lambda 1}$ 可计算两层之间的温度，即

$$t_{w2} = t_{w1} - QR_{\lambda 1} = 500 - 127 \times 0.705\,6 = 410.4(\mathrm{℃})$$

【例 8-4】 在一根外径为 100 mm 的热力管道外拟包裹两层绝热材料，一种材料的导热系数为 0.1 W/(m·℃)，另一种材料的导热系数为 0.2 W/(m·℃)，两种材料的厚度均是 50 mm。试比较把导热系数小的材料紧贴管壁及把导热系数大的材料紧贴管壁这两种方法对保温效果的影响。假设在两种做法中，绝热层内、外表面的总温差保持不变。

解： $d_1 = 100$ mm，$d_2 = 100 + 2 \times 50 = 200(\mathrm{mm})$，$d_3 = 200 + 2 \times 50 = 300(\mathrm{mm})$

$\lambda_1 = 0.1$ W/(m·℃)，$\lambda_2 = 0.2$ W/(m·℃)

（1）当内层导热系数取小的值时，热阻

$$R_{\lambda 1} = \frac{1}{2\pi}\left[\frac{\ln\left(\frac{d_2}{d_1}\right)}{\lambda_1} + \frac{\ln\left(\frac{d_3}{d_2}\right)}{\lambda_2}\right] = \frac{1}{2 \times 3.14} \times \left[\frac{\ln\left(\frac{200}{100}\right)}{0.1} + \frac{\ln\left(\frac{300}{200}\right)}{0.2}\right] = 1.426(\mathrm{m}^2 \cdot \mathrm{℃/W})$$

（2）当内层导热系数取大的值时，热阻

$$R_{\lambda 2} = \frac{1}{2\pi}\left[\frac{\ln\left(\frac{d_2}{d_1}\right)}{\lambda_2} + \frac{\ln\left(\frac{d_3}{d_2}\right)}{\lambda_1}\right] = \frac{1}{2 \times 3.14} \times \left[\frac{\ln\left(\frac{200}{100}\right)}{0.2} + \frac{\ln\left(\frac{300}{200}\right)}{0.1}\right] = 1.197(\mathrm{m}^2 \cdot \mathrm{℃/W})$$

$$\frac{R_{\lambda 1}}{R_{\lambda 2}} = \frac{1.426}{1.197} = 1.19$$

可见，导热系数大的材料紧贴管壁时的热阻是导热系数小的材料紧贴管壁时的热阻的 1.19 倍，即散热量是 1.19 倍。

第三节　具有内热源的平壁稳态导热

在以上各节的讨论中，都是以一维无内热源的导热问题为主。但在实际工程上，常常会遇到有内热源的导热问题。例如，核反应设置中由于燃料元件放射反应形成的热量传递现象，此时必须考虑核反应放热的热量。本节主要讨论平壁中具有均匀内热源的情况。

1. 导热问题的给出

假设一具有均匀内热源 $\dot{Q}$ 的大平壁，厚度为 2δ，其与两侧温度为 t_f 的流体发生对流换热，两侧壁面与周围流体之间的表面传热系数均为 h，平壁的物性参数为常量，试求解稳态条件下平壁内的温度分布和热流密度。

2. 导热问题的数学描述

由于假设平壁的长、宽尺寸远大于厚度或侧面绝热，则导热问题是一维稳态形式。而根据已知可判断定解条件是第三类边界条件。建立图 8-9 所示的坐标系，由于对称性，只考虑平壁厚的 1/2，取从零点往 x 正方向为研究对象。具体如下：

一维稳态有内热源的导热微分方程：

$$\frac{d^2 t}{dx^2} + \frac{\dot{Q}}{\lambda} = 0 \qquad (8\text{-}36)$$

第三类边界条件：

$$\begin{cases} x = 0 \ \text{时}, \ \dfrac{dt}{dx} = 0 \\[2mm] x = \delta \ \text{时}, \ -\lambda \dfrac{dt}{dx} = h(t - t_f) \end{cases} \qquad (8\text{-}37)$$

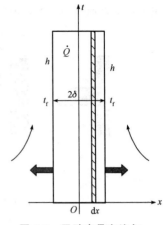

图 8-9　平壁内具有均匀
内热源的一维稳态导热

3. 求解

对式（8-36）进行两次积分求解，得

$$t = -\frac{\dot{Q}}{2\lambda} x^2 + c_1 x + c_2 \qquad (8\text{-}38)$$

将边界条件式（8-37）代入式（8-38），可得

$$c_1 = 0, \ c_2 = \frac{\dot{Q}}{2\lambda} \delta^2 + \frac{\dot{Q}\delta}{h} + t_f \qquad (8\text{-}39)$$

将式（8-39）代入式（8-38），得到平壁内的温度分布为

$$t = \frac{\dot{Q}}{2\lambda}(\delta^2 - x^2) + \frac{\dot{Q}\delta}{h} + t_f \qquad (8\text{-}40)$$

平壁内 x 处的热流密度为

$$q = -\lambda \frac{dt}{dx} = \dot{Q} x \qquad (8\text{-}41)$$

式（8-40）所示得到的有内热源平壁内的温度分布是一条抛物线。上述情况是在第三类边界条件下得到的，如果平壁两侧均为恒定壁温 t_w，则平壁内的温度分布为

$$t = \frac{\dot{Q}}{2\lambda}(\delta^2 - x^2) + t_w \qquad (8\text{-}42)$$

可见，由于内热源的存在，热流密度不再是常数，温度分布也不再是直线而是抛物线。

因此，内热源问题没有与电路相似的等效热路。

第四节　二维稳态导热

在实际工程及日常生活中，有很多地方需要加强传热。例如，将冷油器由光管管束更换成肋片管束，可以增大传热量，减少运行中的安全隐患，采用的有效措施是在换热表面加装肋片。目前，用于强化传热肋片的主要制造方法有整体轧制、浇铸、焊接和胀接。通过增加肋片强化传热的工程应用十分广泛，如汽车车厢、电机外壳、空调系统的蒸发器、蒸汽锅炉的空气预热器和省煤器等。肋片的种类也有很多，主要有针肋、直肋、环肋和内肋管四种典型的肋片结构。

一、通过肋片的导热

这种研究在壁面上延伸、突出的伸展体内的稳态导热问题本身属于二维稳态导热，但很多时候可以经过必要的简化转化成一维稳态导热处理。图 8-10 给出了几种常见形状的肋片。本节主要以等截面直肋为例，说明肋片稳态导热的求解方法。

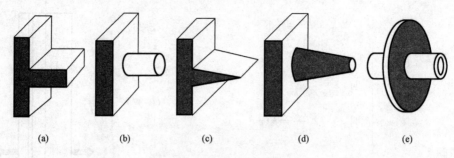

图 8-10　几种常见形状的肋片

(a) 矩形；(b) 圆柱形；(c) 三角形；(d) 圆锥形；(e) 圆环形

（一）导热问题的给出

设有一等截面矩形肋，如图 8-11（a）所示。肋根（肋片与基础面相交处）温度为 t_0，周围流体温度为 t_∞，肋片与周围流体之间有热交换，而且其表面传热系数 h 是综合了对流和辐射换热的换热系数，为常数。肋片高度为 H，宽度为 l，厚度为 δ，截面面积为 A，截面周长为 P。

假设不考虑温度在宽度方向上的变化，因此可选取沿高度方向为导热热流方向，并以单位长度为例进行分析。肋片材料的导热系数 λ 及表面传热系数 h 均为常数；外部热阻即换热热阻 $1/h$ 远远大于肋片内部的导热热阻 δ/λ，因此可知截面上肋片温度均匀相等；肋片顶端两侧绝热，即 $\mathrm{d}t/\mathrm{d}x = 0$。经过上述简化，所研究的问题就变成了一维稳态导热问题。基于以上假设，在肋高方向截取一微元 $\mathrm{d}x$ 进行分析，如图 8-11（b）所示。

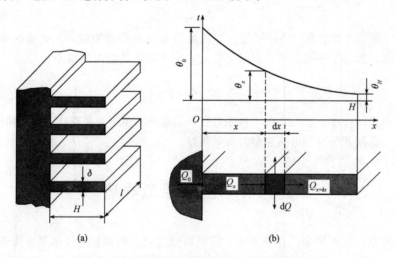

图 8-11　等截面矩形肋的稳态导热分析

（二）导热问题的数学描述及求解

1. 导热微分方程的确定

由于肋片温度只沿高度方向发生变化，因此肋片的导热问题可近似认为是一维的。根据上述假设简化，整个肋片的导热过程是一个具有负内热源（向外放热）的一维有内热源的稳态导热过程，即

$$\frac{\mathrm{d}^2 t}{\mathrm{d}x^2} - \frac{\dot{Q}}{\lambda} = 0 \tag{8-43}$$

由能量守恒定律可知，内热源强度 $\dot{Q}$ 为单位容积的放热量，截面周长为 P，则表面的总散热量为 $(P\mathrm{d}x)\, h\,(t-t_\infty)$，长度为 $\mathrm{d}x$ 的微元的体积为 $A\mathrm{d}x$，则有单位热源强度

$$\dot{Q} = -\frac{(P\mathrm{d}x)h(t-t_\infty)}{A\mathrm{d}x} = \frac{Ph(t-t_\infty)}{A} \tag{8-44}$$

把式（8-44）代入式（8-43）中，得到关于温度 t 的二阶非齐次常微分方程

$$\frac{\mathrm{d}^2 t}{\mathrm{d}x^2} = \frac{Ph(t-t_\infty)}{\lambda A} \tag{8-45}$$

令 $m = \sqrt{\dfrac{hP}{\lambda A}} = \sqrt{\dfrac{h \times 2l}{\lambda \delta l}} = \sqrt{\dfrac{2h}{\lambda \delta}}$，即 m 为一常量；又引入过余温度 $\theta = t - t_\infty$，代入式（8-45）可得导热问题的完整数学描述

$$\frac{\mathrm{d}^2 \theta}{\mathrm{d}x^2} = m^2 \theta \tag{8-46}$$

求解式（8-46）可得通解为

$$\theta = C_1 \mathrm{e}^{mx} + C_2 \mathrm{e}^{-mx} \tag{8-47}$$

2. 定解条件及特解

根据题设，肋片顶端两侧绝热，则边界条件

肋根处 $\qquad\qquad\qquad\qquad x=0$ 时，$\theta = \theta_0 = t - t_\infty$

肋端绝热处 $\qquad\qquad\qquad x=H$ 时，$\dfrac{\mathrm{d}\theta}{\mathrm{d}x} = 0$

把上列边界条件代入式（8-47），可得肋片过余温度的分布函数

$$\theta = \theta_0 \frac{\mathrm{e}^{mx} + \mathrm{e}^{2mH}\mathrm{e}^{-mx}}{1 + \mathrm{e}^{2mH}} = \theta_0 \frac{\mathrm{ch}\,[m(x-H)]}{\mathrm{ch}(mH)} \tag{8-48}$$

式中，由于双曲余弦函数的定义式 $\mathrm{ch}x = (\mathrm{e}^x + \mathrm{e}^{-x})/2$，因此有式（8-48）的整理解，令 $x=H$，通过式（8-48）可得到肋端温度的计算式

$$\theta_H = \frac{\theta_0}{\mathrm{ch}(mH)} \tag{8-49}$$

结合式（8-49）和图 8-12，可以看出肋片的过余温度随 mH 增大而降低。而 $mH = H\sqrt{\dfrac{hP}{\lambda A}}$，它的大小受肋片本身尺寸、材料的导热系数及其周围流体的表面传热系数的制约。

在稳态导热的情况下，散入到周围环境中的全部热流量必须通过 $x=0$ 的肋根处，故有

$$Q = -\lambda A \left(\frac{\mathrm{d}\theta}{\mathrm{d}x}\right)_{x=0} = -\lambda A \theta_0 (-m)\frac{\mathrm{sh}(mH)}{\mathrm{ch}(mH)}$$

$$= \lambda A \theta_0 m\,\mathrm{th}(mH) = \frac{hP}{m}\theta_0\,\mathrm{th}(mH) \tag{8-50}$$

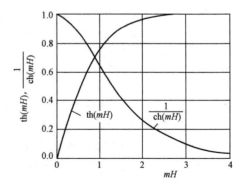

图 8-12　双曲函数随 mH 的变化曲线

结合式（8-50）和图 8-12，虽然随着 mH 的增大，肋片的散热量有所增加，但到一定值后，即使再增大 mH，效果也不明显了，故在设计肋片的同时需要考虑其经济性问题。

【例8-5】 如图 8-13 所示，一根长为 30 cm、直径为 12.5 mm 的铜杆，导热系数为 386 W/(m·℃)，两端分别紧固地连接在温度为 200 ℃ 的墙壁上。温度为 38 ℃ 的空气横向掠过铜杆，表面传热系数为 17 W/(m²·℃)。求铜杆散失到空气中的热量是多少？

解：由于对称性，取铜杆长的一半作为研究对象

$$Q_1 = \frac{hP}{m}\theta_0 \operatorname{th}(mH)$$

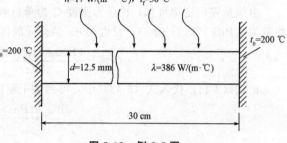

图 8-13 例 8-5 图

其中

$$h = 17 \text{ W/(m}^2 \cdot ℃)$$

$$P = \pi d = \pi \times 12.5 \times 10^{-3} = 0.039 \text{(m)}$$

$$A = \frac{1}{4} \times \pi \times 0.012\ 5^2 = 1.23 \times 10^{-4} \text{(m}^2)$$

$$m = \sqrt{\frac{hP}{\lambda A}} = \sqrt{\frac{17 \times 0.039}{386 \times 1.23 \times 10^{-4}}} = 3.741, \ H = 0.15 \text{ m}$$

$$\theta_0 = t_0 - t_f = 200 - 38 = 162(℃)$$

所以

$$Q_1 = \frac{17 \times 0.039}{3.741} \times 162 \times \operatorname{th}(3.741 \times 0.15) = 14.63 \text{(W)}$$

故整个铜杆的散热量

$$Q = 2Q_1 = 2 \times 14.63 = 29.26 \text{(W)}$$

二、肋片效率

前面一直在讨论加装肋片以起到强化传热的作用，虽然肋片伸展长度的增加提高了散热量，同时，也使肋片的平均过余温度有所减小，散热量的增加也就不一定与散热面积的增加成正比了。因此，引入表征肋片散热的有效程度的肋片效率 η_f 的概念。

对于诸如前面讨论的肋片求解问题，一直以等截面直肋片为例，是一种最为简单的情况。但对于理论计算比较困难的肋片，如变截面直肋或环肋，就需要计算出肋片效率，将其制成线算图供查找，进而计算出肋片散热量。

肋片效率定义为肋片的实际散热量 Q 与假设整个肋片都具有肋基温度时的理想散热量 Q_0 之比，用符号 η_f 表示，即

$$\eta_f = \frac{Q}{Q_0} = \frac{PHh(t_m - t_\infty)}{PHh(t_0 - t_\infty)} = \frac{\theta_m}{\theta_0} \tag{8-51}$$

式中 t_m、θ_m——肋面的平均温度和平均过余温度；

t_0、θ_0——肋基温度与肋基过余温度。

由于 $\theta_m < \theta_0$，所以肋片效率 η_f 小于 1。

对于等截面直肋，其肋片效率为

$$\eta_f = \frac{\dfrac{hP}{m}\theta_0 \operatorname{th}(mH)}{hPH\theta_0} = \frac{\operatorname{th}(mH)}{mH} \tag{8-52}$$

对于直肋，假设其长度要远远大于其厚度，即可以取单位长度来应用，若换热表面周长为 2，故有

$$mH = H\sqrt{\frac{hP}{\lambda A}} = H\sqrt{\frac{2h}{\lambda\delta}} \qquad (8\text{-}53)$$

综上，肋片效率 η_f 是 mH 的函数，随着 mH 的增大，肋片效率降低。实际应用上，采用肋片效率 η_f 与 mH 值为坐标的线算图，来表示各种肋片的理论解的分析结果，如图 8-14 所示。

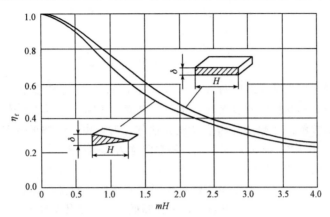

图 8-14 矩形和三角形直肋的肋片效率

结合式（8-53）和图 8-14，分析总结影响肋片效率的主要因素如下：

(1) 肋片材料的导热系数 λ 越大，肋片效率越高。

(2) 肋片高度 H 越高，肋片效率越低。

(3) 肋片厚度 δ 越厚，肋片效率越高。

(4) 表面传热系数 h 越大，即对流换热越强，肋片效率越低。

关于其他形式的肋片效率的分析请参考其他文献。

【例 8-6】 表面温度为 180 ℃ 的钢板上垂直伸出一个直径为 20 mm、长度为 200 mm 的钢质直圆柱杆，伸入到温度为 26 ℃ 的气流中。若圆柱杆表面与气流之间的表面传热系数 $h=12$ W/(m²·℃)，圆柱杆的导热系数 $\lambda=60$ W/(m·℃)，试计算圆柱杆顶端的温度及每小时由圆柱杆表面向周围气流散失的热量和肋片效率。

解： 已知直圆柱杆直径 $d=0.02$ m，长度 $l=0.2$ m，肋根温度 $t_0=180$ ℃，周围流体温度 $t_f=26$ ℃，圆柱杆导热系数 $\lambda=60$ W/(m·℃)，表面传热系数 $h=12$ W/(m²·℃)。

$$\text{周长 } P = \pi d = 0.063 \text{ m}, \text{ 截面面积 } A = \frac{d^2}{4}\pi = 3.142 \times 10^{-4} \text{ m}^2$$

$$m = \sqrt{\frac{hP}{\lambda A}} = \sqrt{\frac{12 \times 0.063}{60 \times 3.142 \times 10^{-4}}} = 6.33$$

肋基处的过余温度

$$\theta_0 = t_0 - t_f = 154 \text{ ℃}$$

双曲函数

$$\text{ch}x = \frac{e^x + e^{-x}}{2}, \text{ sh}x = \frac{e^x - e^{-x}}{2}, \text{ th}x = \frac{\text{sh}x}{\text{ch}x}$$

按肋端绝热边界条件，肋端过余温度为

$$\theta_1 = \frac{\text{ch}0}{\text{ch}(ml)}\theta_0 = 80.5 \text{ ℃}$$

肋端温度

$$t_1 = \theta_1 + t_f = 106.5 \ ℃$$

肋片散热量

$$Q = \lambda A m \theta_0 \,\mathrm{th}(ml) = 15.65 \ \mathrm{W}$$

若整个肋片表面都具有肋基温度，肋片的散热量

$$Q_0 = \pi dlh(t_0 - t_f) = 23.22 \ \mathrm{W}$$

则肋片效率为

$$\eta = \frac{Q}{Q_0} = \frac{15.65}{23.22} = 0.674 = 67.4\%$$

前面在分析讨论多层平壁、多层圆筒壁及肋片的导热时，都是假设层与层之间、肋根与肋基之间接触非常紧密，相互接触的表面具有相同的温度。实际上，两个固体表面之间是不可能完全接触的。而当未接触的空隙中充满空气或其他气体时，由于气体的导热系数远小于固体，将会对两个固体间的导热产生热阻，我们把这种热阻称为接触热阻。

对于高热流密度的场合，接触热阻的影响不容忽视。例如，在地源热泵工程中，其地源热泵钻孔的回填处理十分重要。由于往往需要多次回填才能保证密实，如果在这一环节偷懒，就会导致地埋管和土壤间出现明显的接触热阻，大大降低换热强度甚至导致一个工程的失败。

作为一名合格的工程人员，不仅需要在工程设计上确保精准，而且在工程实践中，要秉承工程伦理的原则，绝不做出与工程伦理相背离的抉择，给工程埋下伦理隐患。因此，要求学生将来走上工作岗位，在工程设计和施工中，在这些关键环节上要认真细致，对工程效果负责，否则一个巨大的工程可能因为一个环节而功亏一篑。

第五节　非稳态导热

一、非稳态导热问题的基本概念及特点

物体内的温度分布随时间变化而变化的导热过程称为非稳态导热过程。工程中有许多问题都是非稳态导热现象，例如，工件被加热和冷却；锅炉、内燃机及燃气轮机等装置的启动、停机或改变工况后引起部件内的温度变化；室外自然环境温度的变化引起的地表及建筑物墙壁的温度变化；供暖季供暖和停供过程中墙内与室内空气温度变化情况。

根据温度场随时间的变化规律不同，非稳态导热可分为周期性非稳态导热和非周期性非稳态导热。周期性非稳态导热是在周期性变化边界条件下发生的导热过程，如内燃机气缸壁内受燃气冲刷的导热情况，周期为几分之一秒，温度波动只在很浅的表层，一般作为周期性非稳态导热处理。非周期性非稳态导热通常是在瞬间变化的边界条件下发生的导热过程。它存在受初始条件影响的非正规状况阶段和初始条件影响消失而仅受边界条件和物性影响的正规状况阶段。本书仅讨论非周期性非稳态导热的正规状况阶段的温度变化规律。由于物体各处温度随时间变化而引起内能的变化，在热量传递路径中，一部分热量要用于（或来源于）这些内能，因此热流方向上的热流量处处不等。这是非稳态导热区别于稳态导热的特点。

本节的任务是确定物体内部某点达到预定温度所需的时间及该期间所需供给或取走的热量，以便合理拟定加热和冷却的工艺条件，正确选择传热工质在某一时刻物体内的温度场及温度场随时间和空间的变化率，以便校核部件所承受的热应力，并根据它制定热工设备的快速启动与安全操作规程。非稳态导热的求解，实质是在规定的初始条件和边界条件下求解导热微分方程。

这里着重讨论处于恒温介质中的第三类边界条件的非稳态导热问题。

当物体处于恒温介质（热容很大）第三类边界条件的非稳态导热过程时，受限制于两个热阻，即物体内部导热热阻 δ/λ 和外部的对流换热热阻 $1/h$。假设有一块无限大平壁，其厚为 2δ，初始温度为 t_0，将它放置在温度为 t_∞ 流体中进行冷却，对流传热系数为 h，平壁的导热系数为 λ。由于物体内部导热热阻 δ/λ 和外部的对流换热热阻 $1/h$ 的相对大小不同，出现了以下三种情况下的非稳态导热问题，如图 8-15 所示，图中 $Bi \sim O$ (1)，表示 $0.1 \leqslant Bi \leqslant 100$。因此，引入表征这两个热阻比值的无量纲数 Bi 数（毕渥数）进行说明。

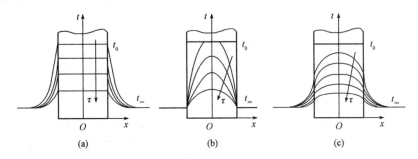

图 8-15　Bi 数对无限大平壁温度场变化的影响

(a) $\dfrac{\delta}{\lambda} \ll \dfrac{1}{h}$（$Bi \rightarrow 0$）；(b) $\dfrac{\delta}{\lambda} \gg \dfrac{1}{h}$（$Bi \rightarrow \infty$）；(c) $\dfrac{\delta}{\lambda} \sim \dfrac{1}{h}$ $\left[Bi \sim O\ (1) \right]$

$$Bi = \frac{h\delta}{\lambda} = \frac{\dfrac{\delta}{\lambda}}{\dfrac{1}{h}} = \frac{\text{导热热阻}}{\text{对流换热热阻}} \tag{8-54}$$

结合图 8-15，用 Bi 数可以表征非稳态导热过程的特征：

$Bi \rightarrow 0$，即 $\dfrac{\delta}{\lambda} \ll \dfrac{1}{h}$，表示物体内的导热热阻远小于边界上的对流换热热阻，任意时刻物体内的温度分布接近均匀一致。

$Bi \rightarrow \infty$，即 $\dfrac{\delta}{\lambda} \gg \dfrac{1}{h}$，表示物体内的导热热阻远大于边界上的对流换热热阻，相当于第一类边界条件，$t_w = t_f$。

$Bi \sim O$ (1)，即 $\dfrac{\delta}{\lambda} \sim \dfrac{1}{h}$，$Bi$ 准则数介于两种极端情况之间，表示物体内的导热热阻与边界上的对流换热热阻相比相差不是特别大，是一般的情况。

二、集总参数法

根据以上分析可知，当物体内部的导热热阻可以忽略时，物体内具有均匀的温度场，温度场只是时间 τ 的函数，而与空间位置和几何形状无关，这种忽略物体内部导热热阻的简化分析方法称为集总参数法。

（一）导热问题的给出

假设有任意形状的物体，其体积为 V，表面积为 A，初始温度为 t_0，物体的物性参数密度为 ρ，比热容为 c，导热系数为 λ，且有内热源。突然将它放入温度为 t_∞ 的流体中冷却，即 $t_0 > t_\infty$，且 $Bi \rightarrow 0$，利用集总参数法对物体的温度场随时间变化的规律进行讨论分析。

（二）导热问题的数学描述及求解

根据假设，导热过程适用非稳态、有内热源的导热微分方程式，即

$$\frac{\partial t}{\partial \tau} = \frac{\lambda}{\rho c}\left(\frac{\partial^2 t}{\partial x^2} + \frac{\partial^2 t}{\partial y^2} + \frac{\partial^2 t}{\partial z^2}\right) + \frac{\dot{Q}}{\rho c} \tag{8-55}$$

根据题设，物体内部导热热阻可忽略，温度与空间位置无关，只是时间的函数，可将上式简化成

$$\frac{\partial t}{\partial \tau} = \frac{\dot{Q}}{\rho c} \tag{8-56}$$

根据第三类边界条件，可知表面对流换热量＝内能变化量，则有

$$-\dot{Q}V = Ah(t - t_\infty) \tag{8-57}$$

将式（8-56）代入式（8-57），有

$$\rho c V \frac{\mathrm{d}t}{\mathrm{d}\tau} = -hA(t - t_\infty) \tag{8-58}$$

式（8-58）是适用于本题设的导热微分方程式。引入过余温度 $\theta = t - t_\infty$，代入式（8-58），有

$$\rho c V \frac{\mathrm{d}\theta}{\mathrm{d}\tau} = -hA\theta \tag{8-59}$$

以过余温度来表示此非稳态导热过程的初始条件为

$$\theta(0) = t_0 - t_\infty = \theta_0 \tag{8-60}$$

将式（8-59）分离变量得

$$\frac{\mathrm{d}\theta}{\theta} = -\frac{hA}{\rho c V}\mathrm{d}\tau \tag{8-61}$$

将式（8-61）对 τ 从 0 到 τ 积分，有

$$\int_{\theta_0}^{\theta} \frac{\mathrm{d}\theta}{\theta} = -\int_0^{\tau} \frac{hA}{\rho c V}\mathrm{d}\tau \Rightarrow \ln\frac{\theta}{\theta_0} = -\frac{hA}{\rho c V}\tau$$

$$\Rightarrow \frac{\theta}{\theta_0} = \frac{t - t_\infty}{t_0 - t_\infty} = \mathrm{e}^{-\frac{hA}{\rho c V}\tau} \quad \text{或} \quad \theta = \theta_0\,\mathrm{e}^{-\frac{hA}{\rho c V}\tau} \tag{8-62}$$

式（8-62）为物体内部温度分布情况，还可以求出从初始时刻到某一瞬时的瞬时热流量 Q，将 $\mathrm{d}t/\mathrm{d}\tau$ 代入式（8-59），得

$$Q = -\rho c V \frac{\mathrm{d}t}{\mathrm{d}\tau} = \theta_0 hA\,\mathrm{e}^{-\frac{hA}{\rho c V}\tau} = (t_0 - t_\infty)hA\,\mathrm{e}^{-\frac{hA}{\rho c V}\tau} \tag{8-63}$$

在得到瞬时热流量的基础上，还可以求得从 0 到 τ 时刻，整个非稳态导热过程传递的总热量 Q_τ

$$Q_\tau = \int_0^{\tau} Q\mathrm{d}\tau = (t_0 - t_\infty)\int_0^{\tau} hA\,\mathrm{e}^{-\frac{hA}{\rho c V}\tau}\mathrm{d}\tau$$

$$= (t_0 - t_\infty)\rho c V(1 - \mathrm{e}^{-\frac{hA}{\rho c V}\tau}) = \theta_0 \rho c V\left(1 - \frac{\theta}{\theta_0}\right) \tag{8-64}$$

（三）时间常数 τ_c 的物理意义

变化整理式（8-62），得

$$\frac{hA}{\rho c V}\tau = \frac{hV}{\lambda A}\frac{\lambda A^2}{\rho c V^2}\tau = \frac{h(V/A)}{\lambda}\frac{a\tau}{(V/A)^2} = Bi_V Fo_V \tag{8-65}$$

式中，毕渥数 Bi_V 与傅里叶数 Fo_V 的下角标 V 表示以 $l = V/A$ 为特征长度。hl/λ 即 Bi_V；$a\tau/l^2$

即 Fo_V。

$\rho c V/(hA)$ 称为时间常数，记作 τ_c，时间常数表明内部热阻可以忽略的物体，当突然被加热和冷却时，它以初始温度变化速率从初始温度 t_0 变化到周围流体温度 t_∞ 所需要的时间。

$$\tau = \tau_c \Rightarrow \frac{\theta}{\theta_0} = e^{-1} = 0.368 \tag{8-66}$$

由式（8-66）可知，当 $\tau = \tau_c$ 时的过余温度已经达到了初始过余温度的 36.8%。时间常数越大，所需要平衡的时间越长。物体本身的热容量（$\rho c V$）越高，时间常数越大，即温度变化越慢；物体表面的换热条件（hA）越大，时间常数越小，即单位时间内传递的热量越多。例如，工程上用热电偶测定流体温度时，时间常数是衡量热电偶对流体温度变动影响快慢的指标。时间常数越小，热电偶越能迅速反映出流体温度的变化。为此，热电偶端部的接点总是做得很小，测量时也尽量强化热电偶端部的对流换热。

（四）集总参数法的使用条件

由毕渥数公式（8-54）及表征非稳态导热过程毕渥数的特征可知，当 $Bi \to 0$，即 $\frac{\delta}{\lambda} \ll \frac{1}{h}$ 时，物体内的导热热阻远小于边界上的对流换热热阻，任意时刻物体内的温度分布接近均匀一致。在此基础之上，通过实践分析总结得出，对于形如平壁、柱体和球一类的物体，当 Bi 数满足下列条件时可以应用集总参数法

$$Bi_V = \frac{h(V/A)}{\lambda} < 0.1M \tag{8-67}$$

式（8-56）作为采用集总参数法的判断条件，当毕渥数满足上式条件，说明单位时间物体热力学能的变化量应该等于物体表面与流体之间的对流换热量，且物体内各点间过余温度的偏差小于 5%。式中的 M 是与物体形状相关的无量纲数，另外，Bi_V 数采用的特征长度是 V/A。表 8-2 列出几种物体的 M 值。

表 8-2　几种物体的 M 值

物体形状	体面比（V/A）	M 值
平壁（2δ）	$V/A = A\delta/A = \delta$	1
圆柱	$V/A = \pi R^2 l/(2\pi R l) = R/2$	1/2
球	$V/A = (4/3)\pi R^3/(4\pi R^2) = R/3$	1/3

Bi、Fo 称为特征数，也称为准则数。下面再来讨论毕渥数 Bi_V 与傅里叶数 Fo_V 的物理意义。

毕渥数是物体内部单位导热热阻与单位表面积上的换热热阻之比，数值上 $Bi_V = (\delta/\lambda)/(1/h)$，$Bi_V$ 数越小，意味着内热阻越小或外热阻越大，采用集总参数法分析的结果就越接近实际情况。

傅里叶数的物理意义可以理解为两个时间间隔相除所得的无量纲时间，数值上 $Fo_V = \tau/(\delta^2/a) = a\tau/\delta^2$，分子 τ 是从发生热扰动开始到所计算时刻为止的时间，分母 δ^2/a 可以看作发生的热扰动穿过固体层扩散到 δ^2 面积上所需的时间。故有，在非稳态导热过程中，这一无量纲量越大，物体内各点的温度越接近周围介质的温度。

【例 8-7】 将初始温度为 500 ℃、直径为 20 mm 的金属球突然置于温度为 15 ℃的空气中。已知金属球表面与周围空气环境之间的表面传热系数 $h = 40$ W/(m²·℃)，金属球的物性参数 $\rho = 2\,700$ kg/m³，比热容 $c = 0.9$ kJ/(kg·℃)，$\lambda = 260$ W/(m·℃)。忽略金属球的辐射换热，

试确定该金属球由 500 ℃降至 60 ℃所需要的时间。

解：验算毕渥数

$$Bi = \frac{hd}{\lambda} = \frac{40 \times 0.02}{260} = 0.003\ 08 < 0.1$$

可以采用集总参数法。

初始过余温度

$$\theta_0 = t_0 - t_\infty = 500 - 15 = 485(\text{℃})$$

当前温度 $t = 60$ ℃，过余温度 $\theta = t - t_\infty = 60 - 15 = 45(\text{℃})$

由

$$\frac{\theta}{\theta_0} = e^{-\frac{hA}{\rho Vc}t}, \quad \frac{\theta}{\theta_0} = \frac{45}{485}, \quad \frac{V}{A} = \frac{\frac{4}{3}\pi R^3}{4\pi R^2} = \frac{R}{3} = \frac{d}{6}$$

可得

$$\ln\frac{\theta}{\theta_0} = -\frac{hA}{\rho Vc}\tau \Rightarrow \tau = -\frac{\rho Vc}{hA}\ln\frac{\theta}{\theta_0}$$

所需要的时间

$$\tau = -\frac{d}{6}\frac{\rho c}{h}\ln\frac{\theta}{\theta_0} = -\frac{0.02}{6} \times \frac{2\ 700 \times 900}{40}\ln\frac{45}{485} = 481.4(\text{s})$$

【例 8-8】 用热电偶测量气罐中气体的温度。热电偶的初始温度为 20 ℃，与气体的表面传热系数为 10 W/(m²·℃)。热电偶近似圆球形，直径为 0.2 mm。试计算插入 10 s 后，热电偶的过余温度为初始过余温度的百分之几？要使温度计过余温度不大于初始过余温度的 1%，至少需要多长时间？热电偶焊锡丝的导热系数为 67 W/(m·℃)，密度为 7 310 kg/m³，比热容为 228 J/(kg·℃)。

解：先判断是否可以利用集总参数法，即计算 Bi 数的范围

$$Bi = \frac{hR}{\lambda} = \frac{10 \times 0.000\ 1}{67} = 1.49 \times 10^{-5} < 0.1 \quad \text{可以采用集总参数法}$$

时间常数

$$\tau_c = \frac{\rho cV}{hA} = \frac{\rho c}{h}\frac{R}{3} = \frac{7\ 310 \times 228}{10} \times \frac{0.1 \times 10^{-3}}{3} = 5.56(\text{s})$$

10 s 的相对过余温度

$$\frac{\theta}{\theta_0} = e^{\left(-\frac{\tau}{\tau_c}\right)} = e^{\left(-\frac{10}{5.56}\right)} = 16.6\%$$

热电偶过余温度不大于初始过余温度 1%所需的时间

$$\frac{\theta}{\theta_0} = e^{\left(-\frac{\tau}{\tau_c}\right)} \leqslant 0.01 \Rightarrow \tau \geqslant 25.6\ \text{s}$$

三、一维非稳态导热问题的求解

在实际生活和工程应用中，很多问题是不满足集总参数法应用条件的，其温度场不仅是时间的函数，还是空间的函数。本节将以无限大平壁为例，讨论一维非稳态导热问题。

（一）数学模型的给出

所谓"无限大"，是对实际物体的一种简化抽象处理。当一平壁的长度和宽度远大于其厚度时，平壁边缘向四周的散热对平壁内的温度分布影响很小，此时可以把平壁内各点的温度看作

仅是厚度的函数，那么该平壁就是一块"无限大"平壁。这时，从传热的角度也就简化成了一维的问题。在许多诸如热处理（加热或冷却）的优化控制等工程问题中，这种简化起到了事半功倍的作用。

假设一初始温度为 t_0、厚度为 2δ 的无限大平壁，被置于周围温度为 t_∞ 流体中进行冷却处理。平壁材料的导热系数 λ（内部热阻）、热扩散率 a 及壁面与流体间对流传热系数（外部热阻）均为常数，试求解在 $\tau=0$ 时将平壁置于恒温流体中的温度场变化情况。

（二）求解分析及诺谟图

考虑到温度场的对称性，在选取坐标系时，选取 x 轴的坐标原点 0 点为平壁中心位置（阴影部分），简化讨论半个平壁的导热问题。当 $\tau=0$ 时平壁的初始温度为 t_0，两侧流体温度都为 t_∞。选取坐标系如图 8-16 所示。

按照数学描述，建立一维非稳态无内热源的导热微分方程，给出初始条件及满足要求的第三类边界条件

微分方程

$$\frac{\partial t}{\partial \tau}=a\,\frac{\partial^2 t}{\partial x^2} \tag{8-68}$$

初始条件

$$\tau=0，\ t=t_0$$

边界条件

$$x=0 \text{ 时，} \frac{\partial t}{\partial x}=0$$

$$x=\delta \text{ 时，} -\lambda\,\frac{\partial t}{\partial x}=h(t-t_\infty)$$

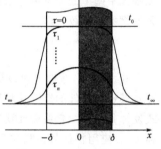

图 8-16　无限大平壁的
一维非稳态导热

引入过余温度 $\theta=t-t_\infty$，代入式（8-68）、初始条件和边界条件，有

微分方程

$$\frac{\partial \theta}{\partial \tau}=a\,\frac{\partial^2 \theta}{\partial x^2} \tag{8-69}$$

初始条件

$$\tau=0，\ \theta=\theta_0=t_0-t_\infty$$

边界条件 $x=0$ 时

$$\frac{\partial \theta}{\partial x}=0$$

$x=\delta$ 时

$$-\lambda\,\frac{\partial \theta}{\partial x}=h\theta$$

再引入无量纲过余温度 $\Theta=\theta/\theta_0$、坐标 $X=x/\delta$，代入式（8-69）、初始条件和边界条件，有

$$\begin{cases} \text{微分方程 } \dfrac{\partial \Theta}{\partial \tau}=\dfrac{a}{\delta^2}\dfrac{\partial^2 Q}{\partial x^2} \Rightarrow \dfrac{\partial \Theta}{\partial\left(\dfrac{a\tau}{\delta^2}\right)}=\dfrac{\partial^2 Q}{\partial x^2} \\[3mm] \text{初始条件 } \tau=0，\ \Theta=\Theta_0=1 \\[2mm] \text{边界条件 } x=0 \text{ 时，} \dfrac{\partial \Theta}{\partial X}=0 \\[2mm] \qquad\qquad\quad x=1 \text{ 时，} \dfrac{\partial \Theta}{\partial X}=-\dfrac{h\delta}{\lambda}\Theta \end{cases} \tag{8-70}$$

此时式（8-70）中参数 $a\tau/\delta^2$、$h\delta/\lambda$ 实际是特征数 Bi 和 Fo，则由式（8-70）、初始条件和边界条件可知，Θ 是 Bi、Fo、X 三个无量纲数的函数，即

$$\Theta = f(Bi, Fo, X) \quad \text{或} \quad \theta/\theta_0 = f(Bi, Fo, X) \tag{8-71}$$

对式（8-69）进行分离变量并把初始条件和边界条件代入，可得分析解

$$\frac{\theta(x, \tau)}{\theta_0} = 2\sum_{n=1}^{\infty} e^{-(\beta_n\delta)^2 \frac{a\tau}{\delta^2}} \frac{\sin(\beta_n\delta)\cos\left[(\beta_n\delta)\frac{x}{\delta}\right]}{\beta_n\delta + \sin(\beta_n\delta)\cos(\beta_n\delta)} \tag{8-72}$$

$$\tan(\beta_n\delta) = \frac{Bi}{\beta_n\delta}, \quad n = 1, 2\cdots \tag{8-73}$$

由分析解式（8-72）可知，离散值 β_n 是超越方程（8-73）的根，称为特征值。由此可知，无限大平壁中的无量纲过余温度 θ/θ_0 是以平壁一半厚度为特征长度的 Bi 数、Fo 数和 x/δ 三个无量纲数的函数，即

$$\frac{\theta}{\theta_0} = \frac{t(x, \tau) - t_\infty}{t_0 - t_\infty} = f\left(Fo, Bi, \frac{x}{\delta}\right) \tag{8-74}$$

式（8-74）表明，可以用多个特征数结合成关联式，来描述一维非稳态导热问题的微分方程及其定解条件的解。这种形式使物理量不是单个起作用，而是以特征数这种量纲数的组合形式发挥其作用。它使需要研究的变量大幅度减少，原来需要 8 个变量（τ、a、h、λ、x、δ、θ 和 θ_0），应用特征数关联式后，变成 4 个（Bi、Fo、θ/θ_0 和 x/δ）。这样有利于表达求解的结果，也有利于对影响因素进行分析。

将式（8-72）等号两边取对数，可得

$$\ln\theta = -m\tau + \ln\left[\theta_0 \frac{2\sin\beta_1}{\beta_1 + \sin\beta_1\cos\beta_1}\cos\left(\beta_1\frac{x}{\delta}\right)\right] \tag{8-75}$$

对式（8-75）的特征值等号两边对时间进行求导，可得

$$\frac{1}{\theta}\frac{\partial\theta}{\partial\tau} = -m = -\beta_1^2\frac{a}{\delta^2} \tag{8-76}$$

式中，$m = \beta_1^2\frac{a}{\delta^2}$，$1/s$。$m$ 称为冷却率（或加热率）。

由式（8-72）可知，此式是无穷级数运算，计算量很大。经过大量实际计算表明，当 $Fo > 0.2$，取 $n = 1$ 时平壁中心线处的温度误差能够控制在 1% 以内，各点温度与中心温度的比值已经与实践没有关系了。这说明初始温度的影响已经消失，此时非稳态导热已经进入正规状况阶段，平板中心处（$x = 0$ 时）记为

$$\frac{\theta_m(0, \tau)}{\theta_0} = \frac{2\sin(\beta_n\delta)}{\beta_n\delta + \sin(\beta_n\delta)\cos(\beta_n\delta)}e^{-(\beta_n\delta)^2 Fo} = f_1(Fo, Bi) \tag{8-77}$$

平壁中任意一点的过余温度 $\theta(x, \tau)$ 与平壁中心的过余温度 $\theta_m(0, \tau)$ 之比为

$$\frac{\theta(x, \tau)}{\theta_m(0, \tau)} = f_2\left(Bi, \frac{x}{\delta}\right) \tag{8-78}$$

综上所述，非稳态导热正规状况阶段的温度变化特点有两个：第一，由式（8-75）可知，处于正规状况阶段平壁内所有各点过余温度的对数都随时间线性变化，且变化曲线的斜率都相等；第二，由式（8-76）可知，当 $Fo \geqslant 0.2$ 时，所有各点的冷却率 m（或加热率）都相同，且不随时间而变化，m 的数值取决于物体的物性参数、几何形状和尺寸大小及表面传热系数。

用式（8-72）进行计算很烦琐，工程上通常使用线算图进行计算。线算图是在满足工程计算准确度要求的条件下，事先按式（8-72）计算出有关数值，然后将这些数以特征数为变量画

出，这些线算图也称为诺谟图。工程上，已经用式（8-77）和式（8-78）绘制成线算图——诺谟图，如图 8-17 和图 8-18 所示，还称为海斯勒（M. P. Heisler）图。

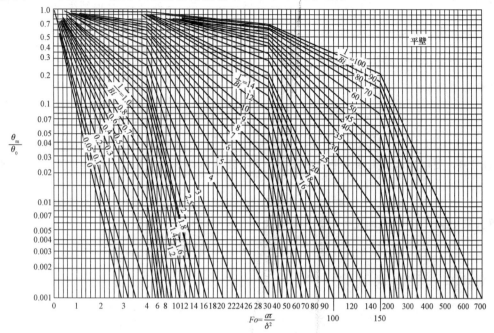

图 8-17 无限大平壁的中心平面温度 $\theta_m/\theta_0 = f$（Bi，Fo）

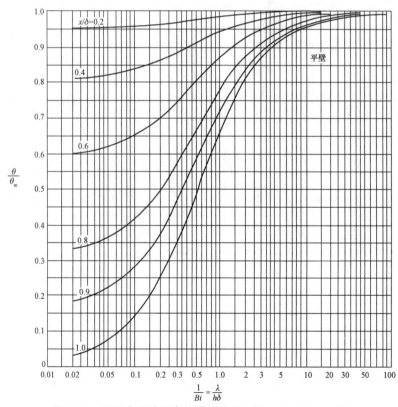

图 8-18 无限大平壁任意位置的温度 $\theta/\theta_m = f$（Bi，x/δ）

下面来看如何应用诺谟图进行计算。

(1) 图 8-17 中,横坐标为 $Fo = \dfrac{a\tau}{\delta^2}$,参变量为 $\dfrac{1}{Bi} = \dfrac{\lambda}{h\delta}$,$Fo$ 和 Bi 数值确定后,便可直接从图上查到对应的纵坐标 θ_m/θ_0 的值。

(2) 图 8-18 中,横坐标为 $\dfrac{1}{Bi} = \dfrac{\lambda}{h\delta}$,$x/\delta$ 为参变量,当这两个变量确定后就可以得到相应的任意位置温度 θ/θ_m。

$$\frac{\theta(x,\ \tau)}{\theta_0} = \frac{\theta(x,\ \tau)}{\theta_m(0,\ \tau)} \frac{\theta_m(0,\ \tau)}{\theta_0} = f_1(Fo,\ Bi) f_2\left(Bi,\ \frac{x}{\delta}\right) \tag{8-79}$$

(3) 联立式(8-77)和式(8-78),得到式(8-79)。在查得 θ_m/θ_0 和 θ/θ_m 的值后,应用式(8-79),便可以求得无限大平壁中任意一点、任意时刻 τ 对应的过余温度 θ/θ_0,从而确定温度 t。

(4) 应用同样被绘制成线算图的热量图(图 8-19),通过刚刚求得的平壁中温度分布后,便可以计算出从 $0 \sim \tau$ 时刻内物体与周围流体之间交换的热量了。

$$Q = \rho c A \int_{-\delta}^{\delta} (t - t_0)\,\mathrm{d}x = \rho c A \int_{-\delta}^{\delta} (\theta - \theta_0)\,\mathrm{d}x = \rho c \theta_0 A \int_{-\delta}^{\delta} \left(\frac{\theta}{\theta_0} - 1\right)\mathrm{d}x \tag{8-80}$$

将式(8-70)代入式(8-80),得

$$\frac{Q}{Q_0} = 1 - \frac{2\sin^2\beta_1}{\beta_1^2 + \beta_1\sin\beta_1\cos\beta_1}\mathrm{e}^{-\beta_1^2 Fo} = f_3(Fo,\ Bi) \tag{8-81}$$

对于温度仅沿半径方向变化的无限长圆筒壁和球体在第三类边界条件下的一维非稳态导热问题,分别在柱坐标系和球坐标系下进行分析,也可以求得温度分布的分析解,解的形式和无限大平壁的分析解类似,是快速收敛的无穷级数,并且是 Bi、Fo 和 r/R 的函数。当然,对于圆柱和球体,Bi 和 Fo 准则中的特征尺寸分别是圆柱和球的半径。

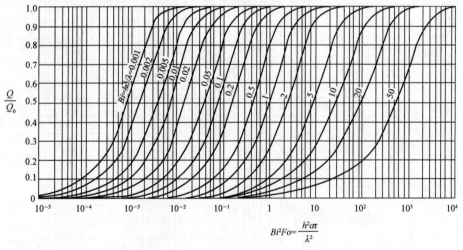

图 8-19 无限大平壁的 $Q/Q_0 = f\,(Bi,\ Fo)$

【**例 8-9**】 一块厚度为 $2\delta = 18$ mm 的大钢板,导热系数 $\lambda = 45$ W/(m·℃),热扩散率 $a = 1.37 \times 10^{-5}$ m²/s。将钢板加热到 520 ℃ 以后置于温度为 25 ℃ 的空气中冷却,在冷却过程中钢板两侧表面与周围空气之间的表面传热系数维持在 30 W/(m²·℃)。求将钢板冷却到 30 ℃ 所需要的时间。

解: 大平板双侧换热的非稳态导热如图 8-20 所示。

平板厚度的一半为 $\delta = 0.018/2 = 0.009$（m）

计算 Bi 准则数：

$$Bi = \frac{h\delta}{\lambda} = \frac{30 \times 0.009}{45} = 0.006 < 0.1$$

故可以采用集总参数法。

钢板的导热系数

$$\lambda = 45 \text{ W/(m} \cdot \text{℃)}$$

热扩散率

$$a = \lambda/(\rho c) = 1.37 \times 10^{-5} \text{ m}^2\text{/s}$$

初始温度 $\quad t_0 = 520$ ℃

当前温度 $\quad t = 30$ ℃

空气温度 $\quad t_f = 25$ ℃

计算过余温度 $\quad \theta_0 = t_0 - t_f = 495$ ℃，$\theta = t - t_f = 5$ ℃

单位体积钢板的比热容

$$C = \rho c = \lambda/a = 45/(1.37 \times 10^{-5}) = 3.29 \text{ （J/m}^3\text{）}$$

由 $\ln\dfrac{\theta}{\theta_0} = -\dfrac{hA}{\rho Vc}\tau \Rightarrow \tau = -\dfrac{\rho Vc}{hA}\ln\dfrac{\theta}{\theta_0} = \dfrac{CV}{Ah}\ln\dfrac{\theta_0}{\theta}$

可知投影面积为 1 的钢板体积为 2δ，表面积为 2（双面散热），$V/A = \delta$。

将钢板冷却到 30 ℃所需要的时间

$$\tau = \frac{C\delta}{h}\ln\frac{\theta_0}{\theta} = \frac{3.29 \times 10^6 \times 0.009}{30}\ln\frac{495}{5} = 4\ 535\text{(s)} = \frac{4\ 535}{60} = 75.58 \text{ min}$$

需要将近 1 h 16 min。

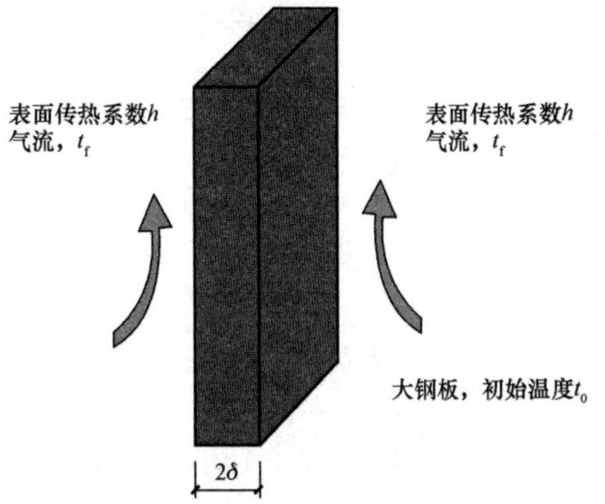

【例 8-10】 热处理工艺中，常用银球来测定淬火介质的冷却能力。现有两个直径均为 20 mm 的银球，加热到 650 ℃后分别置于 20 ℃的静止水和 20 ℃的循环水容器中。当两个银球中心温度均由 650 ℃变化到 450 ℃时，用热电偶分别测得两种情况下的降温速率为 180 ℃/s 及 360 ℃/s。在上述温度范围内银的物性参数，密度 $\rho = 10\ 500 \text{ kg/m}^3$，比热容 $c = 2.62 \times 10^2 \text{ J/(kg} \cdot \text{℃)}$，$\lambda = 360 \text{ W/(m} \cdot \text{℃)}$，试求两种情况下银球与水之间的表面传热系数。

解：本题表面传热系数未知，故 Bi 数也为未知参数，所以，不能直接判断是否满足集总参数法，而是要先假设满足集总参数法进行计算，然后验算。

针对静止水的情况，有

$$\frac{\theta}{\theta_0} = e^{-\frac{hA}{\rho Vc}\tau}$$

其中，$\theta_0 = 650 - 20 = 630$（℃），$\theta = 450 - 20 = 430$（℃），$V/A = R/3 = (10 \times 10^{-3})/3 = 0.003\ 3$，$\tau = 200/180 = 1.11$（s）

故

$$h = \frac{\rho c}{\tau}\left(\frac{V}{A}\right)\ln\left(\frac{\theta_0}{\theta}\right) = \frac{10\ 500 \times 2.62 \times 10^2}{1.11} \times 0.003\ 33 \times \ln\left(\frac{630}{430}\right) = 3\ 152 \left[\text{W/(m}^2 \cdot \text{℃)}\right]$$

验算 Bi 数

$$Bi_V = \frac{h\left(\frac{V}{A}\right)}{\lambda} = \frac{3\ 152 \times 0.003\ 3}{360} = 0.029 < 0.033$$

故满足集总参数条件。

图 8-20 例 8-9 图

对循环水的情况，$\tau = 200/360 = 0.56(s)$，按集总参数法计算，得

$$h = \frac{\rho c}{\tau}\left(\frac{V}{A}\right)\ln\left(\frac{\theta_0}{\theta}\right) = \frac{10\,500 \times 2.62 \times 10^2}{0.56} \times 0.003\,33 \times \ln\left(\frac{630}{430}\right) = 6\,248\,\left[\text{W/(m}^2 \cdot \text{℃)}\right]$$

验算 Bi 数

$$Bi_V = \frac{h\left(\frac{V}{A}\right)}{\lambda} = \frac{6\,248 \times 0.003\,3}{360} = 0.057 > 0.033$$

不满足集总参数法条件，改用查诺误图的方式。

由 $Fo = \dfrac{a\tau}{R^2} = \dfrac{\lambda}{\rho c}\dfrac{\tau}{R^2} = \dfrac{360}{10\,500 \times 262} \times \dfrac{0.56}{0.01^2} = 0.733$

$\dfrac{\theta_m}{\theta_0} = \dfrac{430}{630} = 0.683$，查图 8-18 和图 8-19 可得 $\dfrac{1}{Bi} \approx 4.5$

故

$$h \approx Bi\frac{\lambda}{R} = \frac{360}{4.5 \times 0.01} \approx 8\,000\,\left[\text{W/(m}^2 \cdot \text{℃)}\right]$$

第六节　稳态导热的数值计算

一、导热问题数值求解的基本思想

本章的前五节一直在讨论导热的分析解法，针对一些简单的导热问题，如少数几何形状和简单的边界条件才能精确地分析求解。

但在很多情况下，由于微分方程及定解条件的复杂性，分析求解非常困难，甚至不可能得到，在这种情况下，建立在有限差分和有限元方法基础上的数值计算法是求解导热问题十分有效的方法。目前，求解导热问题常用的数值解法主要有有限差分法、有限元法及边界元法。本节将主要介绍有限差分法的原理与应用。

数值解法是用有限个离散点（节点）上物理量的集合代替在时间、空间上连续的物理量场，按物理属性建立各节点的代数方程并求解。

下面简单介绍数值求解导热问题的步骤，如图 8-21 所示。

（1）建立物理模型。根据实际发生的导热问题进行分析，合理建模。

（2）给出数学模型。根据所建物理模型给出对应的导热微分方程和单值性条件。

（3）区域离散化。用导热问题所涉及的空间和时间区域内有限个离散点（也称为节点）的温度近似值，来代替物体内实际连续的温度分布，将连续温度分布函数的求解问题转化为各节点温度值的求解问题。

（4）建立节点温度代数方程。将导热微分方程的求解问题转化为节点温度代数方程的求解问题。

（5）节点温度代数方程组的求解。

（6）结果分析讨论。如果出现结果不符合实际的情况，要进行分析修正，直至结果满意为止。

综上所述，前两步是求解导热问题的基础，后四步是数值解法求解导热问题的主要步骤。下面将以二维稳态导热为例进行讨论。

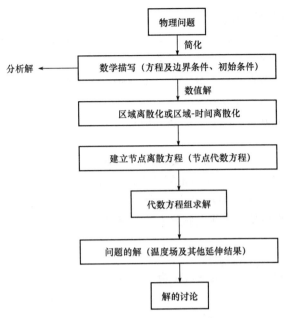

图 8-21　数值求解的基本思路

二、二维无内热源的稳态导热问题

(一) 问题的微分方程描述

描写物理问题的微分方程称为控制方程，实际上就是导热微分方程，即

$$\frac{\partial^2 t}{\partial x^2} + \frac{\partial^2 t}{\partial y^2} = 0 \tag{8-82}$$

(二) 问题的差分方程描述

1. 域的离散化

为了数值计算，必须首先将求解区域离散化，选取离散点。如图 8-22 所示，用一系列与坐标轴平行的网格线把求解区域划分成许多子区域，网格线交点就是所选取的需要确定温度值的离散点，称为节点。节点的位置以该点在两个方向上的标号 i、j 来表示，节点的温度表示为 $t_{i,j}$。相邻两节点间的距离称为步长，记为 Δx、Δy。根据实际需要，网格的划分可以是均匀的，也可以是不均匀的，这里为简便起见采用均分网格。

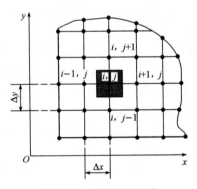

图 8-22　域的离散示意

每个节点都可以视作以它为中心的一个小区域的代表，图 8-22 中有阴影线的小区域就是节点 (i, j) 所代表的区域，它由相邻两节点连线的中垂线构成，称节点所代表的小区域为元体（又称控制容积）。显然，节点的温度代表了控制容积的平均温度，这反映了有限差分法表达上的近似。一般来说，步长越小，数值计算的结果越准确。但是，这样做必须付出代价，即步长的减小，使所需的计算机内存及计算时间大大增加，而且由于计算机运算是对有限位数数字进行的，运算次数的增加会产生舍入误差积累的副作用。因此，步长的选取除考虑物体具体几何形状外，还应视计算要求达到的精确度和收敛性而定。

2. 节点温度差分方程的建立

建立节点温度差分方程的方法有两种,一种是泰勒级数展开法;另一种是控制容积热平衡法。本章只介绍控制容积热平衡法。控制容积热平衡法就是根据节点所代表的控制容积在导热过程中的能量守恒来建立节点温度差分方程。下面仍以无内热源的二维稳态导热为例应用控制容积热平衡法建立节点温度差分方程。

(1)内部节点的差分方程。对于无内热源的稳态导热,导入节点 (i,j) 的热流量代数和等于零,即

$$Q_L + Q_R + Q_T + Q_B = 0 \qquad (8\text{-}83)$$

如图 8-23 所示为节点 (i,j) 及其相邻节点的位置和导热情况。由于是导入热流量,左侧导温温差为 $(t_{i-1,j} - t_{i,j})$,对于单位厚度的元体,根据傅里叶定律左侧导入的热流量为

$$Q_L = \lambda \Delta y \frac{t_{i-1,j} - t_{i,j}}{\Delta x} \qquad (8\text{-}84)$$

同理,右侧、上侧和下侧导入的热流量为

$$Q_R = \lambda \Delta y \frac{t_{i+1,j} - t_{i,j}}{\Delta x} \qquad (8\text{-}85)$$

$$Q_T = \lambda \Delta x \frac{t_{i,j+1} - t_{i,j}}{\Delta y} \qquad (8\text{-}86)$$

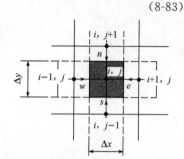

图 8-23 内部节点离散方程的建立

$$Q_B = \lambda \Delta x \frac{t_{i,j-1} - t_{i,j}}{\Delta y} \qquad (8\text{-}87)$$

将式 (8-84)~式 (8-87),代入式 (8-83),得

$$\lambda \Delta y \frac{t_{i-1,j} - t_{i,j}}{\Delta x} + \lambda \Delta y \frac{t_{i+1,j} - t_{i,j}}{\Delta x} + \lambda \Delta x \frac{t_{i,j+1} - t_{i,j}}{\Delta y} + \lambda \Delta x \frac{t_{i,j-1} - t_{i,j}}{\Delta y} = 0$$

当 $\Delta x = \Delta y$ 时,上式为

$$t_{i-1,j} + t_{i+1,j} + t_{i,j+1} + t_{i,j-1} - 4t_{i,j} = 0 \qquad (8\text{-}88)$$

在这种情况下,物体内每一个节点的温度都等于它周围相邻 4 个节点温度的算术平均值。式 (8-88) 所示的节点上物理量的代数方程称为节点有限差分方程,简称节点方程。

(2)边界节点的差分方程。如果是第一类边界条件,边界节点温度已知;如果是第二、三类边界条件,根据边界节点的热平衡,同样可以建立边界节点温度的差分方程。

以第三类边界条件下的边界节点 (i,j) 为例,如图 8-24 所示。一方面相邻节点有对流换热热流量。稳态时,传给节点 (i,j) 的热流量的代数和等于零。它的热平衡式为

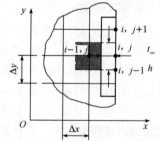

图 8-24 边界节点方程的建立

$$\lambda \Delta y \frac{t_{i-1,j} - t_{i,j}}{\Delta x} + \lambda \frac{\Delta x}{2} \frac{t_{i,j-1} - t_{i,j}}{\Delta y} + \lambda \frac{\Delta x}{2} \frac{t_{i,j+1} - t_{i,j}}{\Delta y} + h \Delta y (t_f - t_{i,j}) = 0$$

当 $\Delta x = \Delta y$ 时,上式变为

$$2t_{i-1,j} + t_{i,j+1} + t_{i,j-1} - \left(4 + \frac{2h\Delta x}{\lambda}\right) t_{i,j} + \frac{2h\Delta x}{\lambda} t_f = 0 \qquad (8\text{-}89)$$

式 (8-89) 是第三类边界条件下边界面上节点的有限差分方程。按照同样的方法可以建立各种具体边界条件下边界面上节点的有限差分方程。表 8-3 列出了几种常见常用的边界节点温度差分方程,供读者参考。

表 8-3　一些情况下的边界节点温度的差分方程式

节点位置	节点温度方程（$\Delta x = \Delta y$）
	第三类边界条件下的外拐角边界节点： $(t_{i-1,j}+t_{i,j-1}) - (2Bi_\Delta+2) t_{i,j}+2Bi_\Delta \cdot t_\infty=0$
	第三类边界条件下的内拐角边界节点： $(t_{i,j-1}+t_{i+1,j}) + 2 (t_{i-1,j}+t_{i,j+1}) - (2Bi_\Delta+6) t_{i,j}+2Bi_\Delta \cdot t_\infty=0$
	绝热边界节点： $t_{i,j-1}+t_{i,j+1}+2t_{i-1,j}-4t_{i,y}=0$

（3）解差分方程组。运用有限差分方法可以建立导热物体所有内部节点和边界节点温度的差分方程。这些节点温度的差分方程都是线性代数方程。有 n 个未知的节点温度就可以建立 n 个节点温度差分方程，构成一个线性代数方程组。求解该方程组，就可以求得节点温度的数值。

有关线性代数方程组的求解方法，本书仅简单介绍在导热的数值计算中常用的迭代法。迭代法中应用比较广泛的是高斯－赛德尔迭代法，下面以一简单的三元方程组为例说明其计算过程。联立下列方程组

$$\begin{cases} a_{11}t_1 + a_{12}t_2 + a_{13}t_3 = b_1 \\ a_{21}t_1 + a_{22}t_2 + a_{23}t_3 = b_2 \\ a_{31}t_1 + a_{32}t_2 + a_{33}t_3 = b_3 \end{cases} \tag{8-90}$$

对于导热问题，以上方程组根据表 8-3 或热平衡法写出。整个迭代求解步骤如下：

1）检查方程组中 a_{ii} 是否等于零，即 a_{11}、a_{22} 和 a_{33} 是否等于零，若等于零，则变换节点编号，使方程次序改变。

2）将式（8-90）改写成关于 t_i 的解的形式，即

$$t_1 = \frac{1}{a_{11}}(b_1 - a_{12}t_2 - a_{13}t_3) = B_1 - A_{12}t_2 - A_{13}t_3 \tag{8-91}$$

$$t_2 = \frac{1}{a_{22}}(b_2 - a_{21}t_1 - a_{23}t_3) = B_2 - A_{21}t_1 - A_{23}t_3 \tag{8-92}$$

$$t_3 = \frac{1}{a_{33}}(b_3 - a_{31}t_1 - a_{32}t_2) = B_3 - A_{31}t_1 - A_{32}t_2 \tag{8-93}$$

式中，$B_i = \frac{b_i}{a_{ii}}$，$A_{ij} = \frac{a_{ij}}{a_{ii}}$。

3）假设一组解（迭代初场），记为 $t_1^{(0)}$、$t_2^{(0)}$ 和 $t_3^{(0)}$（t 的上标表示步骤序号，初值以 0 表示）。

4）用 $t_2^{(0)}$ 和 $t_3^{(0)}$ 值代入式（8-91）得到 $t_1^{(1)}$；用 $t_1^{(1)}$ 和 $t_3^{(0)}$ 值代入式（8-92）得到 $t_2^{(1)}$；用 $t_1^{(1)}$ 和 $t_2^{(1)}$ 值代入式（8-93）得到 $t_3^{(1)}$。也就是说，以此求解节点方程时均采用节点温度的最新值代入。

5）以计算所得的值作为初场，重复上述计算，直到相邻两次迭代值之差小于允许值，此时称迭代收敛，迭代计算终止。

判断迭代是否收敛的准则一般有以下两种，即

$$\max \left| t_i^{(k+1)} - t_i^k \right| < \delta$$

$$\max \left| \frac{t_i^{(k+1)} - t_i^k}{t_i^k} \right| < \delta$$

允许的相对偏差的值常为 $10^{-6} \sim 10^{-3}$，δ 则视具体情况而定。

【例 8-11】 建立节点离散方程

如图 8-25 所示，一等截面直肋，高为 H，厚为 δ，肋根温度为 t_0，流体温度为 t_∞，传热系数为 h，肋片导热系数为 λ。试将它均分为四个节点，并对肋端为绝热及为对流边界条件（h 同侧面）的两种情况列出节点 2、3 和 4 的离散方程式。设 $H = 45$ mm，$\delta = 10$ mm，$h = 50$ W/(m² · ℃)，$\lambda = 50$ W/(m · ℃)，$t_0 = 100$ ℃，$t_\infty = 20$ ℃，试计算节点 2、3 和 4 的温度（对于肋端的两种边界条件）。

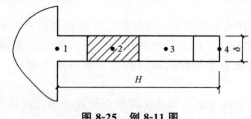

图 8-25 例 8-11 图

解：采用热平衡法列出节点 2、3、4 的离散方程。

节点 2：

$$-\frac{\lambda(t_2 - t_1)\delta}{\Delta x} = -\frac{\lambda(t_3 - t_2)\delta}{\Delta x} + 2\Delta x h(h_2 - h_\infty)$$

整理得 $\dfrac{\lambda\delta}{\Delta x}(t_1+t_3-2t_2)-2h\Delta x(t_2-t_\infty)=0$

同理，节点3：

$$\dfrac{\lambda\delta}{\Delta x}(t_2+t_4-2t_3)-2h\Delta x(t_3-t_\infty)=0$$

节点4：肋端绝热

$$\dfrac{\lambda\delta}{\Delta x}(t_3-t_4)-h\Delta x(t_4-t_\infty)=0$$

肋端对流

$$\dfrac{\lambda\delta}{\Delta x}(t_3-t_4)-h(\Delta x+\delta)(t_4-t_\infty)=0$$

式中，$\Delta x=H/3$。

将题中已知条件代入可得方程组。

对于肋端绝热：

$$\begin{cases} t_3-2.045t_2+100.9=0 \\ t_2-2.045t_3+t_4+0.9=0 \\ t_3-1.022\,5t_4+0.45=0 \end{cases}$$

联立求解得 $t_2=92.2\ ℃$，$t_3=87.7\ ℃$，$t_4=86.2\ ℃$。

对于肋端对流：

$$\begin{cases} t_3-2.045t_2+100.9=0 \\ t_2-2.045t_3+t_4+0.9=0 \\ t_3-1.037\,5t_4+0.8=0 \end{cases}$$

联立求解得 $t_2=91.1\ ℃$，$t_3=85.4\ ℃$，$t_4=82.6\ ℃$。

习　题

一、简答题

1. 试叙述温度场、等温面（线）、温度梯度的概念。

2. 试叙述导热问题的三种类型的边界条件，并说明在什么情况下，第三类边界条件可转变成第一类边界条件。

3. 在寒冷的北方地区，建房用砖采用实心砖好还是多孔的空心砖好？为什么？

4. 试叙述肋片效率的定义和作用。

5. 壁面敷设肋片的目的是什么？

6. 简单叙述非稳态导热的集总参数法的定义，并指出使用集总参数法的条件是什么。

7. 说明毕渥数（Bi）在非稳态导热问题分析时的物理意义。当 $Bi\to0$ 时代表的换热条件是什么？

8. 试说明用热平衡法对节点建立温度离散方程的基本思想。

二、计算题

1. 厚度为 8 mm 的大钢板，导热系数为 45 W/(m·℃)。钢板左侧接受热辐射照射，辐射换热的热流密度为 6 200 W/m²，假设钢板左侧没有其他方式的热传递，现测得钢板右侧表面温度为 30 ℃，试问当传热为稳态时，钢板左侧表面温度是多少？

2. 一横截面为矩形的长棒，其侧表面被绝热。已知长棒截面面积 $A=40\times40$（mm²），棒长

$\delta = 200$ mm，导热系数为 2 W/(m·℃)，$t_{w1} = 500$ ℃，$t_{w2} = 150$ ℃。长棒两端面分别为等温面，求稳态时通过长棒的导热量。

3. 某教室有一厚为 380 mm、导热系数 $\lambda_2 = 1.2$ W/(m·℃) 的砖砌外墙，两边各有 15 mm 厚的粉刷层，内、外粉刷层的导热系数分别为 $\lambda_1 = 0.6$ W/(m·℃) 和 $\lambda_3 = 0.75$ W/(m·℃)，墙壁内、外侧的传热系数 $h_1 = 8$ W/(m²·℃) 和 $h_2 = 23$ W/(m²·℃)，内、外空气温度分别是 18 ℃和−10 ℃。试求通过单位面积壁面上的传热量和内墙壁面的温度。

4. 玻璃窗高为 1.2 m，宽为 0.6 m，采用厚度均为 5 mm 的双层玻璃，玻璃的导热系数为 0.8 W/(m·℃)，玻璃层之间是厚度为 6 mm 的空气间层，忽略空气间层的对流作用，空气的导热系数为 2.44×10^{-2} W/(m·℃)。已知室内外玻璃表面的温度分别为 18 ℃和−15 ℃，试确定该玻璃窗的热损失。如果采用单层玻璃，其他条件不变，则热损失是双层玻璃的多少倍?

5. 一条蒸汽管道，内外直径分别为 200 mm 和 275 mm，内壁面温度为 500 ℃，管壁的导热系数为 50 W/(m·℃)，管外包裹两层保温材料，自内向外，第一层厚度为 100 mm，导热系数为 0.05 W/(m·℃)，第二层厚度为 15 mm，导热系数为 0.14 W/(m·℃)，保温层外表面温度为 50 ℃。忽略各层之间的接触热阻，求单位管长的热损失及各层之间的壁面温度。

6. 有一根外直径为 0.5 m 的水蒸气管道，管道内水蒸气的温度为 400 ℃，管道外壁的温度等于蒸汽温度。管道外包裹两层材料，第一层材料的厚度为 0.03 m，第二层材料的厚度为 0.05 m，导热系数 $\lambda_2 = 0.12$ W/(m·℃)。现测得第二层材料的外表面温度为 30 ℃，内表面温度为 200 ℃，试计算管道的热损失和第一层材料的导热系数 λ_1。

7. 热力管道上安装的温度计必须带有套管，以保护温度传感器。温套管外径 $d = 10$ mm，厚 $\delta = 1.0$ mm，长 $H = 120$ mm。设气流的真实温度是 150 ℃，与套管间的传热系数为 $h = 50$ W/(m²·℃)，管壁温度 $t_0 = 25$ ℃。试计算分别用铜和钢做成套管的温度计读数是多少? 铜和钢的导热系数分别为 390 W/(m·℃) 和 50 W/(m·℃)。

8. 用热电偶测量气罐中气体的温度。热电偶的初始温度为 20 ℃，与气体的表面传热系数为 10 W/(m²·℃)。热电偶近似为球形，直径为 0.2 mm。试计算插入 10 s 后，热电偶的过余温度为初始过余温度的百分之几? 要使温度计过余温度不大于初始温度的 1%，至少需要多长时间? 已知热电偶焊锡丝的 $\lambda = 67$ W/(m·℃)，$\rho = 7\,310$ kg/m³，$c = 228$ J/(kg·℃)。

9. 一长水泥杆，初始温度为 7 ℃，直径为 250 mm，空气与水泥杆之间的表面传热系数为 10 W/(m²·℃)，水泥杆的导热系数 $\lambda = 1.4$ W/(m·℃)，$a = 7 \times 10^{-7}$ m²/s。当周围空气温度突然下降到−4 ℃时，试问 8 h 后杆中心的温度是多少?

第九章

对流换热

与流体内部宏观相对运动相联系的热量传递称为对流换热。本章将重点学习讨论日常生活中常见的单相流体强制对流换热和自然对流换热的特点及计算方法，并简要介绍有相变的凝结和沸腾换热的特点及影响因素等。

第一节　对流换热概述

一、牛顿冷却公式

当流体流过固体表面时，产生的对流换热量用牛顿冷却公式来计算，公式如下：

$$q = h(t_w - t_f)　\text{W/m}^2 \tag{9-1}$$

或对于面积为 A 的接触面

$$Q = Ah(t_w - t_f)　\text{W} \tag{9-2}$$

式中　q——流体和固体壁面间单位面积上的对流换热量；

　　　h——整个固体表面的表面传热系数 $[\text{W/(m}^2 \cdot \text{℃)}]$；

　　　t_w——固体表面的平均温度（℃）；

　　　t_f——流体温度（℃）。

牛顿冷却公式仅是表面传热系数 h 的一个定义式，并没有揭示出表面传热系数与影响它的有关物理量之间的内在联系。研究对流换热的任务是要确定表面传热系数 h 的具体表达式。

二、对流换热的影响因素

在第八章导热问题的分析中，是把对流换热作为第三类边界条件介绍的。可以看出，对流换热是流体的导热和热对流两种基本传热方式的共同作用。因此，归纳出以下影响两种传热方式的五种影响因素，也是影响对流换热的影响因素。

1. 流动的起因

根据流动的起因，对流换热主要可分为强制对流换热与自然对流换热两类。前者是由泵、风机或其他外力的驱动引起的，后者是由于流体内部的密度差引起的。两种流动的换热规律不同。

2. 流动的状态

流体的流动状态有层流和湍流两种。层流时流体宏观上分层流动，对流较弱，因此垂直于流动方向上的热量传递主要靠导热；湍流时流体微团发生剧烈的混合，此时的热量传递除导热外，主要依靠流体的脉动。因而，在其他条件相同时，湍流换热的强度要比层流换热时强烈。

3. 流体有无相变

在对流换热过程中，流体有时会发生相变。无相变的对流换热是由于流体显热的变化而引起的，而对于有相变的对流换热（沸腾和凝结），汽化潜热的吸收和释放常常起主要作用，对流换热规律也与无相变时的不同。

4. 流体的热物理性质

流体的热物理性质（物性参数）对对流换热影响很大。对于无相变的强制对流换热，涉及的主要物性参数有流体的导热系数 λ，单位为 $W/(m \cdot \text{℃})$；密度 ρ，单位为 kg/m^3；定压比热容 c_p，单位为 $J/(kg \cdot \text{℃})$；运动黏度 υ，单位为 m^2/s 等。流体的导热系数 λ 越大，对流换热就越强烈；密度和比热容的乘积 ρc 则反映了单位体积流体热容量的大小，其数值越大，对流换热越强烈；运动黏度 υ 则影响流体的速度分布和流态，其数值越大，对流就越弱，对流换热就越弱。

对于自然对流，还有体胀系数（容积膨胀系数）α，单位为 K^{-1}。其关系式为

$$\alpha = \frac{1}{\upsilon}\left(\frac{\partial \upsilon}{\partial t}\right)_p = -\frac{1}{\rho}\left(\frac{\partial \rho}{\partial t}\right)_p$$

式中　υ——流体的比体积；

　　　α——在定压条件下，单位温度变化引起的容积相对变化率，对于理想气体，有 $\alpha = 1/T$。

5. 换热表面的几何因素

换热表面的形状、大小、表面状况及流体与换热表面之间的相互位置关系都会对换热产生影响。如图 9-1（a）所示的管内强制对流流动与流体横掠圆管的强制对流流动就有很大不同，前者为内部流动，而后者为外部流动；如图 9-1（b）所示的两种水平壁，热面朝上和热面朝下的散热流动就截然不同，其换热规律也不同。

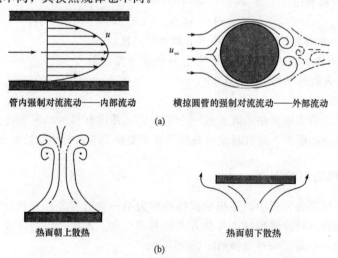

管内强制对流流动——内部流动　　横掠圆管的强制对流流动——外部流动

(a)

热面朝上散热　　　　热面朝下散热

(b)

图 9-1　几何因素的影响

(a) 强制对流；(b) 自然对流

由以上分析可知，影响对流换热的因素有很多。表面传热系数取决于多种因素的复杂函数，它的一般函数关系式表示为

$$h = f(u, t_w, t_f, \lambda, \rho, c, \upsilon, \alpha, l)$$

式中　l——换热表面的一个特征长度，也称为定性尺寸。

三、对流换热的主要研究方法

研究对流换热，获得不同换热条件下表面传热系数的具体表达式的方法有以下几种。

1. 解析法

解析法是通过求解具体问题的微分方程及定解条件下求解速度场和温度场的解析解的方法。但由于求解困难，目前只能给出一些简单问题的解析解。本节将重点论述对流换热的数学描述方法和边界层理论。

2. 试验法

试验法是目前工程技术计算中仍在普遍采用的计算依据。本节将重点介绍相似原理及其指导下的试验研究方法。

3. 比拟法

比拟法是通过研究动量传递和热量传递的共性或类似特性，建立表面传热系数与阻力系数之间的相互关系，而后通过测量阻力系数来推算表面传热系数的方法。这个方法目前已经很少采用。

4. 数值解法

近年来，流体流动与传热的数值解法发展迅速，在科学研究和工程技术中的应用日益增多，已经发展成为一门专门的学科，在本书中不做介绍。

四、流动边界层和热边界层

由于对流换热过程与流体流动密切相关，因此分析对流换热时，首先应该分析换热面附近流体的流动规律。下面以流体纵掠平壁的强制对流换热为例，说明边界层的定义、特征及其过程分析。

1. 流动边界层（或速度边界层）

黏性流体流过固体壁面时，紧贴在固体表面上的流体被滞止，速度为0。流体之间由于黏性作用而产生的黏性力使近壁处的流体速度减小。这种黏性作用逐渐向外扩伸，且距离壁面越远，黏性影响越小。如果用仪器测出壁面法向即 y 方向，将得到图 9-2 所示的速度分布。从 $y=0$ 处 $u=0$ 开始，u 随着与壁面距离 y 的增加而急剧增大，经过一个薄层后 u 增长到接近主流速度 u_f。将流速剧烈变化的这个薄层称为流动边界层或速度边界层。通常规定达到主流速度 u_f 的 99% 处的距离 y 称为流动边界层的厚度，记为 δ。距离固体壁前端越远，流动边界层 δ 越厚，但其厚度远小于流过的距离 x，即 $\delta/x \ll 1$。

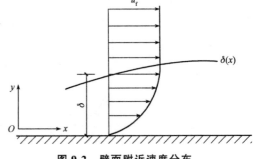

图 9-2　壁面附近速度分布

根据牛顿黏性定律，黏性力 τ 与垂直于运动方向的速度变化率成正比，即

$$\tau = \mu \frac{\partial u}{\partial y} \tag{9-3}$$

式中，μ 称为动力黏度（Pa·s），它与运动黏度 υ 存在关系，$\upsilon = \mu/\rho$。在流动边界层内因速度梯度大，即使对于黏度很低的流体，也存在着较大的黏性力，因此，流动边界层内的黏性不容

许忽视。流动边界层以外的区域称为主流区，其速度梯度几乎为零，因此，在主流区流体的黏性不起作用。著名的普朗特的学生、北京航空航天大学陆士嘉教授就曾引用"流体的本质就是涡，因为流体经不住搓，一搓就搓出了涡"来说明流体的这些性质。可见，在日常生活中有许多现象体现了科学的理论，将高深的理论同日常生活相结合，可以加深对理论的理解。

当流体纵掠平壁时，流动边界层逐渐形成和发展的过程如图9-3所示。在壁面前缘，边界层厚度 $\delta = 0$。随着 x 的增加，由于壁面黏性力的影响逐渐向流体内部传递，边界层逐渐加厚，但在某一距离 x_c 以前，边界层内的流体呈现出分层的、有秩序的滑动状流动，各层互不干扰，一直保持层流的性质，称此层为层流边界层。随着边界层厚度的增加，边界层内的流动变得不稳定起来，自距离前缘 x_c 处起，流动朝着湍流过渡，最终过渡到旺盛湍流。此时，流体质点在沿 x 方向流动的前提下，又附加着湍流的不规则的垂直于 x 方向的脉动，故称为湍流边界层。在湍流边界层内，紧贴壁面的极薄层内，黏性力仍占主导地位，致使层内流动状态仍维持层流，称此层为层流底层，其厚度为 δ_c。

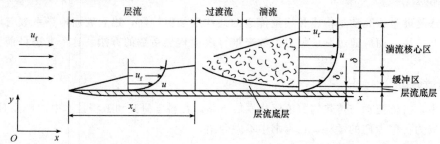

图9-3　流体纵掠平壁时流动边界层的形成和发展

2. 热边界层（或温度边界层）

当流体与固体壁面进行对流换热时，也可用仪器测量壁面法向方向上的温度场，可得到如图9-4所示的温度分布。从图中可知，在紧贴壁面的这一层流体中，流体的温度由 $y = 0$ 处的壁面温度 t_w 变化到主流温度 t_f，把温度剧烈变化的这一薄层称为热边界层或温度边界层。人们一般将流体过余温度 $(t - t_w)$ 等于主流过余温度 $(t_f - t_w)$ 的99%处的 y 作为热边界层的厚度，用 δ_t 表示。这样，以热边界层外缘为界将流体分为两部分，即沿 y 方向有温度变化的热边界层和温度几乎不变的等温流动区。

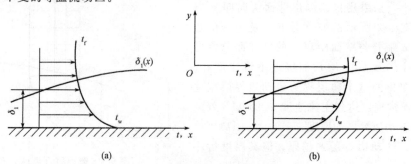

图9-4　热边界层

（a）流体被固体加热；（b）流体被固体冷却

流体纵掠平壁时，热边界层的形成和发展与流动边界层相似。首先，在层流边界层中，流体微团在 y 轴方向上的分速度小到可以忽略，因此，沿 y 轴方向的热量传递主要依靠导热。对于一般流体而言，dt/dy 比较大，也就是说，在层流对流换热中，热阻主要来自热边界层。但这是对流条件下的导热，邻层流体间有相对滑动，且各层的滑动速度也不同，因此，层流边界层中的温度分布不是直线形的。其次，在湍流边界层中，层流底层在 y 方向上的热量传递也靠导热方式。由于层流底层的厚度极薄，其温度分布近似为一直线。在边界层湍流核心区，沿 y 方向的热量传递主要依靠流体微团的脉动引起的混合作用。因此，对于导热系数不大的流体（液态金属除外），湍流核心区的温度变化比较平缓。湍流边界层的热阻主要在层流底层。

需要指出的是，热边界层厚度 δ_t 和流动边界层厚度 δ 不能混淆。热边界层厚度是由流体中垂直于壁面方向上的温度分布确定的，而流动边界层的厚度则是由流体中垂直于壁面方向上的速度分布决定的。当壁面温度 t_w 等于流体温度 t_f 时，流体沿壁面流动只存在流动边界层，而不存在热边界层。热边界层的厚度 δ_t 与流动边界层的厚度 δ 既有区别，又有联系。流动边界层的厚度 δ 反映流体分子动量扩散的程度，与运动黏度 υ 有关；而热边界层厚度 δ_t 反映流体分子热量扩散的程度，与热扩散率 a 有关。所以 δ_t/δ 应与 a/υ 有关，用无量纲的准则数 Pr 表示，称 Pr 为普朗特准则，即

$$Pr = \frac{\upsilon}{a} \tag{9-4}$$

Pr 数等于 1 的流体，其流动边界层的厚度与热边界层厚度基本相等；Pr 数大于 1 的流体，则前者厚于后者；Pr 数小于 1 的流体，则后者厚于前者。

由于对流换热的主要热阻集中在层流热边界层中，因而可以根据层流边界层的厚度来判断表面传热系数 h 的变化趋势。以图 9-3 中的流体纵掠平壁换热为例，热边界层沿流动方向逐渐增厚，表面传热系数一定是逐渐减小的。因此，平壁前端的换热要比后端更加强烈，或者说短板的换热性能要优于长板。因此，根据热边界层厚度判断 h_x 的变化是很有用的，在以后的分析中，还要多次应用这一概念。

五、对流换热微分方程

如图 9-2 所示，当黏性流体在壁面上流动时，由于黏性的作用，在靠近壁面的地方流速逐渐减小，而在贴壁处流体将被滞止而处于无滑移状态。贴壁处这一极薄的流体层相对于壁面是不流动的，壁面与流体之间的热量传递必须穿过这个流体层，而穿过不流动的流体层的热量传递方式只能是导热。因此，对流换热量就等于贴壁流体层的导热量。将傅里叶定律应用于贴壁的流体层，可得

$$q = -\lambda \left. \frac{\partial t}{\partial y} \right|_{y=0} \tag{9-5}$$

式中 $\left(\frac{\partial t}{\partial y} \right) \Big|_{y=0}$ ——贴壁处壁面法线方向上的流体温度变化率；

λ ——流体的导热系数。

将式（9-5）代入牛顿冷却公式（9-1），可得

$$h = -\frac{\lambda}{\Delta t} \left. \frac{\partial t}{\partial y} \right|_{y=0} \tag{9-6}$$

可求的局部表面传热系数

$$h_x = -\frac{\lambda}{\Delta t} \left. \frac{\partial t}{\partial y} \right|_{y=0,\,x} \tag{9-7}$$

式中，$\Delta t = t_w - t_f$，它将对流换热表面传热系数与流体的温度场联系起来，称为对流换热微分方程。而流体的温度场与速度场密切相关。可以看出，想要求得表面传热系数，首先必须求出流

体的温度场和速度场。

由式（9-7）可知，求局部表面传热系数 h_x，必须知道壁面上流体的温度梯度，为此需要知道流体的温度分布，但温度分布又取决于速度分布，因此，要有一组对流换热微分方程式来描述，即描述流体内温度分布的能量微分方程式和描述流体内速度分布的动量方程式及连续性方程式。式（9-8）～式（9-11）四个微分方程组成了对流换热微分方程组。关于此部分各个方程式的推导与分析在流体力学书籍中有详细的讲解，在本部分不再赘述。

$$\frac{\partial u}{\partial x} + \frac{\partial v}{\partial y} = 0 \tag{9-8}$$

$$\rho\left(\frac{\partial u}{\partial \tau} + u\frac{\partial u}{\partial x} + v\frac{\partial u}{\partial y}\right) = F_x - \frac{\partial p}{\partial x} + \eta\left(\frac{\partial^2 u}{\partial x^2} + \frac{\partial^2 u}{\partial y^2}\right) \tag{9-9}$$

$$\rho\left(\frac{\partial v}{\partial \tau} + u\frac{\partial v}{\partial x} + v\frac{\partial v}{\partial y}\right) = F_y - \frac{\partial p}{\partial y} + \eta\left(\frac{\partial^2 v}{\partial x^2} + \frac{\partial^2 v}{\partial y^2}\right) \tag{9-10}$$

$$\rho c_p\left(\frac{\partial t}{\partial \tau} + u\frac{\partial t}{\partial x} + v\frac{\partial t}{\partial y}\right) = \lambda\left(\frac{\partial^2 t}{\partial x^2} + \frac{\partial^2 t}{\partial y^2}\right) \tag{9-11}$$

在上述方程组中，式（9-8）称为连续性方程；式（9-9）和式（9-10）分别称为 x 方向和 y 方向的动量微分方程；式（9-11）称为能量微分方程。

第二节 对流换热的准则数与准则方程式

一、影响对流换热的相关准则

对流换热过程是十分复杂的，牛顿冷却公式中的传热系数代表了影响对流换热过程的一切复杂因素，研究对流换热问题的关键是如何求解传热系数。

目前，工程上广泛使用的传热系数的计算公式主要是通过试验得到的。影响对流换热作用的不是单个物理量，而是由若干个物理量组成的准则。描述对流换热情况的任何方程都可以表述为各相似准则之间的函数关系式。影响对流换热的相关准则如下。

1. 努谢尔特准则（Nusselt）Nu

努谢尔特准则 $Nu = hl/\lambda$，是用来说明对流换热自身特性的准则，其数值的大小反映流体流动作用引起的对流换热的强弱。

2. 雷诺准则（Reynolds）Re

雷诺准则 $Re = \dfrac{ul}{v}$，是表征流体的流动状态对对流换热影响的准则，即流体在强制对流时，惯性力和黏性力的相对大小。Re 数大，表明惯性力相对较大，黏性力对流动的约束不显著，流动趋于紊乱；反之，由于黏性力的约束，流动会比较平稳。

3. 普朗特准则（Prandtl）Pr

普朗特准则 $Pr = \dfrac{v}{a}$，是反映流体动量扩散能力与热扩散能力的相对大小的准则，Pr 数越大，意味着流体的动量扩散能力大于热扩散能力，流动边界层比热边界层厚，如各种油类；Pr 数小，则相反，如液态金属。

4. 格拉晓夫准则（*Grashof*）*Gr*

格拉晓夫准则 $Gr = \dfrac{ga\Delta t l^3}{v^2}$，是反映流体自然流动时浮升力与黏滞力相对大小的准则。由于流体自由流动状态是浮升力与黏滞力相互矛盾和作用的结果，因此，Gr 值越大，说明流体的黏滞力越小，浮升力将使换热量增加。

以上阐述的对流换热的无量纲准则数主要是通过试验进行相似分析或量纲分析获得的。因此，在今后的科技试验及工程实践中，也要掌握进行试验分析、试验设计的试验技能和创新能力。建立以理论指导实践、实践检验真理的世界观和诚信的社会主义核心价值观。

二、对流换热准则方程式

应用以上 4 个影响对流换热的相关准则可以将对同一形状、位置的物体，把与强制对流换热有关的 7 个变量转化成 3 个无量纲的数

$$Nu = f(Re，Pr) \tag{9-12}$$

如式（9-12）这种用准则数表示的函数关系式称为准则方程式。准则数习惯上称为准则或特征数，故准则方程式也称为特征数方程式，或特征数关联式。准则方程式一般可以通过相似原理或量纲分析方法导出。式中由于努谢尔特准则 Nu 中包含待求的对流传热系数 h，故又称为待定准则，雷诺准则 Re 和普朗特准则 Pr 完全由已知的单值性条件组成，故称为已定准则。

在自然对流换热现象中，由于浮升力是运动的动力，不容忽视。由于格拉晓夫准则 Gr 是反映流体自然流动时浮升力与黏滞力相对大小的准则，因此 Gr 数是一个表征流体自然对流状态的准则数，其作用相当于强制对流换热中的 Re 数。Gr 数越大，表明浮升力较大，流体自然对流换热越强烈。其适用于流体自然对流换热的准则方程式为

$$Nu = f(Gr，Pr) \tag{9-13}$$

实践表明，上述两个准则方程式的具体形式可表示成

对于强制对流

$$Nu = CRe^m Pr^n \tag{9-14}$$

对于自然对流

$$Nu = CGr^m Pr^n \tag{9-15}$$

式中的 C、m、n 由试验确定，不同类型的对流换热值不同；同一类型的对流换热，参数范围不同，其值也不同，应用时需要特别注意。

三、使用准则方程式的注意事项

在对流换热计算中，对所用的准则方程式一定要注意它的定性温度、定型尺寸和特征流速等的选取，否则会造成计算上的错误。

（1）用以确定准则数中物性参数的温度称为定性温度。由于流体的物性随温度变化而变化，且换热中不同换热面上有不同的温度，这使换热的分析和计算复杂化。为了简化问题，通常按照某一特征温度，即定性温度来确定流体的物性，以使物性做常数处理。一般选取的定性温度有以下三种选择。

1）流体的平均温度 t_f，简称流体温度；

2）壁面的平均温度 t_w，简称壁温；

3）流体与壁面温度的算术平均值 $t_m = \dfrac{1}{2}(t_w + t_\infty)$，也称为边界层平均温度。

（2）包含在准则数中具有代表性的尺度 l 称为特征长度或定型尺寸。不同场合选取的特征长度不同，通常选取对流动情况有决定性影响的尺寸。通常，纵掠平壁时选取流动方向的壁长 l，管内强制对流的定型尺寸取管内径 d，管外流动换热的定型尺寸取外径 D，非圆管道内的换热取当量直径 d_e，$d_e = 4A_c/U$（m），其中，A_c 代表通道断面面积（m^2），U 代表断面湿周长（m）。

强制对流换热准则方程式中计算雷诺数 Re 所选用的流速称为特征流速。通常，管内流体取管截面上的平均流速；流体外掠单管取来流速度 u_f；横掠管束时，取管与管之间最小流通截面的最大流速 u_{max}。

第三节　强制对流换热

一、管槽内强制对流换热试验关联式

单相流体管内强制对流换热是工业上和日常生活中最常见的换热现象。本节主要介绍比较典型的管槽内的强制对流换热，流体外掠平板、圆管和管束的强制对流换热问题。

管槽内的流动与对流换热，由于边界层的形成和发展有入口效应，当管子较短（湍流时 $l/d < 60$）时要考虑。另外。当流体与壁面温差较大时，流体热物性变化影响流体的速度与温度分布，进而影响表面传热系数。流体在弯曲管道或螺旋管内流动的二次环流增强了对流换热。这些在分析计算时都应考虑。

如图 9-5（a）所示，在管内做强制对流换热的流体进入管口后，在管壁周围便开始形成层流边界层并逐渐加厚。随着边界层的发展，它可以直接充满整个管道。又如图 9-5（b）所示，流态发生转变，以湍流边界层充满管道。无论是层流边界层还是湍流边界层，充满管道以后，流动就已达到充分发展阶段，其中的流速分布完全定型，因此称为流动定型段。在流动定型段中，速度边界层厚度 $\delta = d/2$。从管口到速度边界层充满管道的截面为止，这段距离称为流动入口段。在流动入口段包括速度边界层的形成和发展阶段。

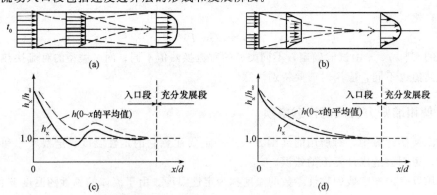

图 9-5　入口段与充分发展段

在流动定型段中，管内流体究竟是层流还是湍流，可用管截面平均流速计算的 Re 数来判断。当 $Re < 2\,200$ 时为层流；当 $Re > 10^4$ 时为湍流，其间为过渡流。

管槽内流体的截面平均温度是沿流动方向变化的，以流体被加热为例，流体入口的温度为 T_f'，出口温度为 t_f''，相应的入口温差 $\Delta t' = T_w' - T_f'$，出口温差 $\Delta t'' = t_w'' - t_f''$。如果已经获得了管内对流换热的表面传热系数 h，则对于内径为 d、长为 l 的圆管，单位时间内流体与管壁之间的

换热量有

$$Q = \dot{m} c_p (t''_f - T'_f) = h \pi d l \Delta t_m$$

Δt_m 是管内对流的平均温差：

$$\Delta t_m = \frac{\Delta t' - \Delta t''}{\ln \frac{\Delta t'}{\Delta t''}} \tag{9-16}$$

式（9-16）计算的平均温差称为对数平均差。对于入口、出口温差相差不大的情况（即 $0.5 <$ $\Delta t' / \Delta t'' < 2$），可采用算术平均温差，

$$t_m = \frac{T'_f + t''_f}{2} \tag{9-17}$$

当流体温度 t_f 不等于管壁温度 t_w 时，流体与管壁之间会发生对流换热。流体进入管口以后，在形成流动边界层的同时，也形成热边界层，并不断发展加厚，直至充满整个管道，形成换热定型段。

如图 9-5（c）所示，在层流边界层中，由于流体与壁面之间的对流换热主要依靠导热，可以用层流边界层的厚度来定性判断局部表面传热系数 h_x 沿换热面的变化。在管槽进口附近，h_x 最大。随着层流边界层的加厚，导热热阻逐渐增大，h_x 逐渐减小，直至定型段，开始趋近一个定值。

在湍流边界层中，其局部表面传热系数 h_x 沿换热面的变化如图 9-5（d）所示。由于层流底层以外强烈的湍流脉动与混合使换热强化，因此，一般来说，平均表面传热系数 h 要比层流边界层的大得多。在入口段，h_x 由最大值开始一直下降到最小值，由于边界层由层流转变为湍流，h_x 便迅速增大到另一较大值，然后随着湍流边界层的发展逐渐趋向稳定的过程，h_x 稍有下降，等到湍流边界层发展定型以后，h_x 不再变化。

（一）湍流

当 $Re > 10^4$ 时，管内流动为旺盛的湍流。对于流体与管壁温度相差不大的情况（对于气体 $\Delta t = |t_w - t_f| < 50\ ℃$，对于水 $\Delta t < 30\ ℃$，对于油 $\Delta t < 10\ ℃$），最简洁的准则方程是由迪图斯和贝尔特（Dittus and Boelter）于 1930 年提出的：

$$Nu = 0.023 Re^{0.8} Pr^n \tag{9-18}$$

式中，流体被加热时 $n = 0.4$，流体被冷却时 $n = 0.3$。

上式的适用范围是：$Pr = 0.6 \sim 120$，$Re = 10^4 \sim 1.2 \times 10^5$，$l/d \geqslant 60$。定性温度采用进出口流体的界面平均温度 $t_m = (T'_f + t''_f)/2$，流速采用平均值，特征尺度为管的内径 d。

对于流体与管壁温差较大的情形，需要考虑物性场变化的影响，希德和塔特（Sieder and Tate）推荐下面的公式：

$$Nu = 0.027 Re^{0.8} Pr^{\frac{1}{3}} \left(\frac{\mu_f}{\mu_w} \right)^{0.14} \tag{9-19}$$

式（9-19）中采用了两个流体的动力黏度：μ_f 按管内流体算术平均温度确定，μ_w 则按壁面的温度确定。该式的适用范围是 $Pr = 0.7 \sim 16\ 700$，$Re \geqslant 10^4$，$l/d \geqslant 60$。定性温度采用流体的平均温度 $t_m = (T'_f + t''_f)/2$，特征尺度为管的内径 d。

在不考虑管长影响的情况下，管内对流换热的准则方程一般是针对长直圆管的。在某些情况下，可以对上述两式乘以适当的修正系数以使其应用范围扩大。

1. $l/d < 60$ 的情况

对于短管的情况，用上述方程计算出的平均表面传热系数 h 偏小，可乘以修正系数 ε_l。其

表达式为

$$\varepsilon_l = 1 + \left(\frac{d}{L}\right) 0.7 \tag{9-20}$$

2. 在螺旋管中的应用

与直管相比，在螺旋管中流体流动时会产生一些附加的扰动，从而强化对流换热的效果。这时，实际的表面传热系数可在特征数方程计算的基础上，再乘以修正系数 ε_r。

对于气体：

$$\varepsilon_r = 1 + 1.77 \frac{d}{R}$$

对于液体：

$$\varepsilon_r = 1 + 1.03 \left(\frac{d}{R}\right)^3$$

式中 R——螺旋管轴线的弯曲半径；

d——螺旋管的内直径。

3. 非圆形管槽

对于非圆形管槽，可以采用管槽的当量直径 d_e 作为特征尺度，即

$$d_e = \frac{4A_c}{U} \tag{9-21}$$

式中 A_c——管槽中流体的流通截面面积；

U——流通截面上管槽被流体浸润的断面湿周长。

例如，对于长为 a、宽为 b 的长方形截面通道，充满流体时的当量直径为

$$d_e = \frac{4ab}{2(a+b)} = \frac{2ab}{a+b}$$

（二）层流

对于常物性流体管内层流流态的充分发展段，Nu 数的数值与 Re 数无关，而为常数，数值见表 9-1。

表 9-1　各种管道内充分发展层流换热的努谢尔特数 Nu

截面形状		$Nu = h d_e / \lambda$	
		常热流边界	常壁温边界
圆形		4.364	3.657
等边三角形		3.111	2.47
正方形		3.608	2.976
正六边形		4.002	3.34
长方形 （长 a、宽 b）	$a/b=2$	4.123	3.391
	$a/b=3$	4.79	3.96
	$a/b=4$	5.331	4.44
	$a/b=8$	6.490	5.597
	$a/b=\infty$	8.235	7.541

表中采用当量直径 d_e 作为特征尺度。由表中数据可以看出，对于同一种截面的管道，常热流边界条件下的 Nu 数比常壁温边界条件下的高出 20％左右。对于进口段可以忽略的长管，可以直接利用表 9-1 中的数据进行计算。如果管子较短，则层流对流换热的计算需要考虑管长的影响，推荐采用希德和塔特（Sieder and Tate）提出的计算公式：

$$Nu = 1.86(RePr)^{\frac{1}{3}}\left(\frac{d}{l}\right)^{\frac{1}{3}}\left(\frac{\mu_f}{\mu_w}\right)^{0.14} \tag{9-22}$$

式（9-22）适用的条件是 $Re \leqslant 2\,300$，$Pr = 0.48 \sim 16\,700$，$\dfrac{\mu_f}{\mu_w} = 0.004 \sim 9.75$。显然此式不适用于很长的圆管，因为 l 很大时，有 $d/l \to 0$，计算出的 h 必然很小，因此采用此式的条件是过渡流态 $RePrd/l > 10$。

（三）过渡流态

$2\,300 < Re < 10^4$ 时的流动状态可能是层流，也可能是湍流，受外界的影响较大，称为过渡流态。过渡流态的实验结果往往差别较大，一般的工程设计都尽量避免在这一范围内工作。若需要计算过渡流态的表面传热系数，可采用式（9-23）估算：

$$Nu = 0.116(Re^{2/3} - 125)Pr^{\frac{1}{3}}\left[1 + \left(\frac{d}{l}\right)^{\frac{2}{3}}\right]\left(\frac{\mu_f}{\mu_w}\right)^{0.14} \tag{9-23}$$

式中，物性参数的定性温度为流体平均温度 $t_m = (T_f' + t_f'')/2$，但 μ_w 的确定采用壁面温度 t_w。

【例 9-1】 水在直圆管内被加热，管内直径为 20 mm，管长为 3 m，入口水温为 30 ℃，出口水温为 70 ℃，水在管内的平均流速为 1.5 m/s。求水与管壁之间的平均表面传热系数。

解：属于流体直圆管内的对流换热问题，已知

管内直径 $d = 0.02$ m，管长 $l = 3$ m，入口水温 $T_f' = 30$ ℃，出口水温 $t_f'' = 70$ ℃；

水在管内的平均流速 $u = 1.5$ m/s；

管长和管径的比值 $l/d = 3/0.02 = 150 > 60$，故可视为长直圆管。

管内对流换热时，流体的定性温度为进出口流体的截面平均温度

$$t_m = \frac{T_f' + t_f''}{2} = 50 \text{ ℃}$$

根据定性温度，查附表 10 饱和水的热物理性表，可得

导热系数 $\lambda = 0.648$ W/(m · ℃)；

运动黏度 $\upsilon = 0.556 \times 10^{-6}$ m²/s；

普朗特数 $Pr = 3.54$。

计算流动雷诺数

$$Re = \frac{ud}{\upsilon} = 5.396 \times 10^4 > 10^4$$

处于旺盛湍流。

流动处于被加热状态，采用层流准则方程计算努谢尔特数，得

$$Nu = 0.023Re^{0.8}Pr^{0.4} = 232.8$$

由 $Nu = hd/\lambda$ 可得水与管壁之间的平均表面传热系数

$$h = \frac{Nu\lambda}{d} = \frac{232.8 \times 0.648}{0.02} = 7\,543\,[\text{W/(m}^2 \cdot \text{℃)}]$$

【例 9-2】 压力为一个标准大气压 p、入口温度 $T_f' = 180$ ℃ 的空气流入直径 $d = 5$ cm、长 $l = 3$ m 的圆管被加热，空气的平均流速为 10 m/s。壁面为等热流密度边界条件，沿管长方向壁面

与流体之间的温差始终保持为 20 ℃。求每米管长的换热量和出口处空气的温度。

解： 属于流体直圆管内的对流换热问题，由于沿管长方向壁面与流体之间的温差始终保持为 20 ℃，即有 $\Delta t' = \Delta t'' = 20$ ℃，可知换热平均温差 $\Delta t_m = 20$ ℃。由于出口温度未知，不能用计算空气吸热量的方法计算换热量，必须先计算表面传热系数 h，但此时流体的定性温度是进出口平均温度，为此可先假设一个出口温度，待最后求出出口温度之后再作修正。

先假设出口温度 $\Delta t'' = 220$ ℃，则定性温度为 $t_f = (180 + 220)/2 = 200$(℃)，查附表 8 得

$$\rho = 0.746 \text{ kg/m}^3, \ c_p = 1.026 \text{ kJ/(kg} \cdot \text{℃)}, \ \lambda = 3.93 \times 10^{-2} \text{ W/(m} \cdot \text{℃)}$$

$$\upsilon = 3.485 \times 10^{-5} \text{ m}^2/\text{s}, \ Pr = 0.680$$

$$Re = \frac{ud}{\upsilon} = \frac{10 \times 0.05}{3.485 \times 10^{-5}} = 1.4 \times 10^4 > 10^4, \ \text{处于旺盛湍流}$$

采用准则方程式 (9-18)，空气被加热，$n = 0.4$，得

$$Nu = 0.023 Re^{0.8} Pr^{0.4} = 41.73$$

$$h = \frac{Nu\lambda}{d} = \frac{41.73 \times 3.93 \times 10^{-2}}{0.05} = 32.8 [\text{W/(m}^2 \cdot \text{℃)}]$$

则管壁与流体之间的对流换热量为

$$Q = h\pi dl \Delta t_m = 32.8 \times \pi \times 0.05 \times 3 \times 20 = 309.13 (\text{W})$$

又

$$Q = \rho u \frac{\pi d^2}{4} c_p (t''_f - T'_f) \Rightarrow$$

$$t''_f = T'_f + \frac{4Q}{\rho u \pi d^2 c_p}$$

$$= 180 + \frac{4 \times 309.13}{0.746 \times 10 \times \pi \times 0.05^2 \times 1\,026}$$

$$= 200.57 (\text{W})$$

假设出口温度 $t''_f = 200$ ℃，重复上述计算，得 $Re = 1.485 \times 10^4$，$Nu = 42.88$，$h = 33.06$ W/(m^2 · ℃)，$Q = 311.58$ W，$t''_f = 200.32$ ℃，此时计算结果和假设条件十分接近，可得出口温度为 200.32 ℃，而每米管长换热量为 $Q/l = 311.58/3 = 103.86$(W/m)。

二、外部流动强制对流换热

外部流动强制对流换热，根据壁面的几何形状不同，介绍工程上常见的流体外掠平板、横掠单管和管束的对流换热。

（1）流体外掠平板的换热试验关联式。流体外掠等温平板时的层流强制对流换热是最简单的强制对流换热，其理论解和试验测定符合得较好。

当 $0.6 < Pr_m < 50$，$Re_{xm} < 5 \times 10^5$ 时，取平板温度与来流温度之差作为确定表面传热系数的温差，则求取局部表面传热系数 h_x 和平均表面传热系数 h 的准则方程为

$$Nu_{xm} = \frac{h_x x}{\lambda_m} = 0.332 Re_{xm}^{1/2} Pr_m^{1/3} \tag{9-24}$$

和

$$Nu_{lm} = 0.664 Re_{lm}^{1/2} Pr_m^{1/3} = 2Nu_{xm} \tag{9-25}$$

式中，定性温度取流体与板的平均温度 $t_m = (t_f + t_w)/2$。式 (9-24)、式 (9-25) 的特征长度分

别为 x 和板长 l。

当 $Re_{xm} \leqslant 5 \times 10^5 \sim 10^7$ 时，边界层过渡到湍流边界层时，计算局部表面传热系数 h_x 和平均表面传热系数 h 的准则方程式为

$$Nu_{xm} = 0.029\,6\,Re_{xm}^{4/5}Pr_m^{1/3} \tag{9-26}$$

当流体外掠长度为 l 的平板时，边界层发展的实际情况是出现层流边界层，然后随着 x 的增大，$Re_{xm} = ux/\upsilon$ 也增大。当 $Re_{xm} > 5 \times 10^5$（临界雷诺数）后，边界层内的流动转变成湍流（转折点 x 称为临界板长 x_c）。在这种情况下，平板上的边界层一部分呈层流，另一部分呈湍流，称为混合边界层。整块平板的平均表面传热系数应将上述两部分分别计算，然后对全板长加权平均，即整块平板的平均表面传热系数 h_m 的准则方程式为

$$Nu_{lm} = 0.037\,Re_{lm}^{4/5}Pr_m^{1/3} \tag{9-27}$$

适用范围为 $0.6 < Pr_m < 60$。式中定性温度为 t_m，特征长度分别为 x 和 l。

【例 9-3】　温度为 10 ℃的空气以 5 m/s 的流速平行地吹过太阳能集热器的表面，该集热器表面的平均温度为 30 ℃，表面积为 1.2 m×1.2 m，计算太阳能集热器表面由于对流而散失的热量。

解：属于流体外掠平板的对流换热问题，已知

空气温度 $t_f = 10$ ℃，平板温度 $t_w = 30$ ℃；

平板宽度 $a = 1.2$ m，假定风速与宽度方向垂直，则平板长度 $l = 1.2$ m；

空气流速 $u = 5$ m/s；

外掠平板对流换热的定性温度为壁面与流体温度的平均值，即

$$t_m = \frac{t_w + t_f}{2} = 20 \text{ ℃}$$

查附表 8 有导热系数 $\lambda = 2.59 \times 10^{-2}$ W/(m·℃)；运动黏度 $\upsilon = 15.06 \times 10^{-6}$ m^2/s；普朗特数 $Pr = 0.703$。

计算流动雷诺数

$$Re = \frac{ul}{\upsilon} = 3.98 \times 10^5 < 5 \times 10^5$$

流动处于层流状态，采用层流准则方程

$$Nu = 0.664Re^{1/2}Pr^{1/3} = 372.66$$

由 $Nu = hl/\lambda$ 可得表面传热系数

$$h = \frac{Nu\lambda}{l} = \frac{372.66 \times 2.59 \times 10^{-2}}{1.2} = 8.04 [\text{W/(m}^2 \cdot \text{℃)}]$$

太阳能集热器表面由于对流而散失的热量

$$Q = hal(t_w - t_f) = 8.04 \times 1.2 \times 1.2 \times (30 - 10) = 231.55 (\text{W})$$

（2）横掠单管的换热试验关联式。如图 9-6 所示，流体横掠单管时，流体边界层随着绕流圆管（柱）的圆周角 φ 增大而增大，进而出现分离的现象。与之相对应的表面传热系数也出现随 φ 增加而减小，然后回升的现象。

当 Re 较小时，表面传热系数仅因边界层分离出现一次回升；当 Re 较大时，则出现由层流边界层转变为湍流的回升，以及湍流边界层发生分离产生的回升，如图 9-7 所示。

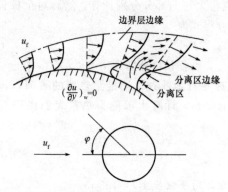

图 9-6　流体横掠单管时的流动状态

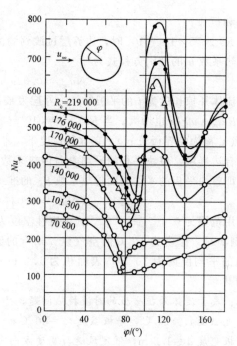

图 9-7　Nu_φ 沿周界的变化

准则方程式如下：

$$Nu_{lm} = CRe_m^n Pr_m^{1/3} \tag{9-28}$$

式中，常数 C 和 n 的数值见表 9-2。该式采用的定性温度是流体与管壁的平均温度 $t_m = (t_f + t_w)/2$；特征尺度为管的外直径 d；Re 数中的特征速度为来流速度 u_∞。

表 9-2　式 (9-28) 中的常数 C 和 n 的数值

Re	C	n
0.4~4	0.989	0.330
4~40	0.911	0.385
40~4 000	0.683	0.466
4 000~40 000	0.193	0.618
40 000~400 000	0.026 6	0.805

【例 9-4】　一条室外架空的未包裹保温材料的蒸汽管道外直径为 300 mm，用来输送 120 ℃ 的水蒸气，可认为蒸汽管道的外壁温度等于蒸汽温度。室外空气的温度为 0 ℃。如果空气以 6 m/s 的流速横向掠过该蒸汽管道，计算其单位长度的对流热损失。

解：属于横掠单管的管外对流换热问题，已知管道直径 $d = 0.3$ m，管壁温度 $t_w = 120$ ℃；空气温度 $t_f = 0$ ℃，空气流速 $u_\infty = 6$ m/s；定性温度为流体与管壁温度的平均温度，即

$$t_m = \frac{t_w + t_f}{2} = 60 \text{ ℃}$$

查附表 8 得导热系数 $\lambda = 2.9 \times 10^{-2}$ W/(m·℃)；运动黏度 $\upsilon = 18.97 \times 10^{-6}$ m²/s；普朗特数 $Pr = 0.696$；计算管外流动的雷诺数

$$Re = \frac{u_\infty d}{\upsilon} = 9.489 \times 10^3$$

采用式（9-28）准则方程式，查表 9-2 得 $C=0.193$，$n=0.618$，则

$$Nu_{lm} = CRe_m^n Pr_m^{1/3} = 0.931 \times 9\,489^{0.618} \times 0.696^{\frac{1}{3}} = 49.1$$

由 $Nu = hd/\lambda$，可得空气与蒸汽管道表面的平均表面传热系数

$$h = \frac{Nu\lambda}{d} = \frac{49.1 \times 2.9 \times 10^{-2}}{0.3} = 4.75 [\text{W}/(\text{m}^2 \cdot ℃)]$$

单位管长的热损失

$$q = \pi dh(t_w - t_f) = 536.94 \text{ W/m}$$

（3）横掠管束的换热试验关联式。管束是指由许多相同规格的管子组成的管组，在许多工业设备中都有应用，如锅炉的过热器、再热器和省煤器等，通常都是以管束的形式布置在烟道中，锅炉烟气在管外横向流过。管束的排列方式一般有叉排和顺排两种（图 9-8）。

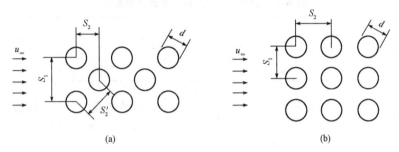

图 9-8　管束的排列方式

（a）叉排；（b）顺排

流体横掠管束与单管的相同之处在于流经第一排时与横掠单管相同，但在流经以后各排时，管束的排列方式和管子的直径 d、迎风方向间距 S_1 和顺风方向间距 S_2 及管排数对平均表面传热系数均有影响。

因此，表面传热系数的计算仍然可以采用式（9-28），定性温度仍采用流体和壁面的平均温度 $t_m = (t_f + t_w)/2$。而式中 Re 数的特征尺度采用管外径 d，特征流速则采用流体流过管束时的最大流速 u_{max}，即

$$Re = u_{max}d/\upsilon \tag{9-29}$$

常数 C 和 n 的数值则是根据 S_1/d 和 S_2/d 的数值在表 9-3 中查取。采用表 9-3 中的数据，利用式（9-28）计算的结果，只适用于沿流动方向有 10 排以上管排的情况，若管束没有达到 10 排，也可以先按此法计算，但所得的结果需要进行修正，修正系数 ε_n 的数值见表 9-4。

表 9-3　流体横掠 10 排以上管束时式（9-28）中的 C 和 n 的取值

S_2/d	S_1/d							
	1.25		1.5		2.0		3.0	
	C	n	C	n	C	n	C	n
	顺排							
1.25	0.386	0.592	0.305	0.608	0.111	0.704	0.070 3	0.752
1.5	0.407	0.586	0.278	0.620	0.112	0.702	0.075 3	0.744
2.0	0.464	0.570	0.332	0.602	0.254	0.632	0.220	0.648
3.0	0.322	0.601	0.396	0.584	0.415	0.581	0.317	0.608

S_2/d	S_1/d							
	1.25		1.5		2.0		3.0	
	C	n	C	n	C	n	C	n
	叉排							
1.25	0.575	0.556	0.561	0.554	0.576	0.556	0.570	0.562
1.5	0.501	0.568	0.511	0.562	0.502	0.568	0.542	0.568
2.0	0.448	0.572	0.462	0.568	0.535	0.556	0.498	0.570
3.0	0.344	0.592	0.395	0.580	0.488	0.562	0.467	0.574

表 9-4　沿流动方向的管排数修正系数 ε_n

排数 n		1	2	3	4	5	6	7	8	9	≥10
ε_n	顺排	0.64	0.8	0.87	0.90	0.92	0.94	0.96	0.98	0.99	1
	叉排	0.68	0.75	0.83	0.80	0.92	0.95	0.97	0.98	0.99	1

流体横向流过管束时，最大的流速 u_{max} 发生在最窄的流通截面上。当顺排布置时，最小流通截面上的最大流速为 $u_{max}=u_\infty S_1/(S_1-d)$。在叉排布置时，要根据对角线方向管子的节距 S_2' 的大小来判别最大流速的位置（图 9-9）。

1) $S_2'-d>\dfrac{S_1-d}{2}$ 时，u_{max} 出现在 (S_1-d) 的截面处，此时按照 $u_{max}=u_\infty S_1/(S_1-d)$ 计算。

2) $S_2'-d<\dfrac{S_1-d}{2}$ 时，u_{max} 出现在两个 $(S_2'-d)$ 的截面处，此时按照 $u_{max}=u_\infty S_1/[2(S_1-d)]$ 计算。

【例 9-5】　如图 9-9 所示，烟气横向流过叉排管束。已知烟气温度为 500 ℃，烟气进入管束之前的平均流速为 5 m/s，管外径 $d=25$ mm，管子间距 $S_1=50$ mm，$S_2=37.5$ mm，管壁平均温度为 300 ℃，若纵向排数大于 10 排。试求每米管长的对流换热量。

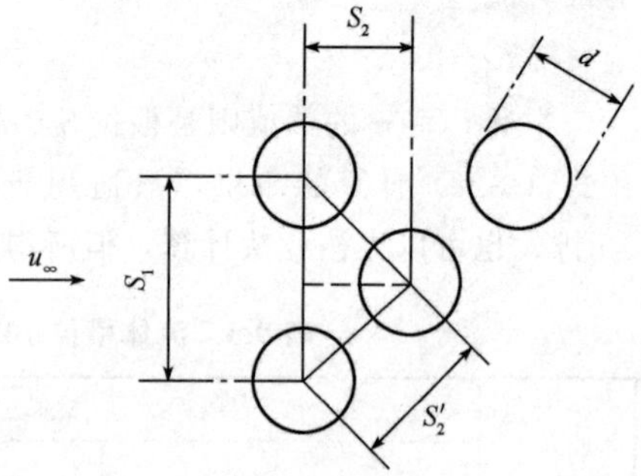

解： 属于横掠管束的管外对流换热问题，定性温度为

$$t_m=(t_f+t_w)/2=(500+300)/2=400(℃)$$

查附表 9 得

导热系数 $\lambda=5.7\times10^{-2}$ W/(m·℃)；

运动黏度 $\upsilon=60.38\times10^{-6}$ m^2/s；

普朗特数 $Pr=0.64$。

图 9-9　例 9-5 图

如图 9-9 所示，

$$S_2'=\sqrt{S_2^2+(S_1/2)^2}=\sqrt{37.5^2+(50/2)^2}=45.07(\text{mm})$$

则 $S_2'-d=45.07-25=20.07(\text{mm})$；　$\dfrac{S_1-d}{2}=\dfrac{50-25}{2}=12.5(\text{mm})$，即

$$S_2'-d>\frac{S_1-d}{2},\ u_{max}\ \text{出现在}\ (S_1-d)\ \text{的截面处，则有}$$

$$u_{\max} = u_\infty S_1 / (S_1 - d) = 5 \times 50 / (50 - 25) = 10 (\text{m/s})$$

$$Re = u_{\max} d / v = \frac{10 \times 0.025}{60.38 \times 10^{-6}} = 4\ 140.44$$

由 $S_1/d = 2$ 和 $S_2/d = 1.5$，查表 9-3，得 $C = 0.502$，$n = 0.568$，则

$$Nu_{lm} = CRe_m^n Pr_m^{1/3} = 0.502 \times 4\ 140.44^{0.568} \times 0.64^{1/3} = 49.04$$

由 $Nu = hl/d$，可得表面传热系数

$$h = \frac{Nu\lambda}{d} = \frac{49.04 \times 5.7 \times 10^{-2}}{0.025} = 111.81 [\text{W/(m}^2 \cdot ℃)]$$

由于管子的排数大于 10 排，不需要修正。每米管长的换热量为

$$q = h\pi d (t_w - t_f) = 111.81 \times \pi \times 0.025 \times (500 - 300) = 1\ 756 (\text{W/m})$$

每米管长的对流吸热量为 1 756 W，在稳定的工况下，热量由管内的流体吸收和带走。

第四节 自然对流换热

当流体与温度不同的壁面直接接触时，在壁面附近的流体由于换热会产生温度的变化，进而引起密度的变化，在密度变化形成的浮升力的驱动下，流体沿壁面流动，这种流动称为自然对流。流体由于自然对流而产生的换热过程称为自然对流换热。

自然对流换热可分为大空间自然对流换热和有限空间自然对流换热两大类。本节仅讨论大空间自然对流换热。自然对流换热与流体所处的空间大小直接有关。如果空间很大，壁面上边界层的形成和发展不因空间的限制而受到干扰，这样的空间称为大空间。例如，输电线路的冷却、冰箱排热管的散热及暖气片的散热等，都是大空间自然对流换热的应用实例。如果流体的自然对流被约束在封闭的夹层中发生相互干扰，这样的空间称为有限空间。在实际应用中，只要自然对流的热边界层不互相干扰，都可以按照大空间自然对流来处理。

如图 9-10 所示为流体受垂直热壁面加热时的自然对流情况。紧靠壁面的流体因受热而密度减小，与远处流体形成密度差，流体密度差将产生浮升力，在浮升力的驱动下，流体向上浮起。在上浮过程中，它还不断地从壁面吸取热量，温度继续升高，其邻近的流体受它影响，温度也将升高并向上浮起，这样就使向上运动的流体越来越厚。由试验看出，在壁的下端，流体呈层流状态，其上为过渡流状态，再上为湍流状态。这种情况与流体强制流过平壁时边界层发展情况相类似。流动状态对换热规律有决定性影响。从换热壁面下端开始，随着高度的增加，由于层流边界层不断增厚，对流换热热阻增加，表面传热系数 h_x 逐渐减小。此后，由于层流边界层向湍流边界层过渡，边界层内流体的掺和作用使 h_x 增加。转变成湍流边界层后，h_x 基本上就不再变化了。

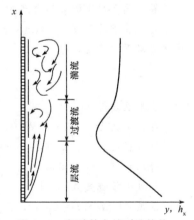

图 9-10 竖壁的自然对流换热

上例是流体受热的情况，若流体被冷却，也将发生上述情况，但是流体运动方向和上例相反。与外掠平板的对流换热一样，自然对流也有层流和湍流之分。判别层流和湍流的准则数为 Gr，$Gr = g\alpha \Delta t l^3 / v^2$，大空间自然对流换热的准则方程式可整理成 $Nu_m = C(GrPr)_m^n$，下标 m 表

示在求准则的定性温度时采用流体与壁面的平均温度 $t_m = (t_w + t_\infty)/2$。常数 C 和 n 由实验确定，见表 9-5。

表 9-5　自然对流换热实验关联式中的 C 和 n 的数值

准则方程式			$Nu_m = C(GrPr)_m^n$				
换热面形状及位置	流动情况示意图	流动状态	C	n	特征尺度	适用范围 $(GrPr)_m$	
垂直平壁及直圆筒		层流	0.59	1/4	高度 H	$10^4 \sim 10^9$	
		湍流	0.10	1/3		$10^9 \sim 10^{13}$	
水平圆		层流	0.53	1/4	外直径 d	$10^4 \sim 10^9$	
		湍流	0.13	1/3		$10^9 \sim 10^{12}$	
热面朝上及冷面朝下的水平壁		层流	0.54	1/4	平板取面积与周长的比值，圆盘取 $0.9d$	$2 \times 10^4 \sim 8 \times 10^6$	
		湍流	0.15	1/3		$8 \times 10^6 \sim 10^{11}$	
热面朝下及冷面朝上的水平壁		层流	0.58	1/5	矩形取两个边长的平均值，圆盘取 $0.9d$	$10^5 \sim 10^{11}$	

【例 9-6】　室温为 20 ℃ 的大房间内有一条外直径为 100 mm、长度为 5 m 的水平低压蒸汽管道，管道外壁的温度为 80 ℃，试求管道外壁与空气之间的表面传热系数和管道的对流热损失。

解：属于水平圆管的自然对流换热问题。

已知管道外径 $d = 0.1$ m，管壁温度 $t_w = 80$ ℃；空气温度 $t_f = 20$ ℃，管长 $l = 5$ m；定性温度边界层平均温度，即

$$t_m = \frac{t_w + t_f}{2} = 50 \ ℃$$

查附表 8 得

导热系数 $\lambda = 0.028\,3 [W/(m \cdot ℃)]$；

运动黏度 $\upsilon = 1.795 \times 10^{-5} (m^2/s)$；

普朗特数 $Pr = 0.698$。

计算格拉晓夫数：

温差 $\Delta t = t_w - t_f = 60$ ℃；重力加速度 $g = 9.81$ m/s^2

空气的容积膨胀系数 $\alpha = \dfrac{1}{t_m + 273.15} = 0.003\,095$ ℃

$$Gr = \frac{g\alpha\Delta t d^3}{\upsilon^2} = 5.654 \times 10^6$$

查表 9-5 可知，此时处于层流区，$C = 0.53$，$n = 1/4$，则有

$$Nu_m = C(GrPr)_m^n = 23.62$$

由 $Nu=hd/\lambda$，计算平均表面传热系数

$$h=\frac{Nu\lambda}{d}=6.684\ \text{W}/(\text{m}^2\cdot\text{℃})$$

管道损失 $\qquad Q=\pi dlh(t_\text{w}-t_\text{f})=629.6\ \text{W}$

第五节　凝结与沸腾换热

除前面介绍的流体无相变（单相）时的对流换热外，在热工设备中，还经常遇到蒸汽遇冷凝结和液体受热沸腾的对流换热过程。例如，水在锅炉中变成水蒸气；蒸汽轮机排出的水蒸气在冷凝器中变成凝结水；制冷剂在冰箱内蒸发为气体，经压缩冷却后又变成液体等。

蒸汽被冷却凝结成液体的换热过程称为凝结换热；液体被加热沸腾变成蒸汽的换热过程称为沸腾换热。有相变时的换热过程不同于单相流体的换热过程，主要表现在换热时流体温度不变，并且对于同一种流体而言，有相变时的表面传热系数相对于无相变时的要大。

一、凝结换热

当饱和蒸汽同低于饱和温度的壁面相接触时就会发生凝结换热，由于凝结液润湿壁面的能力不同，蒸汽凝结可形成两种不同的形式，即膜状凝结和珠状凝结。如图 9-11（a）、（c）所示，如果凝结液体能很好地润湿壁面，它就在壁面上形成一层完整的膜，称为膜状凝结。膜状凝结时，壁面总是被一层液膜覆盖着，凝结时蒸汽放出的潜热必须穿过这层液膜才能传到冷却壁面上。这时，液膜层就成为换热的主要热阻。

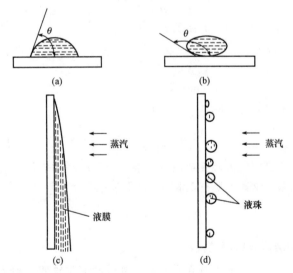

图 9-11　膜状凝结和珠状凝结
（a）凝结液浸润壁面；（b）凝结液不浸润壁面；（c）膜状凝结；（d）珠状凝结

如果凝结液体不能很好地润湿壁面，如图 9-11（b）、（d）所示，凝结液在壁面上形成一个个小液珠，而不形成连续的液膜，这种凝结称为珠状凝结。在非水平的壁面上，受重力作用，液珠长大至一定尺寸时就会沿壁面滚下。在滚下的过程中，能将沿途的液滴带走，对壁面起"清扫"作用，使较多壁面直接暴露于蒸汽中，从而使热阻大大减小。因此，珠状凝结表面传热

系数远大于膜状凝结表面传热系数，一般可达到膜状凝结的 5～10 倍。

虽然珠状凝结对换热更有利，但在工业设备中这种状态不易保持，目前绝大多数工业设备中的凝结换热都是膜状凝结，因此采用膜状凝结的计算式作为设计的依据。本节只介绍工程上常见的蒸汽在竖壁和水平圆管外膜状凝结的换热计算。

1. 竖壁层流膜状凝结换热

如图 9-12 所示，蒸汽在竖壁上段液膜较薄，液膜处于层流。在液膜沿着重力方向往下流动的过程中，蒸汽仍不断凝结，液膜不断加厚。当液膜的厚度达到一定值时，其流动状态由层流变为湍流。

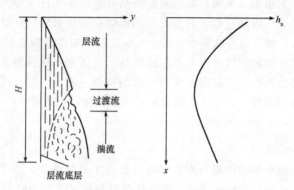

图 9-12　蒸汽在竖壁上的膜状凝结换热及局部换热系数

试验表明，竖壁层流（$Re < 1\,600$）膜状凝结的平均表面传热系数为

$$h = 1.13\left[\frac{gr\rho_1^2\lambda_1^3}{\mu_1 H(t_s - t_w)}\right]^{1/4} \tag{9-30}$$

式中　r——汽化潜热（J/kg），由饱和温度 t_s 查取；

　　　t_s——蒸汽相应压力下的饱和温度（℃）；

　　　ρ_1——凝结液的密度（kg/m³）；

　　　λ_1——凝结液的导热系数［W/(m·℃)］；

　　　μ_1——凝结液的动力黏度［kg/(m·s)］；

　　　H——竖壁高度（m）。

凝结液的物性参数按 $t_m = (t_s + t_w)/2$ 计算。

当 $Re > 1\,600$ 时，液膜由层流转变成湍流，整个竖壁的平均表面传热系数另有计算式，有兴趣的读者可参阅其他参考文献。竖壁液膜 Re 的计算公式为

$$Re = \frac{4hH(t_s - t_w)}{\eta_1} \tag{9-31}$$

2. 水平单管和管束层流膜状凝结换热

由于管径一般不是很大，因此蒸汽在水平圆管外膜状凝结液膜一般为层流，其平均凝结表面传热系数为

$$h = 0.725\left[\frac{gr\rho_1^2\lambda_1^3}{\mu_1 d(t_s - t_w)}\right]^{1/4} \tag{9-32}$$

在工程上，冷凝器大多数由管束组成，蒸汽在管束外凝结时，上排管的凝结液会部分落到下排管上，使下排管的凝结液膜增厚，表面传热系数下降；但由于液滴落下时的冲击、扰动，又会使下排管的凝结液膜产生湍动，使表面传热系数回升。实际情况比较复杂，所以，管束的

平均表面传热系数目前还没有简易、准确的计算式，一般用 $n_m d$ 代替 d 后用式（9-32）计算，即水平管束外凝结的平均表面传热系数为

$$h = 0.725 \left[\frac{g r \rho_1^2 \lambda_1^3}{\mu_1 n_m d (t_s - t_w)} \right]^{1/4} \tag{9-33}$$

式中 n_m——竖直方向上的平均管排数。

一般来说，工程上管束排列的方式有顺排、叉排、辐向排列三种。

3. 影响膜状凝结的因素

前面的分析基于比较理想的情况，如纯净的饱和蒸汽、蒸汽无流速等。实际工程中的膜状凝结情况更为复杂，影响因素也很多，在工业设计中需要根据实际情况加以考虑。

（1）不凝结气体。蒸汽中含有不凝结气体，一方面降低气液界面蒸汽分压力，即降低蒸汽饱和温度，从而减小了凝结换热的驱动力 $\Delta t = t_w - t_s$；另一方面蒸汽在抵达液膜表面凝结前，需要通过扩散的方式才能穿过不凝结气体层，从而增加传热阻力。水蒸气中质量分数占 1% 的空气将使表面传热系数减小 60%，从而带来严重后果。因此，在实际工程中，一点小小的疏忽都有可能对全局带来毁灭性的影响，务必在关键细节上尽心尽力，切不可丝毫大意。

（2）蒸汽流速。蒸汽流速对凝结换热的影响与流速大小、方向及是否撕裂液膜有关。并且，提高流速对排除不凝结气体有好处。

（3）蒸汽过热度。此时需要考虑蒸汽显热的影响，计算时需要将式（9-30）、式（9-32）和式（9-33）中的 r 换成 Δh（过热蒸汽与饱和液的焓差）。这样将导致表面传热系数增大。

（4）液膜过冷度及温度分布的非线性。此时式（9-30）、式（9-32）和式（9-33）中的 r 用 $r' = r + 0.68 c_p (t_s - t_w)$ 代替，这也将导致表面传热系数增大。

（5）管子排数。对于水平管束，沿液膜流动方向不同，排管子的凝结换热表面传热系数是不同的。由于液膜自上而下流动，上排管的凝液落到下排管，因此，第一排管的凝结换热表面传热系数 h_1 比第二排管的凝结换热表面传热系数 h_2 大，第二排管的 h_2 比第三排管的 h_3 大。随着管排数（同一铅垂面内）的增加，凝结换热表面传热系数减少。

【例 9-7】 压力为 0.7×10^5 Pa 的饱和水蒸气，在 0.2 m 高的竖直平板上发生膜状凝结，平板温度保持在 70 ℃，求蒸汽与壁面之间的平均表面传热系数及每米宽平板的凝结液量。

解： 属于竖直平壁的膜状凝结换热问题。

已知平板高度 $H = 0.2$ m，平板温度 $t_w = 70$ ℃，饱和水蒸气压力 $p = 0.7 \times 10^5$ Pa。

查附表 4，饱和温度与汽化潜热为

$$t_s = 89.93 \ ℃$$
$$r = 2\ 282.7 \times 10^3 \ \text{J/kg}$$

凝结液的定性温度为液膜平均温度 $t_m = \dfrac{t_w + t_s}{2} = 79.97$ ℃

查附表 10 得密度 $\rho_1 = 971.8$ kg/m³；导热系数 $\lambda_1 = 0.674$ W/(m·℃)；动力黏度 $\mu_1 = 355.1 \times 10^{-6}$ kg/(m·s)；

假定液膜流动处于层流状态，表面传热系数为

$$h = 1.13 \left[\frac{g r \rho_1^2 \lambda_1^3}{\mu_1 H (t_s - t_w)} \right]^{1/4} = 9\ 293 \ \text{W/(m}^2 \cdot ℃)$$

验算液膜流动状态，膜层雷诺数为

$$Re = \frac{4hH(t_s - t_w)}{r\eta_1} = 182.8 < 1\ 600$$

液膜处于层流状态，假设可用。

每米宽平板的换热量为

$$Q = hH(t_s - t_w) = 3.704 \times 10^4\ \text{W/m}$$

每米宽平板的凝结液量为

$$\dot{m} = \frac{Q}{r} = 0.016\ 23\ \text{kg/s}$$

二、沸腾换热

沸腾换热是在液体内部固液界面上形成气泡从而实现热量由固体传递给液体的过程。因此，其产生的条件是固体表面温度 t_w 高于液体饱和温度 t_s。按沸腾液体是否做整体流动，沸腾可分为大容器饱和沸腾和强制对流沸腾。按液体主体温度是否达到饱和温度 t_s，沸腾可分为饱和沸腾和过冷沸腾。本节主要讨论大容器饱和沸腾换热。

1. 大容器饱和沸腾曲线

（1）4 个不同的区域及其特点（图 9-13）。

1）单相自然对流区域。此时 $\Delta t < 4\ ℃$，在加热表面上没有气泡产生。

2）核态沸腾区域。此时 $4\ ℃ < \Delta t < 25\ ℃$，在加热表面上产生气泡，换热温差小，且产生气泡的速度小于气泡脱离加热表面的速度，气泡的剧烈扰动使表面传热系数和热流密度都急剧增大，汽化核心对换热起决定性作用，一般工业应用都设计在这一范围。

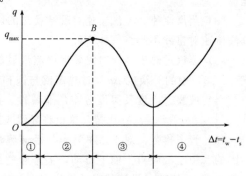

图 9-13　大容器饱和沸腾曲线

3）过渡沸腾区域。此时 $25\ ℃ < \Delta t < 200\ ℃$，加热表面上产生气泡的速度快于气泡脱离表面速度，在加热表面上形成不稳定汽膜，由于汽膜层的热阻，该区域换热强度比核态沸腾区域换热强度要弱。

4）稳态膜态沸腾区域。此时 $\Delta t > 200\ ℃$，在加热表面上形成稳定的汽膜层，相变过程不是发生在壁面上，而是在气液界面上，但由于蒸汽的导热系数远小于液体的导热系数，因此表面传热系数大大降低。而此时壁面温度远高于液体饱和温度，因此，须考虑汽膜内的辐射换热，所以换热强度又能有所提高。

（2）确定临界点 q_{max} 的意义。由于核态沸腾具有温差小、换热强的特点，因此，图 9-13 中的极值点 B 所对应的 q_{max}（即临界点）便具有十分重要的意义。对热流可控的加热方式，当热流超过 q_{max} 时，表面传热系数大大下降，将会使壁温飞升，导致设备烧毁（图 9-14）；而对壁面温度可控的加热方式，由图 9-14 可知，超过 q_{max} 点意味着尽管 $\Delta t = t_w - t_s$ 增加，但由于表面传热系数大大减小，因而使热流密度 q 反而下降。因此，在工业应用中一般应尽量控制加热的热流密度或壁温，使其不至于烧毁或传热效率下降。另外，图 9-14 也说明，对于沸腾换热而言，并非换热温差 Δt 越大，换热热流密度就越大。

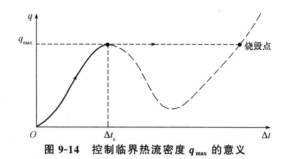

图 9-14　控制临界热流密度 $q_{\max}$ 的意义

2. 大容器饱和沸腾换热的计算公式

由于受到加热壁面的材料、表面状况、压力等因素的影响，沸腾换热的情况较为复杂，同时导致了不同计算公式的分歧比较大。目前存在两种计算公式，一种是针对特定液体的米海耶夫关联式，另一种是广泛适用于各种液体的罗森诺关联式。

（1）米海耶夫关联式。对于水的大容器饱和核态沸腾，推荐使用米海耶夫关联式计算平均表面传热系数，即

$$h = 0.533 q^{0.7} p^{0.15} \tag{9-34}$$

式中　h——核态沸腾换热的表面传热系数 $[\mathrm{W}/(\mathrm{m}^2 \cdot \mathrm{℃})]$；

$\qquad$ p——沸腾的绝对压力（Pa）；

$\qquad$ q——热流密度（W/m^2）。

（2）罗森诺关联式。罗森诺关联式适用于各种液体的大容器饱和沸腾时核态沸腾换热的计算，即

$$q = \mu_1 r \left[\frac{g(\rho_1 - \rho_v)}{\sigma} \right] 1/2 \left(\frac{c_{p,1} \Delta t}{C_{w,1} r Pr_1^s} \right)^3 \tag{9-35}$$

式中　q——沸腾换热的热流密度（W/m^2）；

$\qquad$ μ_1——饱和液体的动力黏度（Pa·s）；

$\qquad$ r——汽化潜热（J/kg）；

$\qquad$ $c_{p,1}$——饱和液体的定压比热容 $[\mathrm{J}/(\mathrm{kg} \cdot \mathrm{℃})]$；

$\qquad$ g——重力加速度（m/s^2）；

$\qquad$ $C_{w,1}$——加热表面与液体组合情况的经验常数（表 9-6）；

$\qquad$ s——经验指数，对于水 $s=1$，对于其他液体 $s=1.7$；

$\qquad$ ρ_1、ρ_v——饱和液体和饱和蒸汽的密度（kg/m^3）；

$\qquad$ σ——气液界面上液体的表面张力（N/m）；

$\qquad$ Δt——沸腾温差（℃），$\Delta t = t_w - t_s$。

表 9-6　几种液体—壁面组合的经验常数

液体—壁面组合	$C_{w,1}$	液体—壁面组合	$C_{w,1}$
水—镍	0.006	正戊烷—铬	0.015
水—铂金	0.013	乙醇—铬	0.002 7
水—铜	0.013	异丙醇—铜	0.002 5
水—黄铜	0.006	35%的碳酸钾溶液—铜	0.005 4
四氟化碳（CCl）—铜	0.013	50%的碳酸钾溶液—铜	0.002 7
苯—铬	0.010	正丁醇—铜	0.003 0

第六节　热　管

热管是传热元件中最有效的传热元件之一，它可将大量热量通过其很小的截面面积远距离传输而无须外加动力。我国的能源综合利用水平一直较低，而热管具有结构简单、价格低、制造方便且易于在工业中推广应用等特点。因此，热管的研究与应用在我国不断拓宽，遍及电子元件、计算机、化工、动力和冶金等领域。目前，热管技术的开发和研究已成为工业化应用方面最活跃的学术领域之一。

一、热管的结构和工作原理

1963 年，美国 LosAlamos 国家实验室的 G. M. Grover 发明的一种称为"热管"的传热元件，它充分利用了热传导原理与制冷介质的快速热传递性质，通过热管将发热物体的热量迅速传递到热源外，其导热能力超过任何已知金属的导热能力。

如图 9-15 所示，典型的热管由管壳、吸液芯和端盖组成。将管内抽成 $1.3 \times (10^{-4} \sim 10^{-1})$ Pa 的负压后，充以适量的工作液体，使紧贴管内壁的吸液芯毛细多孔材料中充满液体后加以密封。管的一端为蒸发段（加热段），另一端为冷凝段（冷却段），中间可设置为传输段（绝热段）。

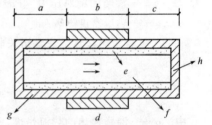

图 9-15　热管工作原理图
a—蒸发段；b—传输段（或绝热段）；
c—冷凝段；d—热绝缘；e—吸液芯；
f—蒸汽腔；g—管壳；h—端盖

当热管的一端受热时，毛细芯中的液体蒸发汽化，蒸汽在微小的压差下流向另一端，在那里放出热量凝结成液体，液体再沿多孔材料靠毛细力的作用流回蒸发段。如此循环，实现热的传输。热管在实现这一热量转移的过程中，包含了以下六个相互关联的主要过程。

（1）热量从热源通过热管管壁和充满工作液体的吸液芯传递到（液—气）分界面；

（2）液体在蒸发段内的（液—气）分界面上蒸发；

（3）蒸汽腔内的蒸汽从蒸发段流到冷凝段；

（4）蒸汽在冷凝段内的（气—液）分界面上凝结；

（5）热量从（气—液）分界面通过吸液芯、液体和管壁传给冷源；

（6）在吸液芯内由于毛细力作用使冷凝后的工作液体回流到蒸发段。

由于热管的用途、种类和形式较多，再加上热管在结构、材质和工作液体等方面各有不同之处，故对热管的分类也很多，常用的分类方法有以下几种。

1. 按照热管管内的工作温度分

按照热管管内的工作温度分，热管可分为低温热管（$-273 \sim 0$ ℃）、常温热管（$0 \sim 250$ ℃）、中温热管（$250 \sim 450$ ℃）、高温热管（$450 \sim 1\,000$ ℃）等。

2. 按照工作液体回流动力分

按照工作液体回流动力分，热管可分为有芯热管、两相闭式热虹吸管（双称重力热管）、磁流辅助热管、旋转热管、电流体动热热管、磁流体动力热管、渗透热管等。

3. 按照管壳与工作液体的组合方式分（一种习惯的划分方法）

按照管壳与工作液体的组合方式分，热管可分为铜—水热管、碳钢—水热管、铜钢复合—

水热管、铝－丙酮热管、碳钢－萘热管、不锈钢－钠热管等。

4. 按照结构形式分

按照结构形式分，热管可分为普通热管、分离式热管、毛细泵回路热管、微型热管、平板热管、径向热管等。

5. 按照热管的功用分

按照热管的功用分，热管可分为传输热量的热管、热二极管、热开关管、热控制用热管、仿真热管、制冷热管等。

热管是依靠自身内部工作液体相变来实现传热的传热元件，具有以下基本特性。

（1）很高的导热性。热管内部主要靠工作液体的气、液相变传热，热阻很小，因此具有很高的导热能力。与银、铜、铝等金属相比，单位质量的热管可多传递几个数量级的热量。

（2）优良的等温性。热管内腔的蒸汽处于饱和状态，饱和蒸汽的压力取决于饱和温度，饱和蒸汽从蒸发段流向冷凝段所产生的压降很小，根据热力学中的方程式可知，温降也很小，因而热管具有优良的等温性。

（3）热流密度可变性。热管可以独立改变蒸发段或冷却段的加热面积，即以较小的加热面积输入热量，而以较大的冷却面积输出热量，或者热管可以较大的传热面积输入热量，而以较小的冷却面积输出热量，这样即可以改变热流密度，解决一些其他方法难以解决的传热难题。

（4）热流方向的可逆性。一根水平放置的有芯热管，由于其内部循环动力是毛细力，因此任意一端受热就可作为蒸发段，而另一端向外散热就成为冷凝段。此特点可用于宇宙飞船和人造卫星在空间的温度展平，也可用于先放热后吸热的化学反应器及其他装置。

（5）热二极管与热开关性能。热管可做成热二极管或热开关，所谓热二极管，就是只允许热流向一个方向流动，而不允许向相反的方向流动；热开关则是当热源温度高于某一温度时，热管开始工作，当热源温度低于这一温度时，热管就不传热。

（6）恒温特性（可控热管）。热管的这种特性使冷凝段的热阻随加热量的增加而降低，随加热量的减少而提高，这样可使热管在加热量大幅度变化的情况下，蒸汽温度变化极小，实现温度的控制，这就是热管的恒温特性。

二、热管技术的应用

随着传统能源变得越来越少，把热管技术成功地运用在热能工程中，不仅可以完成热能的合理流动，同时，还可以减少大量的能量损失，有效地实现节约资源和能源的目标。

1. 炼焦炉余热回收工程中的应用

一般情况下，从炼焦炉释放出来的烟气温度会非常高，不进行回收利用，会造成非常大的浪费。如果将热管技术运用到炼焦炉上，并且安装到烟囱内，这些大量的余热就可以回收利用。在热管内，工作介质对于烟囱内的热量进行有效的吸收，并且蒸发成气体，这些气体会传送到冷凝段，进行热量的释放后，开始凝结，当能量完全释放之后，继续变成液态的介质，再一次流回蒸发段，继续循环。通过冷凝段的使用，得到的热量，应该进行加热，除去盐水，因为热管传送的热量类型非常多。因此，汽水混合物就会大量产生，并且沿着上升管在集箱的内部进行汇合，并且在最后都进入汽包实现分离。

2. 热管用于传送和储存能量

用热管传送热量是利用汽化潜热或化学反应将热量从高温流体传向低温流体，这时热管相当于传送管道，但功能和功率都比一般传送管道多，而且不需要传送泵等设备。热管用于储存能量，并不是利用热管本身，因为热管本身的储热能力很小，而是利用热管结构简单和容易设置蓄热材料的特点，如可在热管外面设置蓄热材料，其工作原理为当高温热源充足时，蓄热材料储存一部分热量，而当高温热源不充足或间断时，蓄热材料将储存的热量通过热管传送给低温物体。

3. 热管用于控制设备的温度

利用热管的控制性能进行控温的方式，具有结构简单、体积小和性能良好与工作可靠等优点。其工作原理是利用变导热管的可调节性能，由于变导热管中的惰性气体随温度的膨胀而改变冷凝段换热面积，因而可控制热管内温度，从而也就控制了加热段的温度。这项技术被广泛应用于卫星、宇宙飞船等设备上，它能使卫星、宇宙飞船各部件之间甚至整个卫星结构等温化。

习　题

一、简答题

1. 试叙述对流换热、速度边界层和热边界层的概念。

2. 简要说明影响对流换热的主要因素。

3. 简述影响对流换热的准则，其中 Nu 数和前面讲过的 Bi 数的表达式形式完全相同，两者有什么区别？

4. 试说明管槽内对流换热的入口效应，并简要解释其原因。

5. 什么是大空间自然对流换热？什么是有限空间自然对流换热？这与强制对流中的外部流动及内部流动有什么异同？

6. 说明膜状凝结和珠状凝结的概念。膜状凝结时热量传递过程的主要阻力在哪里？

7. 对于换热表面的结构而言，强化凝结换热的基本思想是什么？强化沸腾换热的基本思想是什么？

8. 将同样的两滴水分别滴在温度为 120 ℃ 和 300 ℃ 的锅面上，请问哪只锅上的水先烧干？为什么？

二、计算题

1. 试计算下列情况非圆形截面管槽的当量直径。

(1) 边长为 a 和 b 的矩形通道；

(2) 边长为 a 和 b 的矩形通道，但 $b \ll a$；

(3) 套管的环形通道，内管外径为 d，外管内径为 D；

(4) 在一个直径为 D 的大圆筒内沿轴向布置了 n 根外径为 d 的圆管，流体的圆管外做纵向流动。

2. 水在长直圆管内的湍流强制对流换热过程，对流换热的准则关系式为 $Nu = 0.023Re^{0.8}Pr^{0.4}$。

试问：

(1) 如果流体的流动速度增加一倍，在其他条件不变时，表面传热系数如何变化？

(2) 如果流速等条件不变，而采用的圆管的管径是原来的一半，表面传热系数 h 将如何变化？

3. 压力为一个标准大气压、温度为 20 ℃ 的空气以 38 m/s 的流速外掠平板流动。平板垂直于气流方向的宽度为 30 cm，壁面温度均匀且维持在 80 ℃，那么沿流动方向的板长为多少时，气流的以板长为特征尺度的流动雷诺数可以达到 $5×10^5$？此时平板与空气之间的对流换热量是多少？

4. 如图 9-16 所示为一台套管式换热器，外管的内径为 80 mm，内管的外径为 60 mm，换热器外壳绝热良好。水蒸气在套管式换热器的内管中凝结，使换热器内管外壁的温度保持在 120 ℃，温度为 30 ℃ 的水以 1.0 kg/s 的质量流量流入换热器的环形空间被加热，若要把水加热到 70 ℃，需要的套管长度是多少？

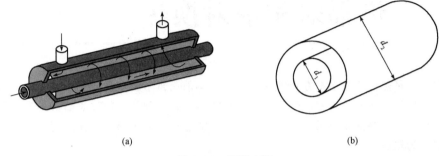

(a)　　　　　　　　　　　　　　　(b)

图 9-16　习题 4 图

（a）套管式换热器示意；（b）套管式换热器外腔尺寸

5. 一个标准大气压下温度为 20 ℃ 的空气以 30 m/s 的流速横掠一根直径 $d=5$ mm、壁面温度 $t_w=50$ ℃ 的长导线。试计算每米长导线的热损失。

6. 在锅炉中，烟气横掠一组沿流动方向大于 10 排的顺排管束。已知管外直径 $d=80$ mm，$S_1/d=2$，$S_2/d=2$，烟气的平均温度 $t_f=800$ ℃，管束壁面的平均温度 $t_w=160$ ℃，沿流动方向最窄截面处的平均流速 $u=9$ m/s。试求管束壁面与烟气之间的平均表面传热系数。

7. 横放的圆管，直径为 0.1 m，外壁面温度为 60 ℃，置于 0 ℃ 的空气中，试求每米管长的自然对流热损失。

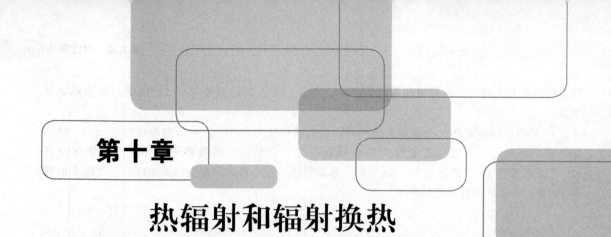

第十章

热辐射和辐射换热

热辐射是三种热量传递基本方式中的一种，但与前面章节讲到的导热和热对流不同。导热和热对流必须依靠中间介质才能进行热传递，而热辐射是一种依靠物体表面对外发射电磁波传递热量的过程，不需要依靠中间介质，在真空中也能进行热量传递。物体之间依靠热辐射进行的热量传递称为辐射换热。

第一节　热辐射基本概念

在热能利用领域存在着大量热辐射和辐射换热的问题，本节主要讨论热辐射的基本概念、辐射能的吸收率、透射率和反射率，以及辐射力和光谱辐射力的概念，为后续计算物体之间辐射换热提供理论基础。

一、热辐射的本质和特点

从物理上讲，辐射是指物体受某种因素的激发而向外发射辐射能的现象。激发的方法不同，所产生的电磁波的波长也就不同，因而，投射到物体上产生的效应也不同。由于物体内部微观粒子的热运动而使物体向外发射辐射能的现象，称为热辐射。从理论上说，物体热辐射的电磁波波长可以包括整个波谱，即从零到无穷大的范围，如图 10-1 所示，波长在 $0.38 \sim 0.76 \ \mu m$ 范围的称为可见光，即眼睛所能感受到的光线，波长在 $0.76 \sim 3 \ \mu m$ 范围的称为近红外线；波长在 $3 \sim 10^3 \ \mu m$ 范围的称为远红外线；波长大于 $10^3 \ \mu m$ 的称为无线电波；波长在 $0.38 \ \mu m$ 以下的称为紫外线、X 射线（伦琴射线）和 γ 射线等。

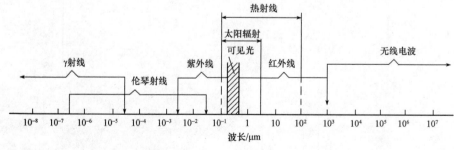

图 10-1　电磁波谱

然而，在工程上所遇到的温度范围一般在 2 000 K 以下，有实际意义的热辐射波长位于 $0.8 \sim 100 \ \mu m$ 范围内，且大部分能量位于红外线区段的 $0.76 \sim 20 \ \mu m$ 范围内，当热辐射的波长

大于 $0.76~\mu m$ 时，人们的眼睛将看不见，在可见光范围辐射能量所占比重不大。太阳的辐射能主要集中在 $0.2\sim2~\mu m$ 的波长范围，其中 45.6% 来自波长为 $0.38\sim0.76~\mu m$ 的可见光线，辐射能在可见光区段占有很大比重。考虑到太阳辐射，通常把 $0.1\sim100~\mu m$ 的电磁波定义为热辐射的波长，包括全部的可见光、部分紫外线和红外线。

热辐射不同于导热和对流换热，与导热、对流换热相比，热辐射这种传递能量的方式具有以下特点：

（1）热辐射的能量传递不需要中间介质存在，在真空中也能进行，如太阳向地面进行的辐射，太阳是一个直径相当于地球 110 倍、表面温度接近 6 000 K 的高温气团，太阳与地球之间近乎真空，但太阳表面仍不断以电磁波的形式向地球发射能量，地球上的热量基本来源于太阳辐射能，而导热和对流换热都必须由冷、热物体直接接触或通过中间介质相接触才能传递热量。

（2）所有温度大于 0 K 的物体都具有发射热辐射的能力，温度越高，发射热辐射的能力越强。

（3）所有实际物体都具有吸收热辐射的能力。

（4）辐射换热过程伴随两次能量的转换，即物体的部分热力学能转变为辐射能向外发射，被另一个物体吸收时又将辐射能转换为热力学能。发射辐射能是物体固有的本性，物体的温度越高，辐射的波长越短。当物体之间有温差时，高温物体辐射给低温物体的能量大于低温物体辐射给高温物体的能量，因此，总的结果是高温物体将能量传给了低温物体。需要注意的是，即使是温度相同的两个物体或物体与环境处于热平衡时，其表面的热辐射仍在不断进行，但其净辐射换热量等于零。

太阳通过大气层向地球表面发射短波辐射，其中 X 射线和其他一些超短波射线在通过电离层时，会被氧、氮及其他大气成分强烈吸收，大部分紫外线被大气中的臭氧吸收，大部分的长波红外线则被大气中的二氧化碳和水蒸气等温室气体吸收。到达地面的太阳辐射能主要是可见光和近红外线部分。地面接收太阳辐射能升温后，也向外进行长波辐射，此时若大气中的水蒸气、二氧化碳等温室气体吸收该部分长波辐射，就会使地表和低层大气温度升高，从而造成温室效应。自工业革命以来，人类向大气中排入的二氧化碳等吸热性强的温室气体逐年增加，大气的温室效应也随之增强，其引发的一系列问题已引起了世界各国的关注。2020 年 9 月，中国明确提出 2030 年"碳达峰"与 2060 年"碳中和"目标（"双碳"战略目标）。"双碳"是中国提出的两个阶段碳减排的奋斗目标，中国庄严承诺 2030 年力争二氧化碳排放量达到峰值，努力争取 2060 年实现碳中和。因此，减少温室气体的排放是减缓温室效应增加的有效途径，也是实现节能减排目标的途径之一。

二、热辐射的吸收、反射和穿透

当热辐射的能量投射到物体表面上时与可见光规律相同，其中一部分能量被物体吸收，还有另一部分被反射，剩余部分透过物体称为透射。如图 10-2 所示，假设外界投射到物体表面上的总能量为 Q，被物体吸收 Q_a，被物体反射 Q_ρ，其余部分 Q_τ 穿透物体。由能量守恒定律得

$$Q_a+Q_\rho+Q_\tau=Q$$

若等式两端同时除以 Q，得

$$\frac{Q_a}{Q}+\frac{Q_\rho}{Q}+\frac{Q_\tau}{Q}=1$$

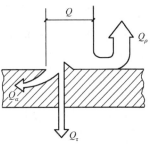

图 10-2　物体对热辐射的
反射、吸收和透射

令式中

$\dfrac{Q_a}{Q} = \alpha$ 称为物体的吸收率,表示投射的总能量中被该物体吸收的能量所占份额;

$\dfrac{Q_\rho}{Q} = \rho$ 称为物体的反射率,表示该物体反射的能量所占份额;

$\dfrac{Q_\tau}{Q} = \tau$ 称为物体的透射率,表示穿透该物体的能量所占份额。

于是有

$$\alpha + \rho + \tau = 1 \tag{10-1}$$

α、ρ、τ 的数值均在 $0 \sim 1$ 的范围内变化,其大小主要与物质的性质、温度及表面状况等有关。物体表面投入辐射的反射,可分为镜面反射和漫反射两种。一般高度磨光的金属表面,当表面的不平整尺寸小于透射辐射波长时,才会形成镜面反射,入射角等于反射角。而对于一般工程材料,表面较为粗糙,会形成漫反射,反射能均匀分布在各个方向。

若投射到物体表面上的辐射能全部被其吸收,即吸收比 $\alpha = 1$ 或 $\rho = \tau = 0$,则该物体称为绝对黑体,简称黑体,在所有物体之中,它吸收热辐射的能力最强;同样,反射比 $\rho = 1$ 或 $\alpha = \tau = 0$ 的物体称为镜体(漫反射时称为白体);透射比 $\tau = 1$ 或 $\rho = \alpha = 0$ 的物体称为绝对透明体。与此对应的,$\tau = 0$ 或 $\rho + \alpha = 1$ 的物体称为非透明体。试验证明,固体和液体对热辐射是不能穿透的,如大多数工程材料,各种金属、砖、木材等,因此,吸收能力大的固体和液体,其反射能力就小;反之,吸收能力小的固体和液体,其反射能力就大。而气体对热辐射几乎没有反射能力,即 $\rho = 0$ 或 $\alpha + \tau = 1$。吸收能力大的气体,其穿透性就差。

太阳能热水器是目前太阳能热利用中最受人们认可的一种供热装置,其主要利用太阳能热水器内部的集热器的接收部件接收太阳辐射能,当太阳光照射在太阳能热水器上时,内部的集热管会将太阳辐射能收集并转换为热能,然后将热量传递给管道内部的冷水,从而获得热水。常见的太阳能集热器有平板太阳能集热器和真空管太阳能集热器两种。平板太阳能集热器的吸热元件为金属吸热板(一般为铜或铝),吸热板表面为太阳选择性吸收涂层;吸热板中间为介质流道,一块集热器由几块吸热板和上、下集热管焊接组成,金属外框和背部保温材料,上面为透明盖板。为了提高平板太阳能集热器的热效率,通常要求透明盖板材料具有较高的透光率,同时,吸热板的表面黑色涂层应具有较高的吸收率和较低的发射率。

自然界中不存在绝对的白体、绝对的透明体与黑体,它们都是为了方便问题分析而假设的理想模型。这里讲到的黑体、白体、透明体是对所有波长的射线而言的,而日常生活中所说的白色物体与黑色物体只是相对于可见光而言的,可见光在热辐射的波长范围中只占很小部分,因此,黑体不一定是黑色,白体也不一定是白色,不能凭物体的颜色来判断它对热辐射吸收比的大小。例如,白雪对红外线的吸收比高达 0.94,非常接近黑体,但人们肉眼所见是白色的;白布和黑布对可见光的吸收比差别很大,黑色表面几乎可以吸收全部的可见光,而白色表面几乎反射 90% 的可见光,但黑色、白色表面对红外线的吸收比基本相同。

黑体辐射相对简单,而实际物体的热辐射特性和规律是非常复杂的。因此,在热辐射规律的研究中,引入黑体的重要意义在于研究黑体的辐射性质和规律,找出实际物体与黑体辐射的区别,从而对黑体的辐射规律进行修正后用于实际物体,解决物体之间的辐射换热计算。黑体是一种自然界中不存在的理想物体,但可以人工制造出接近黑体的模型。图 10-3 所示为人工黑体模型,空腔的壁面上有一个小孔,空腔的内表面吸收比较高,因此,只要小孔的尺寸与空腔相比足够小,从小孔进入空腔的辐射能经过空腔壁面的多次吸收和反射后,几乎全部被吸收,相当于小孔的吸收比接近1，即接近黑体。人工黑体在工业上主要用于温度计量领域，随着科学技术的发展，在光学测量等领域也有所应用。

图 10-3　人工黑体模型

三、辐射力、光谱辐射力和定向辐射力

（一）辐射力（E）的定义

物体表面的辐射力即单位时间内、单位面积的物体表面向半球空间发射的全部波长的辐射能的总和，用符号 E 表示，单位为 W/m^2。绝对黑体的辐射力用 E_b 表示。

（二）光谱辐射力（E_λ）的定义

光谱辐射力即单位时间内、单位面积上所发射的某一特定波长 λ 的辐射能力，也称单色辐射力，用符号 E_λ 表示，单位为 $W/(m^2 \cdot \mu m)$。黑体的光谱辐射力用 $E_{b\lambda}$ 表示。辐射力与光谱辐射力之间的关系可表示为

$$E_\lambda = \frac{dE}{d\lambda} \quad 或 \quad E = \int_0^\infty E_\lambda d\lambda \tag{10-2}$$

（三）定向辐射力（E_θ）的定义

定向辐射力即在某给定方向上，单位时间内、单位面积的物体表面在单位立体角内所发射全波长的能量，用符号 E_θ 表示，单位为 $W/(m^2 \cdot sr)$。

$$E_\theta = I_\theta \cos\theta \tag{10-3}$$

在式（10-3）中，I_θ 为定向辐射强度，即在某给定辐射方向上，单位时间、单位可见辐射面积在单位立体角内所发射的全部波长的能量。当发射辐射物体表面的方向 $\theta = 0$ ℃时，$E_n = I_n$。

第二节　热辐射基本定律

本节主要介绍黑体辐射的基本定律，包括普朗克定律、维恩位移定律、斯蒂芬—玻尔兹曼定律和兰贝特定律。这些定律分别从不同的角度描述了一定温度下黑体辐射的基本规律。

一、普朗克定律

1900 年，普朗克（M. Planck）在量子假设的基础上，揭示了黑体辐射的光谱分布规律，给出了黑体的光谱辐射力 $E_{b\lambda}$ 与热力学温度 T、波长 λ 之间的函数关系，称为普朗克定律。

$$E_{b\lambda} = \frac{C_1 \lambda^{-5}}{e^{C_2/(\lambda \cdot T)} - 1} \quad W/(m^2 \cdot \mu m) \tag{10-4}$$

式中　λ——波长（μm）；

T——热力学温度（K）；

C_1——普朗克第一常数，$C_1 = 3.743 \times 10^8$ （W·μm^4）/m^2；

C_2——普朗克第二常数，$C_2 = 1.439 \times 10^4$ $\mu m \cdot K$。

不同温度下黑体的光谱辐射力随波长的变化如图10-4所示。由图可知：

（1）在同一波长下，光谱辐射力随温度的升高而增大。

（2）在一定的温度下，黑体的光谱辐射力随波长连续变化，当波长趋近零或无穷大时，黑体的光谱辐射力也趋近零，在某一波长下，具有最大值。

（3）光谱辐射力取得最大值的波长 λ_{max} 随温度的升高而减小，即峰值波长 λ_{max} 向短波方向移动。

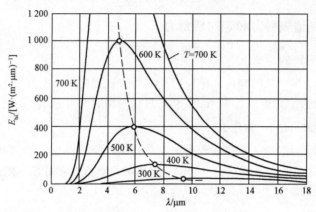

图 10-4　黑体单色辐射力 $E_{b\lambda} = f(\lambda, T)$

二、维恩位移定律

1893 年，维恩（Wien）通过试验数据的经验总结出黑体辐射的峰值波长 λ_{max} 与热力学温度 T 之间的函数关系，通过对式（10-4）求极值，可以得到维恩位移定律的数学表达式：

$$\lambda_{max} T = 2\,897.6 \ \mu m \cdot K \tag{10-5}$$

根据维恩位移定律，可以确定任一温度下黑体的光谱辐射力取得最大值的波长。加热炉中铁块升温过程中颜色的变化也能体现黑体辐射的特点：当铁块的温度低于 800 K 时，所发射的热辐射主要是红外线，人的眼睛感受不到，看起来还是暗黑色的；随着温度的升高，铁块的颜色逐渐变为暗红色→鲜红色→橘黄色→亮白色，这是由于随着温度的升高，铁块发射的热辐射中可见光的比例逐渐增大。同样，可以利用维恩位移定律，根据黑体的峰值波长求黑体温度。它可以作为光谱测温的基础。

【例 10-1】　若将太阳近似看作黑体，测得对应太阳最大光谱辐射力 $E_{b\lambda_{max}}$ 的峰值波长 $\lambda_{max} = 0.503\ \mu m$，求太阳表面温度。

解： 由式（10-5），可得

$$T = \frac{2\,897.6}{\lambda_{max}} = \frac{2\,897.6}{0.503} = 5\,761 \text{（K）}$$

三、斯蒂芬—玻尔兹曼定律

斯蒂芬—玻尔兹曼定律确定了黑体的辐射力 E_b 与热力学温度 T 之间的关系。1879 年，斯蒂芬在试验研究中得出结论。1884 年，玻尔兹曼从热力学的角度出发，推导出同样的定律，现在可以直接由普朗克定律导出表达式为

$$E_b = \int_0^\infty E_{b\lambda} d\lambda = \int_0^\infty \frac{C_1 \lambda^{-5}}{\exp\left(\dfrac{C_2}{\lambda T}\right) - 1} d\lambda = \sigma_b T^4 \, (W/m^2) \tag{10-6}$$

式中　　$\sigma_b = 5.67 \times 10^{-8} \, W/(m^2 \cdot K^4)$——黑体辐射常数。为便于计算，式（10-6）可改写成

$$E_b = C_b \left(\frac{T}{100}\right)^4 \, (W/m^2) \tag{10-7}$$

式中　　$C_b = 5.67 \, W/(m^2 \cdot K^4)$——黑体辐射系数。式（10-7）表明黑体的辐射力 E_b 与热力学温度 T 的四次方成正比，故又称为四次方定律。

四、兰贝特定律

兰贝特定律描述了黑体辐射能量在空间方向的分布规律。从理论上证明，黑体辐射沿半球空间各方向的能量不相同，但其定向辐射强度相等，即黑体在任何方向上的定向辐射强度与方向无关。其表达式为

$$I_{\theta 1} = I_{\theta 2} = K = I_n$$

根据定向辐射力与辐射强度的关系式可得

$$E_\theta = I_\theta \cos\theta = I_n \cos\theta = E_n \cos\theta$$

上式是兰贝特定理的另一个表达式，说明黑体的定向辐射力随方向角 θ 按余弦规律变化，即法线方向上的辐射能量最大，切线方向上为零，因此兰贝特定律也称为余弦定律。

第三节　物体表面间的辐射特性

前面讲到的热辐射基本定律主要以黑体为研究对象，黑体辐射相对简单，是热辐射研究的标准物体。实际物体并不能完全吸收投入其表面的辐射能，因此，本节主要在黑体辐射特性研究的基础上，对实际物体的吸收特性进行介绍，主要讨论实际物体的辐射特性、吸收特性及基尔霍夫定律。

一、实际物体的辐射

实际物体的辐射不同于黑体，一切实际物体的辐射力都小于同温度下黑体的辐射力。工程上为了便于实际物体辐射力 E 的计算，常把物体简化处理为一种假设的灰体。在辐射理论中，把光谱吸收比 α_λ 与波长无关，即 $\alpha_\lambda = \alpha$ 的物体称为灰体，灰体同黑体一样也是理想物体。灰体的引入说明了无论投入辐射的分布如何，α_λ 均为常数，即实际物体的发射特性与其表面温度、表面状况及表面材料种类等自身特征有关，而与外界情况无关，如金属与非金属的辐射特性不同。

如图 10-5 所示为某一温度下黑体、灰体和实际物体的光谱辐射力随波长的变化曲线，可以看出，同温度下黑体的辐射光谱曲线与灰体的相似，实际物体的单色辐射力 E_λ 随波长、温度的变化是不规则的，并不严格遵守普朗克定律。

为了说明实际物体的发射特性，引入发射率的概念：物体的辐射力 E 与同温度下黑体的辐射力 E_b 的比值（E/E_b）称为该物体的发射率，也称为黑度，用符号 ε 表示。物体表面的发射

率取决于物质种类、表面状况和表面温度，只与发射辐射的物体本身有关，而与外界条件无关。利用发射率的定义，四次方定律可用于实际物体。实际物体的辐射力为

$$E = \varepsilon \cdot E_b = \varepsilon \cdot C_b \left(\frac{T}{100} \right)^4 \tag{10-8}$$

发射率表征物体辐射力接近黑体辐射力的程度。一般物体的发射率数值为 $0 \sim 1$，具体由试验测定。常用材料的发射率可查有关热工手册。

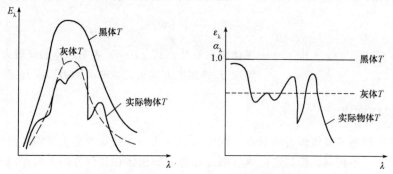

图 10-5　实际物体、黑体和灰体的辐射和吸收光谱

二、实际物体的吸收

实际物体的吸收比与黑体和灰体不同，其大小不仅取决于自身的表面特性（温度、材料、表面状况），还取决于投射辐射的特性。如图 10-6 所示，随着波长的变化，有一些材料光谱吸收比变化不大，如磨光的铝、磨光的铜；但有一些材料光谱吸收比变化明显，如阳极氧化的铝、白瓷砖等。由此可知，实际物体的光谱吸收比是随波长变化的，即物体的吸收是具有选择性的。

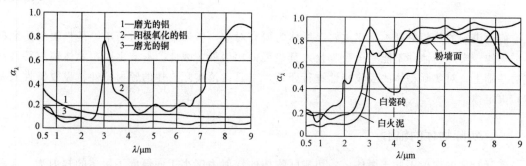

图 10-6　不同材料光谱吸收比随波长变化规律

正是由于实际物体的光谱吸收比对波长具有选择性，因此实际物体的吸收特性远比发射率特性复杂，也给辐射换热计算带来一定的困难。但在分析问题时，要充分利用辩证法的思想。所谓辩证法，是指用联系、发展和矛盾的观点看问题。虽然辐射吸收特性随波长变化这一特性给辐射换热计算带来了很大的困难，但理解及利用这一特点可以解释日常生活与工程中的有关现象。例如，日常生活中看见的颜色，如果物体吸收全部各种可见光，则呈现黑色，如果反射大部分的可见光，则呈现白色，若物体只反射了一种波长的可见光，则它呈现该反射的辐射线的颜色；玻璃对辐射能吸收也具有选择性，因此玻璃会产生温室效应，温室大棚就是利用了这一原理。

三、基尔霍夫定律

基尔霍夫定律揭示了实际物体的辐射力 E 与吸收比 α 之间的联系。这个定律可以从研究两个表面的辐射换热得出。

如图 10-7 所示，假设两平行平壁之间进行辐射换热，其中黑体表面 1 的辐射力、吸收比和表面温度分别为 E_b、α_b（$\alpha_b = 1$）和 T_1；任意实际物体表面 2 的辐射力、吸收比和表面温度分别为 E、α 和 T_2。实际物体表面 2 的辐射力 E 投射在黑体表面 1 上时全部被吸收；黑体表面 1 的辐射力 E_b 投射到实际物体表面 2 时，其中 αE_b 部分被吸收，其余部分 $(1-\alpha) E_b$ 被反射回黑体表面 1，并被黑体表面 1 全部吸收，则实际物体表面 2 收支的差额即两表面间辐射换热的热流密度 q，即

$$q = E - \alpha E_b$$

当系统处于热平衡状态，即 $T_1 = T_2 = T$ 时，$q = 0$，于是上式可写为

$$\frac{E}{\alpha} = E_b$$

由于物体是任意物体，可把这种关系写成

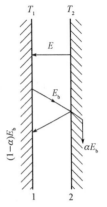

图 10-7　平行平壁间的辐射换热

$$\frac{E_1}{\alpha_1} = \frac{E_2}{\alpha_2} = \frac{E_3}{\alpha_3} = \cdots = \frac{E}{\alpha} = E_b \tag{10-9}$$

式（10-9）为基尔霍夫定律的数学表达式。它可以表述为：在热平衡条件下，任何物体的辐射力与它对黑体辐射的吸收比的比值恒等于同温度下黑体的辐射力。这个比值只与热平衡温度有关，而与物体本身的性质无关。

将式（10-9）与式（10-8）相比较，可得基尔霍夫定律的另一表达形式：

$$\alpha = \varepsilon$$

从基尔霍夫定律可以得到如下结论：所有实际物体的吸收比总是小于 1，在同温度条件下黑体的辐射力最大；在与黑体处于热平衡的条件下，任何物体对黑体辐射的吸收比等于同温度下该物体的发射率。

在工程常见的温度范围（$T \leqslant 2\,000$ K），即在红外射线范围内，绝大多数的工程材料可以当作灰体处理。根据灰体的定义可知，灰体的吸收比与投入的辐射无关，且物体的发射率是物性参数。因此，灰体的吸收比恒等于同温度下该物体的发射率。这种简化处理不会引起较大的误差，给辐射换热的分析带来很大的方便。但是需要特别注意的是，在研究物体与太阳辐射相互作用时，一般不能将物体当作灰体处理，这时物体对太阳辐射的吸收比不等于自身的发射率。

第四节　辐射角系数

在进行两个表面之间的辐射换热计算时，两个表面之间的相对位置关系对辐射换热量的影响较大，当两个表面的相对位置不同时，其中一个表面发出而落在另一个表面上的辐射能的百分数就会变化。因此，若要计算表面之间的辐射换热，首先要知道它们之间的辐射角系数（简称角系数）。

本节首先讨论了角系数的定义及其性质，在其基础上介绍角系数的求解方法，角系数的确定方法有多种，如积分法、代数法、图解法（或投影法）、光模拟法、电模拟法等。这里仅简单

介绍积分法和代数法。

一、角系数的定义

把表面 1 发出的辐射能落在表面 2 上的百分数称为表面 1 对表面 2 的角系数，记为 $X_{1,2}$。同理，也可定义表面 2 对表面 1 的角系数，记为 $X_{2,1}$。任意两个表面之间的辐射换热量与两个表面之间的相对位置和几何形状、大小有关，而与表面性质是实际物体或黑体及表面温度等均无关。

二、角系数的性质

（一）相对性

对于辐射换热的两个物体，有

$$A_1 X_{1,2} = A_2 X_{2,1} \tag{10-10}$$

式（10-10）称为角系数的相对性或互换性，描述了两个任意位置的漫反射表面之间角系数的相互关系。根据式（10-10）可知，只要知道其中一个角系数，就可以计算出另一个角系数。

（二）完整性

对于由 n 个表面组成的封闭系统，根据能量守恒定律，任一表面发射的辐射能必全部落到组成封闭系统的 n 个表面（包括该表面）上，也就是说，它对构成封闭空腔的所有表面的角系数之和等于 1，即

$$X_{i,1} + X_{i,2} + \cdots + X_{i,j} + \cdots + X_{i,n} = \sum_{j=1}^{n} X_{i,j} = 1 \tag{10-11}$$

式（10-11）称为角系数的完整性。对于非凹表面，$X_{i,j} = 0$。

（三）可加性

角系数的可加性实质上是辐射能的可加性，根据能量守恒定律，对于图 10-8（a）所示的系统，下面的关系式成立：

$$A_1 X_{1,2} = A_1 X_{1,a} + A_1 X_{1,b}$$

即

$$X_{1,2} = X_{1,a} + X_{1,b} \tag{10-12}$$

对于图 10-8（b）所示的系统，下面的关系式成立：

$$A_1 X_{1,2} = A_1 X_{1,3} + A_1 X_{1,4}$$

即

$$X_{1,2} = X_{1,3} + X_{1,4} \tag{10-13}$$

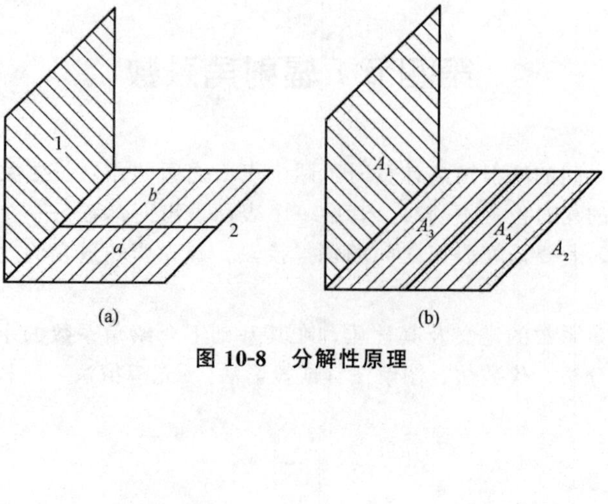

图 10-8　分解性原理

三、角系数的计算

（一）积分法

所谓积分法，就是根据角系数积分表达式通过积分运算求得角系数的方法。对于几何形状和相对位置复杂一些的系统，积分运算将会非常烦琐和困难。工程上为了计算方便，对表面间不同相对位置的角系数已从导出计算式画成线图，如图 10-9、图 10-10 所示。

（二）代数法

基于角系数的定义及性质，通过代数运算确定角系数的方法称为代数法。下面举例说明如何利用代数法确定角系数。

（1）如图 10-11 所示，两个无限接近的大平行平板，每个表面的辐射能可认为全部落到另一个表面，从而有

$$X_{1,2} = X_{2,1} = 1 \tag{10-14}$$

（2）如图 10-12 所示，一非凹形表面被另一表面所包围构成封闭的空腔，则表面 1 发出的辐射能全部投射到表面 2 上，即 $X_{1,2} = 1$。根据角系数的相对性，可得

$$X_{2,1} = \frac{A_1}{A_2} \tag{10-15}$$

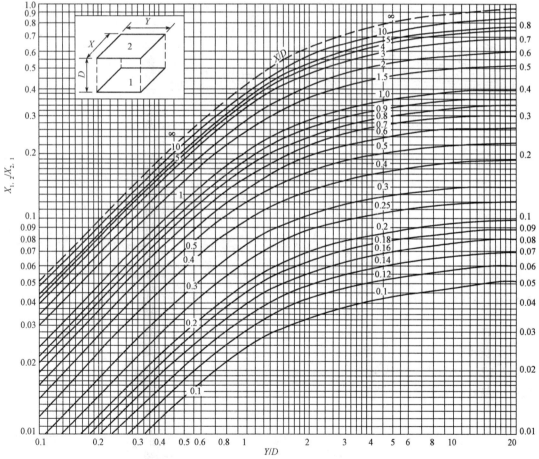

图 10-9 平行长方形表面间的角系数

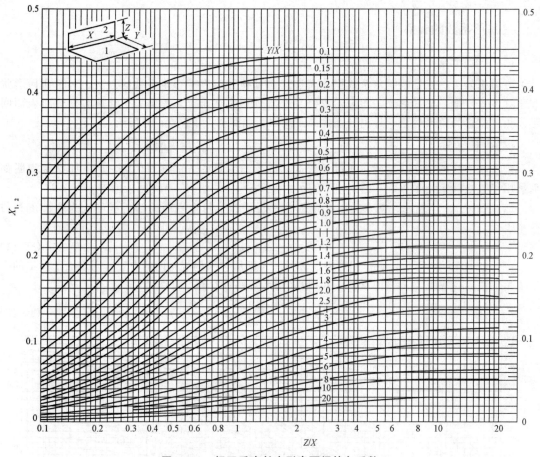

图 10-10　相互垂直长方形表面间的角系数

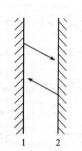

图 10-11　平行平板辐射换热

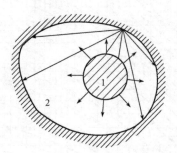

图 10-12　一非凹形表面为另一表面
所包围辐射换热

（3）如图 10-13 所示，一个由 3 个非凹形表面（在垂直于直面方向无限大）构成的封闭空腔，3 个表面积分别为 A_1、A_2、A_3，根据角系数完整性可以写出

$$A_1 X_{1,2} + A_1 X_{1,3} = A_1 \qquad (10\text{-}16)$$

$$A_2 X_{2,1} + A_2 X_{2,3} = A_2 \qquad (10\text{-}17)$$

$$A_3 X_{3,1} + A_3 X_{3,2} = A_3 \qquad (10\text{-}18)$$

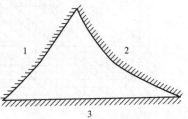

图 10-13　由 3 个非凹形表面
构成的封闭空腔

根据角系数互换性可以写出

$$\begin{cases} A_1 X_{1,2} = A_2 X_{2,1} \\ A_1 X_{1,3} = A_3 X_{3,1} \\ A_2 X_{2,3} = A_3 X_{3,2} \end{cases} \tag{10-19}$$

将式（10-16）～式（10-18）三个式子相加，并根据式（10-19），可得

$$A_1 X_{1,2} + A_1 X_{1,3} + A_2 X_{2,3} = (A_1 + A_2 + A_3)/2 \tag{10-20}$$

用式（10-20）分别减去式（10-16）～式（10-18），可得

$$A_1 X_{1,3} = (A_1 + A_3 - A_2)/2$$

$$A_2 X_{2,3} = (A_2 + A_3 - A_1)/2$$

$$A_1 X_{1,2} = (A_1 + A_2 - A_3)/2$$

因此，各个表面间的角系数为

$$X_{1,2} = \frac{A_1 + A_2 - A_3}{2A_1}$$

$$X_{1,3} = \frac{A_1 + A_3 - A_2}{2A_1}$$

$$X_{2,3} = \frac{A_2 + A_3 - A_1}{2A_2}$$

【例 10-2】 试求图 10-14 所示的表面 1 和表面 4 之间的角系数。

解：利用角系数的分解性，可得

$$\begin{aligned} A_1 X_{1,4} &= A_{1,2} X_{(1+2),4} - A_2 X_{2,4} \\ &= [A_{(1+2)} X_{(1+2),(3+4)} - A_{(1,2)} X_{(1+2),3}] \\ &\quad - [A_2 X_{2,(3+4)} - A_2 X_{2,3}] \end{aligned}$$

根据已知条件，查线算图 10-9，可得

$$X_{(1+2),(3+4)} = 0.2; \quad X_{(1+2),3} = 0.15$$

$$X_{2,(3+4)} = 0.29; \quad X_{2,3} = 0.24$$

$$A_1 = 0.5 \text{ m}^2; \quad A_{(1+2)} = 1 \text{ m}^2; \quad A_2 = 0.5 \text{ m}^2$$

所以，$X_{1,4} = [\ (1 \times 0.2 - 1 \times 0.15) - (0.5 \times 0.29 - 0.5 \times 0.24)\ ]/0.5 = 0.05$。

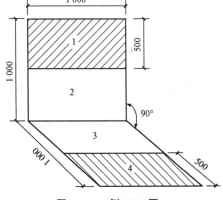

图 10-14 例 10-2 图

第五节 漫灰表面之间的辐射换热计算

在计算任何一个表面与外界之间的辐射换热时，如果将周围环境都考虑进去，也就是将该表面向空间各个方向发射出去的辐射能考虑在内，将由空间各个方向投射到该表面上的辐射能也包括进去，则参与辐射换热的表面实际上总是构成一个封闭的空腔。也就是说，只有计算的对象是包括所研究的表面在内的一个封闭腔，才能分析、计算表面之间的辐射换热过程。这个辐射换热封闭腔的表面可以全部是真实的，也可以部分是虚构的、人为设定的。最简单的封闭腔是两块无限接近的平行平板。本节讨论研究的所有辐射问题都是在一个封闭腔内进行的。重点讨论灰体表面间辐射换热的计算。

一、黑体表面的辐射换热

如图 10-15 所示，有任意位置的两个非凹黑体表面 1、2，它们各自的温度分别为 T_1 和 T_2，根据角系数的定义，从表面 1 发出并直接投射到表面 2 上的辐射能为

$$Q_{1\to2} = A_1 X_{1,2} E_{b1}$$

同时，从表面 2 发出并直接投射到表面 1 上的辐射能为

$$Q_{2\to1} = A_2 X_{2,1} E_{b2}$$

因为表面 1 与表面 2 均为黑体表面，所以落在它们上面的辐射能分别被全部吸收，故两个表面之间的直接辐射换热量为

$$Q_{1,2} = Q_{1\to2} - Q_{2\to1}$$
$$= A_1 X_{1,2} E_{b1} - A_2 X_{2,1} E_{b2}$$

根据角系数的相对性，$A_1 X_{1,2} = A_2 X_{2,1}$，上式可写成

$$Q_{1,2} = A_1 X_{1,2}(E_{b1} - E_{b2})$$
$$= A_2 X_{2,1}(E_{b1} - E_{b2}) \tag{10-21}$$

式（10-21）可以写成

$$Q_{1,2} = \frac{E_{b1} - E_{b2}}{\dfrac{1}{A_1 X_{1,2}}} \tag{10-22}$$

式（10-22）与电学中欧姆定律相比，电流就是辐射换热量 $Q_{1,2}$，$E_{b1} - E_{b2}$ 比作电位，$\dfrac{1}{A_1 X_{1,2}}$ 相当于电阻，称为空间辐射热阻，取决于表面间的几何关系，如表面尺寸、形状和相对位置等。因此，两黑体表面的辐射换热可以用简单的网络图来模拟，如图 10-15 所示。

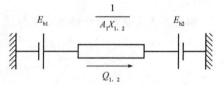

图 10-15　两黑体表面间辐射换热网络

二、漫灰表面的辐射换热

（一）有效辐射

漫射灰体表面（简称漫灰表面）之间的辐射换热不同于黑体表面，对于漫灰表面只能吸收一部分辐射能，剩余的部分则被反射出去，形成辐射能在表面之间多次吸收和反射的现象。因而，漫灰表面的辐射换热要比黑体表面复杂，为了使计算得到简化，引进有效辐射的概念。把单位时间内离开单位表面积的总辐射能称为该表面的有效辐射，用符号 J 表示，单位为 W/m^2。把单位时间内投射到单位表面积上的总能量称为该表面的投入辐射，用符号 G 表示，单位为 W/m^2。如图 10-16 所示，有效辐射是单位面积表面自身的辐射力与反射的投入辐射之和，即

$$J = E + \rho G = \varepsilon E_b + (1-\alpha)G$$

（二）辐射表面热阻

漫灰表面每单位面积的辐射换热量可以从不同的角度分析。假定以向外界净换热量为正值，从表面外部来看，根据表面的辐射平衡，单位面积的辐射换热量应该等于有效辐射与投入辐射之差，即

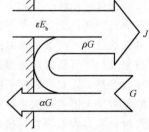

图 10-16　有效辐射示意

$$\frac{Q}{A}=J-G \tag{10-23}$$

从表面内部来看，也等于自身辐射力与吸收的投入辐射能之差，即

$$\frac{Q}{A}=\varepsilon E_b-\alpha G \tag{10-24}$$

对于一漫灰表面，由于 $\varepsilon=\alpha$，因此式（10-24）消去 G，可得

$$Q=\frac{A\varepsilon}{1-\varepsilon}(E_b-J)=\frac{E_b-J}{\frac{1-\varepsilon}{A\varepsilon}} \tag{10-25}$$

漫灰表面间辐射换热也可以用简单的网络图来模拟，如图 10-17 所示。对于漫灰表面来说，有效辐射 J 作为电位，E_b-J 相当于电势差，$\frac{1-\varepsilon}{A\varepsilon}$ 相当于电阻，称为表面辐射热阻。可以看出，当 $\varepsilon=\alpha$ 时，即表面为黑体表面，表面辐射热阻为零，有效辐射 J 就是黑体辐射力 E_b。因此，漫灰表面的吸收率或放射率越大，即表面越接近黑体，则此阻力越小。

（三）组成封闭腔的两漫灰表面的辐射换热

由两个任意位置的漫灰表面 1、2 构成一个封闭空间，假设其面积分别为 A_1 和 A_2，温度分别为 T_1 和 T_2，黑度分别为 ε_1 和 ε_2。两物体表面之间的辐射换热网络如图 10-18 所示，由于 $Q_1=Q_2=Q_{1,2}$，则两漫灰表面间的辐射换热量可表示为

$$Q_{1,2}=\frac{E_{b1}-E_{b2}}{\frac{1-\varepsilon_1}{A_1\varepsilon_1}+\frac{1}{A_1X_{1,2}}+\frac{1-\varepsilon_2}{A_2\varepsilon_2}} \tag{10-26}$$

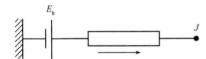

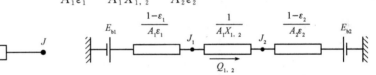

图 10-17　漫灰表面间辐射换热网络图　　　　图 10-18　两物体表面间辐射换热网络图

1. 平行无限大平壁的辐射换热

所谓两平行无限大平壁，是指两块表面尺寸要比其相互之间的距离大很多的平行平壁，由于 $A_1=A_2=A$，且 $X_{1,2}=X_{2,1}=1$，式（10-26）可化简为

$$Q_{1,2}=\frac{A(E_{b1}-E_{b2})}{\frac{1}{\varepsilon_1}+\frac{1}{\varepsilon_2}-1}=\varepsilon_s A\sigma_b(T_1^4-T_2^4) \tag{10-27}$$

其中系统的发射率为

$$\varepsilon_s=\frac{1}{\frac{1}{\varepsilon_1}+\frac{1}{\varepsilon_2}-1}$$

2. 空腔与内包壁面之间的辐射换热

空腔与内包壁面之间的辐射换热如图 10-19 所示。在两个表面辐射换热中，若有一个非凹形表面 A_1，则 $X_{1,2}=1$，此时式（10-26）可化简为

$$Q_{1,2}=\frac{A_1(E_{b1}-E_{b2})}{\frac{1}{\varepsilon_1}+\frac{A_1}{A_2}\left(\frac{1}{\varepsilon_2}-1\right)} \tag{10-28}$$

如果 $A_2 \gg A_1$，且 ε_1 的数值较大（如热力管道、车间内的辐射供暖板），此时 $\dfrac{A_1}{A_2}\left(\dfrac{1}{\varepsilon_2}-1\right) \ll \dfrac{1}{\varepsilon_1}$ 可以忽略不计，则式（10-28）可以改为

$$Q_{1,2} = \varepsilon_1 A_1 (E_{b1} - E_{b2}) \qquad (10\text{-}29)$$

由式（10-29）可知，若要计算辐射换热量，只需要知道一个非凹形表面面积 A_1 和发射率 ε_1。

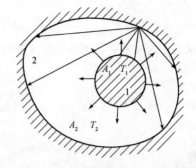

图 10-19　空腔与内包壁面之间的辐射换热

【例 10-3】　某车间的辐射采暖板的尺寸为 $1.8\ \mathrm{m} \times 1\ \mathrm{m}$，辐射板面的黑度 $\varepsilon_1 = 0.94$，板面的平均温度 $t_1 = 100\ ℃$，车间周围壁面温度 $t_2 = 15\ ℃$。如果不考虑辐射板背面及侧面的热作用，试求辐射板面与四周壁面的辐射换热量。

解： 辐射供暖板面 A_1 比周围墙面 A_2 小得多，属于辐射板面 A_1 远小于 A_2 的空腔与内包壁面之间的辐射换热，应该用式（10-29）来计算。

$$
\begin{aligned}
Q_{1,2} &= \varepsilon_1 A_1 (E_{b1} - E_{b2}) = \varepsilon_1 A_1 C_b \left[\left(\frac{T_1}{100}\right)^4 - \left(\frac{T_2}{100}\right)^4 \right] \\
&= 0.94 \times 1.8 \times 1 \times 5.67 \times \left[\left(\frac{100+273}{100}\right)^4 - \left(\frac{15+273}{100}\right)^4 \right] \\
&= 1\ 197.01(\mathrm{W})
\end{aligned}
$$

【例 10-4】　水平悬吊在屋架下的辐射板的尺寸为 $1.8\ \mathrm{m} \times 0.9\ \mathrm{m}$，辐射板表面温度 $t_1 = 107\ ℃$，黑度 $\varepsilon_1 = 0.8$。已知辐射板与工作台距离为 $3\ \mathrm{m}$，平行相对，尺寸相同；工作台温度 $t_2 = 12\ ℃$，黑度 $\varepsilon_2 = 0.7$，角系数 $X_{1,2} = 0.1$，试求工作台上所得到的辐射热。

解： 按照题意，工作台获得的辐射热可按式（10-28）计算。

$$A_1 = A_2 = 1.8 \times 0.9 = 1.62(\mathrm{m^2})$$

$$E_{b1} = \sigma \times T_1^4 = 5.67 \times 10^{-8} \times (107+273)^4 = 1\ 182.27(\mathrm{W/m^2})$$

$$E_{b2} = \sigma \times T_2^4 = 5.67 \times 10^{-8} \times (12+273)^4 = 374.08(\mathrm{W/m^2})$$

$$Q_{1,2} = \frac{(E_{b1} - E_{b2})A_1}{\dfrac{1}{\varepsilon_1}-1+\dfrac{1}{X_{1,2}}+\dfrac{1}{\varepsilon_2}-1} = \frac{(1\ 182.27 - 374.08)\times 1.62}{\dfrac{1}{0.8}-1+\dfrac{1}{0.1}+\dfrac{1}{0.7}-1} = 122.61(\mathrm{W})$$

三、遮热板

工程上有时需要减少表面的辐射换热，这时可以采用在表面间加设薄板，从而实现削弱辐射换热或隔绝辐射，如汽轮机中增设一个不锈钢制成的圆筒形遮热罩用于减少内、外套管间辐射换热，生活中夏季为了减少辐射作用打遮阳伞。这种薄板起着遮盖辐射热的作用，称为遮热板。

遮热板的原理如图 10-18 所示，设两块无限大平行板 1 和 2，它们的温度、发射率分别为 T_1、ε_1 和 T_2、ε_2，且 $T_1 > T_2$。未加遮热板时，两个物体之间的辐射热阻为两个表面辐射热阻和一个空间辐射热阻。对单位面积的辐射换热量可按下式计算：

$$q_{1,2} = \frac{\sigma_b(T_1^4 - T_2^4)}{\dfrac{1}{\varepsilon_1} + \dfrac{1}{\varepsilon_2} - 1} \qquad (10\text{-}30)$$

在板间加入遮热板 3，将增加两个表面辐射热阻和一个空间辐射热阻，因此总的辐射热阻增加，物体之间的辐射热量减少。设遮热板 3 的温度为 T_3，可得表面 1、3 和表面 3、2 的辐射换

热量 $q_{1,3}$ 和 $q_{3,2}$，它们分别为

$$q_{1,3} = \frac{\sigma_b(T_1^4 - T_3^4)}{\frac{1}{\varepsilon_1} + \frac{1}{\varepsilon_3} - 1} \tag{10-31}$$

$$q_{3,2} = \frac{\sigma_b(T_3^4 - T_2^4)}{\frac{1}{\varepsilon_3} + \frac{1}{\varepsilon_2} - 1} \tag{10-32}$$

在稳态传热条件下，$q_{1,3} = q_{3,2} = q'_{1,2}$，假设各表面的发射率均相等，即 $\varepsilon_1 = \varepsilon_2 = \varepsilon_3 = \varepsilon$。因此，从上式可得

$$q'_{1,2} = \frac{1}{2}\frac{\sigma_b(T_1^4 - T_2^4)}{\frac{1}{\varepsilon_1} + \frac{1}{\varepsilon_2} - 1} = \frac{1}{2}q_{1,2} \tag{10-33}$$

由此可以得出结论，在加入一块与表面发射率相同的薄遮热板后，表面的辐射换热量将减少为原来的 1/2。若两平行平板间加入 n 块与表面发射率相同的遮热板，则辐射换热量可以减少到原来的 $1/(n+1)$。若所用遮热板的发射率小于任意表面的发射率，则遮热的效果更好。

在工程上，遮热板也应用于储存液态气体的低温容器的保温，为了提高保温效果，采用加入多层遮热板并抽真空的方法。遮热板也被应用于提高温度测量的准确度，例如，单层遮热罩抽气式热电偶，若使用裸露的热电偶测量高温气流的温度，高温气流以对流方式把热量传给热电偶，同时，热电偶又以辐射的方式将热量传递给温度较低的容器壁。当热电偶的对流换热量等于其辐射散热量时，热电偶的温度就不再变化，此温度即热电偶的指示温度。指示温度必低于气体的实际温度，造成测量误差。使用遮热罩抽气式热电偶时，热电偶在遮热罩的保护下辐射散热量减少，而抽气作用又增大了气体热电偶之间的对流换热量，此时热电偶的指示温度更接近气体的真实温度，使测温误差减小。

【例 10-5】 两平行大平板的温度分别为 $t_1 = 250\ ℃$ 和 $t_2 = 40\ ℃$，其发射率分别为 $\varepsilon_1 = 0.4$，$\varepsilon_2 = 0.8$，如果将两者中间加入一两面发射率均为 0.1 的遮热板，试计算：

(1) 未加遮热板时单位面积的辐射换热量；

(2) 加遮热板后单位面积的辐射换热量；

(3) 辐射换热量减少的百分数。

解： (1) 未加遮热板时

$$E_{b1} = \sigma \times T_1^4 = 5.67 \times 10^{-8} \times (250 + 273)^4 = 4\ 242.18(\text{W/m}^2)$$

$$E_{b2} = \sigma \times T_2^4 = 5.67 \times 10^{-8} \times (40 + 273)^4 = 544.2(\text{W/m}^2)$$

$$q_{1,2} = \frac{E_{b1} - E_{b2}}{\frac{1}{\varepsilon_1} + \frac{1}{\varepsilon_2} - 1} = \frac{4\ 242.18 - 544.2}{\frac{1}{0.4} + \frac{1}{0.8} - 1} = 1\ 344.72(\text{W})$$

(2) 加遮热板时

$$q'_{1,2} = \frac{E_{b1} - E_{b2}}{\frac{1}{\varepsilon_1} + \frac{1}{\varepsilon_2} + \frac{2}{\varepsilon_3} - 2} = \frac{4\ 242.18 - 544.2}{\frac{1}{0.4} + \frac{1}{0.8} + \frac{2}{0.1} - 2} = 170.02(\text{W})$$

(3) 加遮热板后，辐射换热量减少百分数

$$\frac{q_{1,2} - q'_{1,2}}{q_{1,2}} = \frac{1\ 344.72 - 170.02}{1\ 344.72} = 0.87 = 87\%$$

习　题

一、简答题

1. 为什么在秋末冬初，晴朗天气晚上草木常常会结霜？

2. 热辐射过程的特点有哪些？

3. 什么是黑体、白体、透明体？在研究辐射换热时引入黑体的意义是什么？

4. 简述实际物体的辐射和吸收特性。

5. 工程中研究实际物体辐射换热时引入灰体的意义有哪些？

6. 什么是一个表面的有效辐射？

7. 简述基尔霍夫定律的主要内容。

8. 角系数的性质有哪些？

9. 什么是辐射的表面热阻和空间热阻？

10. 遮热板为什么能较少辐射换热？试举出几个生活中应用遮热板的例子。

二、计算题

1. 太阳表面可以近似看成温度为 5 726 K 的黑体，试确定太阳发出的辐射能中可见光所占的百分数。

2. 试用普朗克定律计算温度 $t=523$ ℃、波长 $\lambda=0.4$ 时黑体的单色辐射力，并计算这一温度下黑体的最大单色辐射力为多少。

3. 如图 10-20 所示，1 为半径为 L 的圆形，2 为边长为 L 的等边三角形，则角系数 $X_{1,2}$ 和 $X_{2,1}$ 分别为多少？

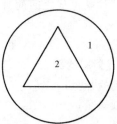

图 10-20　习题 3 图

4. 根据斯蒂芬—玻尔兹曼定律，试计算温度为 200 ℃ 单位黑体表面的辐射力。

5. 两块平行放置的平板 1 和 2，板间距远小于板的面积，板 1 和板 2 的表面发射率均为 0.9，温度分别为 227 ℃ 和 127 ℃。试求：

（1）板 1 的发射辐射；

（2）板 1 的有效辐射；

（3）两板之间辐射换热的热流密度。

6. 有一空气夹层，热表面温度为 300 ℃，发射率为 0.5，冷表面温度为 100 ℃，发射率为 0.8。当表面尺寸远大于空气层厚度时，求两表面间的辐射换热量。

7. 两块温度分别为 400 K 和 250 K 的灰体平板，中间插入一块灰体遮热板，设板的发射率均为 0.85，试求最终遮热板的温度。

第十一章

传热与换热器

在前面几章已经学习了热量传递的三种基本方式，即热传导、热对流和热辐射。在实际工程中，热传导、热对流和热辐射三种热量传递基本方式往往不是单独出现的，在分析传热问题时首先应该明确有哪些传热方式在起作用，然后按照每种传热方式的规律进行计算。如果某一种传热方式与其他传热方式相比作用非常小，往往可以忽略。本章将讨论有关传热和换热器的相关问题，即复合传热、肋片传热的削弱与强化及各种形式的换热器的构造、原理和设计计算。

第一节　复合传热计算

传热过程往往是几种传热形式的综合作用。所谓复合传热，即不同位置上同时存在两种或三种基本换热形式的传热过程。例如，在生活中，冬天房间利用散热器取暖，散热器壁面除与室内空气进行对流换热外，同时存在辐射换热；在工程中，架空的热力管道的外表面散热，一方面依靠外表面与空气之间的对流换热，另一方面还与周围环境物体之间进行辐射换热。热流体通过固体壁面将热量传递给冷流体的过程也是复合传热过程，根据固体壁面的形状，可以将其分为通过平壁的传热和通过圆筒壁的传热。

一、通过平壁的传热计算

（一）通过单层平壁的传热计算

设有一单层厚度为 δ 的平壁，无内热源，面积为 A，导热系数 λ 为常数，$x=0$ 处界面侧流体的温度为 t_{f1}、$x=\delta$ 处界面侧流体的温度为 t_{f2}，对流传热的表面传热系数分别为 h_1、h_2，平壁两侧的温度为 t_{w1}、t_{w2}。

在此传热过程中，热量从高温流体以对流换热的方式传递给壁面；热量从一侧壁面以导热的方式传递到另一侧壁面；热量从低温流体侧壁面以对流换热的方式传递给低温流体。按照传热过程的顺序排列，可得

$$Q_{x=0} = Ah(t_{f1} - t_{w1}) \tag{11-1}$$

$$Q_{\lambda} = A\lambda \frac{(t_{w1} - t_{w2})}{\delta} \tag{11-2}$$

$$Q_{x=\delta} = Ah(t_{w2} - t_{f2}) \tag{11-3}$$

在稳态传热的过程中 $Q_{x=0} = Q_{\lambda} = Q_{x=\delta}$。因此，联立上式可得

$$Q = \frac{t_{f1} - t_{f2}}{\dfrac{1}{Ah_1} + \dfrac{\delta}{A\lambda} + \dfrac{1}{Ah_2}} = \frac{A(t_{f1} - t_{f2})}{R_{h1} + R_{\lambda} + R_{h2}} = \frac{A(t_{f1} - t_{f2})}{R} \tag{11-4}$$

或
$$Q = Ak \, (t_{f1} - t_{f2})$$

在式（11-4）中，$R = R_{h1} + R_{h2} + R_{\lambda}$，$R$ 为传热热阻；$k = \dfrac{1}{R}$，称为传热系数，单位为 W/(m² · K) 或 W/ (m² · ℃)。

利用上述公式还可求得通过平壁的热流密度 q 和壁面温度 t_{w1}、t_{w2}：

$$q = \frac{Q}{A} = \frac{t_{f1} - t_{f2}}{\dfrac{1}{h_1} + \dfrac{\delta}{\lambda} + \dfrac{1}{h_2}} = k(t_{f1} - t_{f2}) \tag{11-5}$$

$$t_{w1} = t_{f1} - \frac{Q}{h_1 A} = t_{f1} - \frac{q}{h_1} \tag{11-6}$$

$$t_{w2} = t_{f2} + \frac{Q}{h_2 A} = t_{f1} + \frac{q}{h_2} \tag{11-7}$$

应用前面章节所述热阻的概念，上述传热过程由三个相互串联的热量传递环节组成。因此，可知传热过程的热阻等于热流体、冷流体与壁面之间对流传热热阻与平壁导热热阻之和，它与串联电路电阻计算方法类似，如图 11-1 所示，给出传热过程模拟电路图（热网络图），也可求得通过平壁的传热量。

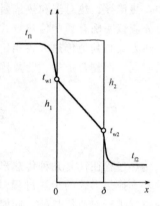

（二）通过多层平壁的传热计算

若平壁是由几种不同的材料组成的多层平壁，由热网络图可知，其传热总热阻等于各层热阻之和。例如，热流体流经三层平壁将热量传递给冷流体的传热过程的传热总热阻：

$$R = \frac{1}{h_1} + \frac{\delta_1}{\lambda_1} + \frac{\delta_2}{\lambda_2} + \frac{\delta_3}{\lambda_3} + \frac{1}{h_2} \tag{11-8}$$

同理可知，当平壁为 n 层时，其传热总热阻为

$$R = \frac{1}{h_1} + \sum_{i=1}^{n} \frac{\delta_i}{\lambda_i} + \frac{1}{h_2} \tag{11-9}$$

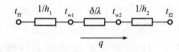

图 11-1　通过单层平壁的传热及热网络图

热流密度为

$$q = \frac{t_{f1} - t_{f2}}{\dfrac{1}{h_1} + \displaystyle\sum_{i=1}^{n} \dfrac{\delta_i}{\lambda_i} + \dfrac{1}{h_2}} \tag{11-10}$$

若平壁的表面积为 A，则热流量为

$$Q = \frac{t_{f1} - t_{f2}}{\dfrac{1}{h_1 A} + \displaystyle\sum_{i=1}^{n} \dfrac{\delta_i}{\lambda_i A} + \dfrac{1}{h_2 A}} \tag{11-11}$$

【例 11-1】 有一建筑物砖墙，导热系数 $\lambda = 0.8$ W/(m · ℃)、厚度 $\delta = 240$ mm，若在砖墙的内外表面分别抹上厚度为 20 mm、导热系数 $\lambda = 0.85$ W/(m · ℃) 的石灰砂浆，已知墙内、外空气温度分别为 $t_{f1} = 20$ ℃和 $t_{f2} = -10$ ℃，内侧、外侧的换热系数分别为 $h_1 = 8$ W/(m² · ℃) 和 $h_2 = 19$ W/(m² · ℃)，试求：

（1）总传热热阻；

（2）砖墙单位面积的散热量；

（3）内壁的表面温度 t_{w1}。

解：(1) $R = \dfrac{1}{h_1} + \dfrac{\delta_1}{\lambda_1} + \dfrac{\delta_2}{\lambda_2} + \dfrac{\delta_3}{\lambda_3} + \dfrac{1}{h_2}$

$\qquad = \dfrac{1}{8} + \dfrac{0.24}{0.8} + \dfrac{0.02}{0.85} + \dfrac{0.02}{0.85} + \dfrac{1}{19} = 0.525 \,(\text{m}^2 \cdot \text{℃/W})$

(2) $Q = \dfrac{t_{f1} - t_{f2}}{R} = \dfrac{20 - (-10)}{0.525} = 57.14 \,(\text{W/m}^2)$

(3) $t_{w1} = t_{f1} - \dfrac{Q}{h_1} = 20 - \dfrac{57.14}{8} = 12.86 \,(\text{℃})$

二、通过圆筒壁的传热计算

(一) 通过单层圆筒壁的传热计算

如图 11-2 所示，有一长度为 l，内、外径分别为 r_1、r_2 的圆筒，其导热系数 λ 为常数，无内热源，圆筒内、外两侧的流体温度为 t_{f1}、t_{f2}，内、外表面的传热系数分别为 h_1、h_2。假定流体温度和筒壁温度只沿径向发生变化，这是一个由圆筒内侧的对流换热、圆筒壁的导热及圆筒外侧的对流换热三个热量传递环节组成的传热过程。在稳态情况下，根据牛顿冷却公式及圆筒壁的稳态导热计算公式，通过圆筒的热流量可以分别表示为

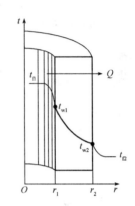

$$q_1 \big|_{r=r_1} = h_1 2\pi d_1 (t_{f1} - t_{w1}) \qquad (11\text{-}12)$$

$$q_1 = \dfrac{t_{w1} - t_{w2}}{\dfrac{1}{2\pi\lambda} \ln \dfrac{d_2}{d_1}} \qquad (11\text{-}13)$$

$$q_1 \big|_{r=r_2} = h_2 2\pi d_2 (t_{w2} - t_{f2}) \qquad (11\text{-}14)$$

在稳态传热过程中，上式中的 $q_1 \big|_{r=r_1} = q_1 = q_1 \big|_{r=r_2}$。因此，联立上式可得

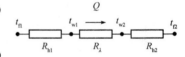

图 11-2　通过圆筒壁的传热

$$q_1 = \dfrac{t_{w1} - t_{w2}}{\dfrac{1}{h_1 2\pi d_1} + \dfrac{1}{2\pi\lambda} \ln \dfrac{d_2}{d_1} + \dfrac{1}{h_2 2\pi d_2}} \qquad (11\text{-}15)$$

单位筒长的热流量也可以写成

$$q_1 = k(t_{f1} - t_{f2}) \qquad (11\text{-}16)$$

式中，k 称为传热系数，与通过单位长度圆筒壁传热过程的总热阻的关系为

$$R = \dfrac{1}{k} = \dfrac{1}{h_1 2\pi d_1} + \dfrac{1}{2\pi\lambda} \ln \dfrac{d_2}{d_1} + \dfrac{1}{h_2 2\pi d_2} \qquad (11\text{-}17)$$

(二) 通过多层圆筒壁的传热计算

若圆筒壁是由 n 种不同材料组成的多层圆筒壁，其总热阻等于各层热阻之和，根据热网络图可得，流体流经多层圆筒壁传热过程的热流量为

$$q_1 = \dfrac{t_{w1} - t_{w2}}{\dfrac{1}{h_1 2\pi d_1} + \sum\limits_{i=1}^{n} \dfrac{1}{2\pi\lambda_i} \ln \dfrac{d_{i+1}}{d_i} + \dfrac{1}{h_2 2\pi d_{n+1}}} \qquad (11\text{-}18)$$

【例 11-2】　内、外直径分别为 200 mm 和 216 mm 的蒸汽管道，外包有厚度为 50 mm 的岩棉保温层，已知管材的导热系数 $\lambda_1 = 45 \text{ W/(m · ℃)}$，岩棉保温层的导热系数 $\lambda_2 = 0.05 \text{ W/(m · ℃)}$；

管道内蒸汽温度 $t_{f1}=210\ ℃$，蒸汽与管壁之间的对流换热系数 $h_1=1\ 000\ \text{W/(m}^2\cdot℃)$；管道外空气温度 $t_{f2}=20\ ℃$，空气与保温层外表面的对流换热系数 $h_2=10\ \text{W/(m}^2\cdot℃)$。试求单位管长的热损失及保温层外表面热损失。

解：根据题意得，管道内径 $d_1=0.2\ \text{m}$，外径 $d_2=0.216\ \text{m}$，保温层外径 $d_3=0.216+2\times0.05=0.316(\text{m})$，则每米长保温管道的传热热阻

$$R_1=\frac{1}{h_1\pi d_1}+\sum_{i=1}^{2}\frac{1}{2\pi\lambda_i}\ln\left(\frac{d_{i+1}}{d_i}\right)+\frac{1}{h_2\pi d_3}$$

$$=\frac{1}{1\ 000\pi\times0.2}+\frac{1}{2\pi\times45}\ln\left(\frac{0.216}{0.2}\right)+\frac{1}{2\pi\times0.05}\ln\left(\frac{0.316}{0.216}\right)+\frac{1}{10\pi\times0.316}$$

$$=1.314(\text{m}^2\cdot℃/\text{W})$$

单位管长的热损失

$$q=\frac{t_{f1}-t_{f2}}{R_1}=\frac{210-20}{1.314}=144.60(\text{W/m})$$

保温层外表面温度

$$t_{w2}=t_{f2}+\frac{q}{h_2\pi d_3}=20+\frac{144.60}{10\pi\times0.316}=14.57(℃)$$

第二节　通过肋壁的传热

在工程上常采用在壁面上加肋片的方式，加大散热的表面积，降低对流传热的热阻，从而起到增强传热的作用，如制冷装置的冷凝器、散热器、空气加热器等。如图 11-3 所示，常见的肋片形式有多种，如片状、柱形、条形等，其传热过程的分析方法相同。在传热过程中，若一侧是单相液体强迫对流换热或相变换热（沸腾或凝结），另一侧是气体强制对流换热或自然对流换热，两侧表面传热系数相差很大，这种情况下，在表面传热系数较小的一侧壁面上加肋（扩大换热面积）是强化传热的有效措施。下面以通过平壁的传热过程为例进行分析。

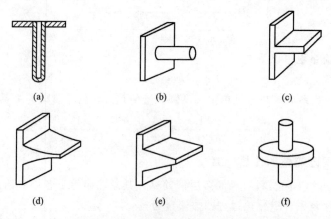

图 11-3　常见肋片的形式

（a）测温套管；（b）等截面柱肋；（c）矩形直肋；（d）双曲面肋；（e）梯形肋；（f）等厚环肋

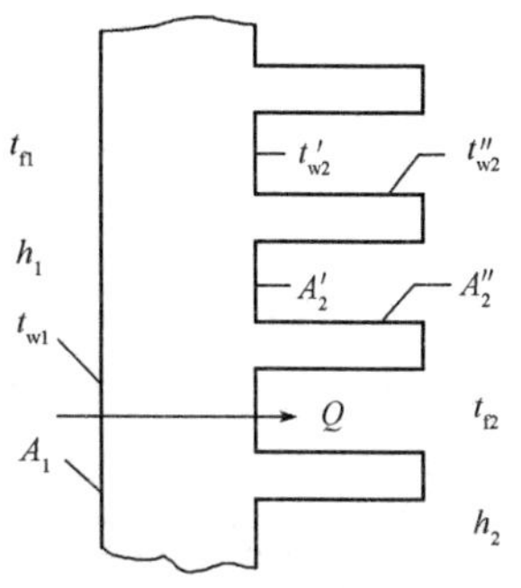

如图 11-4 所示为一段肋壁，假设肋和壁为同种材料，壁厚为 δ，导热系数为 λ；无肋侧光壁面积为 A_1，流体温度为 t_{f1}；光壁面温度为 t_{w1}，表面传热系数为 h_1；肋壁侧面积为 A_2（肋片面积 A''_2 与肋间面积 A'_2 之和），流体温度为 t_{f2}，表面传热系数为 h_2，肋基里面温度为 t_{w2}，肋片面积 A''_2 的平均温度为 $t_{w2,m}$。$t_{f1} > t_{f2}$，则在稳态传热情况下，通过肋壁的传热量为

无肋侧的传热

$$Q = h_1 A_1 (t_{f1} - t_{w1}) \tag{11-19}$$

壁的导热

$$Q = \frac{\lambda}{\delta} A_1 (t_{w1} - t_{w2}) \tag{11-20}$$

图 11-4　通过肋壁的传热

肋侧传热

$$Q = h_2 A'_2 (t_{w2} - t_{f2}) + h_2 A''_2 (t_{w2,m} - t_{f2}) \tag{11-21}$$

$$\eta_f = \frac{h_2 A''_2 (t_{w2} - t_{f2})}{h_2 A''_2 (t_{w2,m} - t_{f2})} \tag{11-22}$$

则联立式（11-21）、式（11-22），得

$$Q = h_2 (A'_2 + \eta_f A''_2)(t_{w2} - t_{f2}) = h_2 A_2 \eta (t_{w2} - t_{f2}) \tag{11-23}$$

式中，$\eta = \dfrac{(A'_2 + \eta_f A''_2)}{A_2}$ 为肋壁总效率。

联立式（11-19）、式（11-20）、式（11-23）可得

$$Q = \frac{t_{f1} - t_{f2}}{\dfrac{1}{h_1 A_1} + \dfrac{\delta}{\lambda A_1} + \dfrac{1}{h_2 A_2 \eta}} \tag{11-24}$$

以肋侧单位表面积为基准的肋壁传热系数

$$k_1 = \frac{1}{\dfrac{1}{h_1} + \dfrac{\delta}{\lambda} + \dfrac{1}{h_2 \beta \eta}} \tag{11-25}$$

式中，$\beta = \dfrac{A_2}{A_1}$，为肋化系数，$\beta > 1$，且 $\beta\eta$ 应该大于 1。

从式（11-25）可知，加肋后，肋侧的对流换热热阻为 $\dfrac{1}{h_2 \beta \eta}$，而未加肋时为 $\dfrac{1}{h_2}$，加肋后热阻减小的程度与 $\beta\eta$ 有关。从肋化系数的定义可知，$\beta > 1$，其大小取决于肋高与肋间距。增加肋高可以加大 β，但增加肋高会使肋片效率 η_f 降低，从而使肋面总效率 η 降低。减小肋间距，使肋片加密也可以加大 β，但肋间距过小会增大流体的流动阻力，使肋间流体的温度升高，降低传热温差，不利于传热。一般肋间距应大于 2 倍边界层最大厚度。应该合理地选择肋高和肋距，使 $\dfrac{1}{h_2 \beta \eta}$ 及总传热系数 k_1 具有最佳值。工程上，当 $h_1/h_2 = 3 \sim 5$ 时，一般选择 β 较小的低肋；当 $h_1/h_2 > 10$ 时，一般选择 β 较大的高肋。为了有效地强化传热，肋片应该加在总表面传热系数较小的一侧。

第三节　传热的强化与削弱

在工程中，经常遇到如何增强或削弱传热的问题。解决这类问题就要从分析影响传热的各种因素出发，采取某些技术措施来实现传热的增强或削弱，从而达到一定的目的。强化传热即采取某些技术措施提高换热设备单位传热面积的传热量，其目的是使设备趋于紧凑、减轻设备质量、节省金属耗材等。一般来说，强化传热还可以节约能源。在某些情况下，强化传热的目的是控制设备或零部件的温度，使之安全运行。削弱传热即采取隔热保温措施降低换热设备损失，其目的是节能、安全防护、环境保护及满足工艺要求等。

一、增强传热的原则

根据传热的基本公式 $Q = kA\Delta t$ 可知，实现增强传热的三种基本途径分别是增大传热系数 k、扩大传热面积 A 和增大传热温差。

（一）增大传热系数

传热系数大小是由传热过程中各项热阻决定的，而各项热阻对其影响程度不同。因此，增大传热系数就要减少传热面总热阻，在由不同项热阻串联构成的传热过程中，虽然减少每项热阻都能提高传热系数，但为了有效提高传热系数，应减少最大项的热阻值。若在各项热阻中，有两项热阻值接近且数值都较大，应同时减少两项热阻值，才能有效提高传热系数。提高传热系数是增加传热最显著的途径。

当传热热阻是最大项热阻时，或上升到不可忽略的热阻项时，应减少传热热阻。在工程上传热表面可能存在灰垢、水垢和油垢等热阻，由于污垢层导热系数较小，有时候会成为传热过程中的主要热阻，因此，可以通过清扫污垢的方法提高传热系数。减少传热热阻也可以采取较小壁厚、选用导热系数较大的材料等措施。当对流换热热阻为最大项热阻时，应减少对流传热热阻。工程上常用的方法有在对流换热系数小的一侧加装肋壁，同时确保主要肋基接触良好；也可以通过扰动流体、增大流体流速等措施实现。

（二）扩大传热面积

增大表面传热系数小的一侧的面积，是增强传热的一种有效途径。例如，采用肋片管、波纹管、翅片式传热面等，来增加设备单位体积换热面积，从而达到换热设备高效、紧凑的目的。

（三）增大传热温差

增大传热温差的两个途径：一是提高热流体的温度或降低冷流体的温度；二是通过传热面积的布置来提高传热温差，如改变流体流程。在工程上，冷热流体的温度是有一定技术要求的，不是随意改变的。例如：在采暖工程上，冷流体的温度过低不能满足供暖需求，而温度过高不符合经济、节能要求，其数值往往为技术上要求所达到的温度，不能随意变化；如果要提高传热温差，可以通过提高采暖的热水温度和提高辐射板管内蒸汽压力等实现。但提高采暖热水的温度或辐射板蒸汽压力也受到锅炉条件的限制，并不是随意设定的。因此，增大传热温差往往受到生产、设备、环境和经济等多方面的条件限制，在采用增大传热温差方案时，应全面分析，运筹帷幄。

二、削弱传热的原则

削弱传热的原则与增强传热相反，削弱传热则要求降低传热系数。在工程中，考虑如何减少热力管道或用热设备的对外传热问题，对减少热量损失、节约能源等具有重要的意义。

（一）削弱传热的基本途径

削弱传热的主要方法与增强传热的措施相反，可以通过减小传热温差、增大传热过程的总热阻、减少传热面积来实现。本节主要介绍如何增大传热热阻，常用的方法是覆盖热绝缘材料，即在传热壁面上附加一层低导热系数的辅助层来增加热阻，这一辅助层也就是热绝缘层。附加热绝缘层的目的概括起来有以下几点：节约燃料，包扎热绝缘层能减少设备的散热损失，减少热力设备的燃料消耗；满足工程技术条件的需要，例如，制冷工程中的冷库外表面包以热绝缘层，可以避免浪费制冷量；改善劳动条件，例如，锅炉和蒸汽管道的外表面通常包扎热绝缘层以降低舱室温度和防止人员烫伤。热力设备的绝缘层外表温度不得超过 50 ℃。

工程上，常采用在建筑外墙、冷热设备上覆盖热绝缘材料的保温措施。目前常用的保温材料有泡沫热绝缘材料，其是由发泡气体形成的、具有蜂窝状的结构、并在里面形成多空封闭气包，使其具有良好的热绝缘作用。如聚氨酯泡沫塑料、聚苯乙烯泡沫塑料等，这种热绝缘技术已经广泛应用在热力管道工程中；真空热绝缘层将热设备的外壳抽成真空夹层，把夹层抽成真空，真空度达到 4 Pa 或更低，并在夹层壁内涂上反射率高的涂层，这样，夹层中仅有微弱的辐射及稀薄气体的传热，热绝缘效果较好。生活中的双层保温玻璃、双层玻璃保温瓶、电饭煲外壳等都是利用了真空绝缘层这一技术。

（二）临界热绝缘直径

为了削弱传热，在暖通工程上经常采用敷设保温材料的方法。在平壁面上敷设保温层，热阻总是随厚度而增加，从而削弱传热。但在圆管上敷设保温层时，热阻并不是随厚度增加的，相反会出现减少的情况，从而使传热增加。那么，圆管上敷设保温层的厚度为多大才能保证削弱传热，可通过传热计算式分析确定。

当圆管外包保温层后，保温管子单位长度的总传热热阻为

$$R_1 = \frac{1}{h_1 \pi d_1} + \frac{1}{2\pi\lambda_1}\ln\frac{d_2}{d_1} + \frac{1}{2\pi\lambda_2}\ln\frac{d_x}{d_2} + \frac{1}{h_2 \pi d_x}$$

式中　d_1、d_2、d_x——管道内、外径和保温层外径；

　　　λ_1、λ_2——管道材料和保温材料的导热系数；

　　　h_1——管道内流体与管内壁的总表面传热系数；

　　　h_2——保温层外表面与周围环境的总表面传热系数，当针对某一管道进行分析时，d_1、d_2 为给定值。

因此，上式前两项热阻数值一定，保温材料确定后，R_1 只与表达式后两项热阻中的 d_x 有关。当热绝缘层变厚时，d_x 增大，热绝缘层热阻随之增大，而绝缘层外侧的对流换热热阻 $\frac{1}{h_2 \pi d_x}$ 随之减小。

如图 11-5 所示为总热阻 R_1 与构成 R_1 各项热阻随绝缘层外径 d_x 变化的情况。从图中可以看出，总热阻 R_1 先随 d_x 的增大而逐渐减小，当过了 C 点后，才随 d_x 的增大而逐渐增大，图中 C 点是总热阻的最小值点，此点对应的热绝缘层外径称为临界热绝缘直径 d_c，即

$$\frac{\mathrm{d}R_1}{\mathrm{d}d_x} = \frac{1}{\pi d_x}\left(\frac{1}{2\lambda_2} - \frac{1}{h_2 d_x}\right) = 0$$

$$d_c = \frac{2\lambda_2}{h_2}$$

当 $d_2 < d_c$ 时，增大保温层厚度，不仅没有起到热绝缘的作用，反而使热阻变小，增大了散热损失；只有当 $d_2 > d_c$ 时，散热量才会随保温层厚度增大而减小，从而使保温层材料全部起到热绝缘减少热损失的作用。因此，在圆管表面包保温材料时要结合矛盾普遍性原理，具体分析矛盾的特殊性，并找出解决矛盾的正确方法，也就是具体问题具体分析。例如，在电力输送过程中，强大的电流在输电线中产生热量，由于输电线的直径一般小于临界热绝缘直径，因此在输电线外包上一层绝缘层不仅能使电绝缘，而且有利于散热。而在暖通空调中，一般的热力管道的直径往往大于临界热绝缘直径，因而敷设保温材料可以减少热损失。

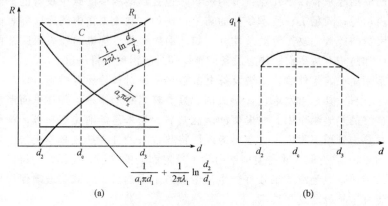

图 11-5　临界热绝缘直径 d_c

第四节　换热器的形式和基本构造

实现两种或两种以上温度不同的流体相互换热的设备称为换热器。工程上应用的换热器种类很多，按照工作原理可分为三类：一是间壁式换热器，即冷热流体被一层固体壁面（管或板）隔开，相互之间不发生掺混而进行热量的交换，热流体通过间壁把热量传递给冷流体，如冷凝器、蒸发器等；二是混合式换热器，即冷热流体直接接触，彼此混合进行传热，这种传热方式避免了传热间壁及其两侧的污垢热阻，如工程中喷淋冷却塔、蒸汽喷射泵等；三是回热式换热器，也称蓄热式换热器，即换热器由蓄热材料构成，冷热流体交替通过蓄热材料，即热流体流过蓄热材料时，蓄热材料吸收并储蓄热能，温度升高或发生相变，经过一段时间后切换为冷流体流过蓄热材料，蓄热材料放出热量加热冷流体，如电站锅炉中回转式空气预热器、全热回收式空气调节器、高温烟气余热回收利用的蓄热式换热器等。其中，间壁式换热器是工程中应用最广泛的换热设备，因此，本节主要介绍间壁式换热器的构造及其应用。间壁式换热器的分类有很多，从构造上主要可分为管壳式、肋片管式、板式、板翅式、板壳式、螺旋板式等。下面对几种常用的换热器形式进行介绍。

一、管壳式换热器

管壳式换热器又称列管式换热器，是由壳体、传热管束、管板、折流板（挡板）和管箱等部件组成的，如图 11-6 所示。进行换热的冷热两种流体，一种在管内流动，称为管程流体；另一种在管外流动，称为壳程流体。根据壳程和管程的多少，可以对壳程式换热器进行分类。图 11-6 所示为 1 壳程 2 管程，即 1－2 型换热器；图 11-7 所示为 3 壳程 6 管程，即 3－6 型换热器。为提高管外流体的传热系数，通常在壳体内安装若干挡板。挡板可提高壳程流体速度，迫使流体按规定路程多次横向通过管束，增强流体湍流程度。

　　管壳式换热器结构坚固，易于制造，适应性强，处理能力大，在高温、高压情况下也可应用，管侧热表面清洗较方便。这类换热设备是工业上应用最多、历史最久的一种。其缺点是金属材料消耗大，不紧凑。

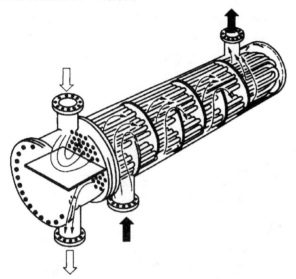

图 11-6　1 壳程 2 管程换热器结构示意

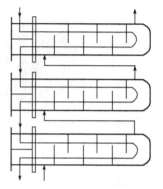

图 11-7　3 壳程 6 管程换热器示意

二、肋片管式换热器

　　肋片管式换热器也称翅片管，即在管外加有肋片以减少管外热阻，强化传热，如图 11-8 所示。这类换热器结构较紧凑，适用于两侧流体表面传热系数相差较大的场合，与光管相比，传热系数可提高 1～2 倍。

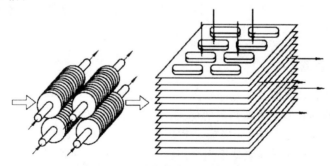

图 11-8　肋片管式换热器示意

　　肋片不同的结构与镶嵌方式对流动阻力，特别是传热性能影响很大。因此，肋片的结构和形状及其在管壁上的镶嵌方式备受设计人员的关注。肋片管外加肋的形状可以做成片式、圆盘式、带槽或孔式、皱纹式、钉式、金属丝式等。肋与管的连接方式可采用张力缠绕式、嵌片式、热套胀接、焊接、整体轧制、铸造及机加工等。当肋根与管之间接触不紧密而存在缝隙时，将形成接触热阻，使传热系数降低。肋片管适用于管内液体和管外气体之间的换热，且两侧表面传热系数相差较大的场合，如空调系统的蒸发器、冷凝器、汽车水箱散热器等。

三、板式换热器

板式换热器是由一系列具有波纹形状的金属片及密封垫片叠置压紧组装而成的，在两块板边缘之间由垫片隔开，形成流道，垫片的厚度就是两板的间隔距离，故流道很窄，通常只有3～4 mm，如图11-9所示。板四角开有圆孔，供流体通过，当流体由一个角的圆孔流入后，经两板之间流道，由对角线上的圆孔流出，该板的另外两个角上的圆孔与流道之间则用垫片隔断，这样可使冷热流体在相邻的两个流道中逆向流动，进行传热。板式换热器的形式主要有框架式和钎焊式两大类。为了强化流体在流道中的扰动，板面都做成波纹形。其形式主要有人字形波纹板、水平平直波纹板和瘤形波纹板三种。

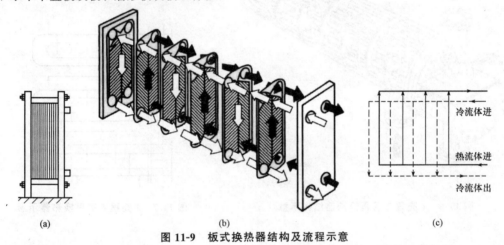

图 11-9　板式换热器结构及流程示意

传热板片是板式换热器的关键元件，板片和流体通道由垫片隔开，可方便拆洗，不同形式的板片直接影响到传热系数、流动阻力和承受压力的能力。板片的材料通常为不锈钢，对于腐蚀性强的流体（如海水冷却器），可用钛板。板式换热器是液—液、液—气进行热交换的理想设备，具有传热系数高、热损失小、结构紧凑轻巧、金属消耗量低、占地面积小、拆装清洗方便、传热面可以灵活变更和组合等优点。板式换热器广泛应用于太阳能利用、化学工业、钢铁工业、食品工业等领域。

四、板壳式换热器

与管壳式换热器相比，板式换热器承压能力较低。目前，一种新型的换热器——板壳式换热器集成了板式换热器和管壳式换热器的优点，不仅结构紧凑、传热系数大，而且能够耐高压和高温，可适用于工作温度高达500 ℃和工作压力为 700×10^5 Pa 的工况，特殊形式的还可应用于更高的温度和压力。板壳式换热器采用全焊接板式换热器，并将板片组置于耐高压的壳体之内。一股流体在板片内流动，另一股流体则在壳体内的板间流动。板壳式换热器的壳体有可拆型，以方便壳侧的传热表面清洗。

五、板翅式换热器

板翅式换热器是由金属板和波纹板翅片层叠、交错焊接而成的，如图11-10所示。在两块平隔板中夹着一块波纹形状的导热翅片，两端用侧条密封，成为板翅式换热器的一层基本传热元件，流体就在这两块平隔板的流道中流过。为扩展传热面，一个换热器可以由许多这样的传热单元叠合而成。波纹板可做成多种形式，有平直形翅片形式，还有锯齿翅片、翅片带孔、弯曲翅片等形式，目的是增加流体的扰动，强化传热。板翅式换热器由于两侧都有翅片，作为气－气换热器，传热系数可达 350 W/(m² · ℃)。板翅式换热器结构非常紧凑、轻巧，每立方米体积中容纳的传热面积可高达 4 300 m²，承压可达 100×10⁵ Pa。但它容易堵塞，清洗困难，不易检修。其适用于清洁和无腐蚀的流体传热。

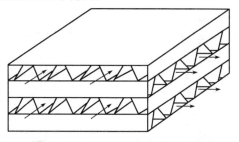

图 11-10　板翅式换热器结构示意

六、螺旋板式换热器

螺旋板式换热器的换热面是由两块平行的金属板卷制而成的，构成两个螺旋的通道，冷热流体分别在两个螺旋通道中流动，螺旋流道有利于提高传热系数。如图 11-11 所示，其流动方式为逆流，流体 1 从中心进入，沿螺旋形通道从周边流出；流体 2 则由周边进入，沿螺旋通道从中心流出。除此之外，还可做成顺流方式。螺旋板式换热器的优点是结构与制造工艺简单，价格低，结构比管壳式紧凑，一般单位体积的传热面积约为管壳式换热器的 20 倍，流动阻力小；缺点是不易清洗，承压能力低，一般用于压力 10×10⁵ Pa 以下场合。

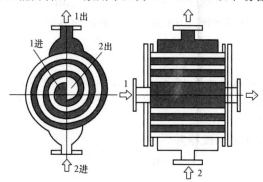

图 11-11　螺旋板式换热器结构示意

第五节　对数平均温度差

传热方程式 $Q=kA\Delta t$ 描述了冷热流体之间的传热过程，是换热器计算的基本公式，其中方程式中的 Δt 就是传热温差，要想使用该方程式，必须先解决温差如何确定的问题。对于换热器来说，冷热流体沿传热面进行换热，其温度将随流向不断变化，两者之间的温差 Δt 也不断变化，而且随着换热器中流动方式不同而异。因此，当利用传热方程式来计算整个传热面上的热流量时，必须使用整个传热面上的平均温差 Δt_m。

图 11-12 表示单流程顺流和单流程逆流换热器中流体的温度分布，下标"1"是指热流体，"2"是指冷流体；上标"′"是指流体的进口端，"″"是指流体的出口端。

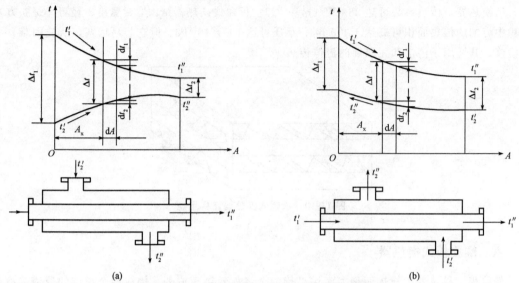

图 11-12　换热器中流体温度沿程变化示意

热流体的温度 t_1 和冷流体的温度 t_2 无论是在顺流还是逆流的情况下，其沿传热面 A 的变化通常都是非线性的。因此，两种流体之间的平均温差 Δt_m 不能以传热面两端的温差 Δt_1 和 Δt_2 的算术平均值计算，只能用对数平均温差公式计算。

从换热器传热面 A_x 处取一微元面积 $\mathrm{d}A$，它的传热量为

$$\mathrm{d}Q = k(t_1 - t_2)\mathrm{d}A = k\,\Delta t\,\mathrm{d}A \tag{11-26}$$

通过 $\mathrm{d}A$ 的热流量，应该等于流过 $\mathrm{d}A$ 的热流体放出的热量或冷流体吸收的热量，即

$$\mathrm{d}Q = -m_1 c_{\mathrm{p}1}\,\mathrm{d}t_1 \tag{11-27}$$

$$\mathrm{d}Q = \pm m_2 c_{\mathrm{p}2}\,\mathrm{d}t_2 \tag{11-28}$$

在式（11-27）中，当热流体流过 $\mathrm{d}A$ 时，无论是顺流还是逆流，放出热流量 $\mathrm{d}Q$ 后温度下降了 $\mathrm{d}t_1$，即 $\mathrm{d}t_1$ 为负，因此取负号；同理，在式（11-28）中正负号表示，当冷流体流过 $\mathrm{d}A$ 时，顺流 $\mathrm{d}t_2$ 为正，逆流 $\mathrm{d}t_2$ 为负。

将式（11-27）和式（11-28）改写为

$$\mathrm{d}t_1 = -\frac{\mathrm{d}Q}{m_1 c_{\mathrm{p}1}}, \quad \mathrm{d}t_2 = \pm\frac{\mathrm{d}Q}{m_2 c_{\mathrm{p}2}}$$

则

$$\mathrm{d}(\Delta t) = \mathrm{d}t_1 - \mathrm{d}t_2 = -\mathrm{d}Q\left(\frac{1}{m_1 c_{\mathrm{p}1}} \pm \frac{1}{m_2 c_{\mathrm{p}2}}\right) \tag{11-29}$$

由式（11-26）可得

$$\Delta t = \frac{\mathrm{d}Q}{k\,\mathrm{d}A} \tag{11-30}$$

式（11-29）除以式（11-30）得

$$\frac{\mathrm{d}(\Delta t)}{\Delta t} = -\left(\frac{1}{m_1 c_{\mathrm{p}1}} \pm \frac{1}{m_2 c_{\mathrm{p}2}}\right) k\,\mathrm{d}A \tag{11-31}$$

顺流取正号，逆流取负号，对上式沿整个传热面进行积分

$$\ln\frac{\Delta t_2}{\Delta t_1}=-\left(\frac{1}{m_1 c_{p1}}\pm\frac{1}{m_2 c_{p2}}\right)kA \tag{11-32}$$

再对式（11-29）自换热器的左端至右端进行积分，得

$$\Delta t_1-\Delta t_2=-Q\left(\frac{1}{m_1 c_{p1}}\pm\frac{1}{m_2 c_{p2}}\right) \tag{11-33}$$

由式（11-32）和式（11-33）解得

$$Q=kA\frac{\Delta t_2-\Delta t_1}{\ln\dfrac{\Delta t_2}{\Delta t_1}} \tag{11-34}$$

按照传热公式，通过整个传热面的热流量为

$$Q=kA\Delta t_m \tag{11-35}$$

因此，对数平均温差 Δt_m 为

$$\Delta t_m=\frac{\Delta t_2-\Delta t_1}{\ln\dfrac{\Delta t_2}{\Delta t_1}}=\frac{\Delta t_1-\Delta t_2}{\ln\dfrac{\Delta t_1}{\Delta t_2}} \tag{11-36}$$

对于顺流和逆流都可以使用。顺流时 Δt_1 总是大于 Δt_2，但逆流时有可能出现 Δt_1 小于 Δt_2 的情况，若按上式计算，则分子、分母出现负值，为了避免这一情况，可以统一用下面的公式：

$$\Delta t_m=\frac{\Delta t_{max}-\Delta t_{min}}{\ln\dfrac{\Delta t_{max}}{\Delta t_{min}}} \tag{11-37}$$

式中　Δt_{max}——传热面两端的温差 Δt_1 和 Δt_2 中的大者，Δt_{min} 为两者中的小者。

式（11-37）即对数平均温差计算公式。

【例 11-3】　已知热流体由 300 ℃冷却至 180 ℃，而冷流体由 50 ℃加热至 100 ℃，试比较逆流与顺流时的对数平均温差，并与算术平均值比较。

解： 对顺流

$$\Delta t_1=t_1'-t_2'=300-50=250(℃)$$
$$\Delta t_2=t_1''-t_2''=180-100=80(℃)$$
$$\Delta t_m=\frac{\Delta t_1-\Delta t_2}{\ln\dfrac{\Delta t_1}{\Delta t_2}}=\frac{250-80}{\ln\dfrac{250}{80}}=149.20(℃)$$

若按算术平均值计算

$$\Delta t_m=\frac{\Delta t_1+\Delta t_2}{2}=\frac{250+80}{2}=165(℃)$$

对逆流

$$\Delta t_1=t_1'-t_2'=300-100=200(℃)$$
$$\Delta t_2=t_1''-t_2''=180-50=130(℃)$$
$$\Delta t_m=\frac{\Delta t_1-\Delta t_2}{\ln\dfrac{\Delta t_1}{\Delta t_2}}=\frac{200-130}{\ln\dfrac{200}{130}}=162.49(℃)$$

若按算术平均值计算

$$\Delta t_m=\frac{\Delta t_1+\Delta t_2}{2}=\frac{200+130}{2}=165(℃)$$

由此可见，本例题逆流温差比顺流温差大 9%，说明在完成同样的加热工作时，逆流换热器面积可以缩小 9%。因此，一般情况下，换热器应尽量采用逆流。本例题中的顺流，$\dfrac{\Delta t_1}{\Delta t_2}$ 已经超过 2，按算术平均值计算误差较大，而在逆流的情况下，可以用算术平均值计算，误差在 4% 以内。

第六节　换热器计算

换热器的传热计算通常可分为设计计算和校核计算两种类型。设计计算是根据所需设计的冷热流体流量和入口、出口温度确定换热器所需的换热面积，其主要目的是设计一个新的换热器；校核计算是针对已有的换热器进行校核，以检验换热器的冷热流体出口温度和换热量是否能够满足运行工艺要求。

换热器中冷热流体之间的传热过程是由冷热流体分别与换热器壁面之间的对流换热过程和通过换热器壁面的导热过程组成的。其传热计算有平均温差法和效能—传热单元数法两种方法。这两种方法都可以应用于换热器的设计计算和校核计算，但是也有各自的特点而有所侧重。本节针对两种不同的计算方法进行讲述。

一．平均温差法

设计计算时，冷热流体的进出口温度比较易于得到，计算换热器的对数平均温差比较方便，因此常采用平均温差法进行计算；对于平均温差法，换热器传热计算的基本方程如下：

传热方程：$Q = kA\Delta t_m$

冷热流体的热平衡方程：$Q = m_1 c_{p1}\ (T_1' - t_1'')\ = m_2 c_{p2}\ (t_2'' - T_2')$

式中，Δt_m 是由冷热流体的进出口温度和流动形式确定的。在上述两个方程中，k 可以根据有关公式计算得到，c_{p1}、c_{p2} 可以根据流体的种类和温度查得。因此，以上两个方程中共有 8 个独立变量，分别是 Q、A、T_1'、t_1''、T_2'、t_2''、m_1、m_2。换热器的传热计算应该给出其中 5 个变量来求得其余 3 个变量。

在进行设计计算时，按照生产工艺的要求，一般情况下给出需设计换热器冷热流体的热容量 c_{p1}、c_{p2}，冷热流体进出口温度中的 3 个，需要计算的未知数包括 4 个温度中的另一个温度、换热量 Q 及传热系数 k 和传热面积 A。在校核计算时，已定的参数是换热面积 A、冷热流体的热容量 c_{p1}、c_{p2} 及冷热流体的进口温度，需要计算换热量 Q 和冷热流体的出口温度，达到核实换热器性能的目的。

（1）采用平均温差法进行换热器设计计算的具体步骤如下：

1）根据给定条件，选择换热器的类型及流动形式，初步布置换热面，计算换热面的总传热系数 k。

2）由换热器热平衡方程计算出换热器进出口温度中待求的那一个温度，并计算换热量 Q。

3）由冷热流体的 4 个进出口温度及流动形式确定其平均温差 Δt_m。如果不是简单顺流或逆流的布置形式，注意需要按照换热器的流动类型确定修正系数。

4）按传热方程计算出所需的换热面积 A。

5）核算换热器冷热流体的流动阻力。如果流动阻力过大，会增大系统设备的投资和运行费用，需改变方案，重新设计。

(2) 采用平均温差法进行换热器校核计算的具体步骤如下：

1) 假定一个流体的出口温度 T_1' 或 t_2''，按热平衡方程计算出另一个流体的出口温度，并计算换热量 Q'。

2) 根据 4 个进出口温度及换热器的冷热流体流动布置形式计算出平均温差 Δt_m。

3) 根据换热器的结构和流动、温度参数，计算相应工作条件下的传热系数 k 的数值。

4) 由传热方程计算出换热量 Q''。

5) 比较 Q' 和 Q''。如果 Q' 和 Q'' 相等或偏差在允许值范围内，说明假定流体的出口温度与实际相符或接近，计算结束。否则，需要重新假设一个流体出口温度，重复上述计算步骤，直到 Q' 和 Q'' 的偏差满足允许值为止。Q' 和 Q'' 的偏差允许值取决于要求的计算精度，一般认为应小于 $2\% \sim 5\%$。

采用平均温差法进行校核计算的过程比较烦琐，假定出口温度的数值对换热量和热平衡热量是否相符影响明显，如果采用下面介绍的效能—传热单元数法，则可以明显弱化出口温度对计算结果的影响。

二、效能—传热单元数法

效能—传热单元数法简称 NTU 法，所谓效能，即换热器的实际换热量与最大可能的换热量之比。通常，在进行换热器校核计算时，换热器的冷热流体的热容量和传热系数是已知的，换热器的效能比较容易确定，因此，常采用效能—传热单元数法进行计算。

在进行换热器校核计算时，只知道换热器冷热流体的进口温度，即使知道了冷热流体的热容量、传热面积和传热系数，也无法直接得到冷热流体的出口温度。为了方便换热器的传热计算，定义换热器的效能为

$$\varepsilon = \frac{(t' - t'')_{\max}}{T_1' - T_2'}$$

若换热器效能已知，则换热器的换热量为

$$Q = (mc_p)_{\min}(t' - t'')_{\max} = \varepsilon(mc_p)_{\min}(T_1' - T_2') \tag{11-38}$$

假设冷热流体为简单顺流布置情况，$m_1 c_{p1} < m_2 c_{p2}$，则

$$T_1' - t_1'' = (t' - t'')_{\max} = \varepsilon(T_1' - T_2') \tag{11-39}$$

由热平衡方程

$$m_1 c_{p1}(T_1' - t_1'') = m_2 c_{p2}(t_2'' - T_2')$$

得

$$t_2'' - T_2' = \frac{m_1 c_{p1}}{m_2 c_{p2}}(T_1' - t_1'') = \frac{m_1 c_{p1}}{m_2 c_{p2}}\varepsilon(T_1' - T_2') \tag{11-40}$$

式（11-39）和式（11-40）相加，可得

$$(T_1' - T_2') - (t_1'' - t_2'') = \left(1 + \frac{m_1 c_{p1}}{m_2 c_{p2}}\right)\varepsilon(T_1' - T_2')$$

$$1 - \frac{t_1'' - t_2''}{T_1' - T_2'} = \left(1 + \frac{m_1 c_{p1}}{m_2 c_{p2}}\right)\varepsilon \tag{11-41}$$

根据本章第五节顺流式换热器对数平均温差的推导过程，得到换热器进出口温差与换热面积、流体热容流率之间的关系，即

$$\ln\frac{\Delta t_2}{\Delta t_1} = -\left(\frac{1}{m_1 c_{p1}} + \frac{1}{m_2 c_{p2}}\right)kA$$

式中，$\Delta t_1 = T_1' - T_2'$，$\Delta t_2 = t_1'' - t_2''$，上式改写为

$$\frac{t_1'' - t_2''}{T_1' - T_2'} = \exp\left[-kA\left(\frac{1}{m_1 c_{p1}} + \frac{1}{m_2 c_{p2}}\right)\right]$$

代入式（11-41）可得

$$1 - \exp\left[-kA\left(\frac{1}{m_1 c_{p1}} + \frac{1}{m_2 c_{p2}}\right)\right] = \left(1 + \frac{m_1 c_{p1}}{m_2 c_{p2}}\right)\varepsilon$$

$$\varepsilon = \frac{1 - \exp\left[-kA\left(\frac{1}{m_1 c_{p1}} + \frac{1}{m_2 c_{p2}}\right)\right]}{1 + \frac{m_1 c_{p1}}{m_2 c_{p2}}} \tag{11-42}$$

即

$$\varepsilon = \frac{1 - \exp\left[-\frac{kA}{m_2 c_{p2}}\left(1 + \frac{m_2 c_{p2}}{m_1 c_{p1}}\right)\right]}{1 + \frac{m_2 c_{p2}}{m_1 c_{p1}}} \tag{11-43}$$

式（11-42）和式（11-43）可以合并写为

$$\varepsilon = \frac{1 - \exp\left[-\mathrm{NTU}\left(1 + \frac{(mc_p)_{\min}}{(mc_p)_{\max}}\right)\right]}{1 + \frac{(mc_p)_{\min}}{(mc_p)_{\max}}} = \frac{1 - \exp\left[-\mathrm{NTU}\left(1 + \frac{C_{\min}}{C_{\max}}\right)\right]}{1 + \frac{C_{\min}}{C_{\max}}} \tag{11-44}$$

式中　NTU——传热单元数，$\mathrm{NTU} = \dfrac{kA}{(mc_p)_{\min}} = \dfrac{kA}{C_{\min}}$。

同理，逆流式换热器的效能 ε 为

$$\varepsilon = \frac{1 - \exp\left[-\mathrm{NTU}\left(1 - \frac{C_{\min}}{C_{\max}}\right)\right]}{1 - \frac{C_{\min}}{C_{\max}}\exp\left[-\mathrm{NTU}\left(1 - \frac{C_{\min}}{C_{\max}}\right)\right]} \tag{11-45}$$

NTU 表征了换热器的传热性能与流体热容量之间的对比关系，其值越大，说明换热器的性能越好，但换热器的传热面积和传热系数也相应增大，增大了投资成本和运行费用。当冷热流体其中之一发生相变时（凝结或沸腾换热），由于相变换热，在流体保持饱和温度的条件下，即 $C_{\max}$ 趋近无穷大，式（11-44）和式（11-45）可化简为

$$\varepsilon = 1 - \exp(-\mathrm{NTU}) \tag{11-46}$$

而当冷热流体的水当量相等时，式（11-44）和式（11-45）可以化简为

对于顺流：

$$\varepsilon = \frac{1 - \exp(-2\mathrm{NTU})}{2} \tag{11-47}$$

对于逆流：

$$\varepsilon = \frac{\mathrm{NTU}}{1 + \mathrm{NTU}} \tag{11-48}$$

对于其他流动形式，换热器的效能与传热单元数之间的关系较为复杂，这种关系已经被绘制成线算图备查，具体内容可以参考专门的传热学书籍和换热器计算手册。

【例 11-4】　一台卧式管壳式氨冷凝器，总传热面积为 114 m^2，冷却水质量流量 $M_2 = 24$ kg/s，管程数为 8，冷却水进口温度 $T_2' = 28$ ℃，氨冷凝器温度 $t_s = 38$ ℃，已知 $k = 900$ W/($\mathrm{m}^2 \cdot$ ℃)，

利用效能—传热单元数法求冷却水出口温度及冷凝传热量。

解：本例题中的热容量小，计算NTU需要物性c_2，设水的进出口平均温度处于30～50 ℃，则

$c_2 = 4\,174$ J/(kg·K)

$\mathrm{NTU} = kA/C_{\min} = 900 \times 114/(24 \times 4\,174) = 1.024$

$\because \dfrac{C_{\min}}{C_{\max}} = 0$

$\therefore \varepsilon = 1 - e^{-\mathrm{NTU}} = 1 - e^{-1.024} = 0.640\,9$

$\therefore t_2'' = \varepsilon(T_1' - T_2') + T_2' = 0.640\,9 \times (38-28) + 28 = 34.4(\text{℃})$

$\therefore Q = M_2 c_2(t_2'' - T_2') = 24 \times 4\,174 \times (34.4-28) = 6.41 \times 10^5(\text{W})$

习　题

一、简答题

1. 复合传热和传热过程有何区别？

2. 试简述顺流和逆流换热器的优点、缺点。

3. 试述增强传热的基本思想。

4. 在什么情况下需要考虑临界热绝缘直径问题？

5. 计算肋壁传热系数的公式和平壁的有何不同？

6. 换热器是如何分类的？

7. 为什么顺流换热器的效能极限可接近1，而顺流的则不可能？

二、计算题

1. 有一建筑物砖墙，导热系数$\lambda_1 = 0.93$ W/(m·℃)、厚$\delta = 240$ mm，墙内外空气温度分别为$t_{f1} = 20$ ℃和$t_{f2} = -10$ ℃，内外侧的换热系数分别为$h_1 = 8$ W/(m^2·℃)，$h_2 = 19$ W/(m^2·℃)，砖墙内外表面分别涂抹厚度为20 mm、导热系数$\lambda_2 = 0.81$ W/(m·℃)的石灰砂浆，求墙体单位面积散热量和两侧墙表面温度。

2. 某一大型水箱的外壳依次由钢板、聚乙烯泡沫塑料和薄钢板构成，其中钢板的厚度$\delta_1 = 0.8$ mm，导热系数$\lambda_1 = 45$ W/(m·℃)，聚乙烯泡沫塑料板$\delta_2 = 30$ mm，$\lambda_2 = 0.035$ W/(m·℃)，薄钢板$\delta_3 = 0.5$ mm，$\lambda_3 = 52$ W/(m·℃)，水箱内侧水温$t_{f1} = 70$ ℃，水箱外侧空气温度$t_{f2} = 30$ ℃，水箱内水与内壁面之间的对流换热系数$h_1 = 500$ W/(m^2·℃)，水箱外侧与空气之间的表面换热系数$h_2 = 2.5$ W/(m^2·℃)。试求：

（1）传热总热阻；

（2）水箱表面单位面积热损失；

（3）钢板内侧的表面温度t_{b1}。

3. 内外直径分别为184 mm、200 mm的蒸汽管道，管材的导热系数为$\lambda_1 = 45$ W/(m·℃)，管外包硬质聚氨酯泡沫塑料保温层，导热系数$\lambda_2 = 0.22$ W/(m·℃)，厚度$\delta_1 = 40$ mm。管内蒸汽温度$t_{f1} = 300$ ℃，管内蒸汽与管壁面之间的对流换热系数$h_1 = 120$ W/(m^2·℃)；周围空气温度$t_{f2} = 25$ ℃，保温层外表面与空气之间的对流换热系数$h_2 = 10$ W/(m^2·℃)。试求：

（1）传热总热阻；

（2）单位管长的散热量q；

（3）保温层外表面温度t_{b1}。

4. 一内外直径分别为 300 mm 和 350 mm 的蒸汽管道，外包有厚度为 60 mm 的岩棉保温层，已知管材的导热系数 $\lambda_1=45$ W/(m·℃)，保温岩棉层的导热系数 $\lambda_2=0.04$ W/(m·℃)；管内蒸汽温度 $t_{f1}=220$ ℃，蒸汽与管壁面之间的对流换热系数 $h_1=1\,000$ W/(m²·℃)；管外空气温度 $t_{f2}=20$ ℃，空气与保温层外表面的对流换热系数 $h_2=10$ W/(m²·℃)。试求：

(1) 每米长保温管道的传热热阻；

(2) 单位管长的热损失；

(3) 保温层外表面的温度。

5. 一肋壁传热，壁厚 $\delta=5$ mm，导热系数 $\lambda=50$ W/(m·℃)。肋壁光面侧炉体温度 $t_{f1}=80$ ℃，换热系数 $h_1=200$ W/(m²·℃)，肋壁肋面侧炉体温度 $t_{f2}=20$ ℃，换热系数 $h_2=7$ W/(m²·℃)，肋化系数为 13，试求通过每平方米壁面（以光面计）的换热量。

6. 半径为 4 mm 的电线包一层厚 3 mm、导热系数 $\lambda=0.086$ W/(m·℃) 的橡胶，设包橡胶后其外表面与空气间的对流换热系数 $h_2=11.6$ W/(m²·℃)。计算临界热绝缘直径，并分析橡胶的作用。

7. 在换热器中，重油从 300 ℃冷却到 220 ℃，使石油从 20 ℃加热到 180 ℃。计算顺流布置和逆流布置时换热器的对数平均温差分别是多少？

8. 一套管式换热器，水从 180 ℃冷却到 100 ℃，油从 80 ℃加热到 120 ℃，计算该换热器的对数平均温差和效能。

9. 一管壳式蒸汽-空气加湿器，空气在管道内，要求加热空气由 15 ℃到 50 ℃，蒸汽为 120 ℃的干饱和蒸汽，蒸汽的流量为 0.05 kg/s，凝结水为饱和水，已知传热系数为 75 W/(m²·℃)，计算其所需的面积。

附　录

附表 1　常用单位换算

序号	物理量	符号	定义式	我国法定单位	米制工程单位		备注
1	质量	m		kg 1 9.807	$kgf \cdot s^2/m$ 0.102 0 1		
2	温度	T 或 t		K $T = t + T_0$	℃ $t = T - T_0$		$T_0 = 273.15$ K
3	力	F	ma	N 1 9.807	kgf 0.102 0 1		
4	压力 （即压强）	P	$\dfrac{F}{A}$	Pa 1 9.807×10^4	at 或 kgf/cm^2 $1.019\ 7 \times 10^{-5}$ 1		1 atm = 1.033 at = 1.033×10^4 kgf/m^2 = 1.013×10^3 Pa
5	密度	ρ	$\dfrac{m}{A}$	kg/m^3 1 9.807	$kgf \cdot s^2/m^4$ 0.102 0 1		
6	能量 功量 热量	W 或 Q	Fr 或 Φt	J 1×10^3 4.187×10^3	kcal 0.238 8 1		
7	功率 功流量	P 或 Φ	W/t 或 Q/t	W 1 9.807 1.163	$kgf \cdot m/s$ 0.102 0 0.118 6	kcal/h 0.859 8 8.434 1	
8	动力黏度	η	$\rho \upsilon$	Pa·s 或 $kg/(m \cdot s)$ 1 9.807	$kgf \cdot s/m^2$ 0.102 0 1		υ：运动黏度，单位均为 m^2/s
9	热导率	λ	$\dfrac{\Phi \Delta l}{A \Delta l}$	$W/(m^2 \cdot K)$ 1 1.163	$kcal/(m \cdot h \cdot ℃)$ 0.859 8 1		
10	表面传热系数 总传热系数	h K	$\dfrac{\Phi}{A \Delta t}$	$W/(m^2 \cdot K)$ 1 1.163	$kcal/(m \cdot h \cdot ℃)$ 0.859 8 1		
11	热流密度	q	$\dfrac{\varphi}{A}$	$W/(m^2 \cdot K)$ 1 1.163	$kcal/(m \cdot h \cdot ℃)$ 0.859 8 1		

附表 2　饱和水和饱和水蒸气热力性质表（按温度排列）

温度	压力	比体积		比焓		汽化潜热	比熵	
$t/℃$	p /MPa	v' /(m³·kg⁻¹)	v'' /(m³·kg⁻¹)	h' /(kJ·kg⁻¹)	h'' /(kJ·kg⁻¹)	r /(kJ·kg⁻¹)	s' /[kJ·(kg· K)⁻¹]	s'' /[kJ·(kg· K)⁻¹]
0.00	0.000 611 2	0.001 000 22	206.154	−0.05	2 500.51	2 500.6	−0.000 2	9.154 4
0.01	0.000 611 7	0.001 000 21	206.012	0.00	2 500.53	2 500.5	0.000 0	9.154 1
1	0.000 657 1	0.001 000 18	192.464	418	2 502.35	2 498.2	0.015 3	9.127 8
2	0.000 705 9	0.001 000 13	179.787	8.30	2 504.19	2 495.8	0.030 6	9.101 4
4	0.000 813 5	0.001 000 08	157.151	16.82	2 507.87	2 491.1	0.061 1	9.049 3
5	0.000 872 5	0.0010 000 8	147.048	21.02	2 509.71	2 488.7	0.076 3	9.023 6
6	0.000 935 2	0.001 000 10	137.670	25.22	2 511.55	2 486.3	0.091 3	8.998 2
8	0.001 072 8	0.001 000 19	120.868	33.62	2 515.23	2 481.6	0.121 3	8.948 0
10	0.001 227 9	0.001 000 34	106.341	200	2 518.90	2 476.9	0.151 0	8.898 3
12	0.001 402 5	0.001 000 54	93.756	50.38	2 522.57	2 472.2	0.180 5	8.850 4
14	0.001 598 5	0.001 000 80	82.828	58.76	2 526.24	2 467.3	0.209 8	8.802 9
15	0.001 705 3	0.001 000 94	77.910	62.95	2 526.07	2 465.1	0.224 3	8.779 4
16	0.001 818 3	0.001 001 10	73.320	67.13	2 529.90	2 462.8	0.238 3	8.756 2
18	0.002 064 0	0.001 001 45	65.029	75.50	2 533.55	2 458.1	0.267 7	8.710 3
20	0.002 338 5	0.001 001 85	57.786	83.86	2 537.20	2 453.3	0.296 3	8.665 2
22	0.002 644 4	0.001 002 29	51.445	92.23	2 540.84	2 448.6	0.324 7	8.621 0
24	0.002 984 6	0.001 002 76	45.884	100.59	2 544.47	2 443.9	0.353 0	8.577 4
25	0.003 168 7	0.001 003 02	43.362	104.77	2 546.29	2 441.5	0.367 0	8.556 0
26	0.003 362 5	0.001 003 28	40.991	108.95	2 548.10	2 439.2	0.381 0	8.534 7
28	0.003 781 4	0.001 003 83	36.694	117.32	2 531.73	2 434.4	0.408 9	8.492 7
30	0.004 245 1	0.001 004 42	32.899	125.68	2 555.35	2 429.7	0.436 6	8.451 4
35	0.005 626 3	0.001 006 05	25.222	146.59	2 564.38	2 417.8	0.505 0	8.351 1
40	0.007 381 1	0.001 007 89	19.529	167.50	2 573.36	2 405.9	0.572 3	8.255 1
45	0.009 589 7	0.001 009 93	15.263 6	188.42	2 582.30	2 393.9	0.638 6	8.163 0
50	0.012 344 6	0.001 012 16	12.036 5	209.33	2 591.19	2 381.9	0.703 8	8.074 5
55	0.015 752	0.001 014 55	9.572 3	230.24	2 600.02	2 369.8	0.768 0	7.989 6
60	0.019 933	0.001 017 13	7.674 0	251.15	2 608.79	2 357.6	0.831 2	7.908 0
65	0.025 024	0.001 019 86	6.199 2	272.08	2 617.48	2 345.4	0.893 5	7.829 5
70	0.031 178	0.001 022 76	5.044 3	293.01	2 626.10	2 333.1	0.955 0	7.754 0
75	0.038 565	0.001 025 82	4.133 0	313.96	2 634.63	2 320.7	1.015 6	7.681 2
80	0.047 376	0.001 029 03	3.408 6	334.93	2 643.06	2 308.1	1.075 3	7.611 2
85	0.057 818	0.001 032 40	2.828 8	355.92	2 651.40	2 295.3	1.134 3	7.543 6
90	0.070 121	0.001 035 93	2.361 6	376.94	2 659.63	2 282.7	1.192 6	7.478 3

续表

温度	压力	比体积		比焓		汽化潜热	比熵	
$t/℃$	p /MPa	v' /(m³·kg⁻¹)	v'' /(m³·kg⁻¹)	h' /(kJ·kg⁻¹)	h'' /(kJ·kg⁻¹)	r /(kJ·kg⁻¹)	s' /[kJ·(kg· K)⁻¹]	s'' /[kJ·(kg· K)⁻¹]
95	0.084 533	0.001 039 61	1.982 7	397.98	2 667.73	2 269.7	1.250 1	7.415 4
100	0.101 325	0.001 043 44	1.673 6	419.06	2 675.71	2 256.6	1.306 9	7.354 5
110	0.143 243	0.001 051 56	1.210 6	461.33	2 691.26	2 229.9	1.418 6	7.238 6
120	0.198 483	0.001 060 31	0.892 19	503.76	2 706.18	2 202.4	1.527 7	7.129 7
130	0.270 018	0.001 069 68	0.668 73	546.38	2 720.39	2 174.0	1.634 6	7.027 2
140	0.361 190	0.001 079 72	0.509 00	589.21	2 733.81	2 144.1	1.739 3	6.930 2
150	0.475 71	0.001 090 46	0.392 86	632.28	2 746.35	2 114.1	1.842 0	6.838 1
160	0.617 66	0.001 101 93	0.307 09	657.62	2 757.92	2 082.3	1.942 9	6.750 2
170	0.791 47	0.001 114 20	0.242 83	219.25	2 768.42	2 049.2	2.042 0	6.666 1
180	1.001 93	0.001 127 32	0.194 03	763.22	2 777.74	2 014.5	2.139 6	6.585 2
190	1.254 17	0.001 141 36	0.156 50	807.56	2 785.80	1 978.2	2.235 8	6.507 1
200	1.553 66	0.001 156 41	0.127 32	352.34	2 792.47	1 940.1	2.330 7	6.431 2
210	1.906 17	0.001 172 58	0.104 38	897.62	2 797.65	1 900.0	2.424 5	6.352 1
220	2.317 83	0.001 190 00	0.086 157	943.46	2 801.20	1 857.7	2.517 5	6.284 6
230	2.795 05	0.001 208 82	0.071 553	989.95	2 803.00	1 813.0	2.609 6	6.213 0
240	3.344 59	0.001 229 22	0.059 743	1 037.2	2 802.88	1 765.7	2.701 3	6.142 2
250	3.973 51	0.001 251 45	0.050 112	1 085.3	2 800.66	1 715.4	2.792 6	6.071 6
260	4.649 23	0.001 273 79	0.042 195	1 134.3	2 796.14	1 661.8	2.883 7	6.000 7
270	5.499 56	0.001 302 62	0.035 637	1 134.5	2 789.05	1 604.5	2.975 1	5.929 2
280	7.412 73	0.001 332 42	0.050 165	1 236.0	2 779.08	1 543.1	3.066 8	5.856 4
290	7.437 46	0.001 365 82	0.025 568	1 289.1	2 765.81	1 476.7	3.159 4	5.731 7
300	8.583 08	0.001 403 68	0.021 669	1 344.0	2 748.71	1 404.7	3.253 3	5.704 2
310	9.859 7	0.001 447 28	0.018 343	1 401.2	2 727.01	1 325.9	1.349 0	5.622 6
320	11.278	0.001 498 44	0.015 479	1 461.2	2 699.72	1 238.5	3.447 5	5.535 6
330	12.851	0.001 560 08	0.012 087	1 524.9	2 665.30	1 140.4	3.550 0	5.440 8
340	14.593	0.001 637 28	0.010 790	1 593.7	2 621.32	1 027.6	1.658 6	5.334 5
350	16.521	0.001 740 08	0.008 812	1 670.3	2 563.39	893.0	3.777 3	5.210 4
360	16.657	0.001 894 23	0.006 958	1 761.1	2 481.68	720.6	3.915 5	5.053 6
370	21.033	0.002 214 80	0.004 982	1 891.7	2 338.75	447.1	4.112 5	4.807 6
372	21.542	0.002 365 30	0.004 451	1 936.1	2 282.99	346.9	4.179 6	4.717 3
373.99	22.064	0.003 106	0.003 106	2 085.9	2 085.87	0.0	4.409 2	4.409 2

注：该表引自参考文献［10］

附表3 饱和水和饱和水蒸气热力性质表（按压力排列）

压力	温度	比体积		比焓		汽化潜热	比熵	
p/ MPa	t/℃	v' /(m³·kg⁻¹)	v'' /(m³·kg⁻¹)	h' /(kJ·kg⁻¹)	h'' /(kJ·kg⁻¹)	r /(kJ·kg⁻¹)	s' /[kJ·(kg· K)⁻¹]	s'' /[kJ·(kg· K)⁻¹]
0.001	6.949 1	0.001 000 1	129.185	29.21	2 513.29	2 484.1	0.105 6	8.973 5
0.002	17.540 3	0.001 001 4	67.008	73.58	2 532.71	2 459.1	0.261 1	8.722 0
0.003	24.114 2	0.001 002 8	45.666	101.07	2 544.68	2 443.6	0.354 6	8.575 8
0.004	28.953 3	0.001 004 1	34.796	121.30	2 553.45	2 432.2	0.422 1	8.472 5
0.005	32.879 3	0.001 005 3	28.191	137.72	2 560.55	2 422.8	0.476 1	8.393 0
0.006	36.166 3	0.001 006 8	23.738	151.47	2 566.48	2 415.0	0.520 8	8.323 3
0.007	38.996 7	0.001 007 5	20.528	163.31	2 571.56	2 408.3	0.558 9	8.273 7
0.008	41.507 5	0.001 008 8	18.102	173.81	2 576.06	2 402.3	0.592 4	8.226 6
0.009	43.790 1	0.001 009 4	16.204	183.36	2 580.15	2 396.8	0.622 6	8.185 4
0.010	45.798 8	0.001 010 3	14.673	191.76	2 583.72	2 392.0	0.649 0	8.143 1
0.015	53.970 5	0.001 014 0	10.022	225.93	2 598.21	2 372.3	0.754 8	8.006 5
0.020	60.065 0	0.001 017 2	7.649 7	251.43	2 608.90	2 357.5	0.832 0	7.906 8
0.025	64.972 6	0.001 019 8	6.204 7	271.96	2 617.43	2 345.5	0.893 2	7.829 3
0.030	69.104 1	0.001 022 2	5.229 6	289.26	2 624.56	2 335.3	0.944 0	7.767 1
0.040	75.872 0	0.001 026 4	3.993 9	317.61	2 636.10	2 318.5	1.026 0	7.668 8
0.050	81.338 8	0.001 029 9	3.240 9	340.55	2 645.31	2 304.8	1.091 2	7.592 8
0.060	85.949 6	0.001 033 1	2.732 4	359.91	2 652.97	2 293.1	1.145 4	7.531 0
0.070	89.955 6	0.001 035 9	2.365 4	376.75	2 659.55	2 282.8	1.192 1	7.478 9
0.080	93.510 7	0.001 038 5	2.087 6	391.71	2 665.33	2 273.6	1.233 0	7.433 9
0.090	96.712 1	0.001 040 9	1.869 8	405.20	2 670.48	2 265.3	1.269 6	7.394 3
0.10	99.634	0.001 043 2	1.694 3	417.52	2 675.14	2 257.6	1.302 8	7.358 9
0.120	104.810	0.001 047 3	1.428 7	439.37	2 683.26	2 243.9	1.360 9	7.297 8
0.140	109.318	0.001 051 0	1.236 8	458.44	2 690.22	2 231.3	1.411 0	7.246 2
0.150	111.378	0.001 052 7	1.159 53	467.17	2 693.35	2 226.2	1.433 8	7.223 2
0.160	113.326	0.001 054 4	1.091 59	475.42	2 696.29	2 220.9	1.455 2	7.201 6
0.180	116.941	0.001 057 6	0.977 67	490.16	2 701.69	2 210.9	1.494 6	7.162 3
0.200	120.240	0.001 060 5	0.885 85	504.78	2 706.53	2 201.7	1.530 3	7.127 2
0.250	127.444	0.001 067 2	0.718 79	535.47	2 716.83	2 181.4	1.607 5	7.052 5
0.300	133.556	0.001 073 2	0.605 87	561.58	2 725.26	2 163.7	1.671 1	6.992 1
0.350	138.891	0.001 078 6	0.524 27	584.45	2 732.37	2 147.9	1.727 8	6.940 7
0.400	143.642	0.001 063 8	0.462 46	604.87	2 738.49	2 133.6	1.716 9	6.396 1
0.450	147.939	0.001 038 2	0.413 96	623.38	2 743.85	2 120.8	1.821 0	6.856 7
0.500	151.867	0.001 092 5	0.374 86	640.35	2 748.59	2 108.2	1.861 0	6.821 4

压力	温度	比体积		比焓		汽化潜热	比熵	
p/ MPa	t/℃	v' /(m³·kg⁻¹)	v'' /(m³·kg⁻¹)	h' /(kJ·kg⁻¹)	h'' /(kJ·kg⁻¹)	r /(kJ·kg⁻¹)	s' /[kJ·(kg· K)⁻¹]	s'' /[kJ·(kg· K)⁻¹]
0.600	158.863	0.001 100 6	0.315 63	670.67	2 756.66	2 086.0	1.931 5	6.760 0
0.700	164.983	0.001 107 9	0.272 81	697.32	2 763.29	2 066.0	1.992 5	6.707 9
0.800	170.444	0.001 114 8	0.240 37	721.20	2 768.86	2 047.7	2.046 4	6.662 5
0.900	175.359	0.001 121 2	0.214 91	742.90	2 773.59	2 030.7	2.094 8	6.622 2
1.00	179.916	0.001 127 2	0.194 38	762.84	2 777.67	2 014.8	2.138 8	6.585 9
1.10	184.100	0.001 133 0	0.177 47	781.35	2 781.21	1 999.9	2.179 2	6.552 9
1.20	187.995	0.001 138 5	0.163 28	798.64	2 764.29	1 985.7	2.216 6	6.522 5
1.30	191.644	0.001 143 8	0.151 20	814.89	2 786.99	1 972.1	2.251 5	6.494 4
1.40	198.078	0.001 148 9	0.140 79	830.24	2 789.37	1 959.1	2.284 1	6.468 3
1.50	198.327	0.001 153 8	0.131 72	844.82	2 791.46	1 946.6	2.314 9	6.443 7
1.60	210.410	0.001 158 6	0.123 75	858.69	2 793.29	1 934.6	2.344 0	6.420 5
1.70	204.346	0.001 163 3	0.116 68	871.96	2 794.91	1 923.0	2.371 6	6.398 8
1.80	207.151	0.001 167 9	0.110 37	884.67	2 796.33	1 911.7	2.397 9	6.378 1
1.90	209.838	0.001 172 3	0.104 707	896.88	2 797.58	1 900.7	2.423 0	6.353 3
2.00	212.417	0.001 176 7	0.099 588	908.64	2 798.66	1 890.0	2.447 1	6.339 5
2.50	223.990	0.001 197 3	0.079 949	961.93	2 802.14	1 840.2	2.554 3	6.255 9
3.00	233.893	0.001 216 6	0.066 662	1 008.2	2 803.19	1 794.9	2.645 4	6.185 4
3.50	242.597	0.001 234 8	0.057 654	1 049.6	2 802.51	1 752.9	2.725 0	6.123 8
4.00	250.394	0.001 252 4	0.049 771	1 087.2	2 800.53	1 713.4	2.796 2	6.068 8
4.50	257.477	0.001 269 4	0.044 052	1 121.8	2 797.51	1 675.7	2.860 7	6.013 7
5.00	263.980	0.001 286 2	0.039 439	1 154.2	2 793.64	1 639.5	2.920 1	5.972 4
6.00	275.625	0.001 319 0	0.032 440	1 213.3	2 783.82	1 570.5	3.026 6	5.588 5
7.00	275.869	0.001 351 5	0.027 371	1 266.9	2 771.72	1 504.8	3.121 0	5.812 9
8.00	295.048	0.001 384 3	0.023 520	1 316.5	2 757.70	1 441.2	1.206 6	5.743 0
9.00	303.385	0.001 417 7	0.020 485	1 363.1	2 741.92	1 378.9	3.285 4	5.677 1
10.0	311.037	0.001 452 2	0.018 026	1 407.2	2 724.46	1 317.2	3.359 1	5.613 9
12.0	324.715	0.001 526 0	0.014 263	1 490.7	2 684.50	1 193.8	3.495 2	5.492 0
14.0	336.707	0.001 609 7	0.011 486	1 570.4	2 637.07	1 066.7	3.622 0	5.371 1
16.0	347.396	0.001 709 9	0.009 311	1 649.4	2 580.21	930.8	1.745 1	5.245 0
18.0	357.034	0.001 840 2	0.007 503	1 732.0	2 509.45	771.4	1.871 5	5.105 1
20.0	365.789	0.002 037 9	0.005 820	1 827.2	2 411.05	583.9	4.015 3	4.932 2
22.0	373.752	0.002 704 0	0.003 684	2 013.0	2 084.02	71.0	4.296 9	4.406 6
22.064	373.99	0.003 106	0.003 106	2 085.9	2 085.87	0.0	4.409 2	4.409 2

注：该表引自参考文献 [10]

附表 4 未饱和水和过热蒸汽热力性质表

p	0.002 MPa			0.006 MPa			0.01 MPa		
饱和 参数	t_s＝17.540 ℃ v'＝0.001 001 4 v''＝67.007 h'＝73.58 h''＝2 532.7 s'＝0.261 1 s''＝8.722 0			t_s＝35.166 ℃ v'＝0.001 006 5 v''＝23.738 h'＝151.47 h''＝2 566.5 s'＝0.520 8 s''＝8.328 3			t_s＝45.799 ℃ v'＝0.001 010 3 v''＝14.673 h'＝191.76 h''＝2 583.7 s'＝0.649 0 s''＝8.148 1		
$t/℃$	$v/(\mathrm{m^3 \cdot kg^{-1}})$	$h/(\mathrm{kJ \cdot kg^{-1}})$	$s/[\mathrm{kJ \cdot (kg \cdot K)^{-1}}]$	$v/(\mathrm{m^3 \cdot kg^{-1}})$	$h/(\mathrm{kJ \cdot kg^{-1}})$	$s/[\mathrm{kJ \cdot (kg \cdot K)^{-1}}]$	$v/(\mathrm{m^3 \cdot kg^{-1}})$	$h/(\mathrm{kJ \cdot kg^{-1}})$	$s/[\mathrm{kJ \cdot (kg \cdot K)^{-1}}]$
0	0.001 000 2	−0.05	−0.000 2	0.001 000 2	−0.05	−0.000 2	0.001 000 2	−0.04	−0.000 2
10	0.001 000 3	42.00	0.151 0	0.001 000 3	42.01	0.151 0	0.001 000 3	42.01	0.151 0
20	67.578	2 537.3	8.737 8	0.001 001 8	83.87	0.296 3	0.001 001 8	83.87	0.296 3
40	72.212	2 574.9	8.861 7	24.036	2 573.8	8.351 7	0.001 007 9	167.51	0.572 3
50	74.526	2 591.7	8.920 7	24.812	2 592.7	8.411 3	14.869	2 591.8	8.173 2
60	76.839	2 612.5	8 978.0	25.587	2 611.6	8.469 0	15.336	2 610.8	8.231 3
80	81.462	2 650.1	9.087 8	27.133	2 649.5	8.579 4	16.268	2 643.9	8.342 2
100	86.083	2 687.9	9.191 8	28.678	2 687.4	8.683 8	17.196	2 686.9	8.447 1
120	90.703	2 725.8	9.290 9	30.220	2 725.4	8.783 1	18.124	2 725.1	8.546 6
140	95.321	2 763.9	9.385 4	31.762	2 763.6	8.877 8	19.050	2 763.3	8.641 4
150	97.630	2 783.0	9.431 1	12.533	2 782.7	8.923 5	19.513	2 782.5	8.687 3
160	99.939	2 802.2	9.475 9	33.303	2 801.9	8.968 4	19.976	2 801.7	8.732 2
180	104.556	2 840.7	9.562 7	34.843	2 840.5	9.055 3	20.901	2 840.2	8.819 2
200	109.173	2 879.4	9.646 3	36.384	2 879.2	9.138 9	21.826	2 879.0	8.902 9
250	120.714	2 977.1	9.842 5	40.233	2 976.9	9.335 3	24.136	2 976.8	9.099 4
100	132.254	3 076.2	10.023 5	44.080	3 076.1	9.516 4	26.448	3 078.0	9.280 5
350	143.794	3 176.8	10.191 8	47.928	3 176.7	9.684 7	28.755	3 176.6	9.445 8
400	155.333	3 278.9	10.349 3	51.775	3 278.8	9.842 2	31.063	3 278.7	9.606 4
450	166.872	3 382.4	10.497 7	55.622	3 382.3	9.990 6	33.372	3 382.3	9.754 5
500	178.410	3 487.5	10.638 2	59.468	3 487.5	10.131 1	35.680	3 487.4	9.895 3
550	189.949	3 594.4	10.772 2	63.315	3 594.4	10.265 1	37.988	3 594.3	10.029 3
600	201.487	3 703.4	10.900 8	67.161	3 703.4	10.393 7	40.296	3 703.4	10.157 4
700	224.564	3 928.8	11.145 1	74.854	3 928.8	10.638 0	44.912	3 928.8	10.402 3
800	247.640	4 162.8	11.373 9	82.546	4 162.8	10.866 8	49.527	4 162.8	10.631 1

续表

p	0.02 MPa			0.06 MPa			0.10 MPa		
饱和参数	$t_s=60.065\ ℃$ $v'=0.001\,001\,72$ $v''=7.649\,7$ $h'=251.43$ $h''=2\,608.9$ $s'=0.832\,0$ $s''=7.906\,8$			$t_s=85.950\ ℃$ $v'=0.001\,033\,1$ $v''=2.732\,4$ $h'=359.91$ $h''=2\,653.0$ $s'=1.145\,4$ $s''=7.531\,0$			$t_s=99.634\ ℃$ $v'=0.001\,043\,1$ $v''=1.694\,3$ $h'=417.52$ $h''=2\,675.1$ $s'=1.302\,8$ $s''=7.358\,9$		
$t/℃$	$v/(\mathrm{m^3 \cdot kg^{-1}})$	$h/(\mathrm{kJ \cdot kg^{-1}})$	$s/[\mathrm{kJ \cdot (kg \cdot K)^{-1}}]$	$v/(\mathrm{m^3 \cdot kg^{-1}})$	$h/(\mathrm{kJ \cdot kg^{-1}})$	$s/[\mathrm{kJ \cdot (kg \cdot K)^{-1}}]$	$v/(\mathrm{m^3 \cdot kg^{-1}})$	$h/(\mathrm{kJ \cdot kg^{-1}})$	$s/[\mathrm{kJ \cdot (kg \cdot K)^{-1}}]$
0	0.001 000 2	−0.03	−0.000 2	0.001 000 2	0.01	−0.000 2	0.001 000 2	0.05	−0.000 2
10	0.001 000 3	42.02	0.151 0	0.001 000 3	42.06	0.151 0	0.001 000 3	42.10	0.151 0
20	0.001 001 8	83.83	0.296 3	0.001 001 8	83.92	0.296 3	0.001 001 8	83.96	0.296 3
40	0.001 007 9	167.52	0.572 3	0.001 007 9	167.55	0.572 3	0.001 001 8	167.59	0.572 3
50	0.001 012 2	209.34	0.703 8	0.001 012 1	209.37	0.703 7	0.001 012 1	209.40	0.703 7
60	0.001 017 1	251.15	0.831 2	0.001 017 1	251.19	0.831 2	0.001 017 1	251.22	0.831 2
50	8.118 1	2 647.4	8.018 9	0.001 029 0	334.94	1.075 3	0.001 029 0	334.97	1.075 3
100	8.585 5	2 685.8	8.124 6	2.844 6	2 680.9	7.607 3	1.696 1	2 675.9	7.360 9
120	9.051 4	2 724.1	8.224 8	3.003 0	2 720.3	7.710 1	1.793 1	2 716.3	7.466 5
140	9.516 3	2 762.5	8.320 1	3.160 2	2 759.4	7.807 2	1.888 9	2 756.2	7.565 4
150	9.748 4	2 781.8	8.366 1	3.238 5	2 778.9	7.853 9	1.936 4	2 776.0	7.612 8
160	9.980 4	2 301.0	8.411 1	3.316 7	2 798.4	7.899 5	1.983 8	2 795.8	7.659 0
180	10.443 9	2 839.7	8.498 4	3.472 6	2 837.3	7.987 7	2.078 3	2 835.3	7.748 2
200	10.907 1	2 878.5	8.582 2	3.628 1	2 876.7	8.072 2	2.172 3	2 874.8	7.833 4
250	12.063 9	2 976.3	8.779 0	4.015 7	2 975.1	8.270 1	2.406 1	2 973.8	8.032 4
300	13.219 7	3 075.8	8.960 2	4.402 3	3 074.8	8.451 9	2.638 8	3 073.8	8.214 8
350	14.374 3	3 176.5	9.128 7	4.783 3	3 175.7	8.620 7	2.870 9	3 174.9	8.384 0
400	15.529 6	3 278.6	9.286 3	5.173 9	3 278.0	8.778 6	3.102 7	3 277.3	8.542 2
450	16.684 2	3 382.2	9.434 7	5.559 2	3 381.7	8.927 2	1.334 2	3 381.2	8.690 9
500	17.838 6	3 437.3	9.575 3	5.944 4	3 486.9	9.067 9	3.565 6	3 486.5	8.831 7
550	18.992 8	3 594.2	9.709 3	6.329 4	3 593.9	9.202 0	3.796 8	3 593.8	8.965 9
600	20.147 0	3 703.3	9.837 9	6.714 4	3 703.0	9.330 6	4.027 9	3 702.1	9.094 6
700	22.455 2	3 928.7	10.082 3	7.484 2	3 928.3	9.575 0	4.490 0	3 928.2	9.339 1
800	24.763 2	4 162.7	10.311 1	8.253 8	4 162.6	9.804 0	4.951 9	4 162.4	9.568 1

p	0.20 MPa			0.50 MPa			1.0 MPa		
饱和 参数	$t_s=120.240\ ℃$ $v'=0.001\ 060\ 5\quad v''=0.885\ 90$ $h'=504.78\quad h''=2\ 706.5$ $s'=1.530\ 3\quad s''=7.127\ 2$			$t_s=151.867\ ℃$ $v'=0.001\ 092\ 5\quad v''=0.374\ 90$ $h'=640.55\quad h''=2\ 748.6$ $s'=1.861\ 0\quad s''=6.821\ 4$			$t_s=179.916\ ℃$ $v'=0.001\ 127\ 2\quad v''=0.194\ 40$ $h'=762.84\quad h''=2\ 777.7$ $s'=2.138\ 8\quad s''=6.585\ 9$		
$t/℃$	$v/(\mathrm{m^3\cdot kg^{-1}})$	$h/(\mathrm{kJ\cdot kg^{-1}})$	$s/[\mathrm{kJ\cdot (kg\cdot K)^{-1}}]$	$v/(\mathrm{m^3\cdot kg^{-1}})$	$h/(\mathrm{kJ\cdot kg^{-1}})$	$s/[\mathrm{kJ\cdot (kg\cdot K)^{-1}}]$	$v/(\mathrm{m^3\cdot kg^{-1}})$	$h/(\mathrm{kJ\cdot kg^{-1}})$	$s/[\mathrm{kJ\cdot (kg\cdot K)^{-1}}]$
0	0.001 000 1	0.15	−0.000 2	0.001 000 0	0.46	−0.000 1	0.000 999 7	0.97	−0.000 1
10	0.001 000 2	42.20	0.151 0	0.001 000 1	42.49	0.151 0	0.000 999 9	42.98	0.150 9
20	0.001 001 8	84.05	0.296 3	0.001 001 6	84.33	0.296 2	0.001 001 4	84.80	0.296 1
40	0.001 007 8	167.67	0.572 2	0.001 007 7	167.94	0.572 1	0.001 007 4	168.38	0.571 9
50	0.000 101 21	209.49	0.703 7	0.001 011 9	209.75	0.703 5	0.001 011 7	210.18	0.703 3
60	0.001 017 0	251.31	0.831 1	0.001 016 9	251.56	0.831 0	0.001 016 7	251.98	0.830 7
80	0.001 029 0	335.05	1.075 2	0.001 028 8	335.29	1.075 0	0.001 028 6	335.69	1.074 7
100	0.001 043 4	419.14	1.306 8	0.001 043 2	419.36	1.306 6	0.001 043 0	419.74	1.306 2
120	0.001 060 3	503.76	1.527 7	0.001 060 1	503.97	1.527 5	0.001 059 9	504.32	1.527 0
140	0.935 11	2 748.0	7.230 0	0.001 079 6	589.30	1.739 2	0.001 079 3	889.62	1.738 6
150	0.959 68	2 768.6	7.279 3	0.001 090 4	632.30	1.842 0	0.001 090 1	632.61	1.841 4
160	0.984 07	2 789.0	7.327 1	0.383 58	2 767.2	6.864 7	0.001 101 7	675.84	1.942 4
180	1.032 41	2 829.6	7.418 7	0.404 50	2 811.7	6.965 1	0.194 43	2 777.9	6.586 4
200	1.080 30	2 870.0	7.505 8	0.424 87	2 854.9	7.058 5	0.205 90	2 827.3	6.693 1
250	1.198 78	2 970.4	7.707 6	0.474 32	2 960.0	7.269 7	0.232 64	2 941.8	6.923 3
300	1.316 17	3 071.2	7.891 7	0.522 55	3 063.6	7.458 8	0.257 93	3 050.4	7.121 6
350	1.432 94	3 172.9	8.061 8	0.570 12	3 167.0	7.631 9	0.282 47	3 157.0	7.299 9
400	1.549 32	3 275.8	8.220 5	0.617 29	3 271.1	7.792 4	0.306 58	3 263.1	7.463 8
450	1.665 46	3 379.9	8.369 7	0.664 20	3 376.0	7.942 8	0.330 43	3 369.6	7.616 3
500	1.781 42	3 485.4	8.510 8	0.710 94	3 482.2	8.084 4	0.354 10	3 476.8	7.759 7
550	1.897 26	3 592.6	8.645 2	0.757 55	3 589.9	8.219 8	0.377 6	3 585.4	7.895 8
600	2.013 01	3 701.9	8.774 0	0.804 08	3 699.6	8.349 1	0.401 09	3 695.7	3.025 9
700	2.244 33	3 927.7	9.018 7	0.896 94	3 925.9	8.594 4	0.447 81	3 923.0	8.272 2
800	2.475 49	4 161.9	9.247 8	0.989 65	4 160.5	8.823 9	0.494 36	4 158.2	8.502 3

p	2.0 MPa			3.0 MPa			4.0 MPa		
饱和参数	$t_s=212.417$ ℃			$t_s=233.893$ ℃			$t_s=250.394$ ℃		
	$v'=0.001\,176\,7$ $v''=0.099\,600$			$v'=0.001\,216\,2$ $v''=0.066\,700$			$v'=0.001\,252\,4$ $v''=0.049\,800$		
	$h'=908.64$ $h''=2\,798.7$			$h'=1\,008.2$ $h''=2\,803.2$			$h'=1\,087.2$ $h''=2\,800.5$		
	$s'=2.447\,1$ $s''=6.339\,5$			$s'=2.645\,4$ $s''=6.185\,4$			$s'=2.796\,2$ $s''=6.068\,8$		
t/℃	v/(m³·kg⁻¹)	h/(kJ·kg⁻¹)	s/[kJ·(kg·K)⁻¹]	v/(m³·kg⁻¹)	h/(kJ·kg⁻¹)	s/[kJ·(kg·K)⁻¹]	v/(m³·kg⁻¹)	h/(kJ·kg⁻¹)	s/[kJ·(kg·K)⁻¹]
0	0.000 999 2	1.99	0.000 0	0.000 998 7	3.01	0.000 0	0.000 998 2	4.03	0.000 1
10	0.000 999 4	43.95	0.150 8	0.000 998 9	44.92	0.150 7	0.000 993 4	45.89	0.150 7
20	0.001 000 9	85.74	0.295 9	0.001 000 5	86.68	0.295 7	0.001 000 0	87.62	0.295 5
40	0.001 007 0	169.27	0.571 5	0.001 006 6	170.15	0.571 1	0.001 006 1	171.04	0.570 8
50	0.001 011 3	211.04	0.702 8	0.001 010 8	211.90	0.702 4	0.001 010 4	212.77	0.701 9
60	0.001 016 2	252.82	0.830 2	0.001 015 8	253.66	0.829 6	0.001 015 3	254.50	0.829 1
80	0.001 028 1	336.48	1.074 0	0.001 027 6	337.28	1.073 4	0.001 027 2	338.07	1.072 7
100	0.001 042 5	420.49	1.305 4	0.001 042 0	421.24	1.304 7	0.001 041 5	421.99	1.303 9
120	0.001 059 3	505.03	1.526 1	0.001 058 7	505.73	1.525 2	0.001 058 2	506.44	1.524 3
140	0.001 078 7	590.27	1.737 6	0.001 078 1	590.92	1.736 6	0.001 077 4	591.58	1.735 5
150	0.001 089 4	633.22	1.840 3	0.001 083 8	633.84	1.839 2	0.001 088 1	634.46	1.838 1
160	0.001 100 9	676.43	1.941 2	0.001 100 2	677.01	1.940 0	0.001 099 5	677.60	1.938 9
180	0.001 126 5	763.72	2.138 2	0.001 125 6	764.23	2.136 9	0.001 124 8	764.74	2.135 5
200	0.001 156 0	852.52	2.330 0	0.001 154 9	852.93	2.328 4	0.001 153 9	853.31	2.326 3
250	0.111 412	2 901.5	6.543 6	0.070 564	2 854.7	6.285 5	0.001 251 4	1 085.3	21.792 5
300	0.125 449	3 022.6	6.764 8	0.081 126	2 992.4	6.537 1	0.058 821	2 959.5	6.359 5
350	0.138 564	3 136.2	8.955 0	0.090 520	3 114.4	6.741 4	0.066 436	3 091.5	6.530 5
400	0.151 190	3 246.8	7.125 8	0.099 352	3 230.1	6.919 9	0.073 401	3 212.7	6.767 7
450	0.163 523	3 356.4	7.282 8	0.107 864	3 343.0	7.081 7	0.080 016	3 329.2	6.934 7
500	0.175 666	3 465.9	7.429 3	0.116 174	3 454.9	7.231 4	0.086 417	3 443.6	7.087 7
550	0.137 679	3 576.2	7.567 5	0.124 349	3 566.9	7.371 8	0.092 676	3 557.3	7.230 4
600	0.199 398	3 687.8	7.699 1	0.132 427	3 679.9	7.505 1	0.098 836	3 671.9	7.365 3
700	0.223 245	3 917.0	7.947 6	0.148 388	3 911.1	7.755 7	0.110 956	3 905.1	7.618 1
800	0.246 126	4 153.6	8.179 0	0.164 180	4 149.0	7.988 4	0.122 907	4 144.3	7.852 1

p	5.0 MPa			6.0 MPa			7.0 MPa		
饱和参数	$t_s=263.980\ ℃$ $v'=0.001\ 286\ 1$ $v''=0.039\ 400$ $h'=1\ 154.2$ $h''=2\ 793.6$ $s'=2.920\ 0$ $s''=5.972\ 4$			$t_s=275.625\ ℃$ $v'=0.001\ 319\ 0$ $v''=0.032\ 400$ $h'=1\ 213.3$ $h''=2\ 783.8$ $s'=3.026\ 6$ $s''=5.888\ 5$			$t_s=285.869\ ℃$ $v'=0.001\ 351\ 5$ $v''=0.027\ 400$ $h'=1\ 266.9$ $h''=2\ 771.7$ $s'=3.121\ 0$ $s''=5.812\ 9$		
$t/℃$	$v/(m^3 \cdot kg^{-1})$	$h/(kJ \cdot kg^{-1})$	$s/[kJ \cdot (kg \cdot K)^{-1}]$	$v/(m^3 \cdot kg^{-1})$	$h/(kJ \cdot kg^{-1})$	$s/[kJ \cdot (kg \cdot K)^{-1}]$	$v/(m^3 \cdot kg^{-1})$	$h/(kJ \cdot kg^{-1})$	$s/[kJ \cdot (kg \cdot K)^{-1}]$
0	0.000 997 7	5.04	0.000 2	0.000 997 2	6.05	0.000 2	0.000 996 7	7.07	0.000 3
10	0.000 997 9	46.87	0.150 6	0.000 997 5	47.83	0.150 5	0.000 997 0	48.80	0.150 4
20	0.000 999 6	88.55	0.295 2	0.000 999 1	89.49	0.295 0	0.000 998 6	90.42	0.294 8
40	0.001 005 7	171.92	0.570 4	0.001 005 2	172.81	0.570 0	0.001 004 8	173.69	0.569 6
50	0.001 009 8	213.63	0.701 5	0.001 009 8	214.49	0.701 0	0.001 009 1	215.35	0.700 5
60	0.001 014 9	255.34	0.828 6	0.001 014 4	256.18	0.828 0	0.001 014 0	257.01	0.827 5
80	0.001 026 7	338.87	1.072 1	0.001 026 2	339.67	1.071 4	0.001 025 8	340.46	1.070 8
100	0.001 041 0	422.75	1.303 1	0.001 040 4	423.50	1.302 3	0.001 039 9	424.25	1.301 6
120	0.001 057 6	507.14	1.523 4	0.001 057 1	507.85	1.522 5	0.001 056 5	508.55	1.521 6
140	0.001 076 8	592.23	1.734 5	0.001 076 2	592.83	1.733 5	0.001 075 6	593.54	1.732 5
150	0.001 087 4	635.09	1.837 0	0.001 086 8	635.71	1.835 9	0.001 086 1	636.34	1.834 8
160	0.001 098 8	678.19	1.937 7	0.001 098 1	678.78	1.936 5	0.001 097 4	679.37	1.935 3
180	0.001 124 0	765.25	2.134 2	0.001 123 1	765.76	2.132 8	0.001 122 3	766.28	2.131 5
200	0.001 152 9	853.75	2.325 3	0.001 181 9	854.17	2.323 7	0.001 151 0	854.39	2.322 2
250	0.001 249 6	1 085.2	2.790 1	0.001 247 8	1 085.2	2.787 7	0.001 246 0	1 085.2	2.785 3
300	0.045 301	2 923.3	6.206 4	0.036 148	2 883.1	6.065 6	0.029 457	2 837.5	5.929 1
350	0.051 932	3 067.4	6.447 7	0.042 213	3 041.9	6.331 7	0.035 223	3 014.8	68.226 5
400	0.057 804	3 194.9	6.644 8	0.047 382	3 176.4	6.539 5	0.039 917	3 157.3	6.186 5
450	0.063 291	3 315.2	6.817 0	0.052 128	3 300.9	6.717 9	0.044 143	3 286.2	6.631 4
500	0.068 552	3 432.2	6.973 5	0.056 632	3 420.6	6.878 1	0.048 110	3 408.9	6.795 4
550	0.073 664	3 548.0	7.118 7	0.060 983	3 538.4	7.025 7	0.051 917	3 528.7	6.945 6
600	0.078 675	3 663.9	7.255 3	0.065 228	3 665.7	7.164 0	0.055 617	3 647.5	7.085 7
700	0.086 494	3 899.0	7.510 2	0.073 518	3 392.9	7.421 2	0.062 811	3 886.7	7.345 1
800	0.008 142	4 139.6	7.745 6	0.081 630	4 134.9	7.657 9	0.069 833	4 130.1	7.583 1

p	8.0 MPa			9.0 MPa			10.0 MPa		
饱和参数	$t_s=295.048$ ℃ $v'=0.001\,384\,3$ $v''=0.023\,520$ $h'=1\,316.5$ $h''=2\,757.7$ $s'=3.206\,6$ $s''=5.743\,0$			$t_s=303.385$ ℃ $v'=0.001\,417\,7$ $v''=0.020\,500$ $h'=1\,363.1$ $h''=2\,741.9$ $s'=3.285\,4$ $s''=5.677\,1$			$t_s=311.037$ ℃ $v'=0.001\,425\,5$ $v''=0.018\,000$ $h'=1\,407.2$ $h''=2\,724.5$ $s'=3.359\,1$ $s''=5.613\,9$		
$t/℃$	$v/(\text{m}^3\cdot\text{kg}^{-1})$	$h/(\text{kJ}\cdot\text{kg}^{-1})$	$s/[\text{kJ}\cdot(\text{kg}\cdot\text{K})^{-1}]$	$v/(\text{m}^3\cdot\text{kg}^{-1})$	$h/(\text{kJ}\cdot\text{kg}^{-1})$	$s/[\text{kJ}\cdot(\text{kg}\cdot\text{K})^{-1}]$	$v/(\text{m}^3\cdot\text{kg}^{-1})$	$h/(\text{kJ}\cdot\text{kg}^{-1})$	$s/[\text{kJ}\cdot(\text{kg}\cdot\text{K})^{-1}]$
0	0.000 996 2	8.08	0.000 3	0.000 995 7	9.08	0.000 4	0.000 995 2	10.09	0.000 4
10	0.000 996 5	49.77	0.150 2	0.000 996 1	50.74	0.150 1	0.000 993 6	51.70	0.150 0
20	0.000 998 2	91.36	0.294 6	0.000 997 7	92.29	0.294 4	0.000 997 3	93.22	0.294 2
40	0.001 004 4	174.57	0.569 2	0.001 003 9	175.46	0.368 8	0.001 003 5	176.34	0.568 4
50	0.001 008 6	216.21	0.700 1	0.001 008 2	217.07	0.699 6	0.001 007 8	217.93	0.699 2
60	0.001 013 6	257.85	0.827 0	0.001 013 1	258.69	0.826 5	0.001 012 7	259.53	0.825 9
80	0.001 025 3	341.26	1.070 1	0.001 024 8	342.06	1.069 5	0.001 024 4	342.85	1.068 8
100	0.001 039 5	425.01	1.300 8	0.001 039 0	425.76	1.300 0	0.001 038 5	426.51	1.299 3
120	0.001 056 0	509.26	1.520 7	0.001 088 4	509.97	1.519 9	0.001 054 9	510.68	1.519 0
140	0.001 075 0	594.19	1.731 4	0.001 074 4	594.85	1.730 4	0.001 073 8	595.50	1.729 4
150	0.001 085 5	636.96	1.833 7	0.001 084 8	637.59	1.832 7	0.001 084 2	638.22	1.831 6
160	0.001 096 7	679.97	1.934 2	0.001 096 0	680.56	1.933 0	0.001 095 3	681.16	1.931 9
180	0.001 121 5	766.80	2.130 2	0.001 120 7	767.32	2.128 8	0.001 119 9	767.84	2.127 5
200	0.001 150 0	855.02	2.320 7	0.001 149 0	855.44	2.319 1	0.001 148 1	855.88	2.317 6
250	0.001 244 3	1 085.2	2.782 9	0.001 242 5	1 085.3	2.780 6	0.001 240 8	1 085.3	2.778 3
300	0.024 255	2 784.5	5.789 9	0.001 401 8	1 343.5	3.251 4	0.001 397 5	1 342.3	3.246 9
350	0.029 940	2 986.1	6.128 2	0.025 786	2 955.3	6.034 2	0.022 415	2 922.1	5.942 3
400	0.034 302	3 137.5	6.362 2	0.029 921	3 117.1	6.284 2	0.026 402	3 095.8	6.210 9
450	0.038 145	3 271.3	6.554 0	0.033 474	3 256.0	6.483 5	0.029 735	3 240.5	6.418 4
500	0.041 712	3 397.0	6.722 1	0.036 733	3 385.0	6.656 0	0.032 750	3 372.8	6.595 4
550	0.045 113	3 518.8	6.874 9	0.039 817	3 509.0	6.811 4	0.035 582	3 499.1	6.753 7
600	0.048 403	3 639.2	7.016 8	0.042 789	3 630.8	6.955 2	0.038 297	3 622.8	6.899 2
700	0.054 778	3 880.5	7.278 4	0.048 526	3 874.1	7.219 0	0.043 522	3 867.7	7.165 2
800	0.060 982	4 125.2	7.517 8	0.054 096	4 120.2	7.459 6	0.048 584	4 115.1	7.407 2

续表

p	15.0 MPa			20.0 MPa			30.0 MPa		
饱和参数	$t_s=342.196\ ℃$ $v'=0.001\ 657\ 1$ $v''=0.010\ 300$ $h'=1\ 609.8$ $h''=2\ 610.0$ $s'=3.683\ 6$ $s''=5.309\ 1$			$t_s=365.789\ ℃$ $v'=0.002\ 037\ 9$ $v''=0.005\ 870\ 2$ $h'=1\ 827.2$ $h''=2\ 413.1$ $s'=4.015\ 3$ $s''=4.932\ 2$					
$t/℃$	$v/(\text{m}^3\cdot\text{kg}^{-1})$	$h/(\text{kJ}\cdot\text{kg}^{-1})$	$s/[\text{kJ}\cdot(\text{kg}\cdot\text{K})^{-1}]$	$v/(\text{m}^3\cdot\text{kg}^{-1})$	$h/(\text{kJ}\cdot\text{kg}^{-1})$	$s/[\text{kJ}\cdot(\text{kg}\cdot\text{K})^{-1}]$	$v/(\text{m}^3\cdot\text{kg}^{-1})$	$h/(\text{kJ}\cdot\text{kg}^{-1})$	$s/[\text{kJ}\cdot(\text{kg}\cdot\text{K})^{-1}]$
0	0.000 992 8	15.10	0.000 6	0.000 990 4	20.08	0.000 6	0.000 985 7	29.92	0.000 5
10	0.000 993 3	56.51	0.149 4	0.000 991 1	61.29	0.148 8	0.000 986 6	70.77	0.147 4
20	0.000 995 1	97.87	0.293 0	0.000 992 9	102.50	0.291 9	0.000 988 7	111.71	0.289 5
40	0.001 001 4	150.74	0.566 5	0.000 999 2	185.13	0.564 5	0.000 995 1	193.87	0.560 6
50	0.001 005 6	222.22	0.696 9	0.001 003 5	226.50	0.694 6	0.000 999 3	235.05	0.690 0
60	0.001 010 5	263.72	0.823 3	0.001 008 4	267.90	0.820 7	0.001 004 2	236.25	0.815 6
80	0.001 022 1	346.84	1.065 6	0.001 019 9	350.82	1.062 4	0.001 005 5	358.78	1.056 2
100	0.001 036 0	430.29	1.295 5	0.001 033 6	434.06	1.291 7	0.001 029 0	441.64	1.284 4
120	0.001 052 2	514.23	1.514 6	0.001 049 6	517.79	1.510 3	0.001 044 5	524.95	1.501 9
140	0.001 070 8	598.80	1.724 4	0.001 067 9	602.12	1.719 5	0.001 062 2	608.82	1.710 0
150	0.001 081 0	641.37	1.826 2	0.001 077 9	644.56	1.821 0	0.001 071 9	651.00	1.810 8
160	0.001 091 9	684.16	1.926 2	0.001 088 6	687.20	1.920 6	0.001 082 2	693.36	1.909 8
180	0.001 115 9	770.49	2.121 0	0.001 112 1	773.19	2.114 7	0.001 104 8	778.72	2.102 4
200	0.001 143 4	858.08	2.310 2	0.001 138 9	860.36	2.302 9	0.001 130 3	865.12	2.289 0
250	0.001 232 7	1 085.6	2.767 1	0.001 225 1	1 086.2	2.756 4	0.001 211 0	1 087.9	2.736 4
300	0.001 377 7	1 337.3	3.226 0	0.001 360 5	1 333.4	3.207 2	0.001 331 7	1 327.9	3.174 2
350	0.011 469	2 691.2	5.440 3	0.001 664 5	1 645.3	3.727 5	0.001 552 2	1 608.0	3.642 0
400	0.015 652	2 974.6	5.879 8	0.009 945 8	2 816.8	5.552 0	0.002 792 9	2 150.6	4.472 1
450	0.018 449	3 156.5	6.140 8	0.012 701 3	3 060.7	5.902 5	0.006 736 3	2 822.1	5.443 3
500	0.020 797	3 309.0	6.344 9	0.014 768 1	3 239.3	6.141 5	0.008 676 1	3 083.3	5.793 4
550	0.022 913	3 448.3	6.519 5	0.016 547 1	3 393.7	6.335 2	0.010 158 0	3 276.6	6.035 9
600	0.024 832	3 580.7	6.675 7	0.018 165 5	3 536.3	6.503 5	0.011 431 0	3 442.9	6.232 1
700	0.028 558	3 836.2	6.952 9	0.021 125 9	3 305.1	6.795 1	0.013 654 4	3 739.8	6.354 5
800	0.032 064	4 089.3	7.200 4	0.023 866 9	4 065.1	7.049 4	0.015 643 1	4 016.4	6.825 1

注：该表引自都考文献［10］

附表 5　金属材料的密度、比热容和导热系数

材料名称	20 ℃			导热系数 λ/[W·(m·K)$^{-1}$]									
	密度 ρ	定压比热容 c_p	导热系数 λ	温度/℃									
	kg/m^3	J/(kg·K)	W/(m·K)	-100	0	100	200	300	400	600	800	1 000	1 200
纯铝	2 710	902	236	243	236	240	238	234	228	215			
杜拉铝（96Al—4Cu，微量 Mg）	2 790	881	169	124	160	188	188	193					
铝合金（92Al—8Mg）	2 610	904	107	86	102	123	148						
铝合金（87Al—13Si）	2 660	871	162	139	158	173	176	180					
铍	1 850	1 758	219	382	218	170	145	129	118				
纯铜	8 930	386	398	421	401	393	389	384	379	366	352		
铝青铜（90Cu—10Al）	8 360	420	56	49	57	66							
青铜（89Cu—11Sn）	8 800	343	24.8	24	28.4	33.2							
黄铜（70Cu—30Zn）	8 440	377	109	90	106	131	143	145	148				
铜合金（60Cu—40Ni）	8 920	410	22.2	19	22.2	23.4							
黄金	19 300	127	315	331	318	313	310	305	300	287			
纯铁	7 870	455	81.1	96.7	83.5	72.1	63.5	56.5	50.3	39.4	29.6	29.4	31.6
阿姆口铁	7 860	455	73.2	82.9	74.7	67.5	61.0	54.8	49.9	38.6	29.3	29.3	31.1
灰铸铁（$w_C \approx 3\%$）	7 570	470	39.2	28.5	32.4	35.8	37.2	36.6	20.8	19.2			
碳钢（$w_C \approx 0.5\%$）	7 840	465	49.8	50.5	47.5	44.8	42.0	39.4	34.0	29.0			
碳钢（$w_C \approx 1.0\%$）	7 790	470	43.2	43.0	42.8	42.2	41.5	40.6	36.7	32.2			
碳钢（$w_C \approx 1.5\%$）	7 750	470	36.7	36.8	36.6	36.2	35.7	34.7	31.7	27.8			
铬钢（$w_{Cr} \approx 5\%$）	7 830	460	36.1	36.3	35.2	34.7	33.5	31.4	28.0	27.2	27.2	27.2	
铬钢（$w_{Cr} \approx 13\%$）	7 740	460	26.8	26.5	27.0	27.0	27.0	27.6	28.4	29.0	29.0		
铬钢（$w_{Cr} \approx 17\%$）	7 710	460	22	22	22.2	22.6	22.6	23.3	24.0	24.8	25.5		
铬钢（$w_{Cr} \approx 26\%$）	7 650	460	22.6	22.6	23.8	25.5	27.2	28.5	31.8	35.1	38		
铬镍钢（18—20Cr/8—12Ni）	7 820	460	15.2	12.2	14.7	16.6	18.0	19.4	20.8	23.5	26.3		

材料名称	20 ℃			导热系数 λ/[W · (m · K)⁻¹]									
	密度 ρ	定压比热容 c_p	导热系数 λ	温度/℃									
	kg/m³	J/(kg · K)	W/(m · K)	−100	0	100	200	300	400	600	800	1 000	1 200
铬镍钢 (17—19Cr/9—13Ni)	7 830	460	14.7	11.8	14.3	16.1	17.5	18.8	20.2	22.8	25.5	28.2	30.9
镍钢 ($w_{Ni} \approx 1\%$)	7 900	460	45.5	40.8	45.2	46.8	46.1	44.1	41.2	35.7			
镍钢 ($w_{Ni} \approx 3.5\%$)	7 910	460	36.5	30.7	36.0	38.8	39.7	39.2	37.8				
镍钢 ($w_{Ni} \approx 25\%$)	8 030	460	13.0										
镍钢 ($w_{Ni} \approx 35\%$)	8 110	460	13.8	10.9	13.4	15.4	17.1	18.6	20.1	23.1			
镍钢 ($w_{Ni} \approx 44\%$)	8 190	460	15.8		15.7	16.1	16.5	16.9	17.1	17.8	18.4		
镍钢 ($w_{Ni} \approx 50\%$)	8 260	460	19.6	17.3	19.4	20.5	21.0	21.1	21.3	22.5			
锰钢 ($w_{Mn} \approx 12\% \sim 13\%$, $w_{Mn} \approx 3\%$)	7 800	487	13.6			14.8	16.0	17.1	18.3				
锰钢 ($w_{Mn} \approx 0.4\%$)	7 860	440			51.2	51.0	50.0	47.0	43.5	35.5	27		
钨钢 ($w_W \approx 5\% \sim 6\%$)	8 070	436	18.7		18.4	19.7	21.0	22.3	23.6	24.9	26.3		
铅	11 340	128	35.3	37.2	35.5	34.3	32.8	31.5					
镁	1 730	1 020	156	160	157	154	152	150					
钼	9 590	255	138	146	139	135	131	127	123	116	109	103	93.7
镍	8 900	444	91.4	144	94	82.8	74.2	67.3	64.6	69.0	73.3	77.6	81.9
铂	21 450	133	71.4	73.3	71.5	71.6	72.0	72.8	73.6	76.6	80.0	84.2	88.9
银	10 500	234	427	431	428	422	415	407	399	384			
锡	7 310	228	67	75	68.2	63.2	60.9						
钛	4 500	520	22	23.3	22.4	20.7	19.9	19.5	19.4	19.9			
铀	19 070	116	27.4	24.3	27	29.1	31.1	33.4	35.7	40.6	45.6		
锌	7 140	388	121	123	122	117	112						
锆	6 570	276	22.9	26.5	23.2	21.8	21.2	20.9	21.4	22.3	24.5	26.4	28.0
钨	19 350	134	179	204	182	166	153	142	134	125	119	114	110

附表 6　保温、建筑及其他材料的密度和导热系数

材料名称	温度 t	密度 ρ	导热系数 λ
	℃	kg/m³	W/(m·K)
膨胀珍珠岩散料	25	60～300	0.021～0.062
沥青膨胀珍珠岩	31	233～282	0.069～0.076
磷酸盐膨胀珍珠岩制品	20	200～250	0.044～0.052
水玻璃膨胀珍珠岩制品	20	200～300	0.056～0.065
岩棉制品	20	80～150	0.035～0.038
膨胀蛭石	20	100～130	0.051～0.07
沥青蛭石板管	20	350～400	0.081～0.10
石棉粉	22	744～1 400	0.099～0.19
石棉砖	21	384	0.099
石棉绳		590～730	0.10～0.21
石棉绒		35～230	0.055～0.077
石棉板	30	770～1 045	0.10～0.14
碳酸镁石棉灰		240～490	0.077～0.086
硅藻土石棉灰		280～380	0.085～0.11
粉煤灰砖	27	458～589	0.12～0.22
矿渣棉	30	207	0.058
玻璃丝	35	120～492	0.058～0.07
玻璃棉毡	28	18.4～38.3	0.043
软木板	20	105～437	0.044～0.079
木丝纤维板	25	245	0.048
稻草浆板	20	325～365	0.068～0.084
麻秆板	25	108～147	0.056～0.11
甘蔗板	20	282	0.067～0.072
葵芯板	20	95.5	0.05
玉米梗板	22	25.2	0.065
棉花	20	117	0.049
丝	20	57.7	0.036
锯木屑	20	179	0.083
硬泡沫塑料	30	29.5～56.3	0.041～0.048
软泡沫塑料	30	41～162	0.043～0.056
铝箔间隔层（5层）	21		0.042
红砖（营造状态）	25	1 860	0.87
红砖	35	1 560	0.49
松木（垂直木纹）	15	496	0.15
松木（平行水纹）	21	527	0.35
水泥	30	1 900	0.30

材料名称	温度 t	密度 ρ	导热系数 λ
	℃	kg/m³	W/(m·K)
混凝土板	35	1 930	0.79
耐酸混凝土板	30	2 250	1.5~1.6
黄砂	30	1 580~1 700	0.28~6.34
泥土	20		0.83
瓷砖	37	2 090	1.1
玻璃	45	2 500	0.65~0.71
聚苯乙烯	30	24.7~37.8	0.04~0.043
花岗石		2 643	1.73~3.98
大理石		2 499~2 707	2.70
云母		290	0.58
水垢	65		1.31~3.14
冰	0	913	2.22
黏土	27	1 460	1.3

附表 7　几种保温、耐火材料的导热系数与温度的关系

材料名称	材料最高允许温度 t	密度 ρ	导热系数 λ
	℃	kg/m³	W/(m·K)
超细玻璃棉毡、管	400	18~20	$0.033+0.000\,23\,\{t\}_℃$ [1]
矿渣棉	550~600	350	$0.067\,4+0.000\,215\,\{t\}_℃$
水泥蛭石制品	800	400~450	$0.103+0.000\,198\,\{t\}_℃$
水泥珍珠岩制品	600	300~400	$0.065\,1+0.000\,105\,\{t\}_℃$
粉煤灰泡沫砖	300	500	$0.099+0.000\,2\,\{t\}_℃$
岩棉玻璃布缝板	600	100	$0.031\,4+0.000\,198\,\{t\}_℃$
A 级硅藻土制品	900	500	$0.039\,5+0.000\,19\,\{t\}_℃$
B 级硅藻土制品	900	550	$0.047\,7+0.000\,2\,\{t\}_℃$
膨胀珍珠岩	1000	55	$0.042\,4+0.000\,137\,\{t\}_℃$
微孔硅酸钙制品	650	≯250	$0.041+0.000\,2\,\{t\}_℃$
耐火烧结普通砖	1 350~1 450	1 800~2 040	$(0.7\sim0.84)+0.000\,58\,\{t\}_℃$
轻质耐火烧结普通砖	1 250~1 300	800~1 300	$(0.29\sim0.41)+0.000\,26\,\{t\}_℃$
超轻质耐火烧结普通砖	1 150~1 300	540~610	$0.093+0.000\,16\,\{t\}_℃$
超轻质耐火烧结普通砖	1 100	270~330	$0.058+0.000\,17\,\{t\}_℃$
硅砖	1 700	1 900~1 950	$0.93+0.000\,7\,\{t\}_℃$
镁砖	1 600~1 700	2 300~2 600	$2.1+0.000\,19\,\{t\}_℃$
铬砖	1 600~1 700	2 600~2 800	$4.7+0.000\,17\,\{t\}_℃$

① $\{t\}_℃$ 表示材料的平均温度的数值

附表 8　干空气的热物理性质 ($p = 1.013\ 25 \times 10^5$ Pa)

材料	ρ	c_p	$\lambda \times 10^2$	$a \times 10^6$	$\mu \times 10^6$	$v \times 10^6$	Pr
	kg/m³	kJ/(kg·K)	W/(m·K)	m²/s	kg/(m·s)	m²/s	
−50	1.584	1.013	2.04	12.7	14.6	9.23	0.728
−40	1.515	1.013	2.12	13.8	15.2	10.04	0.728
−30	1.453	1.013	2.20	14.9	15.7	10.80	0.723
−20	1.395	1.009	2.28	16.2	16.2	11.61	0.716
−10	1.342	1.009	2.36	17.4	16.7	12.43	0.712
0	1.293	1.005	2.44	18.8	17.2	13.28	0.707
10	1.247	1.005	2.51	20.0	17.6	14.16	0.705
20	1.205	1.005	2.59	21.4	18.1	15.06	0.703
30	1.165	1.005	2.67	22.9	18.6	16.00	0.701
40	1.128	1.005	2.76	24.3	19.1	16.96	0.699
50	1.093	1.005	2.83	25.7	19.6	17.95	0.698
60	1.060	1.005	2.90	27.2	20.1	18.97	0.696
70	1.029	1.009	2.96	28.6	20.6	20.02	0.694
80	1.000	1.009	3.05	30.2	21.1	21.09	0.692
90	0.972	1.009	3.13	31.9	21.5	22.10	0.690
100	0.946	1.009	3.21	33.6	21.9	23.13	0.688
120	0.898	1.009	3.34	36.8	22.8	25.45	0.686
140	0.854	1.013	3.49	40.3	23.7	27.80	0.684
160	0.815	1.017	3.64	43.9	24.5	30.09	0.682
180	0.779	1.022	3.78	47.5	25.3	32.49	0.681
200	0.746	1.026	3.93	51.4	26.0	34.85	0.680
250	0.674	1.038	4.27	61.0	27.4	40.61	0.677
300	0.615	1.047	4.60	71.6	29.7	48.33	0.674
350	0.566	1.059	4.91	81.9	31.4	55.46	0.676
400	0.524	1.068	5.21	93.1	33.0	63.09	0.678
500	0.456	1.093	5.74	115.3	36.2	79.38	0.687
600	0.404	1.114	6.22	138.3	39.1	96.89	0.699
700	0.362	1.135	6.71	163.4	41.8	115.4	0.706
800	0.329	1.156	7.18	188.8	44.3	134.8	0.713
900	0.301	1.172	7.63	216.2	46.7	155.1	0.717
1 000	0.277	1.185	8.07	245.9	49.0	177.1	0.719
1 100	0.257	1.197	8.50	276.2	51.2	199.3	0.722
1 200	0.239	1.210	9.15	316.5	53.5	233.7	0.724

附表9 大气压力（$p = 1.013\,25 \times 10^5\,Pa$）下烟气的热物理性质

（烟气中组成成分的质量分数：$w_{CO_2} = 0.13$；$w_{H_2O} = 0.11$；$w_{N_2} = 0.76$）

$t/℃$	ρ kg/m³	c_p kJ/(kg·K)	$\lambda \times 10^2$ W/(m·K)	$a \times 10^6$ m²/s	$\mu \times 10^6$ kg/(m·s)	$\upsilon \times 10^6$ m²/s	Pr
0	1.295	1.042	2.28	16.9	15.8	12.20	0.72
100	0.950	1.068	3.13	30.8	20.4	21.54	0.69
200	0.748	1.097	4.01	48.9	24.5	32.80	0.67
300	0.617	1.122	4.84	69.9	28.2	45.81	0.65
400	0.525	1.151	5.70	94.3	31.7	60.38	0.64
500	0.457	1.185	6.56	121.1	34.8	76.30	0.63
600	0.405	1.214	7.42	150.9	37.9	93.61	0.62
700	0.363	1.239	8.27	183.8	40.7	112.1	0.61
800	0.330	1.264	9.15	219.7	43.4	131.8	0.60
900	0.301	1.290	10.00	258.0	45.9	152.5	0.59
1 000	0.275	1.306	10.90	303.4	48.4	174.3	0.58
1 100	0.257	1.323	11.75	345.5	50.7	197.1	0.57
1 200	0.240	1.340	12.62	392.4	53.0	221.0	0.56

附表10 饱和水的热物理性质

$t/℃$	$p \times 10^{-5}$ Pa	ρ kg/m³	h' kJ/kg	c_p kJ/(kg·K)	$\lambda \times 10^2$ W/(m·K)	$a \times 10^4$ m²/s	$\eta \times 10^6$ kg/(m·s)	$\upsilon \times 10^6$ m²/s	$\alpha \times 10^4$ K⁻¹	$\gamma \times 10^4$ N/m	Pr
0	0.006 11	999.8	−0.05	4.212	55.1	13.1	1 788	1.789	−0.81	756.4	13.67
10	0.012 28	999.7	42.00	4.191	57.4	13.7	306	1.306	+0.87	741.6	9.52
20	0.023 38	998.2	83.90	4.183	59.9	14.3	1 004	1.006	2.09	726.9	7.02
30	0.042 45	995.6	125.7	4.174	61.8	14,9	801.5	0.805	3.05	712.2	5.42
40	0.073 81	992.2	167.5	4.174	63.5	15.3	653.3	0.659	3.86	696.5	4.31
50	0.123 45	988.0	209.3	4.174	64.8	15.7	549.4	0.556	4.57	676.9	3.54
60	0.188 331	983.2	251.1	4.179	65.9	16.0	469.9	0.478	5.22	662.2	2.99
70	0.311 8	977.7	293.0	4.187	66.8	16.3	406.1	0.415	5.83	643.5	2.55
80	0.473 8	971.8	354.9	4.195	67.4	16.6	355.1	0.365	6.40	625.9	2.21
90	0.701 2	965.3	376.9	4.208	68.0	16.8	314.9	0.326	6.96	607.2	1.95
100	1.013	958.4	419.1	4.220	68.3	16.9	282.5	0.295	7.50	588.6	1.75
110	1.43	950.9	461.3	4.233	68.5	17.0	259.0	0.272	8.04	569.0	1.60

$t/℃$	$p\times10^{-5}$	ρ	h'	c_p	$\lambda\times10^2$	$a\times10^4$	$\eta\times10^6$	$\upsilon\times10^6$	$\alpha\times10^4$	$\gamma\times10^4$	Pr
	Pa	kg/m³	kJ/kg	kJ/(kg·K)	W/(m·K)	m²/s	kg/(m·s)	m²/s	K⁻¹	N/m	
120	1.98	943.1	503.8	4.250	68.6	17.1	237.4	0.252	8.58	548.4	1.47
130	2.70	934.9	546.4	4.266	68.6	17.2	217.8	0.233	9.12	528.8	1.36
140	3.61	926.2	589.2	4.287	68.5	17.2	201.1	0.217	8.68	507.2	1.26
150	4.76	917.0	632.3	4.313	68.4	17.3	186.4	0.203	10.26	486.6	1.17
160	6.18	907.5	675.6	4.346	68.3	17.3	173.6	0.191	10.87	466.0	1.10
170	7.91	897.5	719.3	4.380	67.9	17.3	162.8	0.181	11.52	443.4	1.05
180	10.02	887.1	763.2	4.417	67.4	17.2	153.0	0.173	12.21	422.8	1.00
190	12.54	876.6	807.6	4.459	67.0	17.1	144.2	0.165	12.96	400.2	0.96
200	15.54	864.8	852.3	4.505	66.3	17.0	136.4	0.158	13.77	376.7	0.93
210	19.06	852.8	897.6	4.555	65.5	16.9	130.5	0.153	14.67	354.1	0.91
220	23.18	840.3	943.5	4.614	64.5	16.6	124.6	0.148	15.67	331.6	0.89
230	27.95	827.3	990.0	4.681	63.7	16.4	119.7	0.145	16.80	310.0	0.88
240	33.45	813.6	1 037.2	4.756	62.8	16.2	114.8	0.141	18.08	285.5	0.87
250	39.74	799.0	1 085.3	4.844	61.8	15.9	109.9	0.137	19.55	261.9	0.86
260	46.89	783.8	1 134.3	4.949	60.5	15.6	105.9	0.135	21.27	237.4	0.87
270	55.00	767.7	1 184.5	5.070	59.0	15.1	102.0	0.133	23.31	214.8	0.88
280	64.13	750.5	1 236.0	5.230	57.4	14.6	98.1	0.131	25.79	191.3	0.90
290	74.37	732.2	1 289.1	5.485	55.8	13.9	94.2	0.129	28.84	168.7	0.93
300	85.83	712.4	1 344.0	5.736	54.0	13.2	91.2	0.128	32.73	144.2	0.97
310	98.60	691.0	1 401.2	6.071	52.3	12.5	88.3	0.128	37.85	120.7	1.03
320	112.78	667.41	1 461.2	6.574	50.6	11.5	85.3	0.128	44.91	198.10	1.11
330	128.51	641.01	1 524.9	7.244	48.4	10.4	81.4	0.127	55.31	76.71	1.22
340	145.93	610.81	1 593.1	8.165	45.7	9.17	77.5	0.127	72.10	56.70	1.39
350	165.21	574.7	1 670.3	9.504	43.0	7.88	72.6	0.126	103.7	38.16	1.80
360	186.57	527.9	1 761.1	13.984	39.5	5.36	66.7	0.126	182.9	20.21	2.35
370	210.33	451.5	1 891.7	40.321	33.7	1.86	56.9	0.126	676.7	4.709	6.79

附表 11　干饱和水蒸气的热物理性质

$t/℃$	$p×10^{-5}$	ρ''	h''	r	c_p	$\lambda×10^2$	$a×10^3$	$\eta×10^6$	$\upsilon×10^6$	Pr
	Pa	kg/m³	kJ/kg	kJ/kg	kJ/(kg·K)	W/(m·K)	m²/h	kg/(m·s)	m²/s	
0	0.006 11	0.004 851	2 500.5	2 500.6	1.854 3	1.83	7 313.0	8.022	1 655.01	0.815
10	0.012 28	0.009 404	2 518.9	2 476.9	1.859 4	1.88	3 881.3	8.424	896.54	0.831
20	0.023 38	0.017 31	2 537.2	2 453.3	1.866 1	1.94	2 167.2	8.84	509.90	0.847
30	0.042 45	0.030 40	2 555.4	2 429.7	1.874 4	2.00	1 265.1	9.218	303.53	0.863
40	0.073 81	0.051 21	2 573.4	2 405.9	1.885 3	2.06	768.45	9.620	188.04	0.883
50	0.123 45	0.083 08	2 591.2	2 381.9	1.898 7	2.12	483.59	10.022	120.72	0.896
60	0.199 33	0.130 3	2 608.8	2 357.6	1.915 5	2.19	315.55	10.424	80.07	0.913
70	0.311 8	0.198 2	2 626.1	2 333.1	1.936 4	2.25	210.57	10.817	54.57	0.930
80	0.473 8	0.293 4	2 643.1	2 308.1	1.961 5	2.33	145.53	11.219	38.25	0.947
90	0.701 2	0.423 4	2 659.6	2 282.7	1.992 1	2.40	102.22	11.621	27.44	0.966
100	1.013 3	0.597 5	2 675.7	2 256.6	2.028 1	2.48	73.57	12.023	20.12	0.984
110	1.432 4	0.826 0	2 691.3	2 229.9	2.070 4	2.56	53.83	12.425	15.03	1.00
120	1.984 8	1.121	2 703.2	2 202.4	2.119 8	2.65	40.15	12.798	11.41	1.02
130	2.700 2	1.495	720.4	2 174.0	2.176 3	2.76	30.46	13.170	8.80	1.04
140	3.612	1.965	2 733.8	2 144.6	2.240 8	2.85	23.28	13.543	6.89	1.06
150	4.757	2.545	2 746.4	2 114.1	2.314 5	2.97	18.10	13.896	5.45	1.08
160	6.177	3.256	2 757.9	2 085.3	2.397 4	3.08	14.20	14.249	4.37	1.11
170	7.915	4.118	2 768.4	2 049.2	2.491 1	3.21	11.25	14.612	3.54	1.13
180	10.019	5.154	2 777.7	2 014.5	2.595 8	3.36	9.03	14.965	2.90	1.15
190	12.502	6.390	2 785.8	1 978.2	2.712 6	3.51	7.29	15.298	2.39	1.18
200	15.537	7.854	2 792.5	1 940.1	2.842 8	3.68	5.92	15.651	1.99	1.21
210	19.062	9.580	2 797.7	1 900.0	2.987 7	3.87	4.86	15.995	1.67	1.24
220	23.178	11.61	2 801.2	1 857.7	3.149 7	4.07	4.00	16.338	1.41	1.26
230	27.951	13.98	2 803.0	1 813.0	3.331 0	4.30	3.32	16.701	1.19	1.29
240	33.446	16.74	2 802.9	1 765.7	3.536 6	4.54	2.76	17.073	1.02	1.33
250	39.735	19.96	2 800.7	1 715.4	3.772 3	4.84	2.31	17.446	0.873	1.36
260	46.892	23.70	2 796.1	1 661.8	4.047 0	5.18	1.94	17.848	0.752	1.40
270	54.496	28.06	2 789.1	1 604.5	4.373 5	5.55	1.63	18.280	0.651	1.44
280	64.127	33.15	2 779.1	1 543.1	4.767 5	6.00	1.37	18.750	0.565	1.49
290	74.375	39.12	2 765.8	1 476.7	5.252 8	6.55	1.15	19.270	0.492	1.54
300	85.831	46.15	2 748.7	1 404.7	5.863 2	7.22	0.96	19.839	0.430	1.61
310	98.557	54.52	2 727.0	1 325.9	6.650 3	8.06	0.80	20.691	0.380	1.71
320	112.78	64.60	2 699.7	1 238.5	7.721 7	8.65	0.62	21.691	0.336	1.94
330	128.81	77.00	2 665.3	1 140.4	9.361 3	9.61	0.48	23.093	0.300	2.24
340	145.93	92.68	2 621.3	1 027.6	12.210 8	10.70	0.34	24.692	0.266	2.82
350	165.21	113.5	2 563.4	893.0	17.150 4	11.90	0.22	26.594	0.234	3.83
360	186.57	143.7	2 481.7	720.6	25.116 2	13.70	0.14	29.193	0.203	5.34
370	210.33	200.7	2 338.8	447.1	76.915 7	16.60	0.04	33.989	0.169	15.7
373.99	220.64	321.9	2 085.9	0.0	∞	23.79	0.0	44.992	0.143	∞

附表 12　几种饱和液体的热物理性质

液体	$t/℃$	ρ kg/m³	c_p kJ/(kg·K)	λ W/(m·K)	$a\times10^8$ m²/s	$\upsilon\times10^6$ m²/s	$a\times10^3$ K⁻¹	r kJ/kg	Pr
NH₃	−50	702.0	4.354	0.620 7	20.31	0.474 5	1.69	1 416.34	2.337
	−40	689.9	4.396	0.601 4	19.83	0.416 0	1.78	1 388.81	2.098
	−30	677.5	4.448	0.581 0	19.28	0.370 0	1.88	1 359.74	1.919
	−20	664.9	4.501	0.560 7	18.74	0.332 8	1.96	1 328.97	1.776
	−10	652.0	4.556	0.540 5	18.20	0.301 8	2.04	1 296.39	1.659
	0	638.6	4.617	0.520 2	17.64	0.275 3	2.16	1 261.81	1.560
	10	624.8	4.683	0.499 8	17.08	0.252 2	2.28	1 225.04	1.477
	20	610.4	4.758	0.479 2	16.50	0.232 0	2.42	1 185.82	1.406
	30	595.4	4.843	0.458 3	15.89	0.214 3	2.57	1 143.85	1.348
	40	579.5	4.943	0.437 1	15.26	0.198 8	2.76	1 098.71	1.303
	50	562.9	5.066	0.415 6	14.57	0.185 3	3.07	1 049.91	1.271
R12	−50	1 544.3	0.863	0.095 9	7.20	0.293 9	1.732	173.91	4.083
	−40	1 516.1	0.873	0.092 1	6.96	0.266 6	1.815	170.02	3.831
	−30	1 487.2	0.884	0.088 3	6.72	0.242 2	1.915	166.00	3.606
	−20	1 457.6	0.896	0.084 5	6.47	0.220 6	2.039	161.81	3.409
	−10	1 427.1	0.911	0.080 8	6.21	0.201 5	2.189	157.39	3.241
	0	1 395.6	0.928	0.077 1	5.95	0.184 7	2.374	152.38	3.103
	10	1 362.8	0.948	0.073 5	5.69	0.170 1	2.602	147.64	2.990
	20	1 328.6	0.971	0.069 8	5.41	0.157 3	2.887	142.20	2.907
	30	1 292.5	0.998	0.066 3	5.14	0.146 3	3.248	136.27	2.846
	40	1 254.2	1.030	0.062 7	4.85	0.136 8	3.712	129.78	2.819
	50	1 213.0	1.071	0.059 2	4.56	0.128 91	4.327	122.56	2.828
R22	−50	1 435.5	1.083	0.118 4	7.62		1.942	239.48	
	−40	1 406.8	1.093	0.113 8	7.40		2.043	233.29	
	−30	1 377.3	1.107	0.092	7.16		2.167	226.81	
	−20	1 346.8	1.125	0.104 8	6.92	0.193	2.322	219.97	2.792
	−10	1 315.0	1.146	0.100 4	6.66	0.178	2.515	212.69	2.672
	0	1 281.8	1.171	0.096 2	6.41	0.164	2.754	204.87	2.557
	10	1 246.9	1.202	0.092 0	6.14	0.151	3.057	196.44	2.463
	20	1 210.0	1.238	0.087 8	5.86	0.140	3.447	187.28	2.384
	30	1 170.7	1.282	0.083 8	5.58	0.130	3.956	177.24	2.321
	40	1 128.4	1.338	0.079 8	5.29	0.121	4.644	166.16	2.285
	50	1 082.1	1.414				5.610	153.76	
R152a	−50	1 063.3	1.560			0.382 2	1.625	351.69	
	−40	1 043.5	1.590			0.337 4	1.718	343.54	
	−30	1 023.3	1.617			0.300 7	1.830	335.01	
	−20	1 002.5	1.645	0.127 2	7.71	0.270 3	1.964	326.06	3.505
	−10	981.1	1.674	0.121 3	7.39	0.244 9	2.123	316.63	3.316
	0	958.9	1.707	0.115 5	7.06	0.223 5	2.317	306.66	3.167

续表

液体	$t/℃$	ρ kg/m³	c_p kJ/(kg·K)	λ W/(m·K)	$a \times 10^8$ m²/s	$\nu \times 10^6$ m²/s	$a \times 10^3$ K⁻¹	r kJ/kg	Pr
R152a	10	935.9	1.743	0.109 7	6.73	0.205 2	2.550	296.04	3.051
	20	911.7	1.785	0.103 9	6.38	0.189 3	2.838	284.67	2.965
	30	886.3	1.834	0.098 2	6.04	0.175 6	3.194	272.77	2.906
	40	859.4	1.891	0.092 6	5.70	0.163 5	3.641	259.15	2.869
	50	830.6	1.963	0.087 2	5.35	0.152 8	4.221	244.58	2.857
R134a	−50	1 443.1	1.229	0.116 5	6.57	0.411 8	1.881	231.62	6.269
	−40	1 414.8	1.243	0.111 9	6.36	0.355 0	1.977	225.59	5.579
	−30	1 385.9	1.260	0.107 3	6.14	0.310 6	2.094	219.35	5.054
	−20	1 356.2	1.282	0.102 6	5.90	0.275 1	2.237	212.84	4.662
	−10	1 325.6	1.306	0.098 0	5.66	0.246 2	2.414	205.97	4.348
	0	1 293.7	1.335	0.093 4	5.41	0.222 2	2.633	198.68	4.108
	10	1 260.2	1.367	0.088 8	5.15	0.201 8	2.905	190.87	3.915
	20	1 224.9	1.404	0.084 2	4.90	0.184 3	3.252	182.44	3.765
	30	1 187.2	1.447	0.079 6	4.63	0.169	3.698	173.29	3.648
	40	1 146.2	1.500	0.075 0	4.36	0.155 4	4.286	163.23	3.564
	50	1 102.0	1.569	0.070 4	4.07	0.143 1	5.093	152.04	3.515
11号润滑油	0	905.0	1.834	0.144 9	8.73	1 336			153 10
	10	898.8	1.872	0.144 1	8.56	564.2			6 591
	20	892.7	1.909	0.143 2	8.40	280.2	0.69		3 335
	30	886.6	1.947	0.142 3	8.24	153.2			1 859
	40	880.6	1.985	0.141 4	8.09	90.7			1 121
	50	874.6	2.022	0.140 5	7.94	57.4			723
	60	868.8	2.064	0.139 6	7.78	38.4			493
	70	863.1	2.106	0.138 7	7.63	27.0			354
	80	857.4	2.148	0.137 9	7.49	19.7			263
	90	851.8	2.190	0.137 0	7.34	14.9			203
	100	846.2	2.236	0.136 1	7.19	11.5			160
14号润滑油	0	905.2	1.866	0.149 3	8.84	2237			25 310
	10	899.0	1.909	0.148 5	8.65	863.2			9 979
	20	892.8	1.915	0.147 7	8.48	410.9	0.69		4 846
	30	886.7	1.993	0.147 0	8.32	216.5			2 603
	40	880.7	2.035	0.146 2	8.16	124.2			1 522
	50	874.8	2.077	0.145 4	8.00	76.5			956
	60	869.0	2.114	0.144 6	7.87	50.5			462
	70	863.2	2.156	0.143 9	7.73	34.3			444
	80	857.5	2.194	0.143 1	7.61	24.6			323
	90	851.9	2.227	0.142 4	7.51	18.3			244
	100	846.4	2.265	0.141 6	7.39	14.0			190

附表 13　大气压力 ($p = 1.013\,25 \times 10^5$ Pa) 下过热水蒸气的热物理性质

T/K	ρ kg/m^3	c_p kJ/(kg·K)	$\eta \times 10^5$ kg/(m·s)	$v \times 10^5$ m^2/s	λ W/(m·K)	$a \times 10^5$ m^2/s	Pr
380	0.586 3	2.060	1.271	2.16	0.024 6	2.036	1.060
400	0.554 2	2.014	1.344	2.42	0.026 1	2.338	1.040
450	0.490 2	1.980	1.525	−3.11	0.029 9	3.07	1.010
500	0.440 5	1.985	1.704	3.86	0.033 9	3.87	0.996
550	0.400 5	1.997	1.884	4.70	0.037 9	4.75	0.991
600	0.385 2	2.026	2.067	5.66	0.042 2	5.73	0.986
650	0.338 0	2.056	2.247	6.64	0.046 4	6.66	0.995
700	0.314 0	2.085	2.426	7.72	0.050 5	7.72	1.000
750	0.293 1	2.119	2.604	8.88	0.054 9	8.33	1.005
800	0.273 0	2.152	2.786	10.20	0.059 2	10.01	1.010
850	0.257 9	2.186	2.969	11.52	0.063 7	11.30	1.019

附表 14　各种不同材料的总正常辐射黑度

材料名称	$t/℃$	s
表面磨光的铝	225~575	0.039~0.057
表面不光滑的铝	26	0.055
在 600 ℃时氧化后的铝	200~600	0.11~0.19
表面磨光的铁	425~1 020	0.144~0.377
用金刚砂冷加工以后的铁	20	0.242
氧化后的铁	100	0.736
氧化后表面光滑的铁	125~525	0.78~0.82
未经加工处理的铸铁	925~1 115	0.87~0.95
表面磨光的钢铸件	770~1 040	0.52~0.56
经过研磨后的钢板	940~1 100	0.55~0.61
在 600 ℃时氧化后的钢	200~600	0.80
表面有一层有光泽的氧化物的钢板	25	0.82
经过刮面加工的生铁	830~990	0.60~0.870
氧化铁	500~1 200	0.85~0.95
精密磨光的金	225~635	0.018~0.035
轧制后表面没有加工的黄铜板	22	0.06
轧制后表面用粗金刚砂加工过的黄铜板	22	0.20
无光泽的黄铜板	50~350	0.22
在 600 ℃时氧化后的黄铜	200~600	0.61~0.59
精密磨光的电解铜	80~115	0.018~0.023
刮亮的但还没有像镜子那样皎洁的商品铜	22	0.072

材料名称	$t/℃$	s
在 600 ℃时氧化后的铜	200～600	0.57～0.87
氧化铜	800～1 100	0.66～0.54
熔解铜	1 075～1 275	0.16～0.13
钼线	725～2 600	0.096～0.292
技术上用的经过磨光的纯镍	225～375	0.07～0.087
镀镍酸洗而未经磨光的铁	20	0.11
镍丝	185～1 000	0.096～0.186
在 600 ℃时氧化后的镍	200～600	0.37～0.48
氧化镍	650～1 255	0.59～0.86
铬镍	125～1 034	0.64～0.76
锡，光亮的镀锡薄钢板	25	0.043～0.064
纯铂，磨光的铂片	225～625	0.054～0.110 4
铂带	925～1 115	0.12～0.17
铂线	25～1 230	0.036～0.192
铂丝	225～1 375	0.087～0.182
纯汞	0～100	0.09～0.12
氧化后的灰色铅	25	0.281
在 200 ℃时氧化后的铅	200	0.63
磨光的纯银	225～625	0.019 8～0.032 4
铬	100～1 000	0.08～0.26
经过磨光的商品锌 99.1%	225～325	0.045～0.053
在 400 ℃时氧化后的锌	400	0.11
有光泽的镀锌薄钢板	28	0.228
已经氧化的灰色镀锌薄钢板	24	0.276
石棉纸板	24	0.96
石棉纸	40～370	0.93～0.945
贴在金属板上的薄纸	19	0.924
水	0～100	0.95～0.963
石膏	20	0.903
刨光的橡木	20	0.895
熔化后表面粗糙的石英	20	0.932
表面粗糙但还不是很不平整的红砖	20	0.93
表面粗糙而没有上过釉的硅砖	100	0.80
在 600 ℃时氧化后的生铁	200～600	0.64～0.78
表面粗糙而上过釉的硅砖	1 100	0.85
上过釉的黏土耐火砖	1 100	0.75

材料名称	$t/℃$	s
耐火砖	0.8~0.9	
涂在不光滑铁板上的白釉漆	23	0.906
涂在铁板上的有光泽的黑漆	25	0.875
无光泽的黑漆	40~85	0.96~0.98
白漆	40~95	0.80~0.95
涂在镀锡铁面上的黑色有光泽的虫漆	21	0.821
黑色无光泽的虫漆	75~145	0.91
各种不同颜色的油质涂料	100	0.92~0.96
各种年代不同、含铝量不同的铝质涂料	100	0.27~0.67
涂在不光滑板上的铝漆	20	0.39
加热到 325 ℃以后的铝质涂料	150~315	0.35
表面磨光的灰色大理石	22	0.931
磨光的硬橡皮板	23	0.945
灰色的、不光滑的软橡皮（经过精制）	24	0.859
平整的玻璃	22	0.937
烟炱、发光的煤炱	95~270	0.952
混有水玻璃的烟炱	100~185	0.959~0.947
粒径 0.075 mm 或更大的灯烟炱	40~370	0.945
油纸	21	0.910
经过选洗后的煤（0.9%灰）	125~625	0.81~0.79
碳丝	1 040~1 405	0.526
上过釉的瓷器	22	0.924
粗糙的石灰浆粉刷	10~88	0.91
熔附在铁面上的白色珐琅	19	0.897

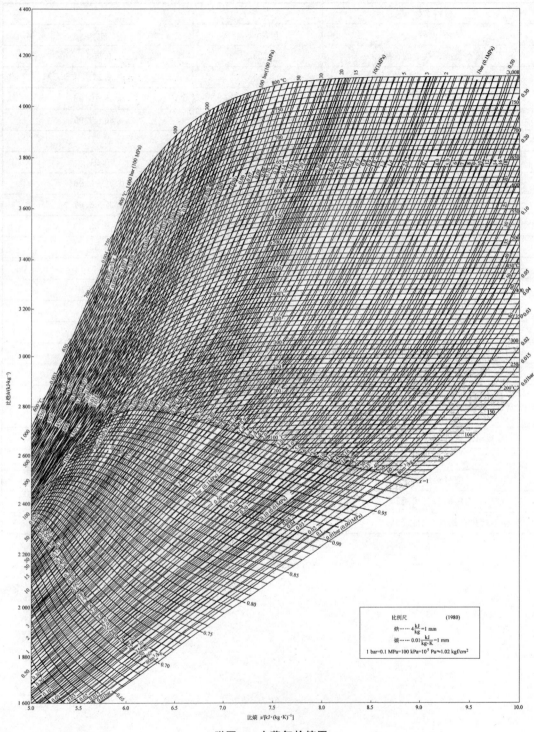

附图 1　水蒸气焓熵图

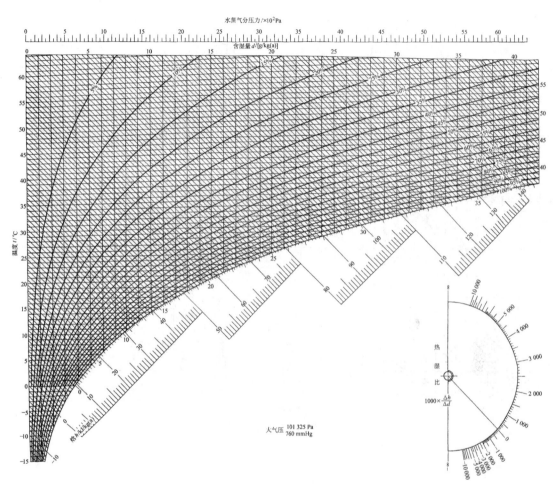

附图 2　湿空气焓湿图 （$p_b = 0.1$ MPa）

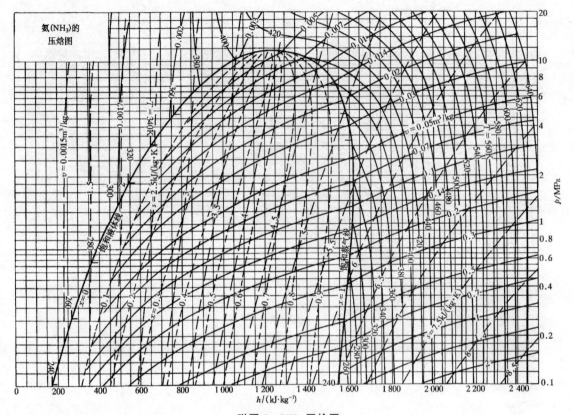

附图 3　NH₃ 压焓图

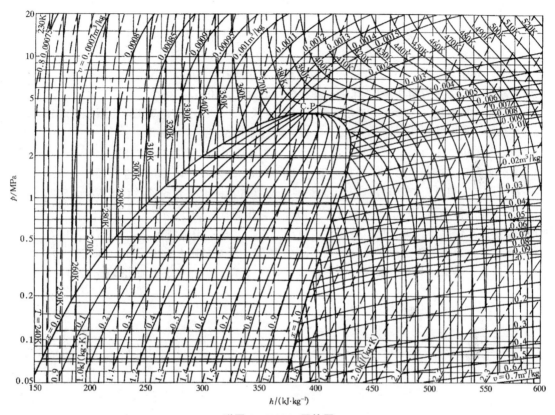

附图 4　R134a 压焓图

参 考 文 献

[1] 傅秦生. 工程热力学 [M]. 2 版. 北京：机械工业出版社，2020.

[2] 王修彦，张晓东. 热工基础 [M]. 2 版. 北京：中国电力出版社，2020.

[3] 余宁. 热工学基础 [M]. 北京：中国建筑工业出版社，2016.

[4] 严家騄. 工程热力学 [M]. 北京：高等教育出版社，2006.

[5] 谭羽非，吴家正，朱彤. 工程热力学 [M]. 6 版. 北京：中国建筑工业出版社，2016.

[6] 张学学. 热工基础 [M]. 北京：高等教育出版社，2015.

[7] 陶进. 工程流体力学泵与风机 [M]. 北京：北京理工大学出版社，2021.

[8] 谭羽非，吴家正，朱彤. 工程热力学 [M]. 6 版. 北京：中国建筑工业出版社，2016.

[9] 童钧耕. 工程热力学学习辅导与习题解答 [M]. 5 版. 北京：高等教育出版社，2023.

[10] 陶文铨. 传热学 [M]. 5 版. 北京：高等教育出版社，2019.

[11] 章熙民，任泽霈，梅飞鸣. 传热学 [M]. 5 版. 北京：中国建筑工业出版社，2007.

[12] 王秋旺，曾敏. 传热学要点与解题 [M]. 西安：西安交通大学出版社，2006.

[13] 马国远，孙晗. 制冷空调环保节能技术 [M]. 北京：中国建筑工业出版社，2019.